执业兽医资格考试指导用书

执业兽医资格考试

（兽医全科类）

临床科目

高效复习考点与精练

陈 茜 主编

中国农业出版社
北 京

图书在版编目（CIP）数据

执业兽医资格考试（兽医全科类）临床科目高效复习考点与精练 / 陈茜主编. -- 北京：中国农业出版社，2024. 7. --（执业兽医资格考试指导用书）. -- ISBN 978-7-109-32245-5

Ⅰ. S851.63

中国国家版本馆 CIP 数据核字第 2024ZW1773 号

执业兽医资格考试（兽医全科类）临床科目高效复习考点与精练
ZHIYE SHOUYI ZIGE KAOSHI（SHOUYI QUANKELEI）LINCHUANGKEMU GAOXIAO FUXI KAODIAN YU JINGLIAN

中国农业出版社出版

地址：北京市朝阳区麦子店街 18 号楼

邮编：100125

责任编辑：王森鹤　周晓艳

版式设计：杨　婧　责任校对：吴丽婷

印刷：中农印务有限公司

版次：2024 年 7 月第 1 版

印次：2024 年 7 月北京第 1 次印刷

发行：新华书店北京发行所

开本：787mm×1092mm　1/16

印张：24.25

字数：605 千字

定价：75.00 元

编 写 人 员

主　编　陈　茜（贵州农业职业学院）

副主编　任亚玲（贵州农业职业学院）

　　　　　吴晓慧（贵州农业职业学院）

　　　　　陈学艳（贵州农业职业学院）

参　编（以姓氏笔画为序）

　　　　　李兴美（贵州农业职业学院）

　　　　　熊朝海（贵阳唯克特宠物医院）

前言

　　"执业兽医资格考试指导用书"由四本分册组成：科目一，基础科目；科目二，预防科目；科目三，临床科目；科目四，综合应用科目。学生可以根据自己报考的内容选择相应的科目。本套丛书紧扣全国执业兽医资格考试大纲，精心设计，匠心编写。

　　《执业兽医资格考试（兽医全科类）临床科目高效复习考点与精练》包括兽医临床诊断学，兽医内科学，兽医外科与外科手术学，兽医产科学和中兽医学六门课程。每门课程分别介绍了各学科特点、学习方法、近五年分值分布、考试大纲、各单元重要知识点、例题及解析、考点速记、高频题练习、模拟题练习等内容，可供考生备考使用。

　　本套丛书属 2021 年度中华农业科教基金资助课程教材建设项目，于 2022 年 11 月获"中华农业科教基金会"批准，由贵州农业职业学院兽医教研室执业兽医师培训教学团队教师编写，其中兽医临床诊断学由任亚玲执笔，兽医内科学由陈茜执笔，兽医外科与外科手术学及兽医产科学由吴晓慧执笔，中兽医学由陈学艳执笔，李兴美、熊朝海负责部分习题及知识要点的整理。全书内容简洁，科学合理，重点突出，高度凝练，以期为考生带来事半功倍的备考效果。

　　由于作者水平所限，书中难免有不妥和错误之处，敬请读者谅解。

编　者

2024 年 4 月

目录

03

第一篇

兽医临床诊断学

■ 备考指南

学科特点

1. 既是一门重要的专业基础课程，也是一门衔接基础课和临床诊断课的桥梁学科，要求熟练掌握动物解剖学、动物病理学、动物生理学等知识。

2. 应用性强，理论性相对较强。

3. 涉及内容多，需掌握临床检查、各系统检查、血液常规检验、血液生化检验、粪检、尿检及仪器诊断等基本方法。

4. 知识点琐碎，但具有系统性，掌握方法后较容易熟记。

5. 内容更新相对较多、较快，每年所需掌握的内容略微不一致。

学习方法

最核心的方法：根据各器官系统模拟诊断程序，熟练掌握临床诊断的基本方法，并可以熟练演示。

近五年分值分布

年份	兽医临床诊断的基本方法	整体及一般状态检查	心血管系统检查	胸廓、胸壁及呼吸系统检查	腹壁、腹腔及消化系统检查	泌尿系统检查	生殖系统检查	神经系统及运动机能检查	血液的一般检验	血液的临床常用生化检验	排泄物、分泌物及其他体液检验	X线检查	超声检查	内镜检查	心电图检查	兽医医疗处方与病历书写	症状及症候学	动物保定技术	常用治疗技术	总计
2019	1	6	1	1	1	0	1	2	3	6	1	6	0	0	1	0	0	0	0	30
2020	1	1	0	2	5	3	0	1	5	3	1	3	2	0	2	0	0	0	2	31
2021	0	2	2	2	1	0	0	1	0	0	0	0	0	0	0	1	1	0	2	12
2022	0	0	1	2	2	0	1	0	1	1	2	3	1	0	1	0	0	1	2	17
2023	1	2	1	2	4	0	0	3	1	3	2	1	1	0	0	0	2	1	1	25
总计	3	11	4	9	13	3	2	7	10	13	6	13	4	0	4	1	3	2	7	115

<<< 第一单元 兽医临床诊断的基本方法 >>>

一、考试大纲

单元	细目	要点
兽医临床诊断的基本方法	1. 问诊	（1）概念 （2）主要内容
	2. 视诊	（1）基本方法 （2）主要内容
	3. 触诊	（1）基本方法 （2）主要内容 （3）注意事项
	4. 叩诊	（1）基本方法 （2）应用范围 （3）叩诊音 （4）过渡叩诊音
	5. 听诊	（1）基本方法 （2）应用范围
	6. 嗅诊	

二、重要知识点

（一）问诊

1. 概念　问诊是向畜主或饲养人员调查、了解病畜或畜群发病情况和经过。问诊可采用交换和启发式询问方法，也可边检查边询问，尽可能了解病畜或畜群的发病情况和经过。

2. 主要内容

（1）现病史　包括：①动物来源、饲养期限、购买地、地方病、环境因素等；②发病时间和地点，如饲喂前后、舍饲或放牧、使役或休息、清晨或夜间、产前或产后等；③疾病表现，如饮食欲、呕吐、腹泻、发热、精神状态、排尿动作、排粪动作、咳嗽、鼻液、气喘、腹痛、跛行等；④疾病发生经过，如症状变化、治疗情况、用药情况及效果、病势发展情况等；⑤主诉人所估计到的致病原因，如饲喂不当、使役过度、受凉、其他外因所致的受伤等；⑥动物发病情况，如同群或附近有没有疾病暴发等。

（2）既往病史

①以往发病情况　包括过去是否患有疾病、诊断结果、所用药物、效果等。

②疾病预防情况　包括流行病的预防措施，以及疫苗种类、生产厂家、生产日期、使用方法等。

（3）饲养管理、使役情况　饲料种类、质量、饲喂方法等，畜舍卫生和环境条件（如光照、通风、温度、湿度、废物排出、设备等），动物使役情况及生产性能。

（二）视诊

1. 基本方法　通过观察动物的外在表现来判断其是否健康。

2. 主要内容

（1）方法

①畜群视诊　深入畜群，观察其精神状态、运动姿势、被毛状态等是否有异常生理活动

(如是否有咳嗽、腹泻、喘息、饮食异常等)。

②个体视诊 对大动物、凶猛动物的视诊，检查者应距离动物 2~3m 的距离，先观察其全貌；之后由前向后、从左到右观察其头、颈、胸、腹、脊柱、四肢、尾、肛门、会阴部等，同时对照观察两侧胸、腹、臀部的状态和对称性；最后进行牵遛，观察其运步状态。

(2) 视诊应用范围 观察整体状态(体格大小、发育状况、营养状况、对称性等)、精神状态、运动姿势(兴奋、沉郁、强迫运动等)、体表被毛组织病变(被毛、黏膜、皮肤、肿胀等)，以及检查某些与外界相通的体腔(如口腔、鼻腔、咽喉、阴道、肛门等)是否有异常生理活动(咳嗽、腹泻、吞咽障碍、呕吐等)。

(三) 触诊

1. 基本方法 用手或借助探管、探针等检查器具对被检部位组织、器官进行触压和感觉，以判断其有无病理变化。

(1) 外部触诊法 又分为浅表触诊法和深部触诊法。

①浅表触诊法 检查者可用手指(主要检查皮肤的弹性、疝、局部肿胀物、浅表淋巴结、动脉脉搏等)、手掌(主要检查湿度、肿胀、心搏动等)、手背(主要检查皮肤温度等)分别对各器官进行检查。

②深部触诊法 从外部检查内脏器官的位置、形状、大小、活动性、内容物等。

按压触诊：检查者用手掌按压欲检部位，主要检查腹腔器官状态(尤其是小动物或幼畜内脏器官、腹腔肿瘤、积粪团块)。

冲击触诊：检查者一只手握拳，连续按压欲检部位，主要检查腹腔深部器官状态，适用于腹腔积液及瘤胃、网胃、皱胃内容物的判定。

切(插)入触诊：检查者一只手四指并拢，触压欲检部位，主要检查被胸廓保护的腹腔器官、胸腔器官，如肝脏、脾脏、肾脏等。

(2) 内部触诊法 包括大动物的直肠检查，以及对食道、尿道等器官的探诊检查。

2. 主要内容 检查体表状态(如皮肤温度、湿度、弹性、皮下组织状态及浅表淋巴结等)；检查某些器官、组织的活动情况，如心搏动、瘤胃蠕动及脉搏；判定腹壁的紧张度及敏感性，检查腹腔器官的位置、大小、形状及内容物状态；检查机体某一部位的感受能力及敏感性，如胸壁、网胃、肾区的疼痛反应，以及各种感觉机能和反射机能。

触诊部位组织、器官的状态及病理变化不同，可产生如下触感：

(1) 捏粉感(面团感) 按压柔软，如生面团，指压留痕，除去压迫后慢慢复平，常见于皮下水肿、瘤胃积食。

(2) 波动感 柔软而有弹性，指压不留痕，进行间歇性压迫时有波动感，见于脓肿(有痛感、穿刺液为脓液)、血肿(有痛感、穿刺液为红色)，以及大面积淋巴液外渗(无痛感、穿刺液为黄白色)等。

(3) 坚实感 按压坚实致密，硬度如肝脏，见于蜂窝织炎、组织增生及肿瘤等。

(4) 硬固感 按压组织坚硬如骨，见于骨瘤。

(5) 气肿感 按压柔软而有弹性，随触压而有气体向邻近组织涌动，同时可听到捻发音，见于皮下气肿、气性坏疽等。

（6）疼痛感 病患表现为回顾、踢腹、皮肤抖动及抗拒等，见于肠阻塞、胃肠炎等。

3. 注意事项

（1）注意安全，必要时对动物进行适当保定。

（2）检查者一只手放在适当部位作为支点，另一只手按自上而下、从前向后的顺序逐渐接近欲检部位。

（3）检查敏感部位时，应按照先健区后病区、先周围后中心、先轻触后重触，并与对应部位或健区进行比较。

（四）叩诊

叩诊是叩击动物体表部位使之产生声音，根据所产生音响的特性来判断被检组织、器官状态的一种方法。

1. 基本方法

（1）直接叩诊法 检查者用手或叩诊锤直接叩击被检部位，以判断病理变化。

（2）间接叩诊法 在被检部位放上手指或叩诊板等附加物，然后向其叩击检查，以放大声音。又可分为指指叩诊法和槌板叩诊法。

2. 应用范围 多用于胸、肺部及心脏、副旁窦、腹腔器官（如肠臌气和反刍动物瘤胃臌气时）的检查。

3. 叩诊音 由于被叩诊部位及其周围组织器官的弹性、含气量不同，叩诊时长可呈现下列 3 种基本的叩诊音。

（1）浊音 叩击肌肉等柔软、致密及不含气组织器官时所产生的声响，其特点是音调较高、音响较弱、震动持续时间较短。

（2）清音 叩击健畜肺部等具有较大弹性和含气组织器官时所产生的声响，其特点是音调低、音响较大、震动持续时间较长。

（3）鼓音 叩击牛瘤胃上 1/3、马盲肠基等含气较多器官时所产生的声响，其特点是和谐的低音，与清音相比音响更强，震动持续时间也较长。

4. 过渡叩诊音

（1）半浊音 常见于健肺边缘，清音与浊音之间的过渡音响。

（2）过清音 常见于额窦，清音与鼓音之间的过渡音响。

（五）听诊

听诊是听取体内某些器官机能活动时所产生的声音，借以判断其病理变化。

1. 基本方法

（1）直接听诊法 用耳直接贴或隔一块垫布在动物体表的相应部位进行听诊。

（2）间接听诊法 检查者使用听诊器，一只手按住动物某一部位作为支点，另一只手持集音器密贴欲检部位仔细听诊。

2. 应用范围 主要用于心脏、肺脏、胃、肠的检查，以及咳嗽、磨牙、呻吟、气喘等。

（六）嗅诊

嗅诊主要应用于嗅闻发病动物呼出的气体、口腔的异味，以及由病畜分泌和排泄的带有特殊臭味的分泌物、排泄物（粪、尿）、其他病理产物等。

来自病畜皮肤、黏膜、呼吸道、胃肠道、呕吐物、排泄物、分泌物、脓液和血液等的气味，根据疾病不同其特点和性质也不一样。例如，病畜呼出的气体及鼻液有特殊的腐败臭味，提示呼吸道及肺脏有坏疽性病变；呕吐物出现粪便味可见于长期剧烈呕吐或肠结石；尿液及呼出的气体有烂苹果味，可疑有牛、羊酮尿症；阴道有脓性分泌物且具有腐败的臭味，可见于子宫蓄脓症或胎衣潴留；尿液呈浓烈的氨味，见于膀胱炎或尿毒症，由尿液在膀胱内被细菌发酵所致等。

三、例题及解析

1. 现病史包括本次发病动物的（　　）。

A. 品种　　　　　　　　　B. 用途　　　　　　　　　C. 过敏史

D. 免疫接种情况　　　　　E. 发病经过

【解析】　E。现病史问诊内容有：①动物来源及饲养期限；②发病时间和地点；③疾病表现；④疾病发生经过；⑤主诉人所估计到的致病原因；⑥动物发病情况。

2. 不采用触诊检查的是（　　）。

A. 体表状态　　　　　　　　　　　B. 眼结膜颜色

C. 某些组织器官的生理性活动　　　D. 某些组织器官的病理性活动

E. 动物组织器官的敏感性

【解析】　B。触诊无法观察颜色变化。

3. 关于视诊检查，表述错误的是（　　）。

A. 先群体后个体　　　　B. 先静态后动态　　　　C. 先整体后局部

D. 先保定后检查　　　　E. 按一定顺序检查

【解析】　D。检查时最后应进行牵遛，观察其运步状态。

4. 犬，雌性，2岁，已免疫。主人的家正值装修。患犬精神沉郁，食欲下降，频繁打喷嚏，流大量鼻液，摇头，摩擦鼻部。对患犬鼻液的最佳检查方法是（　　）。

A. 生化检查　　　　　　B. 视诊＋显微镜检查　　　　C. 嗅诊

D. 嗅诊＋显微镜检查　　E. 视诊

【解析】　B。根据题干描述，该患犬需视诊检查鼻液状态后采用显微镜观察其感染的病原微生物。

5. 犬肝脏的触诊检查常用（　　）。

A. 双手触诊法　　　　　B. 浅部触诊法　　　　　C. 切入触诊法

D. 深压触诊法　　　　　E. 冲击触诊法

【解析】　C。切（插）入触诊法为检查者一只手四指并拢，触压欲检部位。主要检查被胸廓保护的腹腔器官、胸腔器官，如肝脏、脾脏、肾脏等。

<<< 第二单元　整体及一般状态检查 >>>

一、考试大纲

单元	细目	要点
整体及一般 状态检查	1. 全身状况检查	(1) 精神状态检查　(2) 体格发育检查　(3) 营养状况检查 (4) 姿势与体态检查　(5) 运动与行为检查
	2. 体温、脉搏、呼吸及血压测定	(1) 体温　(2) 脉搏　(3) 呼吸　(4) 血压
	3. 被毛和皮肤检查	(1) 被毛检查　(2) 皮肤检查　(3) 湿度检查
	4. 可视黏膜检查	(1) 眼结膜颜色的病理变化　(2) 眼睑及分泌物
	5. 浅表淋巴结及淋巴管检查	
	6. 畜群临床检查的特点	(1) 检查方法和程序　(2) 检查内容　(3) 预后判断

二、重要知识点

(一) 全身状况检查

1. 精神状态检查　根据动物对外界刺激的反应及其行为表现而判定，主要观察动物的行为、面部表情和眼、耳动作。常见异常有精神沉郁、昏睡、昏迷。

2. 体格发育检查　观察动物体格发育是否与品种、性别、年龄等相符，各部分发育比例是否正常，有无畸形、不发育、发育不良等。

3. 营养状况检查　见图 1-2-1。

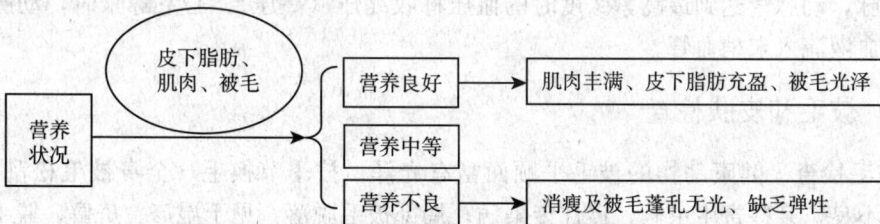

图 1-2-1　动物的营养状况示意图

4. 姿势与体态检查　反常姿势常由中枢神经、外周神经系统疾病，骨骼、肌肉或内脏器官的病痛而引起。常见异常有强迫姿势（产生原因有破伤风等）、异常站位（产生原因有蹄叶炎、风湿病、马立克病、骨折等）、站立不稳（产生原因有脑病、中毒、新城疫、维生素 B_1 缺乏等）、骚动不安（产生原因有腹痛、脑病等）、异常躺卧（常见原因有奶牛生产瘫痪、佝偻病后期、仔猪低血糖症、脊髓损伤、肌肉麻痹等）、运步异常（常见原因有创伤性网胃心包炎、蹄叶炎、风湿病等）。

5. 运动与行为检查　观察动物是否具有异常运动行为，神经、肌肉是否协调。

（二）体温、脉搏、呼吸及血压测定

1. 体温

（1）测定部位　除禽类测其翼下温度外，其他动物都以直肠温度为标准。

（2）测定方法　先将体温计甩至35℃以下再插入肛门或翅膀下，3~5min后取出温度计读数。

健康动物体温（℃）范围为：奶牛，37.5~39.5；马，37.5~38.5；犬，37.5~39.0；猫，38.5~39.5；猪，38.0~39.5。

根据体温升高的程度，将发热分为低热（超过正常体温0.5~1.0℃）、中热（超过正常体温1.0~2.0℃）、高热（超过正常体温2.0~3.0℃）、超高热（超过正常体温3.0℃）。

2. 脉搏　为体表可触摸到的动脉搏动。当大量血液进入动脉时，体表较浅处动脉可感受到血管扩张，即脉搏。

（1）测定方法　牛通常检查尾动脉，猪、羊检查后肢股内侧股动脉。

（2）病理变化　脉搏增数见于热性病、心脏病（心力衰竭、心肌炎、心包积液等）、呼吸器官疾病（大叶性肺炎、小叶性肺炎、胸膜炎）、剧痛性疾病、贫血、失血、中毒等；脉搏减数见于脑病（脑脊髓炎、慢性脑积水）、中毒（洋地黄中毒）、胆血症（胆管阻塞性疾病）及危重病畜。

3. 呼吸

（1）测定方法　观察病畜胸腹部起伏动作、呼出气流、肺脏听诊等。鸡可通过观察肛门周围羽毛起伏动作进行计数。呼吸次数以"次/min"表示。

（2）病理变化　呼吸数增多见于呼吸器官本身疾病（各型肺炎、牛结核、牛肺疫、巴氏杆菌病、羊传染性胸膜炎、猪流感、猪支原体病等）、热性病、寄生虫病（猪肺线虫病）、贫血、心力衰竭、中毒症（亚硝酸盐中毒）等；呼吸数减少见于颅内压升高（脑室积水）、中毒及中毒代谢紊乱、上呼吸道高度狭窄。

4. 血压　动脉压是指动脉管内的压力，简称血压或体循环血压。心室收缩时，血液急速流入动脉，动脉管达到最高紧张度时的血压称收缩压（高压）。心室舒张时，动脉血压逐渐降低，血液流入末梢血管。

（三）被毛和皮肤检查

1. 被毛检查　健康动物的被毛平顺而富有光泽，按季节换毛。全身被毛松乱、脱落，见于营养不良、某些寄生虫病、慢性传染病；局部被毛脱落，见于湿疹、疥癣、脱毛癣等。

2. 皮肤检查

（1）颜色检查　皮肤苍白见于贫血；皮肤黄疸见于肝病、溶血性疾病；皮肤蓝紫色见于严重的呼吸器官疾病、重度心力衰竭、猪亚硝酸盐中毒等；皮肤有红色斑点见于皮肤出血。猪皮肤出现小的出血点，见于败血性传染病（如猪瘟）；出现较大的红色疹块，见于疹块型猪丹毒。

（2）温度检查

①温度升高　全身性升高见于热性病，如猪瘟、非洲猪瘟、猪丹毒等；局部性升高见于局部炎症。

②温度降低 全身性降低见于衰竭症、大失血、产后瘫痪等；局部性降低见于局部水肿或神经麻痹。

③温度不均 见于心力衰竭及虚脱。

（3）湿度检查 临床上表现为全身性和局部性湿度过大（多汗）。全身性多汗见于热性病、日射病、热射病、剧痛性疾病、内脏破裂；局部性多汗多为局部病变或神经机能失调。皮肤干燥见于脱水性疾病，如严重腹泻。

（四）可视黏膜检查

着重观察其颜色，其次要注意有无肿胀和分泌物。

1. 结膜颜色的病理变化

（1）正常颜色 马、骡为淡红色，猪为粉红色，牛为浅红色，犬为淡红色。

（2）异常颜色

①苍白 见于贫血、肝脾破裂、慢性消耗性疾病等。

②潮红 单眼潮红见于局部结膜炎，双眼潮红见于热性病、传染病、脑炎、心脏病等。

③黄染 见于黄疸、肝脏疾病、胆道阻塞、溶血性疾病等。

④发绀 见于机体缺氧。

⑤有出血点或出血斑 见于局部外伤、焦虫病、血斑病等。

2. 眼睑及分泌物

（1）眼睑肿胀并伴有畏光、流泪，见于眼炎或眼结膜炎。伴有大量浆液性眼分泌物的结膜炎，见于流行性感冒；黄色、黏稠性眼眵，是化脓性结膜炎的标志，常见于某些发热性传染病，如犬瘟热。

（2）猪大量流泪见于流行性感冒。猪眼窝下方有流泪痕迹，提示有传染性萎缩性鼻炎。仔猪眼睑水肿，提示有水肿病。

（五）浅表淋巴结及淋巴管检查

牛、羊常检查下颌、肩前（颈浅）、膝上（股前、膝襞）及乳房上淋巴结；猪常检查髂下淋巴结和腹股沟浅淋巴结；犬常检查下颌淋巴结、腹股沟浅淋巴结和腘窝淋巴结等。主要采用触诊和视诊的方法，必要时可采用穿刺检查法，检查位置、形态、大小、硬度、敏感性及移动性等。

（六）畜群临床检查的特点

1. 检查方法和程序 病畜登记、病史调查等。

2. 检查内容 有一般检查、系统检查、实验室检验及特殊检验等。

3. 预后判断

（1）预后良好 估计完全康复，保持原有的生产能力和经济价值。

（2）预后不良 估计死亡或丧失生产能力和经济价值。

（3）预后慎重 结局良好与否不能判定。

（4）预后可疑 材料不全或病情处于发展变化中，结局尚难推断。

三、例题及解析

1. 吉娃娃犬，体重 3kg，身体呈桶状，呼吸迫促。该犬的营养状况是（　　）。
    A. 恶病质　　　　　　　　　B. 营养不良　　　　　　　C. 营养中等
    D. 肥胖　　　　　　　　　　E. 消瘦

【解析】　D。营养程度根据肌肉丰满程度、皮下脂肪蓄积量及被毛状态和光泽度来判定，根据题干描述"体重 3kg，身体呈桶状"可知，其脂肪含量过高，所以肥胖。

2. 患急性咽炎时，下颌淋巴结常见的变化是（　　）。
    A. 萎缩、变硬、敏感　　　　　　　　B. 肿大、柔软、敏感
    C. 肿大、变硬、敏感　　　　　　　　D. 萎缩、柔软、不敏感
    E. 肿大、变硬、不敏感

【解析】　C。淋巴结急性肿胀时淋巴结肿大明显，有移动性，表面光滑、坚硬且敏感，触诊有热痛反应。

3. 亚硝酸盐中毒时皮肤和黏膜的颜色是（　　）。
    A. 鲜红　　　　　　　　　　B. 蓝紫　　　　　　　　　C. 黄染
    D. 粉红　　　　　　　　　　E. 苍白

【解析】　B。亚硝酸盐中毒时皮肤发绀，呈蓝紫色。

4. 能够引起脉搏频率减少的疾病（　　）。
    A. 发热性疾病　　　　　　　B. 疼痛性疾病　　　　　　C. 贫血
    D. 颅内压增高　　　　　　　E. 应激性疾病

【解析】　D。脉搏减数见于脑病（脑脊髓炎、慢性脑积水）、中毒（洋地黄中毒）、胆血症（胆管阻塞性疾病）及危重病畜，故答案选 D。

5. 皮肤颜色呈现苍白黄染的现象见于（　　）。
    A. 出血性贫血　　　　　　　B. 再生障碍性贫血　　　　C. 溶血性贫血
    D. 亚硝酸盐中毒　　　　　　E. 一氧化碳中毒

【解析】　C。溶血性贫血时因发生黄疸故皮肤呈现黄染。

6. 犬的正常体温范畴是（　　）。
    A. 36.5～38.0℃　　　　　　B. 36.5～38.5℃　　　　　C. 37.0～38.0℃
    D. 37.5～39.0℃　　　　　　E. 38.5～39.0℃

【解析】　D。健康动物体温（℃）范围为：奶牛，37.5～39.5；马，37.5～38.5；犬，37.5～39.0；猫，38.5～39.5；猪，38.0～39.5。

7. 动物昏迷时对外界刺激的表现是（　　）。
    A. 全无反应　　　　　　　　B. 轻微反应　　　　　　　C. 迟钝反应
    D. 短暂反应　　　　　　　　E. 意识丧失

【解析】　A。昏迷为大脑皮层高度抑制现象，患畜意识完全丧失，对外界刺激全无反应，对强刺激也没有反应。

<<< 第三单元　心血管系统检查 >>>

一、考试大纲

单元	细目	要点
心血管系统检查	1. 心脏检查	（1）视诊与触诊　（2）叩诊　（3）听诊
	2. 血管检查	（1）动脉检查　（2）浅静脉检查

二、重要知识点

（一）心脏检查

1. 视诊与触诊　视诊与触诊心脏通常检查心搏动，心搏动为心室收缩冲击左侧心区的胸壁而引起的震动。

各种动物心区触诊最适宜的部位在左侧第 3~5 肋。马的心搏动在左侧胸廓下 1/3 中央水平线上的第 3~6 肋，在下 1/3 的中间第 5 肋处最明显；牛、羊、猪的心搏动在肩关节水平线下 1/2 的第3~5肋，在第 4 肋最明显；犬、猫的心搏动在左侧第 4~6 肋的胸廓下 1/3 处，在第 5 肋最明显。

2. 叩诊　叩诊心脏主要是判定心脏大小、疼痛等变化。

健康动物叩诊情况：心脏仅一小部分和胸壁接触，叩诊呈浊音，称绝对浊音区；心脏大部分为肺脏掩盖，叩诊呈半浊音，称相对浊音区。

叩诊心脏所发现的病理变化如下：

（1）浊音区扩大　见于心脏肥大、心脏扩张、心包积液、肺萎陷等。

（2）浊音区缩小　见于肺泡气肿、气胸、瘤胃臌气。

（3）心区鼓音　见于肺气肿。

（4）心区敏感　提示有心包积液或胸膜炎。

3. 听诊　心音是随同心室收缩与舒张活动而产生的声音。

（1）正常心音　心音通常为有节律的"咚-嗒、咚-嗒"的两个音响交替出现。"咚"为第一心音（收缩期心音），是收缩期产生的心音；"嗒"为第二心音（舒张期心音），是舒张期产生的心音。

第一心音音调低，持续时间长，尾音长，到第二心音时间间隔较短，其由心肌收缩音、半月瓣开放、两房室瓣同时闭锁及心室血液冲击动脉管壁的声音组成。第二心音音调高，响亮而短，尾音消失快，到下一次第一心音时间的间隔长，其由两动脉瓣同时关闭、两房室瓣同时打开及心肌舒张音组成。

（2）异常心音

①心音增强　第一心音增强，见于大失血、脱水、休克、虚脱等。第二心音增强，主动脉口第二心音增强见于左心脏肥大、肾炎；肺动脉口第二心音增强见于肺充血或肺炎初期；

第一心音与第二心音同时增强见于心脏肥大或心脏病初期、剧痛性疾病、发热初期、贫血、失血、强心剂应用等。

②心音减弱　第二心音减弱见于大失血、心动过速、休克、虚脱、高度心力衰竭，第一心音与第二心音同时减弱见于心肌炎或心肌变性后期、胸腔积水、纤维素性心包炎。

③心杂音　指伴随心脏的舒缩活动而产生的正常心音以外的附加音响，包括心外性杂音（心包积水音、心包摩擦音、心包外杂音）、心内性杂音（器质性杂音、非器质性杂音）（图1-3-1）。

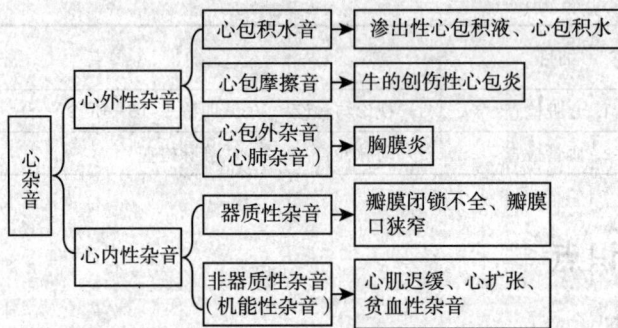

图1-3-1　心杂音分类

（二）血管检查

1. 脉搏检查　牛在尾动脉，猪、羊、犬在股动脉。

2. 浅静脉检查

（1）颈静脉外观检查　颈静脉沟处肿胀、硬结、热痛，见于静脉注射时消毒不全或由钙制剂、水合氯醛等刺激性药液渗漏导致的颈静脉炎。局部静脉肿胀，见于静脉瘤或淋巴瘤。

（2）静脉充盈状态检查　静脉萎陷，见于休克、严重毒血症；静脉过度充盈，见于心包积液、肺气肿、心肌炎等可使静脉血液回流受阻的心、肺疾病。

（3）静脉搏动检查　根据颈静脉搏动产生的原因，可以分为以下3种检查：

①阴性颈静脉搏动　指与心室收缩不相一致的颈静脉搏动。在心功能不全时，由于血液回流发生严重障碍，颈静脉搏动已波及颈沟的中1/3或上1/3处。

②阳性颈静脉搏动　指与心室收缩相一致的静脉搏动，故又称心室性颈静脉搏动。病因常为三尖瓣闭锁不全的指征。右心室收缩时，血液经闭锁不全的孔隙逆流到右心房，而使前腔静脉的血液回流一时受阻，这种逆流波传到颈静脉，即出现阳性颈静脉搏动。

③假性静脉搏动　指由动脉的强力搏动所带动的静脉波动，故又称伪性颈静脉搏动，多见于主动脉瓣闭锁不全。

三、例题及解析

1. 叩诊心脏时，浊音区扩大不是下列哪个疾病的症状（　　）。

    A. 心脏肥大　　　　　　　　B. 心脏扩张　　　　　　　　C. 肺萎缩

    D. 心包积液　　　　　　　　E. 气胸

【解析】　E。心脏叩诊浊音区扩大可见于心脏肥大、心脏扩张及心包积液、肺萎陷等。

2. 叩诊时，引起心浊音区缩小的疾病是（　　）。

    A. 心包积液   B. 心脏扩张   C. 心脏肥大

    D. 肺泡气肿   E. 肺炎

【解析】   D。心脏叩诊浊音区缩小见于肺泡气肿、气胸、瘤胃臌气等。

3. 动物患急性肾炎时，心脏听诊可出现(   )。

    A. 肺动脉第二心音减弱   B. 第二心音分裂

    C. 主动脉第二心音减弱   D. 主动脉第二心音增强

    E. 肺动脉第二心音增强

【解析】   D。主动脉口第二心音增强见于左心脏肥大、肾炎，肺动脉口第二心音增强见于肺充血或肺炎初期。

4. 马的心搏动最明显的部位是左侧(   )。

    A. 第 3 肋间胸廓下 1/3   B. 第 4 肋间胸廓下 1/3

    C. 第 5 肋间胸廓下 1/3   D. 第 6 肋间胸廓下 1/3

    E. 第 7 肋间胸廓下 1/3

【解析】   C。马的心搏动在左侧胸廓下 1/3 中央水平线上的第 3~6 肋，在第 5 肋的下 1/3 的中间处最明显。

5. 引起心外性杂音的是(   )。

    A. 心瓣膜肥厚   B. 纤维素性心包炎   C. 严重贫血

    D. 心瓣膜闭锁不全   E. 心瓣膜狭窄

【解析】   B。心外性杂音包括心包积水音和心包摩擦音，纤维素性心包炎可引起心包摩擦音。

6. 引起心脏浊音区扩大的疾病(   )。

    A. 肺水肿   B. 肺萎缩   C. 间质性肺气肿

    D. 肺泡气肿   E. 胸膜炎

【解析】   B。心脏叩诊浊音区扩大可见于心脏肥大、心脏扩张及心包积液、肺萎陷等。

7. 牛心律不齐提示(   )。

    A. 胸壁肥厚   B. 渗出性胸膜炎

    C. 由心肌炎症引起的传导障碍   D. 左右房室瓣关闭时间不一致

    E. 主动脉与肺动脉根部血压差别大

【解析】   C。心音节律的改变见于心肌炎症、心肌营养不良或变性、心肌梗死等。

<<< 第四单元 胸廓、胸壁及呼吸系统检查 >>>

一、考试大纲

单元	细目	要点
胸廓、胸壁及呼吸系统检查	1. 胸廓、胸壁检查	
	2. 上呼吸道检查	(1) 呼出气检查 (2) 鼻液检查 (3) 喉及气管检查
	3. 肺与胸膜检查	(1) 视诊 (2) 叩诊 (3) 听诊

二、重要知识点

(一) 胸廓、胸壁检查

观察动物胸廓对称性有无异常,胸壁是否存在局部升温、肿胀、结节、皮下气肿等异常情况。

(二) 上呼吸道检查

1. 呼出气检查 主要检查强度、温度、气味等。如呼出气有难闻的腐败味,则见于上呼吸道或肺脏的化脓性或腐败性炎症、肺坏疽、霉菌性肺炎等;如呼出气有酮臭味,则见于反刍动物酮血病。

2. 鼻液检查 鼻液是呼吸道黏膜的分泌物或炎性渗出物。

(1) 量的检查

①多量 见于大叶性肺炎、肺脓肿破裂、食道阻塞、肺坏疽、流感、牛恶性卡他热、牛肺结核、犬瘟热、急性鼻炎、副旁窦炎、嗉囊炎、急性开放性鼻疽等。

②少量 见于呼吸器官轻度炎症或急性炎症初期、慢性咽喉炎、慢性鼻炎、慢性鼻疽、慢性气管炎、慢性肺结核等。

③量不定 见于副旁窦炎、喉囊炎。

(2) 性状检查

①浆液性鼻液 鼻液稀薄如水,状似稀米汤,常见于呼吸道急性炎症初期。

②黏液性鼻液 表明有卡他性炎症。鼻液黏稠,偶尔可见拉丝,常见于呼吸道急性炎症中期或恢复期。

③脓性鼻液 提示有化脓性炎症。鼻液黄白或黄绿色且黏稠,常见于呼吸道急性炎症后期。

④腐败性鼻液 鼻液具有腐败的腥臭味,可见组织碎片,常见于坏疽性肺炎、坏疽性鼻炎、坏疽性支气管炎。

⑤血性鼻液 鼻液有鲜红色滴流或团块提示有鼻出血;有肺水肿、肺充血和肺出血等肺部出血疾患时呈粉红色泡沫血;肺血管破裂时可见大量鲜血急流。

⑥铁锈色鼻液 提示有大叶性肺炎。

(3) 混杂物检查

①气泡 见于肺充血、肺水肿、肺气肿、慢性支气管炎等。

②唾液 见于咽麻痹、咽炎、食道阻塞、食道痉挛、食道炎、食道肿瘤。

③饲料碎片或呕吐物 见于下咽障碍。

3. 喉及气管检查 喉部肿胀并有热感,马见于咽喉炎、喉囊炎、马腺疫,牛见于咽炭疽、牛肺疫、化脓性腮腺炎、创伤性心包炎,猪见于巴氏杆菌病、链球菌病,家禽见于传染性喉气管炎。触诊喉部有热痛、咳嗽,见于急性喉炎、气管炎。

(三) 肺与胸膜检查

1. 视诊

(1) 呼吸运动 动物在呼吸过程中,呼吸器官及参与呼吸的辅助器官(如胸壁、腹壁)有节奏地协调运动,称呼吸运动。呼吸运动分为胸腹式呼吸(混合式呼吸,除犬等小型动物外的健康动物的呼吸方式）、腹式呼吸、胸式呼吸。

（2）呼吸节律 健康动物呼吸时，呼气、吸气比例适当，具有规律性，称节律性呼吸。呼吸节律病理变化如下：吸气延长，见于鼻炎、喉水肿等上呼吸道狭窄性疾患；呼气延长，见于肺内细支气管炎、慢性肺水肿等气体呼出受阻的疾患；间断性呼吸，见于细支气管炎、慢性肺水肿、胸膜炎、伴有疼痛的胸腹部疾病及呼吸中枢兴奋性降低（脑炎、中毒、濒死期等）。

①陈-施二氏呼吸 指呼吸逐渐加深、加快、增强至高峰又逐渐变弱、变慢、变浅，最后呼吸中断数秒乃至 15～30s 后又重复上述操作，又称潮式呼吸。表明病情严重，常见于脑炎、心力衰竭、尿毒症、药物中毒和有毒植物中毒等。

②毕欧特氏呼吸 数次连续的、深度大致相等的深呼吸和呼吸暂停交替出现，提示病情比陈-施二氏呼吸严重。

③库斯茂尔氏呼吸 呼吸不中断，发生深而慢的大呼吸，呼吸次数少，并带有明显的呼吸杂音，如啰音和鼾声，故又称深大的呼吸。为呼吸中枢衰竭晚期，病危的象征，见于尿毒症、酸中毒、濒死期，偶见大失血、脑脊髓炎和脑水肿等。

2. 叩诊 叩诊健康动物时，肺的中 1/3 为清音，边缘则为带有半浊音性质。但在小动物（犬、猫、兔等），由于肺中空气振幅较小，故叩诊音带有鼓音性质。

（1）健康动物肺叩诊区

①牛 三角形，自肩胛骨后角，以沿肘肌向下划的曲线为前界，止于第 4 肋；后下界自背界的第 12 肋骨上端开始，向前向下经髋结节线与第 11 肋相交，经肩关节水平线与第 8 肋相交，止于第 4 肋。

②马 长三角形。肩胛骨后角以沿肘肌向下至第 5 肋所划的垂线为前界；距背中线 10cm 左右与脊柱平行的线为上界；由第 17 肋与背界线交界处开始，向下向前经髋结节线与第 16 肋的交点、坐骨结节线与第 14 肋的交点、肩关节水平线与第 10 肋的交点，第 5 肋下等诸点所划的弧线为后界。

③猪、犬 上界距背中线约一掌宽，后界由第 11 肋骨处开始，向前向下经坐骨结节线与第 9 肋的交点、肩关节水平线与第 7 肋的交点，而止于第 4 肋间的弧线。

（2）病理变化 动物表现回视、躲闪、反抗等不安现象，见于胸膜炎。肺叩诊区扩大见于气胸、肺气肿；肺叩诊区缩小，见于腹腔积液、腹腔器官膨大及由心包积液压迫肺组织引起。后下界前移，见于急性瘤胃臌气、肠臌气、腹腔积液等；后下界后移，见于心包积液。水平浊音，提示胸腔积水；过清音，见于小叶性肺炎实变区的边缘；散在性浊音区，见于小叶性肺炎；成片性浊音区，见于大叶性肺炎；鼓音，见于肺气肿、气胸；破壶音，见于肺气肿。

3. 听诊 一般用听诊器进行间接听诊。听诊先从肺的中 1/3 开始，其次为上 1/3，最后为下 1/3，每一听诊点应听取 2～3 次呼吸音。肺泡呼吸音见于"夫夫"音，吸气末明显；支气管呼吸音见于"赫赫"音。正常情况下，绵羊、山羊、猪、牛在第 3～4 肋、肩关节水平线上下可听到混合性呼吸音，犬在整个肺部都能听到明显的支气管呼吸音。

三、例题及解析

1. 患犬初期流无色透明、稀薄如水的鼻液可能是（　　）。

A. 浆液性鼻液　　　　　　　　B. 黏液性鼻液　　　　　　C. 黏脓性鼻液

D. 腐败性鼻液　　　　　　　　E. 血性鼻液

【解析】　A。鼻液稀薄如水，状似稀米汤为浆液性鼻液。

2. 肺部各区域均可听到支气管呼吸音的健康动物是(　　)。

A. 犬　　　　　　　　　　　　B. 猪　　　　　　　　　　C. 羊

D. 牛　　　　　　　　　　　　E. 马

【解析】　A。正常情况下，犬在整个肺部都能听到明显的支气管呼吸音。

3. 健康动物肺区边缘的正常叩诊音是(　　)。

A. 清音　　　　　　　　　　　B. 半浊音　　　　　　　　C. 浊音

D. 鼓音　　　　　　　　　　　E. 过清音

【解析】　B。叩诊健康动物时，肺区边缘带有半浊音性质。

4. 健康的牛其肺叩诊区后界线应通过肩关节水平线与(　　)。

A. 第7肋交叉点　　　　　　　B. 第8肋交叉点　　　　　C. 第9肋交叉点

D. 第10肋交叉点　　　　　　　E. 第11肋交叉点

【解析】　B。牛肺叩诊区为三角形，自肩胛骨后角，以沿肘肌向下划曲线为前界，止于第4肋；后下界自背界的第12肋上端开始，向前向下经髋结节线与第11肋相交，经肩关节水平线与第8肋相交，止于第4肋。

5. 健康动物叩诊呈半浊音的区域是(　　)。

A. 额窦　　　　　　　　　　　B. 瘤胃下部　　　　　　　C. 瘤胃上部

D. 臀部　　　　　　　　　　　E. 肺区边缘

【解析】　E。叩诊健康动物时，健康肺部边缘为半浊音。

6. 发生气胸时，胸部典型的叩诊音是(　　)。

A. 金属音　　　　　　　　　　B. 清音　　　　　　　　　C. 鼓音

D. 半浊音　　　　　　　　　　E. 浊音

【解析】　C。叩诊健康动物时，中1/3为清音。发生气胸时，肺内气体含量上升，故表现为过清音或鼓音。

<<< 第五单元　腹壁、腹腔及消化系统检查 >>>

一、考试大纲

单元	细目	要点
腹壁、腹腔及消化系统检查	1. 腹壁及腹腔检查	(1) 腹壁检查　　(2) 腹腔检查
	2. 口腔及食道检查	(1) 口腔检查　　(2) 食道检查
	3. 反刍动物前胃检查	(1) 瘤胃检查　　(2) 网胃检查　　(3) 瓣胃检查
	4. 胃的检查	(1) 反刍动物皱胃的检查　　(2) 马属动物胃的检查　　(3) 猪胃的检查

（续）

单元	细目	要点
腹壁、腹腔及消化系统检查	5. 肠管检查	（1）反刍动物肠管检查 （2）马属动物肠管检查 （3）直肠检查 （4）猪肠管检查
	6. 排粪动作及粪便的感观检查	（1）排粪动作检查 （2）粪便感观检查
	7. 肝脏、脾脏检查	（1）肝脏检查 （2）脾脏检查

二、重要知识点

（一）腹壁及腹腔检查

1. 腹壁检查 观察腹壁有无缺损、被毛是否完整，是否存在皮下气肿、水肿、血肿等异常情况。

2. 腹腔检查 腹围变大常见于积食、积液、积气；腹围变小常见于营养不良、饲喂过少。腹壁局部突起常见于疝；腹壁紧张常见于肌肉痉挛、破伤风；腹壁有波动感常见于积液；腹壁弹性增加常见于积气；腹壁有硬实感常见于积食。

（二）口腔及食道检查

1. 口腔检查

（1）开口方法 有徒手开口法、开口器开口法。

（2）检查内容 有酸败臭味或腥臭味通常为齿槽骨膜炎，有烂苹果味通常为酮病，有尿味或氨味通常为尿毒症。

2. 食道检查 吞咽异常见于食道阻塞、痉挛等，可通过探诊检查。

（三）反刍动物前胃检查

1. 瘤胃检查 蠕动音似"沙沙"音（牛：1～3次/min；山羊：2～4次/min；绵羊：3～6次/min）。

2. 网胃检查

（1）视诊 由助手强迫病牛上、下坡或在行进中急转弯，术者在一旁视诊。

（2）触诊 在网胃区进行强力触诊。如病牛表现呻吟、疼痛不安、躲闪、反抗、敢上不敢下，以及卧下、站立时两前肢外展等行为，常为创伤性网胃炎的特征，可采取X线检查、超声检查及金属异物探测仪检查等。

3. 瓣胃检查

（1）听诊 可听到细小的捻发音或"沙沙"音。瓣胃蠕动音减弱或消失，常见于瓣胃阻塞、严重的前胃疾病或发热性疾病。

（2）触诊 冲击式深触诊触及坚硬的瓣胃后壁，常见于瓣胃积食。

反刍动物瘤胃检查内容见表1-5-1。

表 1-5-1　反刍动物瘤胃检查内容

检查方法	健康状态	检查结果
视诊	健康状态	左侧肷窝稍凹，饱食后平坦
	病理状态	左肷部膨胀，常见于瘤胃膨气、瘤胃积食
		左肷部高度凹陷，常见于消耗性疾病、营养不良、饥饿
触诊	健康状态	内容物为生面团样，指压留痕
	病理状态	内容物坚实，常见于瘤胃积食
		腹壁紧张、弹性增加，常见于瘤胃膨气
		内容物稀软，常见于前胃迟缓
		有震水音，常见于瘤胃积液
叩诊	健康状态	上部鼓音、中部半浊音、下部浊音
	病理状态	浊音范围扩大，常见于瘤胃积食
		鼓音范围扩大，常见于瘤胃膨气
听诊	健康状态	有"沙沙"音
	病理状态	蠕动音增强，常见于前胃疾病初期、中毒、服用瘤胃兴奋药
		蠕动音减弱，常见于热性病、传染病、瘤胃疾病
		蠕动音消失，常见于前胃疾病后期等

（四）胃的检查

1. 反刍动物皱胃的检查

（1）视诊　皱胃区向外侧突出且左右腹壁不对称，常见于皱胃阻塞、扩张。

（2）触诊　患畜躲闪、呻吟、用后肢踢腹，常见于皱胃炎、皱胃溃疡和皱胃扭转等；皱胃区有明显的坚实感或坚硬，呈长圆形的面袋状并伴有疼痛反应，常见于皱胃阻塞；冲击触诊有波动感并能听到击水音，常见于皱胃扭转或幽门阻塞、十二指肠阻塞等。

（3）叩诊　鼓音，常见于皱胃扩张；钢管音，常见于皱胃左方变位。

（4）听诊　健康时呈流水声或含漱音。蠕动音增强，常见于皱胃炎；蠕动音稀少、微弱，常见于皱胃阻塞；有金属蠕动音，常见于皱胃变位。

2. 马属动物胃的检查　临床上主要用视诊、胃管探诊、直肠内部触诊或取胃内容物进行实验室检查等方法。

3. 猪胃的检查　在左季肋部和剑状软骨部。

（1）触诊　猪站立保定，自两侧肋弓逐渐向后上方滑动触摸；或采取侧卧位，用屈曲的手指进行深部触诊。

（2）听诊　于剑状软骨到脐中间腹壁听胃的蠕动音。

（五）肠管检查

1. 反刍动物肠管检查　肠管正常听诊音为频率低、声音微弱的流水音。病理状态下，肠管蠕动音增强，常见于肠炎、腹泻等；蠕动音减弱，常见于高热性疾病；蠕动音消失，常见于肠便秘。

　　肠管正常触诊为按压时有松软、不紧实的触感。按压具有紧实感，常见于肠便秘；强触诊出现震水音，常见于结肠便秘。

　　2. 马属动物肠管检查　　听诊时，小肠音类似含漱音或流水音，8～12 次/min；大肠音类似雷鸣音或远炮音，4～6 次/min。肠音增强，常见于肠痉挛、肠炎等；肠音减弱或消失，常见于便秘、肠阻塞等；肠音不整，常见于慢性胃肠卡他；有金属音，常见于肠臌气。

　　3. 直肠检查　　直肠检查是将手伸入直肠内，隔着肠壁对腹腔内部器官进行触诊的一种检查方法。可用于大家畜（马属动物和牛等）的妊娠诊断、发情鉴定、腹痛病，以及肾脏、膀胱、腹股沟管、骨盆等的检查。

　　4. 猪肠管检查

　　（1）视诊　　猪呈祈祷姿势，常见于剧烈腹痛。

　　（2）触诊　　猪躲闪、呻吟、用后肢踢腹，常见于肠胃炎；排坚硬的香肠状粪条或粪块，常见于肠便秘；有坚实、弹性、弯曲、移动自如的圆柱形肠管，常见于肠套叠。

　　（3）听诊　　肠音增强，常见于急性肠卡他、胃肠炎的初期等；肠音减弱，常见于重度胃肠炎后期、肠便秘；有金属音，常见于肠臌气。

（六）排粪动作及粪便的感观检查

　　1. 排粪动作检查

　　（1）便秘　　患畜排粪次数减少，量少且费力；另外，粪便干硬，呈小球状，常被覆黏液。

　　（2）腹泻　　患畜排粪次数增多，量多且粪便不成形，质地改变（如粥样、液体状或水样稀粪等），带有黏液，有时带有脓液和血液。

　　（3）排粪痛苦　　患畜排粪时疼痛不安、呻吟、弓腰、努责。

　　（4）失禁　　患畜未取排粪姿势而不自主地排出粪便，见于肛门括约肌松弛、麻痹等。

　　（5）里急后重　　患畜表现为频取排粪姿势，并强力努责，但仅排出少量粪便或黏液。

　　2. 粪便感观检查　　粪便黄褐色，见于谷草、大黄引起；粪便黄绿色，见于青草饲喂过多；粪便灰白色，见于白陶土饲喂过多；粪便红色，见于高粱壳、红色甜菜过食；粪便黑色，见于木炭末、铁剂过食。

　　猪的粪便一般为棒状或稠粥状，马的粪便一般为肾形或圆块状，牛的粪便为叠饼状，犬的粪便为圆柱状，山羊的粪便为椭圆形。

（七）肝脏、脾脏检查

　　1. 肝脏检查　　可用触诊、叩诊、肝功能化验、穿刺及超声检查等方法。犬肝区敏感，常见于急性肝炎。叩诊肝浊音区扩大，提示肝脏肿大，见于肝炎、肝硬化、肝脓肿、肝片吸虫病和肝中毒性营养不良等。

　　2. 脾脏检查　　脾脏位于左季肋区，小动物常采用超声检查。脾脏显著肿大，常见于急性脾炎、白血病等。

三、例题及解析

　　1. 奶牛，食欲减退，反刍缓慢，背腰弓起，用后肢踢腹，左侧下腹部膨大，左肷部平坦，瘤胃触诊内容物坚实，叩诊浊音界扩大，听诊蠕动音减弱，排粪迟滞，该病最可能的诊断是( )。

    A. 瘤胃臌气　　　　　　　B. 瓣胃阻塞　　　　　　　C. 前胃弛缓

    D. 瘤胃炎　　　　　　　　E. 瘤胃积食

【解析】　E。瘤胃积食临床上以瘤胃蠕动音消失、左肷窝部平坦或轻微鼓起、叩诊浊音区扩大为特点。

2. 牛，有采食、咀嚼障碍，但吞咽正常；张口伸舌，口温升高，口腔黏膜红肿，有大量浆液性分泌物流出，体温正常。该病可能是( )。

    A. 咽炎　　　　　　　　　B. 口炎　　　　　　　　　C. 食道炎

    D. 食道阻塞　　　　　　　E. 食道痉挛

【解析】　B。题干描述为口炎特征。

3. 马，4岁，常规免疫，体温38℃，头、耳灵活，目光明亮有神，行动敏捷，采食量未见异常，其粪便形状是( )。

    A. 圆块状　　　　　　　　B. 叠饼状　　　　　　　　C. 水样便

    D. 稠粥样　　　　　　　　E. 圆柱状

【解析】　A。马的粪便一般为肾形或圆块状。

4. 奶牛，3岁，常规免疫、驱虫。正值春季，饲喂新鲜青草，其粪便形状是( )。

    A. 圆块状　　　　　　　　B. 叠饼状　　　　　　　　C. 水样便

    D. 稠粥样　　　　　　　　E. 圆柱状

【解析】　B。牛的粪便为叠饼状。

5. 金毛犬，4岁，常规免疫驱虫，体温38.5℃，喂食犬粮和碎骨。该犬最可能的粪便形状是( )。

    A. 圆块状　　　　　　　　B. 叠饼状　　　　　　　　C. 水样便

    D. 稠粥样　　　　　　　　E. 圆柱状

【解析】　E。犬的粪便为圆柱状。

6. 健康的牛，其瘤胃蠕动次数（次/min）为( )。

    A. 7～9　　　　　　　　　B. 4～6　　　　　　　　　C. 1～3

    D. 10～12　　　　　　　　E. <1

【解析】　C。牛瘤胃蠕动音似"沙沙"音，1～3次/min。

7. 犬腹痛时的典型表现是( )。

    A. 昏睡　　　　　　　　　B. 嚎叫　　　　　　　　　C. 晕厥

    D. 弓背姿势　　　　　　　E. 前肢刨地

【解析】　D。腹痛时，患犬会躲闪、呻吟、弓背、用后肢踢腹。

8. 牛，2岁，偷吃土豆时受到惊吓，哽噎，大量流涎，初诊颈部有硬块，可能是( )。

    A. 食管梗阻　　　　　　　B. 食道损伤　　　　　　　C. 食道憩室

    D. 气管异物　　　　　　　E. 气管阻塞

【解析】　A。由题干得该牛没有出现呼吸道症状，故排除D、E；又因其偷吃时收到惊吓，出现了大量流涎，颈部有硬块，故其很大可能为土豆卡住了食道造成的食道梗阻。

<<< 第六单元 泌尿系统检查 >>>

一、考试大纲

单元	细目	要点
泌尿系统检查	1. 排尿动作及尿液感观检查	（1）排尿反射 （2）排尿动作检查
	2. 肾脏及输尿管检查	（1）肾脏检查 （2）输尿管检查
	3. 膀胱及尿道检查	（1）膀胱检查 （2）尿道检查

二、重要知识点

（一）排尿动作及尿液感观检查

1. 排尿反射 尿液由肾脏形成，经输尿管进入膀胱内贮存，到达一定程度后可刺激膀胱感受器，经传入神经、排尿初级中枢、效应器等排尿反射弧作用后排出。其间任何一部分出现异常，均可引起排尿异常。

2. 排尿动作检查

（1）多尿 排尿次数增多，而每次的尿量并不减少甚至增多；或者排尿次数不多，但每次的尿量增多。

（2）尿频或频尿 排尿次数增多，但每次的尿量不多，甚至减少，常见于膀胱炎、尿道炎等。

（3）尿失禁 动物不采取正常的排尿姿势，不自主地经常或周期性排出少量尿液。

（4）少尿及无尿 排尿次数减少，尿量下降。肾前性少尿或无尿，见于机体脱水；肾源性少尿或无尿，见于肾脏疾病；肾后性少尿或无尿，见于输尿管、膀胱等阻塞。

（5）尿潴留（或尿闭） 肾脏尿液仍能生成，但尿液潴留膀胱内不能排出。

（6）尿痛（尿疝） 动物在排尿时，表现不安、疼痛，通常见于尿道炎、膀胱炎等。

（7）尿淋漓 排尿时，尿液不断呈点滴状排出，称尿淋漓。

（二）肾脏及输尿管检查

1. 肾脏检查 动物表现腰脊僵硬、弓起、运步小心、后肢向前移动迟缓，常见于肾炎。

2. 输尿管检查 触诊时肾盂疼痛，见于肾盂肾炎；一侧或两侧肾盂肿大、波动，输尿管扩张，见于肾盂积水；直肠检查存在较粗的索状物，紧张有压痛，见于输尿管炎；在肾盂部或输尿管部触到坚硬石块，病畜呈现疼痛反应，见于肾结石或输尿管结石。

（三）膀胱及尿道检查

1. 膀胱检查 体积增大，见于尿道结石、膀胱麻痹；空虚，见于肾性无尿、膀胱破裂等;膀胱压痛,见于膀胱炎;膀胱内有坚硬物体,见于膀胱结石;膀胱麻痹时更换体位可有尿液流出。

2. 尿道检查 可通过外部触诊、直肠内触诊及导尿管探诊进行检查。

三、例题及解析

1. 家畜频做排尿动作,但尿液仅呈细流状或滴状排出的症状称( )。

    A. 尿淋漓   B. 尿失禁   C. 尿闭

    D. 少尿   E. 无尿

【解析】 A。排尿时,尿液不断呈点滴状排出,称尿淋漓。

2. 公牛的尿道结石多发于( )。

    A. 肾盂   B. 输尿管   C. 膀胱

    D. 乙状弯曲部   E. 尿道的盆骨中部

【解析】 D。公牛乙状弯曲部易发生结石阻塞。

3. 诊断猫泌尿系统综合征的方法不包括( )。

    A. 放射造影检查   B. 心电图检查   C. X 线检查

    D. 导尿管探诊   E. B 超检查

【解析】 B。心电图检查用于检查心脏活动情况,不用于泌尿系统检查。

4. 急性尿道损伤的典型症状是( )。

    A. 尿中带血   B. 尿闭   C. 体温升高

    D. 阴囊肿大   E. 前列腺肿大

【解析】 A。急性尿道损伤时因表面损伤,血管破裂从而导致尿中带血。

5. 病犬不排尿,触诊膀胱增大、不敏感,按压有尿液排出,提示( )。

    A. 膀胱麻痹   B. 膀胱破裂   C. 括约肌痉挛

    D. 膀胱炎   E. 膀胱结石

【解析】 A。膀胱破裂时膀胱空虚,不增大;膀胱括约肌痉挛时,尿液排出受阻,不会流出;有膀胱炎、膀胱结石时会导致膀胱敏感。

<<< 第七单元 生殖系统检查 >>>

一、考试大纲

单元	细目	要点
生殖系统检查	1. 雄性生殖器官检查	
	2. 雌性生殖器官检查	(1)阴门检查 (2)阴道检查 (3)卵巢及输卵管检查 (4)乳房检查

二、重要知识点

（一）雄性生殖器官检查

大动物常通过直肠检查进行前列腺检查。增大、平滑但无痛感，见于前列腺增生；肿大、敏感，触诊腹后部有压痛反应，见于前列腺炎；肿大，有波动感，无痛，见于前列腺囊肿。

（二）雌性生殖器官检查

1. 阴门检查　阴门肿胀，见于发情期、阴道炎；阴门流出腐败的坏死组织块或脓性分泌物，见于产后恶露、子宫感染、胎衣不下、阴道炎、子宫炎；阴道周围肿胀，见于肿瘤。

2. 阴道检查　阴道分泌物增多，流出黏液或脓性液体，阴道黏膜潮红、肿胀、溃疡，见于阴道炎、子宫炎；马外阴部皮肤有圆形或椭圆形褪色斑块，见于马媾疫；猪、牛阴道肿胀，见于镰刀菌、赤霉菌素中毒病。

3. 卵巢及输卵管检查　卵巢囊肿，指卵泡或黄体内出现液体性分泌物并积聚成囊泡。根据发生部位和性质可分为卵泡囊肿和黄体囊肿。患卵泡囊肿的病畜一般表现为无规律、长时间或连续性的发情症状（慕雄狂），或长时间不出现发情征象（乏情）。有的牛患此病时先表现慕雄狂的症状，而后转为乏情。

4. 乳房检查　通常采用视诊、触诊、乳汁感官检查等方法。乳房肿胀、热痛，乳汁呈絮状、凝块或混有血液、脓汁，是乳腺炎的症状。奶牛的乳房淋巴结肿胀、硬结，无热痛反应，应注意乳腺结核。牛、羊乳房皮肤有疱疹、脓疱及结痂时，应注意痘疹。

三、例题及解析

1. 不属于牛阴道损伤的临床症状是（　　　）。
   A. 尾根高举　　　　　　　　B. 骚动不安　　　　　　　　C. 左肷窝隆起
   D. 弓背　　　　　　　　　　E. 频频努责
   【解析】　C。左肷窝隆起通常为牛患有瘤胃膨气，不属于牛阴道损伤的临床症状。

2. 某患病公犬主要表现便秘，里急后重，精神沉郁，体温升高，食欲不振，不安，步样强拘，触诊腹后部有压痛反应，尿道口有滴血样分泌物。该犬可能患有（　　　）。
   A. 膀胱结石　　　　　　　　B. 尿道结石　　　　　　　　C. 肾结石
   D. 输尿管结石　　　　　　　E. 前列腺炎
   【解析】　E。因其为公犬，肿大、敏感，触诊腹后部有压痛反应见于前列腺炎。

3. 公牛精囊腺炎综合征的常用诊断方法是（　　　）。
   A. 血常规检查　　　　　　　B. 腹壁 B 超检查　　　　　　C. 直肠检查
   D. 尿常规检查　　　　　　　E. 激素分析
   【解析】　C。大动物精囊腺炎综合征的常用诊断方法为直肠检查。

4. 奶牛乳腺炎常用的检查方法不包括（　　　）。
   A. 视诊　　　　　　　　　　B. 触诊　　　　　　　　　　C. 乳房穿刺

D. 乳汁化学分析   E. 乳汁显微镜检查

【解析】 C。乳房检查通常采用视诊、触诊、乳房感官检查等方法，乳汁检查又可通过物理、化学及显微镜检查进行。

5. 经产奶牛，6岁，产后6个月未出现发情，直肠检查发现两侧卵巢大小、形态、质地未见明显变化。该牛可能发生的疾病是(   )。

A. 卵泡囊肿   B. 黄体囊肿   C. 排卵延迟

D. 持久黄体   E. 卵巢机能减退

【解析】 E。其产后6个月未出现发情故排除C选项，因"两侧卵巢大小、形态、质地未见明显变化"，故排除A、B、D。

<<< 第八单元 神经系统及运动机能检查 >>>

一、考试大纲

单元	细目	要点
神经系统及运动机能检查	1. 颅和脊柱检查	(1) 颅腔检查 (2) 脊柱检查
	2. 脑神经及特殊感觉检查	
	3. 运动机能检查	(1) 共济失调 (2) 痉挛 (3) 瘫痪
	4. 感觉机能检查	(1) 深感觉检查 (2) 浅感觉检查

二、重要知识点

(一) 颅和脊柱检查

1. 颅腔检查 局部隆突，见于寄生虫感染、外伤、肿瘤以及副旁窦化脓性感染等；异常增大，见于脑积水、软骨病和佝偻病等；骨骼变形，见于幼龄动物软骨病、成年动物佝偻病、马属动物纤维性骨营养不良等；局部增温，见于炎症、热射病、脑炎等；压痛，见于外伤、炎症、肿瘤脑内寄生虫感染等。

2. 脊柱检查 角弓反张，见于脊髓疾病、鸭病毒性肝炎、破伤风毒素中毒等；脊柱弯曲，见于骨折、外伤、脊髓炎等；脊柱僵硬，见于破伤风毒素中毒、腰肌风湿症、肾炎等。

(二) 脑神经及特殊感觉检查

通过观察动物吞咽、设置障碍物、气味刺激等检查动物的舌咽神经、嗅神经、视神经等是否正常。

(三) 运动机能检查

1. 共济失调 动物各个肌肉收缩力正常，但在运动时肌肉群动作相互不协调，导致体位和各种运动异常。

2. 痉挛　是横纹肌不随意收缩的一种病理现象。

3. 瘫痪　指动物横纹肌的随意运动机能减弱或消失。

（四）感觉机能检查

1. 深感觉检查　深部感觉为位于皮下深处的组织对肢体位置、状态和运动等情况的冲动，出现障碍常见于脑炎、脑水肿、马霉玉米中毒、鸡马立克病等。

2. 浅感觉检查　主要有痛觉、触觉、温觉等。感觉性升高，常见于局部炎症、脊髓膜炎、脊髓背根损伤；感觉性减弱或消失，常见于意识障碍、局部神经麻痹；感觉异常（发痒、蚁走感、灼烧感等），常见于狂犬病、伪狂犬病、绵羊痒病、神经性皮炎、荨麻疹等。

三、例题及解析

1. 支配眼球运动的神经是（　　）。
　　A. 视神经　　　　　　　　B. 滑车神经　　　　　　　　C. 三叉神经
　　D. 面神经　　　　　　　　E. 副神经

【解析】　B。眼球运动神经有动眼神经、滑车神经、外展神经。

2. 腹下神经抑制，反射地引起（　　）。
　　A. 腹直肌收缩　　　　　　B. 逼尿肌松弛　　　　　　　C. 内括约肌收缩
　　D. 内括约肌松弛　　　　　E. 腹横肌松弛

【解析】　D。腹下神经抑制时，可使内括约肌松弛，逼尿肌收缩，阻止排尿。

3. 骨折的特有症状是（　　）。
　　A. 肿胀　　　　　　　　　B. 异常活动　　　　　　　　C. 体温升高
　　D. 出血　　　　　　　　　E. 疼痛

【解析】　B。骨折时运动系统完整性遭到破坏，故会出现跛行等异常活动。

<<< 第九单元　血液的一般检验 >>>

一、考试大纲

单元	细目	要点
血液的一般检验	1. 红细胞和血红蛋白	（1）红细胞和血红蛋白增多　（2）红细胞数量减少
	2. 红细胞比容和相关参数的应用	（1）红细胞比容　（2）红细胞3种平均值参数计算
	3. 白细胞计数和白细胞分类计数	（1）白细胞计数和白细胞分类计数　（2）白细胞特征　（3）白细胞总数变化的临床意义
	4. 血小板计数	（1）血小板增多　（2）血小板减少

（续）

单元	细目	要点
血液的 一般检验	5. 红细胞沉降率	
	6. 交叉配血试验	（1）玻片法　　（2）试管法
	7. 血细胞体积分布直方图	（1）红细胞体积分布直方图　　（2）血小板体积分布直方图

二、重要知识点

（一）红细胞和血红蛋白

1. 红细胞和血红蛋白增多　机体脱水，红细胞数量相对较多，常见于剧烈呕吐、肠阻塞、急性胃肠炎、瓣胃阻塞、渗出性胸膜炎等；真性红细胞增多、有心肺疾病时，由于代偿作用红细胞数量也可增多。

2. 红细胞减少　可见于各型贫血及伴有贫血的其他疾病。

（二）红细胞比容和相关参数的应用

1. 红细胞比容　是指红细胞在血液中所占容积的比值。

2. 红细胞 3 种平均值参数计算

（1）红细胞平均体积（MCV）　指每升血液中红细胞压积与每升血液中红细胞数的比值。比值大见于骨髓增殖性疾病、某些肝病、维生素 B_{12} 和叶酸缺乏，比值小见于铜缺乏和铁缺乏。

（2）红细胞平均血红蛋白含量　指每升血液中血红蛋白含量与每升血液中红细胞压积容量的比值。比值大见于溶血性贫血时由细胞外血红蛋白增加所致，比值小见于缺铁性贫血。

（3）红细胞平均血红蛋白浓度　指每升血液中血红蛋白浓度与每升血液中红细胞压积容量的比值。比值大见于免疫介导性贫血和一些溶血性贫血时由细胞外血红蛋白增加所致，比值小见于铁缺乏和网织红细胞增多。

（三）白细胞计数和白细胞分类计数

1. 白细胞计数和白细胞分类计数　白细胞计数是指一定体积内血液中所含白细胞的总数，白细胞分类计数指一定体积内血液中所含各类型白细胞的数量。

2. 白细胞特征　详见动物生理学、动物病理学内容。

3. 白细胞总数变化的临床意义

（1）总数增多　见于细菌性疾病、急性炎症、严重的组织损伤、急性大出血、急性溶血、中毒（敌敌畏、酸中毒及尿毒症）、注射异体蛋白（血清、疫苗）、白血病。

（2）总数降低　见于某些中毒性疾病（犬传染性肝炎、猫泛白细胞减少症、流行性感冒等）、再生障碍性贫血、长期使用磺胺类药物、X 线照射、恶病质及各种疾病的濒死期。

有急性炎症、化脓性炎症时通常中性粒细胞增多；有过敏反应、寄生虫感染时通常嗜酸性粒细胞增多；有慢性炎症、病毒感染时通常淋巴细胞增多。

（四）血小板计数

1. 血小板增多　有原发性血小板增多，以及继发性血小板增多（急性出血、慢性出血、骨折、创伤、手术后、骨髓增生性疾病、慢性粒细胞性白血病、肺炎、胸膜炎、传染性胸膜肺炎等）。

2. 血小板减少　生成减少（穗状葡萄球菌中毒、真菌毒素中毒、某些蕨类植物中毒、急性白血病、败血性白血病等），以及破坏过多（免疫性血小板减少性紫癜、感染、伴有DIC的各种疾病）。

（五）红细胞沉降率

一般认为血液中负电荷相对减少时，红细胞沉降速率加快，反之沉降速率变慢。血浆中带负电荷的物质有红细胞、血浆白蛋白，带正电荷的物质有血浆球蛋白、纤维蛋白、胆固醇。

（六）交叉配血试验

1. 玻片法　采用主、次侧凝集试验进行验证。主侧：受血动物血清＋供血动物红细胞；次侧：供血动物血清＋受血动物红细胞。主、次侧均无红细胞凝集现象的即为可用。

2. 试管法　原理与玻片法一致。

（七）血细胞体积分布直方图

1. 红细胞体积分布直方图　为一个反映红细胞体积分布近似正态分布的单个峰的光滑曲线。

2. 血小板体积分布直方图　为一个反映血小板体积分布偏正态分布的单个峰的光滑曲线。

三、例题及解析

1. 犬，血液学检查，细胞大小约为红细胞的 2 倍；细胞质呈粉红色，其中有粉红色絮状颗粒或微细颗粒；细胞核呈马蹄形或腊肠形，染色后呈淡紫蓝色，核染色质细致。该类细胞是（　　）。

　　A. 晚幼中性粒细胞　　　　　　　　B. 杆状核中性粒细胞
　　C. 分叶核中性粒细胞　　　　　　　D. 淋巴细胞
　　E. 单核细胞

【解析】　B。根据题干描述本题涉及的细胞应为未分叶的中性粒细胞。

2. 猫，血液学检查，细胞如红细胞大小；细胞质少，呈天蓝色，其中有少量嗜天青颗粒；细胞核呈圆形，核染色质致密。该类细胞是（　　）。

　　A. 晚幼中性粒细胞　　　　　　　　B. 杆状核中性粒细胞
　　C. 分叶核中性粒细胞　　　　　　　D. 淋巴细胞
　　E. 单核细胞

【解析】 D。因其大小与红细胞相似，故题干中符合描述的为淋巴细胞。

3. 临床中意义不大的白细胞计数是(　　)。

A. 嗜酸性粒细胞增加　　　　　　　　B. 嗜碱性粒细胞减少

C. 嗜酸性粒细胞减少　　　　　　　　D. 中性粒细胞增加

E. 单核细胞减少

【解析】 B。有急性炎症、化脓性炎症时通常中性粒细胞增加；有过敏反应、寄生虫感染时通常嗜酸性粒细胞增加；有慢性炎症、病毒感染时通常淋巴细胞增加。

<<< 第十单元　血液的临床常用生化检验 >>>

一、考试大纲

单元	细目	要点
血液的临床常用生化检验	1. 血糖及相关指标	(1) 血糖　(2) 葡萄糖耐量试验　(3) 糖化血红蛋白
	2. 血清脂质	(1) 血清胆固醇　(2) 血清甘油三酯　(3) 胆汁酸
	3. 血清电解质	(1) 血清钾　(2) 血清钠　(3) 血清氯　(4) 血清钙　(5) 血清磷
	4. 肾功能检查	(1) 尿素氮　(2) 肌酐　(3) 氨　(4) 尿酸　(5) 尿蛋白/肌酐比率 (6) 肾小球功能检测
	5. 肝功能检查	(1) 蛋白质及其代谢产物　(2) 血清酶
	6. 心肌损害指标	(1) 肌酸激酶　(2) 天门冬氨酸氨基转移酶　(3) 乳酸脱氢酶
	7. 胰脏损伤指标	(1) α-淀粉酶　(2) 脂肪酶
	8. 血气及酸碱平衡分析	(1) pH　(2) 二氧化碳分压　(3) 氧分压　(4) 血氧饱和度 (5) 剩余碱　(6) 实际碳酸盐 (AB)　(7) 标准碳酸盐 (SB) (8) 阴离子间隙

二、重要知识点

(一) 血糖及相关指标

1. 血糖

(1) 升高　有生理性血糖升高、病理性血糖升高（常见于糖尿病、急性胰腺坏死、胰腺炎、癫痫、抽搐、脑垂体前叶功能亢进等）。

(2) 降低　有生理性血糖降低、病理性血糖降低（常见于胰岛素分泌过多、肾上腺皮质功能不全、肝炎后期、长期消化不良、慢性贫血、中毒，以及仔猪低糖血症、牛羊酮病等）。

2. 葡萄糖耐量试验　口服葡萄糖，以了解胰岛 B 细胞功能和机体对血糖的调节能力。

3. 糖化血红蛋白　糖化血红蛋白是血液中红细胞内的血红蛋白与糖结合的产物。

（二）血清脂质

1. 胆固醇 升高见于糖尿病、阻塞性黄疸、肥胖、高脂肪饮食、甲状腺机能减退、肾病综合征等，降低见于严重的营养不良、恶性肿瘤、肝细胞损伤、肠道吸收不良等。

2. 甘油三酯 升高见于脂血、黄疸、溶血等，降低见于胰腺炎等。

3. 胆汁酸 升高见于肝炎、肝硬化、胆汁淤积等，降低通常无临床意义。

（三）血清电解质

1. 血清钾

（1）升高 见于高剂量高钾药物或含钾液体快速注入、释放性高钾血症（重度溶血、注射高渗盐水、甘露醇等）、组织缺氧（急性支气管哮喘、肺炎、呼吸障碍、休克）、滞钾利尿剂的过度使用、肾功能障碍（少尿症、尿闭症、尿路闭塞、尿毒症、急性肾功能衰竭）。

（2）降低 见于长期不食或食之甚少（晚期肿瘤、败血症、心力衰竭）、钾丢失增加（呕吐、腹泻、长期胃引流）、肾脏疾病、肾上腺皮质功能亢进、药物作用（肾上腺皮质激素等）等。

2. 血清钠

（1）升高 见于肾上腺皮质功能亢进（库兴综合征、原发性醛固酮增多症）、脑性高血钠症（脑外伤、垂体肿瘤）、钠摄入量过多。

（2）降低 见于胃肠丢失钠、尿路失钠（糖尿病、肾脏功能不全）、垂体后叶功能减退（肾小管重吸收水分不足，导致尿崩症）、皮肤失钠（烧伤、出汗）、穿刺放液过多。

3. 血清氯

（1）升高 见于高渗性脱水、低蛋白血症、酸中毒、猫传染性腹膜炎、尿道阻塞、含氯药物使用过多。

（2）降低 见于胃管引流、严重呕吐、氯摄入量不足、糖尿病酮症酸中毒、肾功能衰竭、大出汗后未补充氯。

4. 血清钙

（1）升高 见于甲状旁腺功能亢进、骨溶性病变、原发性甲状旁腺功能亢进、维生素 D 过多、肾功能衰竭。

（2）降低 见于低蛋白血症、肾功能衰竭、产后抽搐（惊厥）、甲状旁腺机能减退、维生素 D 缺乏。

5. 血清磷

（1）升高 见于维生素 D 补给过量，牛、马由骨质疏松症、肾功能不全、骨折愈合期、肠道阻塞、胃肠道疾病等所导致的酸中毒、甲状旁腺机能减退等。

（2）降低 见于软骨症、低磷性佝偻病、生产瘫痪、甲状旁腺机能亢进、注射大量葡萄糖。

（四）肾功能检查

1. 尿素氮

（1）肾前性 见于高热、休克、充血性心力衰竭、脱水、严重感染、消化道出血、糖尿病酮症酸中毒、严重的肌肉损伤、使用糖皮质激素或四环素、阿蒂森氏症、高蛋白饮食、肝肾综合征等因素。

（2）肾中性　见于由慢性间质性肾炎、急性肾炎、严重肾盂肾炎、先天性多囊肾和肾肿瘤等肾疾病引起的肾功能障碍。

（3）肾后性　见于由各种原因导致的尿路梗阻使肾小球滤过压降低，如尿道结石、难产、便秘、前列腺肿瘤、盆腔肿瘤、双侧输尿管结石等。

（4）血中尿素氮降低　见于水分摄入过量、蛋白质摄入过少、使用促蛋白合成的同化激素、妊娠晚期及严重的肝病。

2. 肌酐

（1）升高　见于肾功能不全、严重感染、剧烈运动、生长激素分泌过盛、糖尿病、维生素 C 大量使用等。

（2）降低　见于妊娠晚期、严重的肌营养不良、重度的充血性心脏衰竭、使用雄性激素或噻嗪类利尿药等。

3. 氨

（1）升高　见于肝功能衰竭、严重的上消化道出血、尿毒症等。

（2）降低　见于低蛋白饮食、严重的贫血等。

4. 尿酸

（1）升高　见于痛风、白血病、多发性骨髓瘤、真性红细胞增多、肾功能减退、中毒（如氯仿、四氯化碳、铅中毒）等。

（2）降低　见于恶性贫血等。

5. 尿蛋白/肌酐比率　用来发现早期肾病。

6. 肾小球功能检测　可以反映肾小球的滤过功能。

（五）肝功能检查

1. 蛋白质及其代谢产物

（1）血清总蛋白（TP）　由白蛋白和球蛋白组成。增高，见于剧烈呕吐、腹泻、淋巴肉瘤和浆细胞瘤等；降低，提示营养不良、蛋白质丢失（严重烧伤、创伤等）。

（2）白蛋白（ALB）　升高，主要见于急性重度脱水和休克。降低分为两种原因：一是合成不足（长期饥饿、营养不良、肠道吸收不良、严重肝病等）；二是过度流失（肾小球病变、肾病、蛋白丢失性肠病、大量炎症性胸腹腔液渗出等）。

（3）球蛋白（GLB）　增高，主要见于肝脏疾病、肺炎、细菌性心内膜炎、结核病等；降低，主要见于初乳不足、γ球蛋白缺乏症。

（4）白/球比（A/G）　总蛋白高、白/球比低，见于慢性炎症、免疫性疾病、多发性骨髓瘤、红斑狼疮等；总蛋白低、白/球比低，见于肾病、营养不良等；总蛋白低且白蛋白也低则提示严重肝病，如严重肝脓肿、肝脂变（猫）、中重度的肝纤维化、肝癌晚期等。

2. 血清酶

（1）谷丙转氨酶（GPT）　又称丙氨酸氨基转移酶（ALT），是犬、猫和灵长类动物肝脏的特异性酶，测定该酶活性对于诊断肝脏疾病有重要意义，对其他动物疾病的诊断价值不大。升高，常见于各种类型肝病、严重贫血、砷中毒、牛胃肠炎、肾病综合征等。

（2）谷草转氨酶（GOT）　又称天门冬氨酸氨基转移酶（AST），升高常提示各种类型肝病、骨折、马结肠炎、肾炎等，该酶伴随肌酸激酶的明显升高常提示骨骼肌损伤或心脏疾病。

（3）**碱性磷酸酶（ALP、ALKP）** 升高，常提示胆管阻塞、药物诱导（扑米酮、苯巴比妥、皮质激素等）、成骨细胞活性增强（骨骼疾病，即佝偻病、骨肉瘤、成骨不全、骨折等）、恶性肿瘤（乳房腺癌、鳞状上皮细胞癌、血管肉瘤等）、急性中毒性肝损伤等。

（4）**γ-谷氨酰转移酶（GGT）** 又称γ-L-谷氨酰转移酶（γ-GT），升高提示肝内或肝外性胆汁淤积、急慢性肝炎、慢性肝炎活动期、阻塞性黄疸、胆管感染、急性胰腺炎，降低时无临床意义。

（六）心肌损害指标

1. 肌酸激酶 即肌酸磷酸激酶（CPK），主要存在于心肌和骨骼肌中。当骨骼肌、心肌受损时，肌酸激酶释放入血。临床上用以诊断或辅助诊断心肌疾病，升高时常提示急性心肌坏死、心肌缺血、病毒性心肌炎、脑膜炎、脑梗死、脑缺血、甲状腺功能减退、进行性营养不良、肌肉物理性损伤等。

2. 天门冬氨酸氨基转移酶 升高常提示各种类型肝病、骨折、马结肠炎、肾炎等，该酶伴随肌酸激酶明显升高常提示骨骼肌损伤或心脏疾病。

3. 乳酸脱氢酶 乳酸脱氢酶（LD或LDH）升高对任何单一组织或器官都是非特异性的，故无明确的诊断意义，但其有助于急性心肌坏死的后期诊断。其他能够引起该酶升高的疾病有骨骼肌变性、损伤、营养不良、肺梗死、白血病、恶病质、病毒性肝炎、肝硬化、进行性心肌不良、恶性贫血等。

（七）胰脏损伤指标

1. α-淀粉酶 血清淀粉酶主要来源于胰腺，升高常提示胰腺炎、肾脏疾病、肠阻塞、肠扭转、肠穿孔、小肠上部炎症、皮质类固醇过多及用α-淀粉酶或促肾上腺皮质激素治疗疾病等。

2. 脂肪酶 升高主要见于急性胰腺炎、胰腺癌。

（八）血气及酸碱平衡分析

1. pH 有呼吸性酸中毒时pH下降、$P(CO_2)$上升，有代谢性酸中毒时pH下降、$P(CO_2)$下降；有呼吸性碱中毒时pH上升、$P(CO_2)$下降，有代谢性碱中毒时pH上升、$P(CO_2)$上升。

2. 二氧化碳分压 指溶解在血液中的二氧化碳分子产生的压力，是反映呼吸性酸碱平衡的重要指标。

3. 氧分压 指以物理状态溶解在血浆内的氧分子所产生的张力。

4. 血氧饱和度 指氧合血红蛋白对有效血红蛋白的容积比，广义上指血液样品中的氧含量对该样品血液最大氧含量的百分比。

5. 剩余碱 指在标准状态下，将血液标本滴定至标准pH时所消耗的酸或碱的量，表示全血或血浆中碱储备增加或减少的情况。有代谢性酸中毒（严重腹泻、肾功能衰竭、糖尿病、服用酸性药物过多）时剩余碱负值减少，有代谢性碱中毒（幽门梗阻、服用碱性药物过多）时剩余碱正值增加；有呼吸性酸中毒代偿（呼吸中枢抑制、呼吸肌麻痹、肺气肿、支气管扩张、气胸）时剩余碱正值略增加，有代谢性酸中毒、呼吸性碱中毒（呼吸增数、CO_2

排出过多）时剩余碱负值增加。

6. 实际碳酸盐（AB） 指未经平衡处理的全血中的 HCO_3^- 的真实含量。

7. 标准碳酸盐（SB） 指体温在 37℃ 时二氧化碳分压为 5.32kPa、Hb100％氧饱和条件下所测得血浆中 HCO_3^- 的含量。SB 是诊断代谢性酸碱平衡紊乱的指标，AB 和 SB 相结合对酸碱平衡失调的诊断有一定参考价值。

（1）AB＝SB，但两者均正常，提示酸碱平衡正常。

（2）AB＝SB，但两者均增加，提示代谢性碱中毒。

（3）AB＝SB，但两者均降低，提示代偿性代谢性酸中毒。

（4）AB＞SB，说明二氧化碳蓄积，提示呼吸性酸中毒。

（5）SB＞AB，说明二氧化碳排出增加，提示呼吸性碱中毒。

8. 阴离子间隙 阴离子间隙是反映机体酸碱平衡的一项指标，计算公式如下：

$$AG = [Na^+] - \{[Cl^-] + [HCO_3^-]\} = 12 \pm 2$$

阴离子间隙下降提示阴阳离子检测异常、多发性骨髓瘤、低蛋白血症等，升高提示代谢性酸中毒、肾功能不全（正常情况下通过肾脏排泄的有机酸应增加）、糖尿病酮症酸中毒、乙酰水杨酸（阿司匹林）和某些口服药的分解产物（乙烯、乙二醇和甲醇）过量等。

三、例题及解析

1. 血清尿素氮升高最常见于（　　　）。

    A. 心脏疾病　　　　　　　　B. 肝脏疾病　　　　　　　　C. 肺脏疾病

    D. 脾脏疾病　　　　　　　　E. 肾脏疾病

【解析】　E。考点为肾功能检查的指标，主要包括尿素氮、肌酐、氨、尿酸以及尿蛋白/肌酐比率。

2. 犬急性肝炎的实验室检查出现的变化是（　　　）。

    A. 天门冬氨酸氨基转移酶活性升高　　　　B. 血浆白蛋白升高

    C. 血脂降低　　　　　　　　　　　　　　D. ATP 增多

    E. 维生素 K 增加

【解析】　A。考点为肝功能检查的指标，主要包括血清总蛋白（TP）、白蛋白（ALB）、球蛋白（GLB）、白/球比（A/G）、丙氨酸氨基转移酶（ALT）、天门冬氨酸氨基转移酶（AST）、碱性磷酸酶（ALP、ALKP）、γ-谷氨酰转移酶（GGT）。

3. 猫，12 岁，突发尿量增多，不食，精神委顿，四肢无力，血清生化检查可见（　　　）。

    A. 钠升高　　　　　　　　　B. 钾升高　　　　　　　　　C. 氯升高

    D. 钾降低　　　　　　　　　E. 钙降低

【解析】　D。根据题干"频繁排尿"可得该猫机体失水失盐，肾脏进行代偿时会采用钾离子置换钠离子，故血钾降低。

（4～5 题共用题干）

母犬，4 岁，营养状态良好，偷食油炸鸡后剧烈呕吐，精神沉郁，食欲废绝，腹泻，呻吟，呈祈祷姿势，腹壁触诊高度敏感，血清学检查淀粉酶升高。

4. 该病最可能的诊断（　　　）。

  A. 胰腺炎   B. 脑炎   C. 肝炎

  D. 肠炎   E. 胃肠炎

【解析】 A。血清淀粉酶升高常提示胰腺炎、肾脏疾病、肠阻塞等。

5. 确诊需进一步进行( )。

  A. 超声检查   B. X线检查   C. 脂肪酶检测

  D. 碱性磷酸酶检测   E. 内窥镜检查

【解析】 C。急性胰腺炎实验室检查，血液中淀粉酶与脂肪酶的活性同时升高，白细胞增多与核左移。

  6. 泰迪犬，8岁，饮食不规律，喜暴饮暴食，突发腹痛、腹胀、呕吐，发热，血清淀粉酶超过正常值的5倍。该病最可能的诊断是( )。

  A. 肠梗阻   B. 急性肝炎   C. 胃肠炎

  D. 胆囊炎   E. 急性胰腺炎

【解析】 E。急性胰腺炎实验室检查时，血液中淀粉酶与脂肪酶的活性同时升高，白细胞增多与核左移。

  7. 酸碱平衡分析，剩余碱正值增加，提示( )。

  A. 呼吸性酸中毒   B. 呼吸性碱中毒   C. 代谢性酸中毒

  D. 代谢性碱中毒   E. 无临床指导意义

【解析】 D。有代谢性碱中毒（幽门梗阻、服用碱性药物过多）时剩余碱正值增大。

<<< 第十一单元　排泄物、分泌物及其他体液检验 >>>

一、考试大纲

单元	细目	要点
排泄物、分泌物及其他体液检验	1. 尿液检验	（1）样本采集和保存 （2）一般性状检查 （3）显微镜检查 （4）化学检验
	2. 粪便和呕吐物检验	（1）显微镜检查 （2）化学检验
	3. 脑脊液检验	（1）样本采集和保存 （2）一般性状检查 （3）显微镜检查 （4）化学检验
	4. 浆膜腔积液检验	（1）样本采集和保存 （2）一般性状检查 （3）显微镜检查 （4）化学检验

二、重要知识点

（一）尿液检验

1. 样本采集和保存 动物的尿液可通过自然排尿、压迫膀胱、导尿、膀胱穿刺等进行采集，防腐剂可用甲醛溶液、甲苯、硼酸、麝香草酚等。

2. 一般性状检查

(1) 尿量 生理性多尿，见于大量饮水及利尿药物的使用；病理性多尿，见于糖尿病、急性肾功能衰竭的多尿期、肾小管酸性中毒等。少尿，见于急性肾小球肾炎、急性肾功能衰竭的少尿期、心力衰竭、高热及由各种原因引起的脱水等。

(2) 混浊度 正常情况下，反刍动物的新鲜尿液清亮而透明，但放置不久会变混浊；猪的尿液及肉食性动物的尿液清亮而透明；马属动物的尿液呈不透明的混浊状(因为含有大量悬浮的碳酸钙和不溶性磷酸盐)，马尿液的混浊度增加或其他动物的新鲜尿液混浊而不透明者均为异常现象。马属动物的尿液透明、色淡、清亮，提示饲喂的精饲料过多、过劳、纤维性骨营养不良、慢性胃肠卡他等。

尿液呈现混浊的鉴别方法：①尿液经过滤而透明，见于尿液中有细胞管型、不溶性盐类。②尿液中加入乙醚，摇振后变透明的为脂肪尿；尿液中加入醋酸后产生泡沫且透明则含有碳酸盐，不产生泡沫而变透明则为磷酸盐。③尿液加热或加碱后变透明，表明含有尿酸盐；加热后不透明而加稀盐酸后变透明，表明含有草酸盐。④尿液中加入 20％氢氧化钠或氢氧化钾溶液而呈透明的胶冻样，表明含有脓汁。⑤尿液经上述多种操作后仍混浊，表明含有细菌。

(3) 尿色 正常情况下，尿液为黄色。猪和水牛的尿液为水样外观，黄牛的尿液为淡黄色，马的尿液为较深的黄色，犬的尿液为鲜黄色。

①黄尿 机体脱水，尿浓缩(饮水不足、高热疾病)；尿中含有大量直接胆红素，见于胆红素尿：有实质性黄疸和阻塞性黄疸；使用呋喃药物(核黄素)。

②红尿 各类型红尿特点见表 1-11-1。

表 1-11-1 各类型红尿特点

红尿类型	尿中成分	红尿特点				
		颜色	透明	静置	红细胞	潜血
血尿	血液	红色	否	出现红色沉渣	多	阳性
血红蛋白尿	血红蛋白	酱油色	透明	无	无	阳性
肌红蛋白尿	肌红蛋白	红褐色、棕色	透明	无	无	阳性
药物红尿	药物色素	红色	透明	无	无	阴性

③乳白色尿

A. 尿液中含脓液，见于脓尿，化脓性感染——浑浊。

B. 尿液中含淋巴液，见于乳糜尿——淋巴管破裂。

(4) 气味 有浓烈的氨臭味，见于膀胱炎、膀胱麻痹、膀胱括约肌痉挛、尿道阻塞等；有腐臭味，见于膀胱、尿道溃疡及坏死、化脓或组织崩解；有酮味，见于羊妊娠毒血症、牛酮病、产后瘫痪。

(5) 密度 是尿中溶解物质浓度的指标，反映饲料中的蛋白质含量及其在体内代谢的情况。

①密度升高 见于饮水过少、出汗过多、发热性疾病、使机体脱水的疾病、急性肾小球

肾炎、渗出性疾病、糖尿病等。

②密度降低　见于动物大量饮水、采食多汁饲料和青草饲料、使用利尿剂等；肾盂肾炎、肾机能不全、间质性肾炎、神经性多尿症、牛酮病、非糖性多尿症、渗出液的吸收期等。

3. 显微镜检查　尿液经离心或自行沉降后可出现沉降物，即为尿沉渣，包括有机沉渣和无机沉渣两类。

（1）有机沉渣　主要有管型、上皮细胞、红细胞及白细胞，均为病理性产物。

（2）无机沉渣　指各种盐类结晶和一些非结晶物。碱性尿液中的无机沉渣有磷酸铵镁结晶、磷酸钙（镁）结晶、尿酸铵结晶、碳酸钙结晶、马尿酸结晶等；酸性尿液中的无机沉渣有硫酸钙结晶、尿酸结晶、草酸钙结晶、尿酸盐结晶等。

4. 化学检验

（1）酸碱度测定　肉食性动物、过度饥饿动物等可产生生理性酸性尿液，病理性酸性尿液见于酸中毒、糖尿病、慢性肾炎等。草食性动物等可产生生理性碱性尿液，病理性碱性尿液见于碱中毒、频繁呕吐、由膀胱麻痹造成的尿液潴留等。

（2）蛋白质检验

①生理性蛋白尿　精神紧张、发热、寒冷、剧烈运动、过食蛋白质等。

②病理性蛋白尿　肾脏器质性病变（急慢性肾炎、肾小球肾炎、肾盂肾炎等）、使用部分药物（如卡那霉素、庆大霉素及磺胺类药物等）和化学物质（重金属盐、霉菌毒素等）、发热性传染病（流感、传染性胸膜肺炎、牛恶性卡他热、猪丹毒等）、肾脏梗死、肿瘤、创伤、代谢性酸中毒等。

（3）尿中血液及血红蛋白检验　尿潜血阳性，见于血液焦虫病、新生幼龄动物溶血性疾病、大面积烧伤、四氯化碳中毒、锥虫病、氟化物等。

（4）尿中肌红蛋白检验　见于由各种原因（皮肌炎、肌萎缩、多发性肌炎、马肌红蛋白尿或维生素 E 缺乏）引起的结缔组织病变、肌肉剧烈损伤（挤压综合征、重度烧伤、野生动物捕捉性肌病）、局部缺血性肌红蛋白尿（动脉阻塞、栓塞性肢体坏死）、急性全身感染、心肌炎、糖尿病、酸中毒、低钾血症等。

（5）尿胆红素检验　检出胆红素见于阻塞性黄疸或实质性黄疸。

（二）粪便和呕吐物检验

1. 显微镜检查　取不同粪层的粪便/呕吐物，混合后涂片。涂片制好后，加盖玻片，先用低倍镜观察全片，后用高倍镜鉴定。涂片中可出现的物质有脂肪球和脂肪酸结晶（苏丹Ⅲ染色液呈红色）、植物细胞、淀粉颗粒（稀碘液染色后未消化的淀粉颗粒呈蓝色，部分消化的呈棕红色）、肌肉纤维（加醋酸后更清晰，多为黄色或黄褐色）、红细胞、白细胞、上皮细胞。

2. 化学检验　草食性动物的粪便为弱碱性，马粪球内部为弱酸性，肉食性及杂食性动物粪便的酸碱性与所摄入蛋白质含量相关。

（三）脑脊液检验

1. 样本采集和保存　无菌穿刺。

2. 一般性状检查

（1）颜色　正常时为无色、清亮的液体，放置 10h 以上为乳白色的则正常。红色见于穿刺损伤、出血性脑膜炎；黄色见于黄疸、梨形虫病、弓形虫病、脓肿、静脉注射黄色素等；绿色见于铜绿假单胞菌感染性脑膜炎；乳白色见于化脓性脑炎。

（2）透明度 正常时为澄清、透明，浑浊则提示有病毒性脑膜炎、结核性脑膜炎、化脓性脑膜炎、脑膜出血等。

（3）凝固性 正常时不凝固。凝固则见于急性化脓性脑膜炎、结核性脑膜炎等。

（4）相对密度 正常为：马，1.000～1.007；牛、羊，1.006～1.008。增高见于脑膜炎、脑脊髓炎。

（5）气味 正常时无臭无味。发臭、腐败见于化脓性脑脊髓炎，尿臭味见于尿毒症。

3. 显微镜检查 主要用于细胞计数和细胞分类计数。

4. 化学检验

（1）酸碱度测定 正常为弱碱性。降低提示脑膜炎、麻痹性肌红蛋白尿、酸中毒等。

（2）蛋白质检验 增多见于脑炎、脑膜炎、热射病、日射病、败血症等。

（3）葡萄糖检验 升高见于高糖血症，降低见于低糖血症、衰竭症等。

（四）浆膜腔积液检验

1. 样本采集和保存 无菌穿刺。

2. 一般性状检查

（1）颜色 正常为无色或微黄色的透明液体。红色、黄色、淡红色、红黄色，见于出血型炎症、化脓性炎症、内脏破裂等。

（2）浑浊度 渗出液为浑浊、半透明，漏出液为透明。

（3）凝固性 渗出液易凝固，漏出液不易凝固。

（4）密度 渗出液密度通常为1.018以上，漏出液密度通常为1.015以下。

3. 显微镜检查 主要用于细胞计数和白细胞分类计数。

4. 化学检验

（1）李凡他（Rivalta）试验 阳性为渗出液，阴性为漏出液。

（2）蛋白质定量 漏出液，蛋白质含量<30g/L；渗出液，蛋白质含量≥30g/L。

三、例题及解析

1. 草食性动物的正常粪便常呈（   ）。

　　A. 强碱性　　　　　　　　B. 弱碱性　　　　　　　　C. 强酸性

　　D. 弱酸性　　　　　　　　E. 中性

【解析】 B。草食性动物的粪便为弱碱性。

2. 马，3岁，异嗜，喜啃树皮，消化紊乱，跛行，弓背，有吐草团现象，鼻甲骨隆起，下颌间隙狭窄，尿液澄清、透明，同时还出现（   ）。

　　A. 骨组织软骨化　　　　　B. 骨小梁增多　　　　　　C. 骨组织纤维化

　　D. 骨基质钙化过度　　　　E. 骨质密度升高

【解析】 C。马属动物的尿液透明、色淡、清亮提示饲喂的精饲料过多、过劳、纤维性骨营养不良、慢性胃肠卡他等。

3. 炎热的夏季，1周龄犊牛大量饮水，1d后出现眼睑水肿，精神沉郁，共济失调，呼吸困难，从口、鼻流出血红色的泡沫状液体，排出暗红色尿液及水样粪便。该患病犊牛排出的暗红色尿液属于（　　）。

　　A. 睾丸出血　　　　　　　B. 肾出血　　　　　　　C. 血红蛋白尿

　　D. 尿道出血　　　　　　　E. 膀胱出血

【解析】　C。由题干描述可知该犊牛因饮水过量导致水中毒，水中毒易致红细胞破碎，过量的血红蛋白从肾脏排出易导致血红蛋白尿。

4. 健康动物尿液呈混浊的是（　　）。

　　A. 羊　　　　　　　　　　B. 马　　　　　　　　　C. 猪

　　D. 犬　　　　　　　　　　E. 猫

【解析】　B。正常情况，马属动物的尿液呈不透明的混浊状（因含有大量悬浮的碳酸钙和不溶性磷酸盐）。

5. 淋巴穿刺一般为什么颜色（淋巴外渗的穿刺液）（　　）。

　　A. 红色透明　　　　　　　B. 黄白色透明　　　　　C. 褐色浑浊

　　D. 乳白色浑浊　　　　　　E. 橙黄色、稍透明

【解析】　E。正常情况，淋巴液为无色或微黄色的透明液体，故穿刺出的液体为黄色或无色透明。

<<<　第十二单元　X线检查　>>>

一、考试大纲

单元	细目	要点
X线检查	1. X线检查的基础	（1）X线成像特点　　（2）X线图像特点　　（3）X线检查技术　（4）X线阅片
	2. 呼吸系统的X线检查	
	3. 循环系统的X线检查	（1）正常X线表现　　（2）常见疾病的X线表现
	4. 消化系统的X线检查	
	5. 泌尿生殖系统的X线检查	
	6. 骨关节的X线检查	（1）骨折线　　（2）骨变形　　（3）软组织肿胀　　（4）骨质软化　（5）骨炎　　（6）髋关节发育不良

二、重要知识点

（一）X线检查的基础

1. X线成像特点　机体高密度组织为骨；中等密度组织为肌肉、液体、软骨等；低密度

组织为气管、肺、脂肪等。

2. X 线图像特点

（1）穿透作用　指 X 线具有穿透动物机体的特殊性能。

（2）电离作用　用 X 线照射时物质被分解为正、负离子。

（3）荧光作用　当 X 线透过动物机体投射在含有荧光物质（如铂氰化钡、钨酸钙等）的荧光屏上时，可看到动物体内的组织结构和器官的荧光影像。

（4）摄影作用　X 线具有光化学效应，可使摄影胶片上的感光物质如溴化银等感光，再经过显影和定影处理，形成 X 线影像。

（5）生物学作用　不同动物机体受到 X 线照射并接受超过安全量的 X 线后，以电离作用为基础，机体组织、器官、体液等会受到损害。

3. X 线检查技术

（1）千伏（kV）　表示 X 线的穿透力，组织越厚值越大。

（2）毫安（mA）　表示 X 线的输出量，值越大单位时间内 X 线的输出量就越大。

（3）焦片距（cm）　在被检部位紧贴暗盒的情况下，焦片距愈远，则影像愈清晰。

（4）曝光时间（s）　管电流通过 X 线管的时间，以秒（s）表示。常以毫安秒（mAs）计算 X 线的量，即毫安与秒的乘积，它决定每张照片上的感光度。感光度过高会导致成片过黑，感光度过低会导致成片过白。

4. X 线阅片　可分为 X 线摄影、X 线透视及 X 线造影。

（1）X 线摄影　指将动物被检部位先制作为 X 线片再分析的方法。

（2）X 线透视　指利用 X 线的穿透能力和荧光作用，显现荧光影像进行诊断的方法。

（3）X 线造影　将人工对比剂（又称造影剂，阳性造影剂有钡剂、碘剂，阴性造影剂有空气）引进被检器官的内腔或其周围，造成密度对比差异，使被检器官的内腔或外形显现出来。

（二）呼吸系统的 X 线检查

常见疾病的 X 线诊断：小叶性肺炎因肺部呈岛屿状病灶，故 X 线摄影为斑点状或大小不一的云絮状阴影；大叶性肺炎常呈大面积的阴影；有胸腔积液时因液面水平故胸腔下部为水平阴影；膈疝的疝内存在脏器阴影；肺水肿、肺出血、肺淤血等密度上升的疾病肺区拍片变白；肺气肿、气胸等肺区密度下降的拍片变黑。

（三）循环系统的 X 线检查

1. 正常 X 线表现

时钟定位法：犬胸部侧位 X 线片，心脏影像的前上部为右心房，前下部为右心室；心脏影像的后上部为左心房，后下部为左心室。侧位：12～2 点，左心房；2～5 点，左心室；5 点，左、右心室交界处；5～9 点，右心室；9 点，右心房与右心室交界处；9～10 点，肺动脉干、右心耳；10～11 点，主动脉。

腹背位 X 线片上，心脏形如囊状，以"时钟表面"定位心脏：1～2 点，肺动脉段；3～5 点，左心室；5 点，心尖；5～9 点，右心室；9～11 点，右心房；11～1 点，主动脉弓；4 点和 8 点，左、右肺膈叶的肺动静脉。

2. 常见疾病的 X 线表现　心脏肥大时心脏轮廓变圆、前后径增加，背腹位 X 线片表现为心脏直径变大；有心包疝时心脏阴影普遍增大，胸、腹的界限模糊不清。

（四）消化系统的 X 线检查

胃内异物：常分为 X 线不透性异物（如金属性异物、碎骨或石块类等密度较高的物质）和 X 线可透性异物（如塑料玩具、布片、木质物品等），特殊情况可采用造影。

X 线出现半圆形或拱形透明气影则提示肠梗阻；采用阳性造影剂造影后显示肠腔内有套叠的肿块则提示肠套叠；出现水平阴影，清晰度下降则提示腹水。

（五）泌尿生殖系统的 X 线检查

常用于诊断泌尿系统结石，如肾结石、膀胱结石、尿道结石等，X 线表现均为出现 1 个到多个大小不一、形态不同的致密阴影。

犬妊娠 41～45d、猫妊娠 35～39d 后即可在 X 线片上显示出骨骼阴影，在此之前仅显示胎影。子宫蓄脓时 X 线片显示轮廓清楚、密度均匀、呈管状或袋状的致密阴影。

（六）骨关节的 X 线检查

1. 骨折线　骨骼断裂后断面多不整齐，X 线片上呈不规则的透明线，称骨折线。

2. 骨变形　骨折后断端移位可使骨骼变形。X 线可见的移位种类有分离移位、水平移位、重叠移位、成角移位和旋转移位等。

3. 软组织肿胀　外伤性骨折常伴有骨折部软组织损伤肿胀，X 线影像密度增高，层次不清。

4. 骨质软化　骨的密度均匀降低，密质骨稀少，骨小梁模糊、变细。

5. 骨炎　通常表现为骨骼阴影中出现斑块状的致密阴影，骨小梁模糊。

6. 髋关节发育不良　表现为关节间隙增宽，股骨头变平、变形。

三、例题及解析

1. 进行 X 线检查时，为了使得被检器官的内腔或周围形成密度差异，从而显示其影像，常常需要（　　）。

　　A. 注入造影剂　　　　　　　B. 空腹检查　　　　　　C. 加大千伏（kV）
　　D. 加大毫安（mA）　　　　　E. 提高显影温度

【解析】　A。造影检查适用于天然密度差异较小的部位，引入的物质称造影剂或对比剂。

2. X 线检查时一般不会看见的部分是（　　）。

　　A. 骨骺　　　　　　　　　　B. 骨膜　　　　　　　　C. 骨松质
　　D. 骨髓腔　　　　　　　　　E. 骨密质

【解析】　B。正常情况下，骨膜较薄时在 X 线片上是不会看见的，患畜发生骨膜炎导致骨膜增厚时可在 X 线片上看到骨膜。

3. 比熊犬，5 岁，雌性，表现尿频、尿血、尿淋漓，触诊膀胱压痛感明显且有可移动的豆粒样物体，进一步确诊的首选方法（　　　）。

  A. 尿液检查   B. 血常规检查   C. 血液生化检查

  D. X 线检查   E. 膀胱穿刺

【解析】 D。因触诊膀胱时压痛感明显且有可移动的豆粒样物体，所以需采用 X 线检查来进一步确定该物体密度及位置，以便后续处理。

<<< 第十三单元　超声检查 >>>

一、考试大纲

单元	细目	要点
超声检查	1. 超声检查的基础	（1）超声波及其物理特性　　（2）动物机体组织结构的回声性质与声像诊断
	2. 超声检查的类型	（1）A 型超声检查　　（2）B 型超声检查　　（3）M 型超声检查　　（4）多普勒超声检查
	3. 超声检查的临床应用	（1）泌尿系统的超声检查　　（2）肝胆脾胰的超声检查　　（3）子宫/妊娠的超声检查

二、重要知识点

（一）超声检查的基础

1. 超声波及其物理特性 超声波（振动的频率超过 20 000Hz）在体内传播的物理特性是超声影像诊断的基础。超声的物理特性有定向性、反射性、吸收性和衰减性。

2. 动物机体组织结构的回声性质与声像诊断 实质性组织示波屏上出现多个高低不等的反射波或实质性暗区；液性组织示波屏上显示出"平段"或液性暗区；含气性组织示波屏上出现强烈的饱和回声（依次衰减）或逐次衰减变化的光团。

（二）超声检查的类型

1. A 型超声检查 振幅调制型，以波幅变化反映回波情况，由不同距离和不同幅度的回波组成，以时间为横坐标（X 轴）、幅度（反应强度）为纵坐标（Y 轴）的曲线。主要用于背膘测定、妊娠检查。

2. B 型超声检查 灰度调制型，以明暗不同的光点反映回声变化，以光点的明暗反映其强弱组成排列有序的相应切面的图像。主要用于肿物、畸形、结石及其他能导致局部结构有明显形态改变的疾病。

3. M 型超声检查 活动显示型，在单声束取样获得灰度声像图的基础上，外加慢扫描时间基线，形成"距离—时间"曲线，以显示动态变化。主要用于心血管系统检查。

4. 多普勒超声检查 差频示波型,利用超声射束在运动体上反射会改变频率的超声,产生的频率由音响、曲线图表现出来形成彩色超声波。主要用于检测体内运动器官的活动、妊娠诊断等。

（三）超声检查的临床应用

1. 泌尿系统的超声检查 肾盂积水时肾脏体积增大,可出现分散的回声暗区或巨大的液性暗区;肾结石时有极强回声,结石后方有声影;肾囊肿时可出现无回声液性暗区,深部呈强回声;膀胱结石时可见膀胱无回声区中出现强回声光点或光团,后方伴有声影;膀胱肿瘤时可见膀胱无回声区内有肿瘤团块状回声结构,后方不伴有声影。

2. 肝胆脾胰的超声检查 B超声像图肝区出现无回声液性暗区并伴有细小的回声光点或者絮状光斑常见于肝脓肿,出现大小、形态不同的团块状回声光斑常见于肝肿瘤,出现许多密集的回声光点常见于急性实质性肝炎。B超声像图脾区出现不规则、大的无回声和弱回声常见于脾血肿。

3. 子宫/妊娠的超声检查 犬可在配种 3 周后探到孕囊,23～35d 后观察到胚体,妊娠 5 周左右可分辨胎头与胎体,用于测量胎儿大小及诊断死胎。猫可在配种后 2 周左右探到孕囊,15～17d 观察到胚极,16～18d 观察到胎心搏动。

不同动物腹腔脏器 B 超检查部位见表 1-13-1。

表 1-13-1 不同动物腹腔脏器 B 超检查部位

脏器	牛	羊	犬
肝脏和胆囊	右侧第 8～12 肋肩关节水平线下	右侧第 8～10 肋肩关节水平线下	左、右侧第 9～12 肋的肋弓下
脾脏	左侧第 11～12 肋上缘	左侧第 8～12 肋上缘	左侧第 10～12 肋或最后肋骨及肷部
肾脏	右肾:右侧第 12 肋上部及肷部上前方 左肾:右侧肷部	右肾:右侧第 12 肋上部及肷部上前方 左肾:右侧肷部	左、右侧第 12 肋上部及最后肋骨后缘
卵巢			第 3 腰椎或第 4 腰椎下方

资料来源:李玉冰,《兽医临床诊疗技术》。

三、例题及解析

犬脾脏超声检查部位是( )。
A. 左侧第 9～10 肋   B. 右侧第 9～10 肋   C. 左侧第 11～12 肋
D. 右侧第 11～12 肋   E. 左侧第 7～8 肋

【解析】 C。犬脾脏 B 超检查位置为左侧第 10～12 肋或最后肋及肷部。

<<< 第十四单元　心电图检查 >>>

一、考试大纲

单元	细目	要点
心电图检查	1. 心电图基础	
	2. 正常心电图	
	3. 心电图检查的临床应用	（1）P 波变化　（2）QRS 波变化　（3）T 波变化　（4）PR（Q）间期变化　（5）QT 间期变化　（6）ST 段

二、重要知识点

（一）心电图基础

详情请见动物生理学的相关知识。

（二）正常心电图

P 波：心电图上的第 1 个波，代表心房肌去极过程的电位变化，也称心房去极波。窦房结的激动首先传导到右心房，再通过房间束传到左心房，形成心电图上的 P 波。P 波的前半部分代表右心房激动，后半部分代表左心房激动。

P-R 间期：代表激动经过心房、房室结、房室束的时间，故也称房室传导时间。

QRS 波：是心电图上的第 2 个波，代表激动向下经希氏束、左右束支同步激动左右心室，代表两个心室兴奋传播过程的电位变化，又称心室去极波。

J 点：QRS 波结束、ST 段开始的交点，代表心室肌细胞全部除极完毕。

T 波：是心电图上第 3 个波，代表心室兴奋后再（复）极化过程，又称心室复极波。

Q-T 间期：代表心室从开始去极到复极的过程。心率越快，Q-T 越短。

ST 段：指心室肌全部去极完成、复极尚未开始的一段时间，反应心室肌各部位都处于去极化状态，此时细胞之间没有电位差。因此，正常情况下 ST 段应处于等电位线上。

（三）心电图检查的临床应用

1. P 波变化　P 波增大变宽、高而尖且时间延长见于右心房肥大，又称"肺型 P 波"；P 波增高、时间延长且有切迹见于左心房肥大，因见于二尖瓣狭窄，所以又称"二尖瓣 P 波"。P 波消失见于心律失常；P 波呈锯齿状见于心房颤动；P 波倒置见于异位兴奋灶存在；P 波分裂和重复见于心肌局部病变。

2. QRS 波变化　Q 波增宽加深与心肌梗死有关。R 波电压增高见于心肌功能状态良好、交感神经兴奋等，电压降低见于心肌萎缩、副交感神经兴奋、心包积液、心肌梗死等，分裂和重复见于房室束支病变。S波加深见于高钾血症、右心室肥大等。

3. T波变化　高血钾时，T波高而尖，似"帐篷"；低血钾时，T波降低、双相甚至倒置。患急性心肌缺血，心内膜下心肌缺血为主时出现巨大高耸的冠状T波，以心外膜下心肌缺血为主时呈现T波倒置。

4. PR（Q）间期变化　延长见于房室传导障碍，缩短见于窦性心动过速。

5. QT间期变化　延长见于心肌损伤、低血钾、低血钙等，缩短见于洋地黄作用、高血钾、高血钙等。

6. ST段　升高见于心肌梗死，下降见于冠状血管供血不足、心肌炎、贫血。

三、例题及解析

1. 心电图上的第1个波是（　　）。

　　A. S波　　　　　　　　　　B. Q波　　　　　　　　　　C. T波

　　D. R波　　　　　　　　　　E. P波

【解析】　E。P波为心电图上的第1个波，代表心房去极过程的电位变化。

2. 警用德国牧羊犬，8岁，雄性，免疫驱虫正常。强度训练时突然倒地，可视黏膜发绀，心跳停止。死前的心电图变化：除Q波异常外，ST段与T波的变化最可能是（　　）。

　　A. ST段升高，T波倒置　　　　　　　　B. ST段降低，T波升高

　　C. ST段降低，T波正常　　　　　　　　D. ST段降低，T波倒置

　　E. ST段正常，T波倒置

【解析】　A。由题干描述"强度训练时突然倒地，可视黏膜发绀，心跳停止"可知该犬死因为急性心肌梗死。心肌梗死时，ST段升高，而心肌由于急性缺血，以心内膜下心肌缺血为主时出现巨大高耸的冠状T波，以心外膜下心肌缺血为主时呈现T波倒置。

3. 诊断猫泌尿系统综合征的方法不包括（　　）。

　　A. 放射造影检查　　　　B. 心电图检查　　　　　　C. X线检查

　　D. 导尿管探诊　　　　　E. B超检查

【解析】　B。放射造影可检查膀胱、肾脏损伤等，X线检查可诊断是否存在泌尿系统结石及增生、组织是否异样等，尿道管探诊可检查尿道异物等，B超可检查泌尿系统组织异常等，心电图检查目前不用于泌尿系统综合征。

4. 血钾过高患畜最具诊断意义的心电图变化是（　　）。

　　A. QT间期延长　　　　　　B. ST段上移　　　　　　C. T波高而尖

　　D. T波降低增宽　　　　　　E. P波及R波均升高

【解析】　C。高血钾时，T波高而尖，似"帐篷"；低血钾时，T波降低、双相甚至倒置。

<<< 第十五单元　兽医医疗处方与病历书写　>>>

一、考试大纲

单元	细目	要点
兽医医疗处方 与病历书写	1. 处方 2. 病历书写	

二、重要知识点

处方是兽医师根据病畜病情开具的药单，药房配药、发药的依据，同时也是药房管理中药物消耗的原始凭证，故应妥善保管。

（一）处方

处方格式：
- 处方上项：包括时间、畜主、地址及畜别、年龄、体重、特征等。
- 处方中项：左上角写"R"，然后开具药物配法及用法。每药一行，将药物写在左边、剂量写右边。
- 处方下项（签名部分）：处方开写完毕，兽医师、药剂师应仔细核对，确定无误后方可分别签名以示负责。

（二）病历书写

病畜登记事项；病史资料记载；临床检查记载（包括实验室和临床辅助检查结果）；诊断意见；治疗和护理措施。处方中的处置方法有外科处理和手术、特殊治疗、药物及药物组方、使用方法等。

三、例题及解析

1. 已注册的执业兽医师和执业助理兽医师在诊疗活动中为患病动物开具的作为患病动物处治凭证的医疗文书是（　　）。

A. 医嘱　　　　　　　　B. 处方　　　　　　　　C. 诊断建议书

D. 病情通知书　　　　　E. 病危通知书

【解析】　B。处方是兽医师根据病畜病情开具的药单，也是药房配药、发药的依据，同时也是药房管理中药物消耗的原始凭证，故应妥善保管。

2. 属于兽医处方中处置办法的是（　　）。

A. 术后监护　　　　　　B. 生化检查　　　　　　C. 动物保定方法

D. 外科处理和手术　　　　　E. 麻醉与手术监护

【解析】　D。处方中处置方法有外科处理和手术、特殊治疗方法、药物及药物组方、使用方法等。

<<< 第十六单元　动物保定技术 >>>

一、考试大纲

单元	细目	要点
动物保定技术	1. 牛的保定方法及注意事项 2. 马的保定方法及注意事项 3. 猪的保定方法及注意事项 4. 犬的保定方法及注意事项	

二、重要知识点

（一）牛的保定方法及注意事项

常用保定方法有徒手保定、鼻钳保定（适用于一般检查、灌药、肌内及静脉注射）、两后肢保定（适用于恶癖牛的一般检查、静脉注射及乳房、子宫、阴道疾病检查和治疗）、角根保定、柱栏保定（适用于临床检查、各种注射及颈、腹、蹄等部位疾病治疗）等。

（二）马的保定方法及注意事项

常用保定方法有耳架子保定、鼻捻保定（适用于一般检查、灌药、肌内及静脉注射）、柱栏保定（适用于蹄底、系凹部及腕跗关节检查及治疗）等。

（三）猪的保定方法及注意事项

常用保定方法有站立保定（适用于体温检查、肌内注射、灌药及一般临床检查）、提举保定（抓耳提举保定适用于插胃管，后肢提举保定适用于直肠脱整复、腹腔注射及阴囊和腹股沟疝手术），以及网架保定（适用于一般临床检查、耳静脉注射、针刺）、保定架保定（适用于前腔静脉注射、腹部手术、一般临床检查）、侧卧保定（适用于公猪去势、大猪腹腔手术、耳静脉、腹腔注射）。

（四）犬的保定方法及注意事项

常用保定方法有徒手保定（怀抱保定、站立保定等，适用于听诊、皮下注射或肌内注射）、倒卧保定（侧卧保定、俯卧保定、仰卧保定，分别适用于静脉注射、耳的修整术、腹腔及会阴等部的手术等）、倒提保定（适用于犬的腹腔注射、腹股沟阴囊疝手术、直肠脱和子宫脱的整复等）、嵌口法（绷带保定、扎口保定、嘴笼保定、颈圈保定、颈钳保定等）。

三、例题及解析

1. 最常用鼻钳进行保定的动物是( )。
   A. 马   B. 牛   C. 羊
   D. 猪   E. 犬

【解析】 B。牛常用保定方法有徒手保定和鼻钳保定。

2. 牛肝脏检查最适宜体位是( )。
   A. 仰卧   B. 俯卧   C. 右侧卧
   D. 左侧卧   E. 站立

【解析】 E。牛在一般检查时采用站立保定即可。

3. 牛常用保定方法是( )。
   A. 鼻钳保定   B. 布卷保定   C. 夹体保定
   D. 耳夹保定   E. 扎口保定

【解析】 A。牛常用保定方法有徒手保定和鼻钳保定，布卷保定、夹体保定适用于小动物，耳夹保定适用于马，扎口保定适用于犬。

<<< 第十七单元　常用治疗技术 >>>

一、考试大纲

单元	细目	要点
常用治疗技术	1. 常用穿刺术	(1) 胸腔穿刺　(2) 腹腔穿刺　(3) 瘤胃穿刺　(4) 瓣胃穿刺 (5) 皱胃穿刺　(6) 膀胱穿刺
	2. 投药法	
	3. 注射法	(1) 静脉注射　(2) 肌内注射　(3) 皮下注射
	4. 液体疗法	
	5. 输氧	
	6. 输血	(1) 交叉配血试验　(2) 输血后的不良反应
	7. 胃导管技术	

二、重要知识点

（一）常用穿刺术

1. 胸腔穿刺　用于胸膜疾病诊断，并辅助治疗胸膜疾病。

牛、羊右侧第6肋或左侧第7肋，猪、犬右侧第7肋。与肩关节水平线交点下方2～3cm处，胸外静脉上方约2cm处。

站立保定家畜，术部剪毛、消毒。穿刺时将术部皮肤稍向上方推移，左手紧压皮肤，右手持胸腔穿刺针或接有胶管的静脉针在肋骨前缘垂直刺入。刺入深度，大家畜3～4cm，小家畜1～2cm。

2. 腹腔穿刺

牛、羊在脐与膝关节连线的中点，猪、犬、猫在脐与耻骨前缘连线的中间腹白线上或腹白线的侧旁1～2cm处。

患畜站立保定，术部剪毛消毒（碘酊、酒精），术者一只手持穿刺针，垂直刺入腹腔内（3～4cm），可用玻璃瓶接滴出的腹腔液进行实验室检验（Rivalta试验，又名黏蛋白定性试验、李凡他试验）；穿刺结束后另一只手持酒精棉球按压注射部位，拔出针头，最后用碘酊消毒。

3. 瘤胃穿刺 牛、羊有急性瘤胃臌胀时，可进行穿刺放气紧急救治和用防腐止酵药液制止瘤胃继续发酵产气。

可选瘤胃隆起的最高点穿刺，也可在左侧肷窝部，由髋结节向最后肋骨所引水平线的中点。牛距腰椎横突下方10～12cm，羊距腰椎横突下方3～5cm。

4. 瓣胃穿刺 主要用于治疗瓣胃阻塞或某些特殊药品（如治疗血吸虫的吡喹酮）给药。瓣胃位于右侧第7～10肋，其注射部位在右侧第9肋与肩关节水平线相交点的下方2cm处。

5. 皱胃穿刺 牛的皱胃穿刺点位于右侧第10肋的肋弓下方，方法同瘤胃穿刺。

6. 膀胱穿刺 当患畜尿潴留时，可采用膀胱穿刺排出尿液。牛、马可通过直肠对膀胱进行穿刺，猪、羊、犬在耻骨前缘白线侧旁1cm处。

（二）投药法

根据药品混入饮水、饮食饲喂可分为水剂投药法和混饲给药法。

（三）注射法

1. 静脉注射 将药液注入静脉内的方法，药效快，作用强，注射部位疼痛反应较轻。

注射部位：猪见于耳静脉注射、前腔静脉注射；犬见于前臂皮下静脉（头静脉）、后肢外侧小隐静脉、后肢内侧大隐静脉；牛见于颈静脉、尾静脉。

当发现药液外漏时应立即停止注射，并根据不同情况采取相应措施：刺激性强或有腐蚀性的药液见于向其周围组织内注入生理盐水；高渗盐溶液见于向肿胀局部及其周围注入适量的灭菌蒸馏水；氯化钙溶液见于注入10%硫酸钠或10%硫代硫酸钠10～20mL；局部温敷，缓解疼痛；大量药液外漏，应做早期切开，并用高渗硫酸镁溶液引流。

2. 肌内注射 将药物注入肌肉内的方法。吸收较快，适用于刺激性较强和较难吸收的药液，进行血管内注射而有副作用的药液，油剂、乳剂等不能进行血管内注射的药液，仅能注射较少量的药液。强刺激性药物，如钙制剂、浓盐水等不宜作肌内注射。

注射部位：大动物与犊牛、马驹、羊、犬等可在颈侧、臀部、股前部；猪可在耳根后、臀部或股内侧；禽类在胸肌部或大腿部。但应避开大血管及神经通路部位。

3. 皮下注射 将药物注射到皮下结缔组织内。凡是易溶解、无强刺激性的药品及疫苗、血清、抗蠕虫药（如伊维菌素）等，某些局部麻醉且不能经口或不宜经口的药物，以及要求在一定时间内发生药效时，均可作皮下注射。猪在耳根后或股内侧；羊在颈侧、背胸侧、肘后或股内侧；犬、猫在背胸部；禽类在翼下。刺激性强的药品（如钙制剂、砷制剂、水合氯醛及高渗溶液等）不能作皮下注射。

（四）液体疗法

大动物补液方法：脱水 4%～6%时，每千克体重需要补液量为 20～25mL；脱水 6%～8%时，每千克体重需要补液量为 30～50mL；脱水 8%～10%时，每千克体重需要补液量为 50～80mL；脱水 10%～12%时，每千克体重需要补液量为 80～120mL。

原则：按"缺什么补什么、缺多少补多少"的原则，补液速度宜先慢后快，先输等渗溶液再输高渗溶液。同时注意药液温度不可过高或过低，以免造成心内膜炎或导致休克，可将药液加温至与机体温度相同。

（五）输氧

适用于由任何原因引起的缺氧。方法有 3%过氧化氢静脉注射输氧法、鼻导管输氧法、皮下输氧法。注意皮下输氧时不能把氧气注入血管内，防止形成气栓。为了兴奋呼吸中枢，输氧时应在纯氧中加入 5%二氧化碳。

（六）输血

1. 交叉配血试验　主侧为供血者红细胞和受血者血清，次侧为供血者血清和受血者红细胞，两侧试验均不凝集则可用于输血。

2. 输血后的不良反应　有溶血反应、发热反应、过敏反应。

（七）胃导管技术

临床上主要用于治疗瘤胃积食、急性胃扩张、中毒的病畜。

大动物于柱栏内站立保定，中、小动物可站立保定或在手术台上侧卧保定。测量插入导管长度：马见于鼻端到第 14 肋；牛见于唇至倒数第 5 肋；羊见于唇至倒数第 3 肋。动物保定好，头部固定后沿口腔、咽、食道等将胃管插入食道内。胃管到胸腔入口及贲门处时因阻力较大，故应缓慢推入，必要时灌服温水后再向前推送入胃。胃管前端进入胃后会有酸臭气体、食糜排出。

患病动物有呼吸困难、鼻炎、咽炎、喉炎等时忌用胃导管技术。

三、例题及解析

1. 临床上可用于脱水程度判定的方法是（　　　）。

 A. 皮肤皱褶试验　　　　　　B. 凡登白试验　　　　　　C. 纤维消化试验
 D. 色素排泄试验　　　　　　E. 血球凝集试验

【解析】　A。脱水的临床表现一般为皮肤干燥、皱缩、弹性降低，眼球凹陷，尿量减少或无尿，体重减轻。

2. 下列补钾方式不正确的是( )。

    A. 静脉内推注氯化钾

    B. 使用呋塞咪后，静脉内滴注氯化钾

    C. 长期使用地塞米松后，静脉内滴注氯化钾

    D. 口服氯化钾

    E. 10%氯化钾稀释后静脉内滴注

【解析】 A。氯化钾静脉推入若速度过快易导致动物机体出现心律失常，严重的会导致心搏骤停。

3. 不得用于皮下注射的药物是( )。

    A. 疫苗　　　　　　　　B. 血清　　　　　　　　C. 伊维菌素

    D. 0.9%氯化钙　　　　　E. 10%氯化钙

【解析】 E。10%氯化钙因其刺激性较大故不用于皮下注射。

考点速记

1. 问诊内容通常包括现病史、既往病史、饲养管理及使役情况。

2. 切（插）入触诊主要检查肝脏、脾脏、肾脏等。

3. 浅表触诊法主要检查皮肤、浅表淋巴结、动脉脉搏、湿度、肿胀、心搏动、皮肤温度等。

4. 3种基本的叩诊音：浊音、清音、鼓音。

5. 听诊主要用于心脏、肺脏、胃、肠的检查，以及咳嗽、磨牙、呻吟、气喘等。

6. 健康动物的体温（℃）范围：奶牛，37.5～39.5；马，37.5～38.5；犬，37.5～39.0；猫，38.5～39.5；猪，38.0～39.5。

7. 牛、羊常检查下颌、肩前（颈浅）、膝上（股前、膝襞）及乳房上淋巴结。

8. 猪常检查髂下淋巴结和腹股沟浅淋巴结。

9. 犬常检查下颌淋巴结、腹股沟浅淋巴结和腘窝巴结等。

10. 犬、猫体温测定在直肠，禽类在翼下。

11. 根据体温升高的程度，将发热分为低热（超过正常体温 0.5～1.0℃）、中热（超过正常体温 1.0～2.0℃）、高热（超过正常体温 2.0～3.0℃）、超高热（超过正常体温 3.0℃）。

12. 还原血红蛋白减少时动物可视黏膜呈鲜红色。

13. 有浅表淋巴结急性肿胀时，触诊温热、坚实、疼痛、有活动性。

14. 马心搏动在左侧胸廓下 1/3 中央水平线上的第 3～6 肋，在下 1/3 的中间第 5 肋处最明显。

15. 心脏叩诊浊音区扩大见于心脏肥大、心脏扩张、心包积液、肺萎陷等。

16. 心外性杂音有心包积水音、心包摩擦音、心包外杂音；心内性杂音有器质性杂音和非器质性杂音。

17. 鼻液内含鲜红色滴流或团块提示鼻出血；粉红色泡沫血提示肺水肿、肺充血和肺出血；铁锈色鼻液提示大叶性肺炎。

18. 除犬外，其余小型动物采用胸腹式呼吸，犬采用胸式呼吸。

19. **散在性浊音区**，提示小叶性肺炎；**成片性浊音区**，提示大叶性肺炎；**水平浊音区**，主要见于胸腔积水。

20. 正常情况下，犬整个肺部能听到明显的**支气管呼吸音**。

21. 牛瘤胃蠕动音似"**沙沙**"音，1～3 次/min。

22. 皱胃听诊出现金属蠕动音提示**皱胃变位**。

23. 犬存在坚硬的香肠状粪条或粪块见于**肠便秘**。

24. 马的粪便一般为**肾形或圆块状**。

25. 犬的粪便为**圆柱状**。

26. 前列腺炎的临床症状有**肿大、敏感**，触诊腹后部有压痛反应。

27. **上运动神经元性瘫痪**是指由皮层运动投射区和上运动神经元径路（皮层脊骨髓束和皮层脑干束）损害而引起的病症，属中枢性瘫痪。

28. **截瘫**，是指胸腰段脊髓损伤后，受伤平面以下双侧肢体感觉、运动、反射等消失，以及膀胱、肛门括约肌功能丧失的一种病症。

29. 有急性炎症、化脓性炎症时通常**中性粒细胞**（GRAN、OTHR）增多。

30. 有过敏反应、寄生虫感染时通常**嗜酸性粒细胞**（EO）增多。

31. 有慢性炎症、病毒感染时通常**淋巴细胞**（LYMN）增多。

32. 血液凝集试验时，**主侧为受血动物血清＋供血动物红细胞**；**次侧为供血动物血清＋受血动物红细胞**。主、次侧均无红细胞凝集现象的即为可用。

33. 心肌损害指标：**肌酸激酶、天门冬氨酸氨基转移酶、乳酸脱氢酶**。

34. 肾功能检查的指标主要包括**尿素氮、肌酐、氨、尿酸以及尿蛋白/肌酐比率**。

35. 肝功能检查的指标主要包括血清总蛋白（TP）、白蛋白（ALB）、球蛋白（GLB）、白/球比（A/G）、丙氨酸氨基转移酶（ALT）、天门冬氨酸氨基转移酶（AST）、碱性磷酸酶（ALP、ALKP）、γ-谷氨酰转移酶（GGT）。

36. 正常情况，猪及肉食性动物的尿液**清亮透明**，马属动物的尿液呈**不透明的混浊状**。

37. 正常情况下，尿液呈现黄色：猪和水牛的尿液为**水样外观**；黄牛的尿液为**淡黄色**，马的尿液为**较深的黄色**；犬的尿液为**鲜黄色**。

38. 尿液中发现**红细胞管型或淡影**，则提示血液来自肾脏，常见**肾炎**。

39. **粪便潜血阳性**见于消化道出血（如胃及十二指肠溃疡、胃癌、钩虫病、结肠癌、出血性肠炎、马肠系膜动脉痉挛、牛创伤性网胃炎、皱胃溃疡、羊血矛线虫病等）。

40. **生理性酸性尿液**见于肉食性动物，**生理性碱性尿液**见于草食性动物。

41. X 线片上，机体高密度组织为**骨**，呈灰白色；中等密度组织为**肌肉、液体、软骨等**；低密度组织为**气管、肺、脂肪等**，呈黑色。

42. 小叶性肺炎：X 线摄影为**斑点状或大小不一的云絮状阴影**。

43. 大叶性肺炎：**大面积的阴影**。

44. 胸腔积液：**胸腔下部有水平阴影**。

45. 肺气肿：**肺区拍片变黑**。

46. 犬妊娠 41～45d、猫妊娠 35～39d 后即可在 X 线片上显示出**骨骼阴影**。

47. M 型超声检查为活动显示型，通过"**距离—时间**"曲线显示动态变化，主要用于**心血管系统检查**。

48. 犬肾脏探查位置为左、右侧第 12 肋上部及最后肋骨后缘。

49. 犬脾脏 B 超检查位置为左侧 10～12 肋或最后肋骨及肷部。

50. P 波为心电图上第 1 个波，代表心房去极化过程的电位变化，也称心房去极波。

51. T 波为心电图上第 3 个波，代表心室的复极，又称心室复极波。

52. 引导电极面向心电向量的方向，则记录的电变化为正，波形向上；背向心电向量的方向，则记录的电变化为负，波形向下。

53. 心肌梗死时，ST 段升高。

54. 心内膜下心肌缺血时，出现巨大高耸的冠状 T 波。

55. 心外膜下心肌缺血时，呈现 T 波倒置。

56. **血清尿素氮升高，最常见于肾脏疾病。**

57. 患病动物呼吸极度困难或有鼻炎、咽炎、喉炎等，忌用胃导管技术。

58. 牛的皱胃穿刺点位于右侧第 10 肋的肋弓下方。

59. 为了兴奋呼吸中枢，输氧时应在纯氧中加入 5％二氧化碳。

60. 牛、羊胸腔穿刺在右侧第 6 肋或左侧第 7 肋。

61. 血清钾浓度降低最可能见于严重呕吐。

62. 已注册的执业兽医师和执业助理兽医师在诊疗活动中为患病动物开具的作为患病动物处治凭证的医疗文书是**处方**。

63. 马保定方法有**耳架子保定、鼻捻保定、柱栏保定**等。

64. 牛保定方法有**徒手保定、鼻钳保定、两后肢保定、角根保定、柱栏保定**等。

65. 处方中的处置方法有**外科处理和手术、特殊治疗、药物及药物组方、使用方法**等。

高频题练习

1. 血液中还原血红蛋白增高时，可视黏膜颜色为（　　）。

  A. 红色   B. 黄色   C. 蓝紫色

  D. 苍白色   E. 黄白色

2. 次侧交叉配血试验时，与供血者血清配合的是受血者的（　　）。

  A. 红细胞   B. 白细胞   C. 血小板

  D. 血浆   E. 全血

3. 犬胸部腹背位 X 线片上，以"时钟表面"定位心脏，1～2 点处及 9～11 点处依次是（　　）。

  A. 肺动脉段，右心房   B. 肺动脉段，左心室

  C. 肺动脉段，右心室   D. 肺动脉段，左心房

  E. 左心房，右心室

4. 心电图中 QRS 波群主要反映（　　）。

  A. 心房肌去极化   B. 心房肌复极化   C. 心室肌去极化

  D. 心室肌复极化   E. 房室结激动

5. 马，5 岁，长期饲喂富含碳水化合物的饲料，在一次剧烈运动后大量出汗，出现步态强拘，进而卧地不起，呈犬坐姿势，尿液呈深棕色。该病例红尿的性质是（　　）。

    A. 血尿   B. 卟啉尿   C. 肌红蛋白尿

    D. 血红蛋白尿   E. 药物性红尿

6. 对动物做肝脏 B 超检查时，出现局限性液性暗区，其中有散在的光点或小光团，提示(　　)。

    A. 肝结节   B. 肝硬化   C. 肝肿瘤

    D. 肝脓肿   E. 肝坏死

7. 瘤胃叩诊呈鼓音的病例是(　　)。

    A. 瘤胃积食   B. 皱胃阻塞   C. 瘤胃臌气

    D. 胃炎   E. 瓣胃阻塞

8. 支气管肺炎的 X 线影征是(　　)。

    A. 黑色阴影   B. 密度均匀的阴影

    C. 大小不一的云絮状阴影   D. 边缘整齐的大块状阴影

    E. 整个肺视野出现高密度阴影

9. 浅表淋巴结急性肿胀时，触诊无(　　)。

    A. 温热   B. 坚实感   C. 波动感

    D. 活动性   E. 疼痛反应

10. 兽医临床上牛瓣胃穿刺的正确部位是(　　)。

    A. 左侧第 7 肋   B. 左侧第 8 肋   C. 右侧第 6 肋

    D. 右侧第 7 肋   E. 右侧第 8 肋

11. 奶牛，食欲减退，反刍缓慢，背腰弓起，用后肢踢腹，左侧下腹部膨大，左肷部平坦，瘤胃触诊内容物坚实，叩诊浊音界扩大，听诊蠕动音减弱，排粪迟滞。该病最可能的诊断是(　　)。

    A. 瘤胃臌气   B. 瓣胃阻塞   C. 前胃弛缓

    D. 瘤胃炎   E. 瘤胃积食

12. 引起心脏浊音区扩大的疾病(　　)。

    A. 肺水肿   B. 肺萎缩   C. 间质性肺气肿

    D. 肺泡气肿   E. 胸膜炎

13. 肺部各区域均可听到支气管呼吸音的健康动物是(　　)。

    A. 犬   B. 猪   C. 羊

    D. 牛   E. 马

14. 犬肝脏的触诊检查常用(　　)。

    A. 双手触诊法   B. 浅部触诊法   C. 切入式触诊法

    D. 深压触诊法   E. 冲击触诊法

15. 母犬，4 岁，营养状态良好，偷食炸鸡后剧烈呕吐，精神沉郁，食欲废绝，腹泻，呻吟，呈祈祷姿势，腹壁触诊高度敏感，血清学检查淀粉酶升高。确诊需进一步进行(　　)。

    A. 超声检查   B. X 线检查   C. 脂肪酶检测

    D. 碱性磷酸酶检测   E. 内窥镜检查

16. 猫，约 1 个月，耳内有少量褐色分泌物，有异味，常见甩耳、后肢抓耳动作，近侧有一个杏核大的肿胀，暗红色，有波动感，轻度热痛，穿刺液呈暗红色。其肿胀最可能是(　　)。

  A. 血肿   B. 脓肿   C. 肿瘤

  D. 淋巴外渗   E. 唾液腺囊肿

17. 健康动物肺区边缘的正常叩诊音是(　　)。

  A. 清音   B. 半浊音   C. 浊音

  D. 鼓音   E. 过清音

18. 动物排尿量增加，可见于(　　)。

  A. 急性肾功能衰竭   B. 尿毒症   C. 慢性肾炎

  D. 脱水   E. 心功能不全

高频题练习参考答案

题号	1	2	3	4	5	6	7	8	9	10	11	12	13	14	15	16	17	18
答案	C	A	A	C	C	D	C	C	C	E	E	B	A	C	C	A	B	C

模拟题练习

1. 问诊时，既往病史内容不包括(　　)。

  A. 传染病史   B. 家族遗传史   C. 疫苗预防接种史

  D. 用药情况   E. 经济价值

2. 视诊时，整体状态不包括(　　)。

  A. 营养状况   B. 心跳次数   C. 发育程度

  D. 匀称性   E. 躯体结构

3. 关于触诊说法错误的是(　　)。

  A. 可借助器械   B. 先健康部位后病变部位

  C. 直肠检查属于触诊   D. 应用大力检查

  E. 可用于检查动物的体表状态

4. 正常情况下，叩诊上半部产生的音响为鼓音的叩诊部位是(　　)。

  A. 瘤胃左肷窝部   B. 肺部   C. 胸部

  D. 臀部   E. 肩部

5. 尿液混浊，加入醋酸后产生泡沫且透明，说明尿液中含有(　　)。

  A. 脂肪   B. 碳酸盐   C. 磷酸盐

  D. 尿酸盐   E. 草酸盐

6. 肺叩诊区缩小见于多种原因，但不包括(　　)。

  A. 胃肠臌气   B. 腹腔积液   C. 肺肿瘤

  D. 肺气肿   E. 瘤胃臌气

7. 检查牛的脉搏通常在(　　)。

A. 股动脉   B. 耳动脉   C. 尾动脉

D. 颈动脉   E. 前腔静脉

8. 下面是几种动物的正常脉搏（次/min），但（   ）不正确。

    A. 猪 80～120   B. 犬 70～120   C. 水牛 40～60

    D. 羊 60～80   E. 猫 110～130

9. 下面是几种动物的正常体温范围（℃），但（   ）不正确。

    A. 黄牛 37.5～39.5   B. 犬 35.5～39.0   C. 水牛 36.5～38.5

    D. 鸡 40.5～42.0   E. 山羊 38.5～40.5

10. 关于动物的正常呼吸数范围（次/min），不正确的是（   ）。

    A. 水牛 10～40   B. 猪 30～50   C. 猫 10～30

    D. 奶牛 10～30   E. 犬 10～30

11. 腹腔穿刺不可能用于（   ）。

    A. 排出腹腔内积液   B. 清洗腹腔   C. 心脏采血

    D. 腹腔给药   E. 辅助诊断

12. 关于心音的描述，（   ）不正确。

    A. 第一心音较低沉   B. 第二心音在近心底部清楚

    C. 第一心音到第二心音间的休止期短   D. 第一心音与动脉脉搏同时出现

    E. 第一心音到第二心音间的休止期长

13. 营养状况评价指标不包括（   ）。

    A. 被毛   B. 体长   C. 肌肉

    D. 皮下脂肪   E. 皮肤

14. 淋巴结急性肿胀的特点不包括（   ）。

    A. 表面光滑   B. 表面粗糙不平   C. 热

    D. 具有移动性   E. 痛

15. 热型不规则通常与（   ）无关。

    A. 及时应用抗生素   B. 使用解热药物   C. 输液量的影响

    D. 疾病处于发展变化中   E. 疾病反复

16. 下列哪项可使腹式呼吸减弱或消失（   ）。

    A. 腹膜炎   B. 肺脓肿   C. 肋骨骨折

    D. 肺炎   E. 股骨骨折

17. 一侧胸廓扩张受限不常见于（   ）。

    A. 肋骨骨折   B. 胸腔积液   C. 肺不张

    D. 一侧气胸   E. 重度一氧化碳中毒

18. 以疾病过程中表现出来的病理解剖学变化特征而命名的诊断方法称（   ）。

    A. 症状诊断   B. 病理解剖学诊断   C. 病理学诊断

    D. 病原学诊断   E. 论证诊断

19. 不属于异常肺泡呼吸音的是（   ）。

    A. 呼吸音减弱   B. 呼吸音消失   C. 啰音

    D. "夫夫"音   E. 捻发音

20. 肺脏听诊时，开始部位宜在肺听诊区的(　　)。

  A. 上 1/3   B. 中 1/3   C. 下 1/3

  D. 前 1/3   E. 后 1/3

21. (　　)可导致口唇的紧张性增加。

  A. 口腔溃疡   B. 破伤风   C. 口炎

  D. 下颌骨骨折   E. 面神经麻痹

22. (　　)通常不会出现瘤胃蠕动次数减少，力量微弱。

  A. 前胃弛缓   B. 瘤胃积食   C. 前胃功能障碍

  D. 瘤胃臌气初期   E. 瘤胃臌气末期

23. 下列动物呕吐易发顺序排列正确的是(　　)。

  A. 马、牛、猪、犬   B. 牛、犬、马、猫   C. 牛、马、猪、犬

  D. 马、猪、犬、牛   E. 犬、猪、牛、马

24. 反刍动物的大肠蠕动音为(　　)。

  A. 捻发音   B. 含漱音   C. "沙沙"音

  D. 雷鸣音   E. "咕咕"音

25. 鸡患新城疫时，粪便颜色为(　　)。

  A. 黄绿色   B. 暗红色   C. 黑色

  D. 蓝色   E. 白陶土色

26. 尿闭不提示(　　)。

  A. 尿路狭窄   B. 膀胱麻痹   C. 尿路阻塞

  D. 胃肠炎   E. 急性肾炎

27. 患病犬阴门附有少量脓性带血色分泌物，气味难闻，该病可能为(　　)。

  A. 膀胱结石   B. 子宫蓄脓   C. 腹膜炎

  D. 发情期   E. 尿路结石

28. 患病犬呕吐物为黄色，尿液颜色加深，排黑色稀粪，鼻镜干燥，腹围增大，触诊敏感，阴门附近有少量脓性带血色分泌物，气味难闻。若对该犬进行确诊，需进行(　　)。

  A. 粪便检查   B. 尿液检查   C. 血常规检查

  D. X线或B超检查   E. 以上都不做

29. 患病犬呕吐物为黄色，尿液颜色加深，排黑色稀粪，鼻镜干燥，腹围增大，触诊敏感，阴门附近有少量脓性带血色分泌物，气味难闻，若对该犬进行治疗，适宜的措施是(　　)。

  A. 膀胱切开术   B. 子宫摘除术   C. 腹腔注射药物

  D. 胃切开术   E. 不需要治疗

30. 血液循环中的白细胞不包括(　　)。

  A. 嗜酸性粒细胞   B. 嗜碱性粒细胞   C. 中性粒细胞

  D. 骨髓细胞   E. 淋巴细胞

31. 患畜呈无目的地游走，不注意周围事物，不顾外界刺激，遇到障碍物不动或原地踏步。该症状是(　　)。

  A. 痉挛   B. 震颤   C. 盲目运动

D. 强迫运动   E. 共济失调

32. 用联苯胺冰醋酸法进行尿潜血检查时，阳性应呈(　　)。
   A. 蓝色或绿色   B. 白色   C. 红色
   D. 黑色   E. 褐色

33. 早期鼻炎患畜其所流鼻液的性质多为(　　)。
   A. 纤维素性   B. 浆液性   C. 脓性
   D. 血性   E. 腐臭性

34. 瘤胃内容物不自主地经口、鼻腔排出体外称(　　)。
   A. 呕吐   B. 伪呕吐   C. 返流
   D. 反刍   E. 腹泻

35. 患急性肾小球性肾炎时，临床上常出现(　　)。
   A. 少尿   B. 多尿   C. 频尿
   D. 尿失禁   E. 尿崩

36. 尿液混浊，加入乙醚振摇后变透明，表明该尿液(　　)。
   A. 含脓汁   B. 含细菌   C. 含脂肪
   D. 含草酸盐   E. 含尿酸盐

37. 触诊呈捻发感提示(　　)。
   A. 皮下水肿   B. 皮下气肿   C. 体液蓄积
   D. 皮下脓肿   E. 淋巴外渗

38. 机体长期溶血时，可视黏膜会出现(　　)。
   A. 苍白   B. 黄染   C. 发绀
   D. 潮红   E. 发蓝

39. 健康黄牛的尿液呈(　　)色。
   A. 白   B. 深黄   C. 淡黄
   D. 红   E. 褐

40. 对牛进行一般检查、灌肠和肌内注射时，一般不采用(　　)。
   A. 倒卧保定   B. 徒手保定   C. 四柱栏保定
   D. 六柱栏保定   E. 鼻钳保定

41. 听诊一般不用于(　　)。
   A. 肾脏检查   B. 心音检查   C. 呼吸音检查
   D. 肠道检查   E. 瘤胃检查

42. 奶牛皮肤散发酮味，可提示(　　)。
   A. 尿毒症   B. 有机磷中毒   C. 腹泻
   D. 奶牛酮病   E. 皱胃左方变位

43. X线造影检查时，常作为阴性造影剂的为(　　)。
   A. 硫酸钠   B. 碘化剂   C. 硫酸钡
   D. 空气   E. 氯化钠

44. (　　)一般用于评价肝脏功能。
   A. 谷丙转氨酶   B. 尿素   C. 肌酐

D. 尿酸　　　　　　　　　　　E. 淀粉酶

45. 一般情况下，健康的草食性动物尿液的酸碱性为（　　）。

    A. 强碱性　　　　　　　　B. 中性　　　　　　　　C. 弱碱性

    D. 弱酸性　　　　　　　　E. 强酸性

46. 临床上怀疑家畜有肾脏出血，选用三杯尿试验判定，结果可能是（　　）。

    A. 三杯均出血　　　　　　B. 第一杯出血　　　　　C. 第三杯出血

    D. 前两杯出血　　　　　　E. 后两杯出血

47. 鸡消化道的特点之一是（　　）。

    A. 盲肠退化　　　　　　　B. 有 3 条盲肠　　　　　C. 有 2 条盲肠

    D. 有 1 条盲肠　　　　　　E. 没有盲肠端

48. 禽类粪便中白色物质的主要成分是（　　）。

    A. 磷酸盐　　　　　　　　B. 尿酸盐　　　　　　　C. 草酸盐

    D. 硫酸盐　　　　　　　　E. 枸橼酸盐

49. 检查动物有无脱水，以下可行的方法是（　　）。

    A. 检查皮肤湿度　　　　　B. 测定皮肤弹性　　　　C. 测量体温

    D. 测定呼吸　　　　　　　E. 测定脉搏

50. 马下颌淋巴结显著肿大，触诊有热痛，波动感，此马最可能患的疾病是（　　）。

    A. 咽炎　　　　　　　　　B. 喉炎　　　　　　　　C. 马腺疫

    D. 食道炎　　　　　　　　E. 肺炎

51. 哺乳仔猪腹下出现局限性肿胀，进食后及尖叫时肿胀程度加重，触诊有波动感，内容物不定，则肿胀为（　　）。

    A. 炎性肿胀　　　　　　　B. 水肿　　　　　　　　C. 皮下气肿

    D. 肿瘤　　　　　　　　　E. 疝

52. 用显微镜检查粪便时检出了白细胞及脓细胞，提示（　　）。

    A. 肠梗阻　　　　　　　　B. 便秘　　　　　　　　C. 肠炎

    D. 前胃迟缓　　　　　　　E. 瘤胃积食

53. 黄牛右侧腹壁局限性肿胀，穿刺有粪水流出，提示（　　）。

    A. 炎性肿胀　　　　　　　B. 水肿　　　　　　　　C. 皮下气肿

    D. 脓肿　　　　　　　　　E. 疝

54. 下列药品中不适用于动物尿液标本防腐用的是（　　）。

    A. 甲醛　　　　　　　　　B. 甲苯　　　　　　　　C. 溴香草酚

    D. 甲酸　　　　　　　　　E. 硼酸

55. X 线检查时，动物体内密度最高的组织或器官是（　　）。

    A. 肌肉　　　　　　　　　B. 结缔组织　　　　　　C. 脂肪

    D. 皮肤　　　　　　　　　E. 骨骼

56. X 线造影检查可使被检器官的内腔和周围形成密度差异，以显示被检器官或外形而进行诊断的方法。下列属于阳性造影剂的是（　　）。

    A. 硫酸钠　　　　　　　　B. 硫酸钡　　　　　　　C. 空气

    D. 氧气　　　　　　　　　E. 二氧化碳

57. 红尿放置或离心后有红色沉淀，最有可能是（　　）。
    A. 血尿　　　　　　　　　B. 血红蛋白尿　　　　　　C. 肌红蛋白尿
    D. 卟啉尿　　　　　　　　E. 药尿

58. 以下可造成中枢性呕吐的是（　　）。
    A. 消化道疾病　　　　　　B. 肺炎　　　　　　　　　C. 腹膜炎
    D. 过食　　　　　　　　　E. 脑炎

59. 不得用于皮下注射的药物是（　　）。
    A. 疫苗　　　　　　　　　B. 血清　　　　　　　　　C. 伊维菌素
    D. 生理盐水　　　　　　　E. 水合氯醛

60. 为了兴奋呼吸中枢，输氧时在纯氧中加入的二氧化碳浓度是（　　）。
    A. 1％　　　　　　　　　B. 2％　　　　　　　　　C. 3％
    D. 4％　　　　　　　　　E. 5％

61. 动物发生肺气肿时，叩诊其胸肺部可听到（　　）。
    A. 浊音　　　　　　　　　B. 半浊音　　　　　　　　C. 水平浊音
    D. 破壶音　　　　　　　　E. 过清音

62. 犬腹痛时的典型表现是（　　）。
    A. 昏睡　　　　　　　　　B. 晕厥　　　　　　　　　C. 嚎叫
    D. 弓背姿势　　　　　　　E. 昏迷

63. 在猫腹部触诊发现有香肠状物质且异常敏感，该猫最可能患有的疾病是（　　）。
    A. 肠炎　　　　　　　　　B. 肠便秘　　　　　　　　C. 肠臌气
    D. 肠套叠　　　　　　　　E. 肠积液

64. 动物发生咽炎时，其特征症状是（　　）。
    A. 腹泻　　　　　　　　　B. 流涎　　　　　　　　　C. 采食障碍
    D. 吞咽障碍　　　　　　　E. 喷鼻

65. 触诊犬腹部有串珠样硬物且犬敏感，说明该犬患有（　　）。
    A. 肠炎　　　　　　　　　B. 肠便秘　　　　　　　　C. 肠扭转
    D. 肠套叠　　　　　　　　E. 肠积液

66. 血气自动分析仪测定血浆（清）碳酸氢根时，AB＝SB，两者均正常，提示（　　）。
    A. 代谢性酸中毒　　　　　B. 代谢性碱中毒　　　　　C. 酸碱平衡正常
    D. 呼吸性酸中毒　　　　　E. 呼吸性碱中毒

67. 属于心脏收缩期的非器质性杂音是（　　）。
    A. 贫血性杂音　　　　　　B. 心包拍水音　　　　　　C. 心肺性杂音
    D. 心包摩擦音　　　　　　E. 瓣膜闭锁不全性杂音

68. 肝区触诊异常敏感，一般与（　　）无关。
    A. 肝癌　　　　　　　　　B. 牛肝片吸虫病　　　　　C. 肝脓肿
    D. 胸腔积水　　　　　　　E. 犬猫华支睾吸虫病

69. 下列药物中不能用于皮下注射方式给药的是（　　）。
    A. 新胂凡纳明制剂　　　　B. 生理盐水　　　　　　　C. 5％葡萄糖注射液
    D. 血清　　　　　　　　　E. 青霉素

70. 皮下水肿时部位触诊大多呈现（　　）。
    A. 捻发感　　　　　　　　B. 波动感　　　　　　　　C. 坚实感
    D. 热痛感　　　　　　　　E. 捏粉状

71. 以下不属于姿势与步态异常的是（　　）。
    A. 强迫姿势　　　　　　　B. 精神抑制　　　　　　　C. 运步异常
    D. 骚动不安　　　　　　　E. 站立不稳

72. 可使红细胞数量相对增多的是（　　）。
    A. 心力衰竭　　　　　　　B. 肺水肿　　　　　　　　C. 严重腹泻
    D. 高原反应　　　　　　　E. 骨髓增生性疾病

73. 血气自动分析仪测定血浆（清）碳酸氢根时，AB＝SB，两者均增高，提示（　　）。
    A. 酸碱平衡正常　　　　　B. 代谢性碱中毒　　　　　C. 代谢性酸中毒
    D. 呼吸性酸中毒　　　　　E. 呼吸性碱中毒

74. 检查浅表淋巴结活动性的基本方法是（　　）。
    A. 视诊　　　　　　　　　B. 触诊　　　　　　　　　C. 叩诊
    D. 听诊　　　　　　　　　E. 嗅诊

75. 大动物腹腔穿刺术，最适宜的保定方法是（　　）。
    A. 鼻钳保定　　　　　　　B. 左侧卧保定　　　　　　C. 仰卧保定
    D. 站立保定　　　　　　　E. 侧卧保定

76. 患小叶性肺炎时，X线诊断出现（　　）。
    A. 大面积灰白色区域　　　B. 大面积白色区域　　　　C. 全肺显黑色
    D. 全肺显白色　　　　　　E. 岛屿状灰白色区域

77. 以下属于生理性血糖升高的为（　　）。
    A. 单胃动物进食后2～4h　B. 抽搐　　　　　　　　　C. 酸中毒
    D. 脑垂体瘤　　　　　　　E. 急性胰腺坏死

78. 用显微镜检查动物粪便时，发现大小不均、一端较尖的圆形颗粒，稀碘液染色后呈现蓝色或棕红色，则该物质为（　　）。
    A. 脂肪球　　　　　　　　B. 脂肪结晶　　　　　　　C. 植物细胞
    D. 淀粉颗粒　　　　　　　E. 肌肉纤维

79. 前胃弛缓的动物，瘤胃叩诊会出现（　　）。
    A. 浊音区扩大　　　　　　B. 鼓音区扩大　　　　　　C. 浊音区缩小
    D. 鼓音　　　　　　　　　E. 过清音

80. 支气管内分泌物少而黏稠时，听诊会出现（　　）。
    A. 干啰音　　　　　　　　B. 湿啰音　　　　　　　　C. 拍水音
    D. 摩擦音　　　　　　　　E. 划水音

81. 鼻液呈粉红色且带气泡，提示（　　）。
    A. 肺出血　　　　　　　　B. 胃出血　　　　　　　　C. 鼻出血
    D. 心出血　　　　　　　　E. 肠道出血

82. 急性腹膜炎的病畜，常呈（　　）。
    A. 胸腹式呼吸　　　　　　B. 腹式呼吸　　　　　　　C. 胸式呼吸

    D. 潮式呼吸   E. 毕欧特式呼吸

83. 脓性鼻液见于( )。
    A. 大叶性肺炎   B. 坏疽性肺炎   C. 化脓性鼻炎
    D. 支气管炎   E. 胃炎

84. 动物口腔内呈腐臭味,提示( )。
    A. 齿槽骨膜炎   B. 胃炎   C. 酮病
    D. 肠炎   E. 肾炎

85. 关于牛的瘤胃蠕动音,下面( )的描述不对。
    A. 前胃弛缓时蠕动音减弱   B. 3～5 次/min
    C. 严重瘤胃臌气时蠕动音消失   D. 蠕动波持续 15～25s
    E. 雷鸣音

86. 血清碱性磷酸酶检验是常用临床生化项目之一,( )时该酶活性通常不升高。
    A. 骨骼代谢障碍疾病   B. 大量使用皮质激素   C. 胆管阻塞
    D. 肝脏疾病   E. 甲状腺功能降低

87. 动物表现严重的吸气性呼吸困难,可能见于( )。
    A. 鼻腔狭窄   B. 肺气肿   C. 肺炎
    D. 胸腔积液   E. 肺脓肿

88. 异常明显的胸式呼吸通常不见于( )。
    A. 肋骨骨折   B. 腹膜炎   C. 肠臌气
    D. 胃肠积食   E. 腹腔积液

89. 患畜临床表现体温升高,胸壁压痛,叩诊胸壁水平浊音,最符合该患畜疾病的是( )。
    A. 肺炎   B. 胸膜炎   C. 肺气肿
    D. 胸腔积水   E. 肺脓肿

90. 单胃动物经鼻腔进行导管探诊时,判断导管进入食道还是气管,叙述错误的是( )。
    A. 进入食道时动物反抗轻微
    B. 进入食道时有迟滞感
    C. 进入食道时有胃肠蠕动音
    D. 把洗耳球捏扁,连接胃管,鼓起来的是食道,反之为气管
    E. 进入气管无特殊气味

91. 触诊网胃区敏感,常见于( )。
    A. 瘤胃积食   B. 瘤胃臌气   C. 创伤性网胃炎
    D. 瓣胃阻塞   E. 皱胃扭转

92. 过敏性疾病、某些寄生虫病病例血液中( )数量通常增多。
    A. 淋巴细胞   B. 嗜碱性粒细胞   C. 嗜酸性粒细胞
    D. 中性粒细胞   E. 上皮细胞

93. 血常规检查发现白细胞总数减少,可见于( )。
    A. 化脓性感染   B. 急性细菌性传染病   C. 某些药物中毒

D. 急性炎症　　　　　　　　　　E. 亚急性炎症

94. 下列几种物质变化使血沉速度加快的是(　　)。

　　A. 红细胞增多　　　　　　B. 球蛋白增多　　　　　　C. 白蛋白增多

　　D. 胆固醇减少　　　　　　E. 纤维蛋白减少

95. RDW 在血常规中通常指(　　)。

　　A. 血红蛋白浓度　　　　　　　　　　B. 红细胞计数

　　C. 红细胞体积分布宽度　　　　　　　D. 红细胞比容

　　E. 红细胞血红蛋白含量

96. 猪瘟患猪热型多为(　　)。

　　A. 弛张热　　　　　　　　B. 稽留热　　　　　　　　C. 间歇热

　　D. 回归热　　　　　　　　E. 无规则热

97. 牛皮下注射的部位一般宜选择在(　　)。

　　A. 颈部上、中 1/3 交界处　　　　　　B. 颈部中、下 1/3 交界处

　　C. 前肢内侧　　　　　　　　　　　　D. 股内侧

　　E. 颈中部

98. 下列不属于灌服给药禁忌证的是(　　)。

　　A. 喉炎　　　　　　　　　B. 咽炎　　　　　　　　　C. 肾炎

　　D. 严重呼吸困难　　　　　E. 食道梗阻

99. 呼气性呼吸困难见于下列哪种情况(　　)。

　　A. 鼻肿瘤　　　　　　　　B. 喉头水肿　　　　　　　C. 慢性肺气肿

　　D. 咽炎　　　　　　　　　E. 鼻炎

100. 不属于肺源性呼吸困难的是(　　)。

　　A. 肺水肿　　　　　　　　B. 肺气肿　　　　　　　　C. 肺坏疽

　　D. 亚硝酸盐中毒　　　　　E. 肺脓肿

101. 下列问诊技巧不恰当的是(　　)。

　　A. 提问具体明确　　　　　　　　　　B. 轻松幽默

　　C. 提问具有科学性　　　　　　　　　D. 直接询问"患畜是否有里急后重?"

　　E. 综合分析

102. 关于视诊说法错误的是(　　)。

　　A. 所有患畜都应进行全面系统的视诊检查　B. 可牵遛运步检查

　　C. 环境应尽量安静　　　　　　　　　D. 光线充足

　　E. 地方宽敞

103. 冲击式触诊主要用于诊断(　　)。

　　A. 疝　　　　　　　　　　B. 腹腔积液　　　　　　　C. 胃肠臌气

　　D. 胃肠积食　　　　　　　E. 胃肠腹泻

104. 触诊皮下血肿部位初期通常出现(　　)。

　　A. 捻发音　　　　　　　　B. 坚实感　　　　　　　　C. 生面团状

　　D. 捏粉状　　　　　　　　E. 波动感

105. 3 种常见的基本叩诊音为(　　)。

  A. 清音、浊音和鼓音   B. 清音、辅音和半浊音

  C. 清音、浊音和破壶音   D. 清音、辅音和浊音

  E. 清音、元音和过清音

106. 用针轻刺腹部皮肤，正常时相应部位的腹肌收缩、抖动，即为(   )。

  A. 耳反射   B. 鬐甲反射   C. 腹壁反射

  D. 会阴反射   E. 肛门反射

107. 肺部叩诊呈现岛屿状浊音区，该动物可能患(   )。

  A. 胸腔积液   B. 大叶性肺炎   C. 肺脓肿

  D. 气胸   E. 小叶性肺炎

108. 检查羊的脉搏通常在(   )。

  A. 股动脉   B. 耳动脉   C. 尾动脉

  D. 颈动脉   E. 前腔静脉

109. 下面是几种动物的正常脉搏范围（次/min），但(   )不正确。

  A. 猪 60～80   B. 犬 70～120   C. 水牛 40～60

  D. 羊 60～80   E. 猫 120～160

110. 下面是几种动物的正常体温范围（℃），但(   )不正确。

  A. 黄牛 37.5～39.5   B. 犬 37.5～39.0   C. 水牛 36.5～38.5

  D. 鸡 40.5～42.0   E. 山羊 38.5～42.5

111. 关于动物的正常呼吸数范围（次/min），不正确的是(   )。

  A. 水牛 10～40   B. 猪 18～30   C. 猫 10～30

  D. 奶牛 10～30   E. 犬 30～50

112. 关于心音的描述，不正确的是(   )。

  A. 第一心音持续时间长   B. 第一心音与动脉脉搏不同时出现

  C. 第一心音到第二心音间的休止期短   D. 第二心音在心底部清楚

  E. 第一心音在心尖部清楚

113. 体温测量错误的是(   )。

  A. 测量完毕后体温计无需再甩到 35℃以下   B. 动物应充分休息后再测量

  C. 测量时涂甘油等润滑剂   D. 肛弛母畜宜测量阴道温度

  E. 测量前体温计应消毒

114. (   )属于病理性体温升高。

  A. 下午体温较清晨高   B. 高温环境下体温升高

  C. 采食后体温稍升高   D. 猪瘟导致体温升高

  E. 运动后体温升高

115. 犬猫可视黏膜检查的主要部位是(   )。

  A. 眼结膜   B. 鼻腔黏膜   C. 口腔黏膜

  D. 直肠黏膜   E. 阴道黏膜

116. 除(   )外其余均为心音强度的影响因素。

  A. 胸壁厚度   B. 心室收缩力   C. 心脏大小

  D. 肺含气量   E. 胸腔是否积液

117. 健康动物肺部的叩诊音为（　　）。
　　A. 鼓音　　　　　　　　B. 清音　　　　　　　　C. 过清音
　　D. 浊音　　　　　　　　E. 破壶音

118. 出血性鼻液提示（　　）。
　　A. 小叶性肺炎　　　　　B. 鼻黏膜肿瘤　　　　　C. 肺坏疽
　　D. 肺脓肿　　　　　　　E. 肺不张

119. 属于异常肺部听诊音的是（　　）。
　　A. 气管呼吸音　　　　　B. 空瓮性呼吸音　　　　C. 肺泡呼吸音
　　D. 支气管呼吸音　　　　E. 喉呼吸音

120. 下腹部显著增大，触诊有波动感，叩诊呈水平浊音，可见于（　　）。
　　A. 渗出性腹膜炎　　　　B. 腹下水肿　　　　　　C. 膀胱内充满尿液
　　D. 尿路结石　　　　　　E. 瘤胃积食

121. 健康成年牛，一昼夜的反刍次数为（　　）。
　　A. 6～8 次　　　　　　　B. 10～20 次　　　　　　C. 20～30 次
　　D. 30～40 次　　　　　　E. 40～50 次

122. 牛发生创伤性网胃心包炎时通常不出现（　　）。
　　A. 心区压痛　　　　　　B. 网胃触诊抗拒　　　　C. 愿意右转弯
　　D. 上坡容易下坡难　　　E. 下坡容易上坡难

123. 关于网胃检查部位正确的是（　　）。
　　A. 左侧第 9～11 肋骨　　B. 左侧第 6～8 肋骨　　C. 右侧第 6～8 肋骨
　　D. 右侧第 9～11 肋骨　　E. 左侧第 11～13 肋骨

124. 动物表现排粪带痛，不提示（　　）。
　　A. 腹膜炎　　　　　　　B. 肛门括约肌松弛　　　C. 直肠穿孔
　　D. 胃肠炎　　　　　　　E. 肛裂

125. 肝区敏感，一般不提示（　　）。
　　A. 化脓性肝炎　　　　　B. 急性肝炎　　　　　　C. 肝脓肿
　　D. 脾坏死　　　　　　　E. 胆囊结石

126. 可引起频尿的疾病是（　　）。
　　A. 尿道炎　　　　　　　B. 膀胱麻痹　　　　　　C. 脊柱断裂
　　D. 膀胱括约肌松弛　　　E. 膀胱括约肌痉挛

127. 不表现水肿的疾病是（　　）。
　　A. 肝硬化　　　　　　　B. 膀胱结石　　　　　　C. 右心衰竭
　　D. 肾病综合征　　　　　E. 左心衰竭

128. 下列可用于皮下注射给药的是（　　）。
　　A. 钙剂　　　　　　　　B. 砷剂　　　　　　　　C. 水合氯醛
　　D. 血清　　　　　　　　E. 高渗溶液

129. 肌内注射部位应选择（　　）的部位。
　　A. 肌肉丰满　　　　　　B. 无大血管　　　　　　C. 无大神经
　　D. A、B、C 三项　　　　E. 存在大血管

130. 下列情况除(　　)外均可致红细胞数量减少。
　　　A. 妊娠后期　　　　　　　　B. 慢性肺炎　　　　　　　C. 出血性贫血
　　　D. 再生障碍性贫血　　　　　E. 溶血性贫血

131. 发生寄生虫病时，血液中的白细胞数量变化正确的是(　　)。
　　　A. 嗜酸性粒细胞增多　　　　B. 嗜碱性粒细胞增多　　　C. 中性粒细胞增多
　　　D. 单核细胞减少　　　　　　E. 嗜酸性粒细胞减少

132. 健康动物尿液蛋白质测试应为(　　)。
　　　A. 弱阳性　　　　　　　　　B. 阴性　　　　　　　　　C. 强阳性
　　　D. 阳性　　　　　　　　　　E. 以上都有可能

133. 下列血清酶中，活性升高与肝炎无关的是(　　)。
　　　A. 肌酸磷酸激酶　　　　　　B. 谷丙转氨酶　　　　　　C. 肌酸激酶
　　　D. 谷草转氨酶　　　　　　　E. γ-谷氨酰转移酶

134. 免疫学检验时，常采用(　　)进行测定。
　　　A. 全血　　　　　　　　　　B. 血浆　　　　　　　　　C. 血清
　　　D. 红细胞　　　　　　　　　E. 白细胞

135. 动物口腔内呈腐败的臭味，提示(　　)。
　　　A. 齿槽骨膜发炎　　　　　　B. 胃炎　　　　　　　　　C. 酮病
　　　D. 有机磷中毒　　　　　　　E. 破伤风

136. 胃内容物不自主地经口、鼻腔排出体外，称(　　)。
　　　A. 呕吐　　　　　　　　　　B. 伪呕吐　　　　　　　　C. 返流
　　　D. 反刍　　　　　　　　　　E. 腹泻

137. 动物胆道阻塞时，可视黏膜会出现(　　)。
　　　A. 潮红　　　　　　　　　　B. 黄染　　　　　　　　　C. 发绀
　　　D. 苍白　　　　　　　　　　E. 发蓝

138. 瘤胃臌气时，叩诊会出现(　　)。
　　　A. 浊音区扩大　　　　　　　B. 鼓音区扩大　　　　　　C. 鼓音区缩小
　　　D. 过清音　　　　　　　　　E. 破壶音

139. 浆液性鼻液见于(　　)。
　　　A. 流行性感冒初期　　　　　B. 纤维素性肺炎　　　　　C. 肺炎
　　　D. 肺脓肿　　　　　　　　　E. 肺坏疽

140. 瘤胃穿刺最适宜的部位是(　　)。
　　　A. 左侧肷部　　　　　　　　B. 左侧腹中部　　　　　　C. 左侧最后肋骨部
　　　D. 右侧肷部　　　　　　　　E. 腹底部

141. 血液生化检测时，能够提示肾功能的指标为(　　)。
　　　A. 淀粉酶　　　　　　　　　B. 胆红素　　　　　　　　C. 氯
　　　D. 碱性磷酸酶　　　　　　　E. 肌酐

142. 血气自动分析仪测定血浆（清）碳酸氢根时，AB＝SB，提示(　　)。
　　　A. 酸碱平衡正常　　　　　　B. 代谢性碱中毒　　　　　C. 代谢性酸中毒
　　　D. 呼吸性酸中毒　　　　　　E. 呼吸性碱中毒

143. 属于心脏收缩期的非器质性杂音是(　　)。
    A. 贫血性杂音
    B. 心包拍水音
    C. 心肺性杂音
    D. 心包摩擦音
    E. 瓣膜闭锁不全性杂音

144. 关于呼吸方式说法正确的是(　　)。
    A. 健康动物的呼吸方式均为胸腹式
    B. 健康动物的呼吸方式均为腹式
    C. 健康动物的呼吸方式均为胸式
    D. 健康犬以胸式呼吸为主
    E. 健康犬以腹式呼吸为主

145. 血液生化检验时，以下(　　)异常提示胰腺炎。
    A. 肌酸磷酸激酶
    B. 谷丙转氨酶
    C. 乳酸脱氢酶
    D. 谷草转氨酶
    E. 淀粉酶

146. 病猪耳部蓝紫色，一般与下列哪些因素无关(　　)。
    A. 猪便秘
    B. 副猪嗜血杆菌病
    C. 猪繁殖与呼吸综合征
    D. 猪支原体肺炎
    E. 猪流感

147. 淋巴外渗和皮下水肿的触感依次为(　　)。
    A. 面团样；气肿感
    B. 面团样；坚实感
    C. 波动感；坚实感
    D. 面团样；波动感
    E. 波动感；捏粉感

148. 心肌炎时血液生化测定可见(　　)。
    A. 肌酸激酶上升
    B. 淀粉酶下降
    C. 淀粉酶上升
    D. 肌酸激酶下降
    E. 谷丙转氨酶上升

149. 以下物质变化通常出现血沉减慢的是(　　)。
    A. 红细胞增多
    B. 白蛋白减少
    C. 球蛋白增多
    D. 胆固醇增多
    E. 纤维蛋白增多

150. 动物交叉配血试验相合是指(　　)。
    A. 主侧凝集，次侧不定
    B. 次侧凝集，主侧不定
    C. 主侧凝集，次侧凝集
    D. 主侧不凝集，次侧凝集
    E. 主侧不凝集，次侧不凝集

151. 检查牛的瘤胃、网胃、瓣胃、皱胃时，应分别在其(　　)。
    A. 右侧、左侧、右侧、左侧
    B. 右侧、右侧、左侧、左侧
    C. 右侧、右侧、左侧、右侧
    D. 左侧、左侧、右侧、右侧
    E. 右侧、左侧、左侧、右侧

152. 引起肾后性无尿的疾病是(　　)。
    A. 肾炎
    B. 肾结石
    C. 贫血
    D. 膀胱括约肌痉挛
    E. 严重脱水

153. 因刺激性较大通常不用于肌内注射的是(　　)。
    A. 钙制剂
    B. 0.5%普鲁卡因
    C. 5%葡萄糖溶液
    D. 0.9%氯化钠溶液
    E. 生理盐水

154. 化脓性链球菌感染时，血常规检验的变化可能是(　　)。
    A. WBC↓
    B. RBC↑
    C. BAS↑

D. OTHR↑ E. MON↓

155. 健康猫尿液 pH 应为( )。
   A. <7 B. >7 C. =7
   D. =6.5 E. 以上都有可能

156. 动物发生长期性溶血性疾病时，可视黏膜( )。
   A. 黄染 B. 潮红 C. 苍白
   D. 发紫 E. 发蓝

157. 瑞氏染色所需时间长短与下述哪种因素无关( )。
   A. 染液的浓度 B. 盖玻片的厚薄 C. 血细胞的数量
   D. 染色的温度 E. 染色的时间

158. 各种健康动物都有特定的姿势和行为，鸡脖颈扭曲呈观星姿势，可见于( )。
   A. 维生素 A 缺乏 B. 维生素 B_1 缺乏 C. 维生素 B_2 缺乏
   D. 维生素 B_{12} 缺乏 E. 鸡马立克病

159. X 线造影检查时，常作为阳性造影剂的为( )。
   A. 硫酸钠 B. 硫酸钡 C. 稀盐酸
   D. 空气 E. 氯化钠

160. 动物患脑炎时，机体不自觉呈圆圈运动、卧地时四肢表现为游泳状运动的称( )。
   A. 痉挛 B. 震颤 C. 肌纤维颤动
   D. 强迫运动 E. 共济失调

161. 可引起肺源性呼吸困难的为( )。
   A. 猪巴氏杆菌病 B. 心肌炎 C. 水合氯醛中毒
   D. 附红细胞体病 E. 脑膜炎

162. 便秘常见于( )。
   A. 鸡球虫病 B. 猪传染性胃肠炎 C. 牛副结核病
   D. 热性病 E. 犬骨折

163. 以下属于碱性尿液中无机沉渣的为( )。
   A. 草酸钙结晶 B. 尿酸结晶 C. 碳酸钙结晶
   D. 尿酸盐结晶 E. 硫酸钙结晶

164. 炎症波及直肠黏膜会引起( )。
   A. 排粪失禁 B. 便秘 C. 里急后重
   D. 腹泻 E. 肠梗阻

165. 粪便显微镜检查时检出了白细胞及脓细胞，提示( )。
   A. 肠炎 B. 便秘 C. 肠梗阻
   D. 前胃迟缓 E. 瘤胃积食

166. 反刍机能减弱可见于( )。
   A. 前胃迟缓 B. 瘤胃臌气 C. 创伤性网胃炎
   D. 瘤胃积食 E. 以上都是

167. 叩诊时，引起心浊音区缩小的疾病是( )。

A. 心包积液　　　　　　B. 心脏扩张　　　　　　C. 心脏肥大

D. 肺气肿　　　　　　　E. 肺炎

168. 毕欧特氏呼吸的特点是(　　)。

A. 间断性呼气或吸气　　　　　　B. 呼气和吸气都费力，时间延长

C. 深大呼吸与暂停交替出现　　　D. 呼吸深大而慢，但无暂停

E. 由浅而深再至浅，经暂停后复始

169. 过渡型中性粒细胞是指(　　)。

A. 原粒细胞　　　　　　B. 中幼粒细胞　　　　　C. 杆状核粒细胞

D. 3叶核粒细胞　　　　E. 5叶核粒细胞

170. 动物血管内严重溶血时最易导致(　　)。

A. 高胆红素血　　　　　B. 四小板凝集　　　　　C. 高蛋白血症

D. 高脂血症　　　　　　E. 高钠血症

171. 排粪失禁见于(　　)。

A. 胃炎　　　　　　　　B. 便秘　　　　　　　　C. 腰部脊髓损伤

D. 直肠炎　　　　　　　E. 荐部脊髓损伤

172. 动物排尿量增加，可见于(　　)。

A. 急性肾功能衰竭　　　B. 尿毒症　　　　　　　C. 慢性肾炎

D. 脱水　　　　　　　　E. 心功能不全

173. 慕雄狂动物患的是(　　)。

A. 卵巢囊肿　　　　　　B. 黄体囊肿　　　　　　C. 子宫肿瘤

D. 子宫积液　　　　　　E. 输卵管伞囊肿

174. 动物高热是指体温升高(　　)。

A. 1.0～2.0℃　　　　　B. 1.0℃　　　　　　　C. 3.0℃以上

D. 2.0～3.0℃　　　　　E. 4.0℃以上

175. 可引起犬少尿的疾病是(　　)。

A. 尿崩症　　　　　　　B. 糖尿病　　　　　　　C. 急性肾炎

D. 慢性肾炎　　　　　　E. 子宫蓄脓

176. 支气管肺炎的X线影征是(　　)。

A. 黑色阴影　　　　　　　　　　B. 密度均匀的阴影

C. 大小不一的云絮状阴影　　　　D. 边缘整齐的大块状阴影

E. 整个肺野出现高密度阴影

177. 以波幅变化反映回波情况的超声检查类型属于(　　)。

A. A型　　　　　　　　B. B型　　　　　　　　C. D型

D. F型　　　　　　　　E. M型

178. 心电图中的P波反映(　　)。

A. 房室结激动　　　　　B. 心房肌去极化　　　　C. 心房肌复极化

D. 心室肌去极化　　　　E. 心室肌复极化

179. 黄疸的生化检验指标是(　　)。

A. 总胆红素　　　　　　B. 血清白蛋白　　　　　C. 碱性磷酸酶

D. 谷氨酸氨基转移酶　　　　　E. 门冬氨酸氨基转移酶
180. 犬静脉穿刺最常用的血管是(　　)。
A. 耳静脉　　　　　　　B. 前腔静脉　　　　　　C. 后腔静脉
D. 桡外侧静脉　　　　　E. 尾静脉

模拟题练习参考答案

题号	1	2	3	4	5	6	7	8	9	10	11	12	13	14	15	16	17	18	19	20
答案	E	B	D	A	B	D	C	A	B	B	C	E	B	B	C	A	E	B	D	B
题号	21	22	23	24	25	26	27	28	29	30	31	32	33	34	35	36	37	38	39	40
答案	A	D	E	D	A	D	B	D	B	D	C	A	B	A	A	C	B	B	C	A
题号	41	42	43	44	45	46	47	48	49	50	51	52	53	54	55	56	57	58	59	60
答案	A	D	D	A	C	A	C	B	B	C	A	C	E	D	E	B	A	E	E	E
题号	61	62	63	64	65	66	67	68	69	70	71	72	73	74	75	76	77	78	79	80
答案	E	D	D	D	B	C	A	D	A	E	B	C	B	B	D	E	A	D	A	A
题号	81	82	83	84	85	86	87	88	89	90	91	92	93	94	95	96	97	98	99	100
答案	A	C	C	A	B	E	A	A	D	D	C	C	C	B	C	C	A	C	C	D
题号	101	102	103	104	105	106	107	108	109	110	111	112	113	114	115	116	117	118	119	120
答案	D	A	B	E	A	C	E	A	E	E	E	B	A	D	A	C	B	B	B	A
题号	121	122	123	124	125	126	127	128	129	130	131	132	133	134	135	136	137	138	139	140
答案	A	E	B	B	D	A	B	D	D	B	A	B	A	C	A	A	B	B	A	A
题号	141	142	143	144	145	146	147	148	149	150	151	152	153	154	155	156	157	158	159	160
答案	B	B	A	D	E	A	E	A	A	E	D	D	A	D	A	A	B	B	B	D
题号	161	162	163	164	165	166	167	168	169	170	171	172	173	174	175	176	177	178	179	180
答案	A	D	C	C	A	E	D	C	A	E	C	A	D	C	C	A	B	A	B	D

第二篇

兽医内科学

■ 备考指南

学科特点

1. 既是一门重要的专业课程，也是执业兽医考试临床兽医科目核心课程之一。
2. 理论性很强，应用性也很强。
3. 知识面广，涉及兽医临床诊疗技术、药理、毒理、病理、微生物与免疫、传染病、寄生虫病等知识。
4. 本课程与药理学知识紧密相连，要注意掌握药物使用的最新动态，及时更新用药知识。

学习方法

最核心的方法：学会病例分析。掌握各疾病的定义、病因、临床主要症状（尤其是具有诊断意义的特征性症状）、诊断方法、治疗原则与方法及药物使用，掌握病例分析的要点，以便在临床实际中灵活运用。

近五年分值分布

年份	单元																总计
	口腔、唾液腺、咽和食道疾病	反刍动物前胃疾病	其他胃肠疾病	肝脏、腹膜和胰腺疾病	呼吸系统疾病	血液循环系统疾病	泌尿系统疾病	神经系统疾病	糖、脂肪、蛋白质代谢障碍疾病	矿物质代谢障碍疾病	维生素及微量元素缺乏症	中毒病与饲料源性毒物中毒	有毒植物及霉菌毒素中毒	矿物质及微量元素中毒	其他中毒疾病	其他内科疾病	
2019	0	2	2	5	1	2	2	0	1	2	4	0	1	0	1	1	24
2020	1	3	1	2	2	2	2	1	1	1	1	1	1	2	2	0	23
2021	0	6	2	3	1	1	2	0	0	2	2	2	1	2	0	2	26
2022	1	4	1	0	0	1	3	0	1	0	1	0	2	1	1	1	17
2023	1	9	6	1	1	0	2	1	0	0	2	0	0	1	0	4	28
总计	3	24	12	11	5	6	11	2	3	5	10	3	5	6	4	8	118

<<< 第一单元 总 论 >>>

一、考试大纲

单元	细目	要点
总论	1. 兽医内科学概述	
	2. 营养代谢性疾病概述	
	3. 中毒性疾病概述	

二、重要知识点

（一）兽医内科学概述

兽医内科学是以研究动物内部器官/系统非传染性疾病、营养代谢性疾病和中毒性疾病为主要内容的一门综合性临床学科，主要包括消化系统疾病、呼吸系统疾病、心血管系统疾病、泌尿系统疾病、神经系统疾病、内分泌系统疾病、营养代谢性疾病和中毒性疾病等。

（二）营养代谢性疾病概述

概念及分类：营养代谢性疾病是营养性疾病和代谢障碍性疾病的总称。前者是指动物因所需的某类营养物质缺乏或过多（包括绝对性的和相对性的）所致的疾病；后者是指因机体内的一个或多个代谢过程异常，导致机体内环境紊乱而引起的疾病。

病因：营养物质摄入不足——这是最主要的原因；营养物质需要量增加；营养物质消化吸收障碍；饲料中抗营养物质的作用；污染因素——工业"三废"、农药化肥、霉菌等的污染；药物影响——长期使用磺胺类药物及抗生素，导致肠道微生物区系紊乱。

临床特点：第一，发病缓慢，病程一般较长。第二，多为群发，发病率高，经济损失严重。第三，有些营养代谢性疾病的发生呈地方性流行。第四，发病动物体温一般变化不大，有继发和并发其他疾病的病例。第五，对于缺乏症和过多症来说，补充或减少某一特定营养物质的供给，对本病有显著预防和治疗作用。第六，有些营养代谢性疾病具有特定的临床症状和病理变化。

（三）中毒性疾病概述

毒物与中毒的概念：在一定条件下，一定量的某种物质进入机体后，由于其本身的固有特性，在组织器官内发生化学或物理作用，从而破坏机体的正常生理功能，引起机体的机能性或器质性病理变化，并表现出相应的临床症状，甚至导致机体死亡，这种物质称毒物。由毒物引起的相应病理过程，称为中毒。

中毒的毒理机制：①局部的刺激作用和腐蚀作用；②阻止氧的吸收、转运和利用；③抑制酶活性；④对亚细胞结构的作用；⑤竞争拮抗作用；⑥破坏遗传信息；⑦影响免疫功能；⑧发挥致敏作用；⑨放射性物质的作用。

中毒性疾病的分类：分为急性、亚急性和慢性3种类型。

中毒的常见病因：①自然因素，包括由有毒矿物、有毒植物和有毒昆虫引起的动物中毒。②人为因素，根据毒物的来源划分为工业污染、农药、在房舍和农场使用的其他物质，不适当地使用药物或饲料添加剂、劣质饲料及饮水。

中毒性疾病的准确诊断：主要依据病史、症状、病理变化、动物试验、毒物检验和治疗性诊断等进行综合分析。

中毒性疾病的治疗：一般分为阻止毒物进一步被吸收、使用特效解毒剂、进行支持和对症疗法3个步骤。

动物中毒性疾病的预防：常规饲粮生产；防霉除霉败饲料；防止农作物病虫害；农药的保管与施用。

<<< 第二单元　口腔、唾液腺、咽和食道疾病 >>>

一、考试大纲

单元	细目	要点
口腔、唾液腺、咽和食道疾病	1. 口炎	(1) 病因　(2) 症状　(3) 诊断　(4) 治疗
	2. 唾液腺炎	(1) 病因　(2) 症状　(3) 诊断　(4) 防治
	3. 咽炎	(1) 病因　(2) 症状　(3) 治疗
	4. 食道炎	(1) 病因　(2) 症状　(3) 治疗
	5. 食道阻塞	(1) 病因　(2) 症状　(3) 诊断　(4) 治疗
	6. 食道憩室	(1) 症状　(2) 诊断　(3) 治疗

二、重要知识点

(一) 口炎

口炎是口腔黏膜炎症的统称，包括舌炎、腭炎和齿龈炎。

1. 病因

(1) 非传染性病因　机械性损伤、温热性和化学性损伤、营养缺乏症。

(2) 传染性病因　口蹄疫、猪水疱病、牛恶性卡他热等。

2. 症状　泡沫性流涎，采食、咀嚼障碍，黏膜潮红、增温、肿胀和疼痛。

3. 诊断　原发性口炎根据口腔黏膜炎症的变化进行诊断。

4. 治疗　有：①饲喂与护理。②洗涤口腔，用1%食盐水或3%硼酸溶液。有恶臭时，用0.1％的高锰酸钾溶液；唾液分泌旺盛时，用1％明矾溶液或鞣酸溶液洗口；有黏膜溃烂时，洗后涂10％磺胺甘油乳剂或碘甘油。③对症治疗，如补液、消炎。

（二）唾液腺炎

唾液腺炎是腮腺炎（耳下腺炎）、下颌腺炎和舌下腺炎症的统称。

1. 病因　原发性唾液腺炎的病因是饲料芒刺或尖锐异物刺伤腮腺管（或下颌腺管、舌下腺导管），并受到附着的病原微生物的侵害而引起的。继发性唾液腺炎，常继发于口炎、咽炎、唾液腺管结石、维生素A缺乏症、马腺疫、马传染性胸膜肺炎、犬瘟热等疾病。

2. 症状　流涎，头颈伸展或歪斜；采食、咀嚼和吞咽障碍；腺体局部肿胀、增温、疼痛等。

3. 诊断　根据唾液腺的解剖部位和临床症状，结合病史调查和病因分析可做出诊断。但须与咽炎、腮腺下淋巴结炎或皮下蜂窝织炎、马腺疫、犬瘟热等疾病进行鉴别诊断。

4. 防治　病初着重消炎，如已化脓，则应切开排脓。根据产生原因采取对应预防措施。

（三）咽炎

咽炎是指咽黏膜炎、软腭炎、扁桃体炎及其深层组织炎症的总称。

1. 病因

（1）原发性　机械因子、化学因子，抵抗力下降，受寒、感冒或过劳，是咽炎的主要发病原因。

（2）诱因　气候突变、长途运输、过劳、饲料中维生素缺乏等，以及继发如猪瘟、新城疫、巴氏杆菌病、传染性支气管炎、传染性喉气管炎等疾病。

2. 症状　有：①采食减少，咀嚼缓慢；②吞咽障碍，流涎；③咳嗽（继发喉炎）；④干呕、呕吐（如犬、猫、猪咳嗽后出现此症状，马因呕吐而出现"料水返流"现象）；⑤咽部肿胀、潮红，淋巴结肿大；⑥全身症状不明显（传染性的明显）；⑦慢性咽炎，病程长（全身症状不明显）。

3. 治疗　要点是抑菌消炎，严禁胃管投药。处置方法包括：咽喉部先冷敷后温敷，或涂擦樟脑酒精溶液、鱼石脂软膏或复方醋酸铅散，2％～3％食盐水、2％～4％碳酸氢钠溶液喷雾或蒸气吸入，10％水杨酸钠溶液静脉注射，并配合使用磺胺类药物或抗生素（马）。

（四）食道炎

1. 病因　主要是机械性、化学性和温热刺激，损伤了食道黏膜而引起的。

2. 症状　食欲不振，吞咽困难，大量流涎和呕吐。广泛性坏死性病变时，可发生剧烈干呕或呕吐。易发生食物返流。急性食道炎的病畜由于胃液逆流发出异常呼噜声，故口角有黏液。急性严重吞咽困难时，有食道梗阻样反应。

3. 治疗　除去病因，缓解疼痛可服用利多卡因等局部麻醉药，同时用抗生素水溶液反复冲洗。并结合全身抗感染治疗。大量流涎时，每千克体重用硫酸阿托品0.05mg，口服，每日2～3次。给予柔软而无刺激的食物，少食多餐。配合使用益生菌，有助于修复肠道微生态菌群平衡。

（五）食道阻塞

1. 病因 颈部以上阻塞常发生在饥饿、抢食、采食时受惊等应激状态下或麻醉复苏之后；颈部以下阻塞常伴随异嗜癖（营养缺乏症）、脑部肿瘤，以及食道炎症、痉挛、麻痹、狭窄、扩张、憩室等疾病。堵塞物除日常饲料外，还有马铃薯、甜菜、萝卜等块根块茎或骨片、木块、胎衣等异物。

2. 症状 采食中止，突然发病；口腔和鼻腔大量流涎；低头伸颈，徘徊不安或晃头缩脖，做吞咽动作；料水返流。颈部阻塞，局限性膨隆，能摸到堵塞物。反刍动物常继发瘤胃臌气，犬可伴发头颈部水肿。

3. 诊断 根据在采食中突然发生下咽障碍和胃管插至阻塞部不能前进而初步诊断，确诊依据食道探诊和X线检查。

4. 治疗 润滑管腔，缓解痉挛，清除堵塞物。镇痛解痉，首先用1‰～2‰普鲁卡因溶液混以适量液状石蜡或植物油灌入食道；然后依据阻塞部位和堵塞物性状，选用下列方法疏通食道：疏导法、急骤通噎法、打水通噎法、打气通噎法、锤叩法、手术法（一般不主张，因手术后的瘢痕组织可造成食道狭窄）。

（六）食道憩室

1. 症状

（1）咽食道憩室 吞咽时有咕噜声，若有食物潴留则可压迫颈部，并致黏膜炎症水肿，引起下咽困难。巨大憩室可压迫喉返神经而出现声音嘶哑。如返流食物被吸入肺内，可并发肺部感染。

（2）食道中段憩室 常无症状，多于钡餐X线检查时发现。有时做食道镜检查以排除癌变。

（3）膈上憩室 病畜主要表现为胸骨后或上腹部疼痛，有时出现吞咽困难和食物返流。

2. 诊断 有：①钡餐X线检查。②进行食道压力测定，以了解可能同时存在的食道运动功能障碍。

3. 治疗

（1）咽食道憩室 以外科治疗为主。

（2）食道中段憩室 合并有炎症、水肿时，可用消炎及解痉药物缓解症状。但经常残留食物且引发炎症者，或并发出血、穿孔者，应考虑手术治疗。

（3）膈上憩室 如有吞咽困难和胸痛症状，且进行性加重者，憩室呈悬垂状，或直径大者，均宜手术治疗。

三、例题及解析

1. 犬争食软骨、肉块和筋腱时可突然引起的食道疾病是(   )。
   A. 溃疡　　　　　　　　　B. 痉挛　　　　　　　　　C. 狭窄
   D. 阻塞　　　　　　　　　E. 麻痹

【解析】 D。考点为食道阻塞。从题干中可以得知，犬因争食软骨、肉块和筋腱，从而突然发病，与食道阻塞的病因与症状相符。

2. 牛，采食、咀嚼障碍，吞咽正常，张口伸舌，口温升高，口腔黏膜红肿，有大量浆液性分泌物流出，体温正常。该病可能是(　　　)。

A. 咽炎　　　　　　　　　B. 口炎　　　　　　　　　C. 食道炎

D. 食道阻塞　　　　　　　E. 食道痉挛

【解析】　B。口炎的症状：泡沫性流涎，采食、咀嚼障碍，口腔潮红、增湿、肿胀和疼痛；口腔溃疡。

<<< 第三单元　反刍动物前胃和皱胃疾病 >>>

一、考试大纲

单元	细目	要点			
反刍动物前胃和皱胃疾病	1. 前胃弛缓	(1) 病因	(2) 症状	(3) 治疗	
	2. 瘤胃积食	(1) 病因	(2) 症状	(3) 防治	
	3. 瘤胃臌气	(1) 病因	(2) 症状	(3) 诊断	(4) 治疗
	4. 创伤性网胃腹膜炎	(1) 病因	(2) 症状	(3) 诊断	(4) 治疗
	5. 瓣胃阻塞	(1) 病因	(2) 症状	(3) 诊断	(4) 治疗
	6. 皱胃阻塞	(1) 病因	(2) 症状	(3) 诊断	(4) 治疗
	7. 皱胃变位	(1) 左方变位	(2) 右方变位		
	8. 皱胃溃疡	(1) 病因	(2) 症状	(3) 诊断	(4) 治疗

二、重要知识点

（一）前胃弛缓

临床上以食欲减退、反刍障碍、前胃蠕动机能减弱或停止为特征。本病是反刍动物的常见病，舍饲牛多发。

1. 病因　因长期饲喂粗硬或柔软、刺激性小、变质的饲料及血钙水平降低、过度使役导致。

2. 症状　有急性前胃弛缓时饮食欲减退，进而食欲废绝，反刍无力，次数减少或停止。瘤胃蠕动音减弱或消失，网胃及瓣胃蠕动音减弱，触诊瘤胃内容物松软，有时出现间歇性臌气，后期便秘与腹泻交替进行。瘤胃内容物 pH 可下降到 $5.5\sim6.5$（有时在 5.5 以下），纤毛虫活性降低，数量减少，甚至消失。体温、呼吸、脉搏一般无异常。

3. 治疗　加强护理，祛除病因，增强瘤胃机能。病初停食 $1\sim2d$，多饮清水，多次少量饲喂。排出瘤胃内容物用缓泻止酵剂硫酸镁或硫酸钠，兴奋瘤胃用新斯的明等，促进反刍，补液补碱。

（二）瘤胃积食

1. 病因 有：①采食大量难以消化的粗纤维饲料，如番薯藤、花生藤、谷草等。②偷吃精饲料，如谷物类、豆类。③其他，如饲养管理和环境卫生条件不良。在前胃弛缓、创伤性网胃腹膜炎、瓣胃秘结及皱胃阻塞等病程中，也常继发瘤胃积食。

2. 症状 通常有轻度腹痛表现，左侧下腹部轻度膨大，左腹窝部变得平坦。触诊瘤胃，病畜表现疼痛，瘤胃内容物黏硬或坚硬。叩诊呈浊音（不产气时）。听诊，初期蠕动音增强，以后减弱或消失。排粪迟滞，粪便干、少、色暗，有时排少量恶臭粪便。呼吸促迫增数，脉搏细数，一般体温不高。

3. 防治 排出瘤胃内容物和兴奋瘤胃蠕动。参见前胃弛缓，在瘤胃内容物已泄下但食欲仍见不转好时可用健胃剂，如番木鳖酊或龙胆酊，加水适量，一次内服。病畜高度脱水时，需大量输液，且静脉注射 5% 碳酸氢钠溶液。经上述措施无效时，可行瘤胃切开术。预防瘤胃积食，主要是加强饲养管理。

（三）瘤胃臌气

1. 病因

（1）原发性 反刍动物直接饱食容易发酵的饲草、饲料后而引起。过食豆科牧草，如紫云英、苜蓿、三叶草等；采食大量青草、凋萎的牧草、霜冻牧草、腐烂的干草及质地不良的青贮饲料；采食大量多汁而易发酵的饲料，如青贮饲料、马铃薯、粉渣、酒糟。

（2）继发性 常继发于前胃弛缓、创伤性网胃腹膜炎、瓣胃阻塞、食道阻塞、皱胃变位、食道痉挛等疾病。

2. 症状 突然发病，食欲、反刍完全停止。腹围迅速膨大，尤其是左腹部向外凸出。压诊时如充满气体的皮球，叩诊时有鼓音，听诊时蠕动音消失。病畜腹痛不安，经常起卧，频频排粪。病初排出蛋清样液体，后期只见努责不见有粪便排出。呼吸困难，张口伸舌，大量流涎。可视黏膜发绀，心跳加快。有循环障碍。

3. 诊断

（1）急性 病情急剧，根据病史，如采食大量易发酵饲料，再结合临床症状可进行诊断。

（2）慢性 病情弛张，反复产生气体，注意临床上的鉴别诊断。

4. 治疗 促进积气排出，缓泻止酵，恢复瘤胃机能。

（四）创伤性网胃腹膜炎

1. 病因 创伤性网胃腹膜炎是由于金属异物混杂在饲料内，被误食后进入网胃，导致网胃和腹膜损伤及出现炎症的一种疾病。

2. 症状 病畜以顽固的前胃弛缓症状和触压网胃表现疼痛为特征；行动和姿势异常，站立时肘头外展，多取前高后低姿势。起卧异常，愿意上坡而不愿意下坡，触压网胃时表现疼痛不安。病初体温升高，脉搏增数，以后体温虽然逐渐恢复正常，而脉搏数却逐渐增加，白细胞总数增多。

3. 诊断 通过临床症状、网胃区的叩诊与强压触诊检查、金属探测器检查等可做出诊断，而症状不明显的病例则需要辅以实验室检查和 X 线检查才能确诊。

4. 治疗 采取保守疗法，一般可应用抗生素或磺胺类药物，以控制炎症发展。根本疗法在于早期施行手术，摘除异物。

（五）瓣胃阻塞

1. 病因 有：长期大量饲喂刺激性小或缺乏刺激性的细粉状饲料，以及粗硬、难消化的饲料；饮水不足时更易促使本病发生；草料内混有大量沙土；过劳和运动不足；有继发性瓣胃阻塞、前胃弛缓、瘤胃积食、瓣胃炎、皱胃移位、皱胃扭转、血孢子虫病及某些急性热性病等。

2. 症状 病初呈现前胃弛缓症状。触诊时，右侧腹部第 7～9 肋与肩关节水平线上下，病畜表现疼痛不安，躲避检查。粪便干、少，色暗成球，呈算盘珠样，表面附有黏液，粪内含有多量未消化的饲料和粗长的纤维。鼻镜干燥，龟裂。病程长（7～15d）。后期有全身症状，病畜常脱水、自体中毒。

3. 诊断 主要依据食欲不振或废绝、瘤胃蠕动音低沉或消失、触诊瓣胃敏感性增强、排粪迟滞甚至停止等可做出初步诊断，必要时进行穿刺检查。

4. 治疗 增强瓣胃蠕动机能，促进瓣胃内容物排出。

（六）皱胃阻塞

1. 病因 原发性皱胃阻塞是由饲养管理不当而引起的。继发性皱胃阻塞常继发于前胃弛缓、创伤性网胃腹膜炎、皱胃溃疡、皱胃炎、小肠秘结，以及肝脏、脾脏脓肿、犊牛的腹膜炎等疾病。

2. 症状 前胃弛缓。牛右下腹下沉，扩大；穿刺液的 pH<4.0；粪少，色深，有血（停留时间长）。直肠检查时，牛难起难卧。病程长，可达 2～3 周。后期出现全身症状（如脱水、心跳加快，但体温变化不大）。叩诊与听诊相结合时有钢管音。

3. 诊断 根据右腹部皱胃区局限性膨隆，叩诊肋弓进行听诊，呈现类似叩击钢管的铿锵音，以及皱胃穿刺测定其内容物的 pH 为 1～4，即可确诊。

4. 治疗 原则是消积化滞，防腐止酵，缓解幽门痉挛，促进皱胃内容物排出，防止脱水和自体中毒，增进治疗效果。

（七）皱胃变位

1. 左方变位 皱胃通过瘤胃下方移到左侧腹腔，置于瘤胃和左腹壁之间，称为左方变位。

（1）病因 饲养不当；一些营养代谢性疾病或感染性疾病引起胃肠弛缓；分娩应激；育种时选育后躯宽大的品种。

（2）症状 两侧肋窝部塌陷，左侧肋弓突起；左侧腹壁第 9～12 肋的肋弓下缘能听到流水声；瘤胃蠕动音减弱或消失。叩诊与听诊结合时有钢管音，音质低沉。

（3）诊断 穿刺液呈酸性，棕褐色，缺乏纤毛虫。

（4）治疗 目前治疗方法有滚转法、药物疗法和手术疗法 3 种。

2. 右方变位 皱胃从正常的解剖位置以顺时针方向扭转到瓣胃的后上方，而置于肝脏与腹壁之间，称右方变位，又称皱胃扭转。

（1）病因　与左方变位相似。

（2）症状　病情重，病程短（48~96h），腹痛明显；粪便色深、黑，混有血液；右侧听叩诊有钢管音，冲击式触诊有震水音。

（3）诊断　直肠检查时后方扭转可摸到皱胃后缘，直肠中有血性粪便；前方扭转摸不到。

（4）治疗　治疗主要用手术。

（八）皱胃溃疡

1. 病因　饲料粗硬、霉败、含精饲料过多。皱胃食糜的酸度增加，长期刺激皱胃，以致发生溃疡。

2. 症状　以厌食、腹痛、产奶量下降和排黑粪为特征。粪便含血液，呈松节油样。直肠检查时，手臂上黏附类似酱油色糊状物。

3. 诊断　反复进行粪便潜血检查。

4. 治疗　镇痛，抗酸止酵，消炎止血。

三、例题及解析

1. 诊断皱胃溃疡时，可反复进行(　　)。

　　A. 尿液潜血检查　　　　　　B. 粪便潜血检查　　　　　C. 血清白蛋白检查

　　D. 血清酶学检查　　　　　　E. 粪便寄生虫检查

【解析】　B。本病易误诊为一般性消化不良，确诊困难，必要时需反复进行粪便潜血检查。

（2~4题共用题干）

病牛食欲减退，瘤胃蠕动音减弱，精神沉郁，磨牙，嗳气，粪便减少而带臭味，触诊瘤胃内容物柔软，瘤胃轻度臌胀，肠音弱，粪干色暗，瘤胃 pH 小于 6，纤毛虫活力下降，数量减少，血浆 CO_2 结合力降低。

2. 诱发本病最主要的饲养管理因素是(　　)。

　　A. 突换饲料　　　　　　　　B. 突换牛舍　　　　　　　C. 突换饲养员

　　D. 突换挤奶方式　　　　　　E. 突换运动场

【解析】　A。突换饲料是牛患有前胃弛缓的最主要饲养管理因素。

3. 治疗本病的关键是(　　)。

　　A. 消炎止痛　　　　　　　　B. 利尿解毒　　　　　　　C. 解毒强心

　　D. 限制饮水　　　　　　　　E. 兴奋瘤胃

【解析】　E。前胃弛缓的实质是前胃神经兴奋性降低，所以治疗本病的关键是兴奋瘤胃。

4. 本病常伴有(　　)。

　　A. 高磷血症　　　　　　　　B. 碱中毒　　　　　　　　C. 酸中毒

　　D. 高钙血症　　　　　　　　E. 血尿

【解析】　C。本病牛的瘤胃 pH 小于 6，偏酸，所以可能会伴有酸中毒现象。

(5～7题共用备选答案)

A. 瘤胃臌气　　　　　　B. 瓣胃阻塞　　　　　　C. 前胃弛缓

D. 瘤胃炎　　　　　　　E. 瘤胃积食

5. 奶牛，食欲减退，反刍缓慢，背腰弓起，用后肢踢腹，左侧下腹部膨大，左肷窝部平坦，瘤胃触诊内容物坚实，叩诊浊音界扩大，听诊蠕动音减弱，排粪迟滞。该病最可能的诊断是(　　)。

【解析】　E。瘤胃积食临床上以瘤胃蠕动音消失、腹部膨满、触诊瘤胃黏硬或坚硬为特征。

6. 奶牛，采食后不久发病，表现不安，背腰弓起，反刍和嗳气停止，腹围膨大，左肷窝部触诊紧张而有弹性，叩诊呈鼓音，瘤胃蠕动音消失，呼吸高度困难。该病最可能的诊断是(　　)。

【解析】　A。瘤胃臌气临床上以呼吸极度困难、腹围急剧膨大、触诊瘤胃紧张而有弹性为特征，左肷窝部叩诊呈鼓音。

7. 奶牛，食欲减退，反刍减弱，嗳气减少，瘤胃蠕动音减弱，触诊瘤胃内容物柔软，体温正常。该病最可能的诊断是(　　)。

【解析】　C。前胃弛缓临床上以食欲减退、反刍障碍、前胃蠕动机能减弱或停止为特征，触诊瘤胃内容物柔软。

(8～10题共用题干)

黄牛，雌性，5岁，过食幼嫩多汁的青草后发病，表现不安，回头顾腹，背腰弓起，食欲废绝，反刍和嗳气停止，腹围膨大，左侧肷窝明显凸起，呼吸困难，颈静脉努张。

8. 该牛最可能发生的疾病是(　　)。

A. 再生草热　　　　　　B. 瘤胃臌气　　　　　　C. 瘤胃积食

D. 瘤胃酸中毒　　　　　E. 青草抽搐

【解析】　B。根据该牛病史"食用幼嫩多汁的青草发病"，结合"腹围膨大，左侧肷窝明显凸起"考虑诊断为瘤胃臌气。

9. 治疗该病首先应采用的急救措施是(　　)。

A. 强心　　　　　　　　B. 洗胃　　　　　　　　C. 缓泻

D. 排气　　　　　　　　E. 止酵

【解析】　D。对病情严重、腹围显著膨大、呼吸极度困难的病牛，要及时进行瘤胃穿刺，放气急救。

10. 治疗该病不当的措施是(　　)。

A. 强心补液　　　　　　B. 接种健康牛瘤胃液　　C. 快速放气

D. 避免饲喂磨细的谷物　E. 饲喂青饲料前饲喂一些干草

【解析】　C。瘤胃穿刺放气应缓慢，以免压力突然消失，造成脑部缺血、缺氧而昏迷。

11. 牛皱胃右方变位可出现(　　)。

A. 低血钾　　　　　　　B. 高血钾　　　　　　　C. 低血钠

D. 高血氯　　　　　　　E. 高血钙

【解析】　A。皱胃右方变位又称皱胃右方扭转，特征是中度或重度脱水、低血钾、代谢性碱中毒、皱胃机械性排空障碍。

(12～14题共用题干)

荷斯坦奶牛，3岁，采食后突然发病。反刍停止，喜卧，呻吟，磨牙，排便量减少，精神沉郁，腹部膨胀，左肷窝扁平，听诊瘤胃蠕动音消失。

12. 该病最可能是(　　)。

    A. 瘤胃积食　　　　　　　B. 瘤胃臌气　　　　　　　C. 创伤性网胃炎

    D. 瓣胃阻塞　　　　　　　E. 皱胃阻塞

【解析】　A。瘤胃积食的症状为蠕动音减弱或消失，反刍、嗳气减少或停止，鼻镜干燥，左下腹部膨大，左肷窝扁平，叩诊呈浊音，触诊瘤胃坚硬，排粪迟滞，粪便干少。从题干可知，牛的症状与瘤胃积食相符合。

13. 有助于判定瘤胃内容物性状的检查方法是(　　)。

    A. 触诊　　　　　　　　　B. 叩诊　　　　　　　　　C. 问诊

    D. 嗅诊　　　　　　　　　E. 视诊

【解析】　B。对于瘤胃内容物的性状检查，可以采用叩诊的方法，通过叩诊音来判断。

14. 对本病有诊断意义的瘤胃内容物呈(　　)。

    A. 弱酸性，纤毛虫数量增加　　　　　　B. 弱酸性，纤毛虫数量减少

    C. 弱碱性，纤毛虫数量增加　　　　　　D. 弱碱性，纤毛虫数量减少

    E. 中性，纤毛虫数量增加

【解析】　B。由上题可知，该牛发生的疾病为瘤胃积食。发生瘤胃积食时，内容物在瘤胃内发酵产酸，使得瘤胃内为弱酸性，而纤毛虫在酸性环境下不宜生存，所以数量减少。

15. 继发瘤胃臌气的疾病不包括(　　)。

    A. 瘤胃酸中毒　　　　　　B. 瓣胃阻塞　　　　　　　C. 食道阻塞

    D. 皱胃变位　　　　　　　E. 创伤性网胃腹膜炎

【解析】　A。继发性瘤胃臌气，急性主要见于食道阻塞，藜芦、毒芹中毒(造成瘤胃神经麻痹)；慢性见于前胃弛缓、创伤性网胃腹膜炎、瘤胃积食、食道阻塞、皱胃变位、瓣胃阻塞、迷走神经性消化不良、瘤胃与腹壁粘连等疾病。

16. 皱胃左方变位的首选疗法(　　)。

    A. 镇痛解痉　　　　　　　　　　　　　B. 洗胃

    C. 接种健康牛瘤胃液　　　　　　　　　D. 滚转法

    E. 催吐

【解析】　D。反刍动物皱胃变位的首要治疗方法为滚转法。

17. 最急性型瘤胃酸中毒不表现(　　)。

    A. 双目失明　　　　　　　B. 体温降低　　　　　　　C. 重度脱水

    D. 瘤胃液 pH<5　　　　　E. 瘤胃内纤毛虫数量增多

【解析】　E。考点为瘤胃酸中毒的临床表现，瘤胃液 pH<5，纤毛虫数量变少。

(18～20题共用题干)

奶牛，5岁，体温 40.0℃，精神沉郁，消瘦，弓背站立，排粪时不敢努责，站立时常取前高后低姿势，不愿走下坡路。

18. 该病最可能的诊断是(　　)。

    A. 皱胃积食　　　　　　　B. 瘤胃积食　　　　　　　C. 瘤胃酸中毒

D. 瓣胃阻塞　　　　　　　　E. 创伤性网胃腹膜炎

【解析】　E。根据病例描述：弓背站立，排粪时不敢努责，站立时常取前高后低姿势，不愿走下坡路，此为创伤性网胃腹膜炎的临床特征。

19. 对该患牛进行血液学检查，最可能升高的是(　　)。

　　A. 嗜碱性粒细胞数量　　　　B. 红细胞数量　　　　　　C. 中性粒细胞数量

　　D. 嗜酸性粒细胞数量　　　　E. 淋巴细胞数量

【解析】　C。创伤性网胃腹膜炎的实验室检查可见中性粒细胞数量升高。

20. 该病的典型症状通常是(　　)。

　　A. 黄疸　　　　　　　　　　B. 呼吸困难

　　C. 迷走神经性消化不良　　　D. 水肿

　　E. 共济失调

【解析】　C。创伤性网胃腹膜炎临床以顽固的前胃弛缓症状和触压网胃表现疼痛为特征，前胃弛缓主要是迷走神经兴奋性降低导致消化不良。

<<<　第四单元　其他胃肠疾病　>>>

一、考试大纲

单元	细目	要点			
其他胃肠疾病	1. 幼畜消化不良	(1) 病因	(2) 症状	(3) 诊断	(4) 治疗
	2. 胃炎	(1) 病因	(2) 症状	(3) 诊断	(4) 治疗
	3. 犬胃扩张-扭转综合征	(1) 病因	(2) 症状	(3) 诊断	(4) 治疗
	4. 犬猫胃肠异物	(1) 病因	(2) 症状	(3) 诊断	(4) 治疗
	5. 马急性胃扩张	(1) 病因	(2) 症状	(3) 防治	
	6. 肠炎	(1) 症状	(2) 防治		
	7. 肠变位（肠套叠、肠扭转、肠嵌闭）	(1) 病因	(2) 症状	(3) 治疗	
	8. 肠便秘	(1) 病因	(2) 症状	(3) 诊断	(4) 治疗

二、重要知识点

（一）幼畜消化不良

1. 病因　有：①饲养管理不当；②胃肠道感染，食料不洁；③幼畜消化器官结构和机能不够完善。

2. 症状　腹泻是本病的主要临床症状。轻症患畜，排淡黄色粥状或水样粪便，臭味不大或有酸臭味，有的混有未消化的饲草。重症或由感染所致，排腥臭或有腐败臭味的粥状或水样粪便，内混有乳块、黏液、血液或肠黏膜。

3. 诊断 根据病史及临床症状便可做出诊断。

4. 治疗 轻症调整胃肠机能,重症抗菌消炎和补液解毒。具体是:护理、调整胃肠机能、抗菌消炎、补液解毒。

(二)胃炎

1. 病因

(1)原发性胃炎 主要原因是采食变质、不易消化的饲料及异物、有刺激性的药物等。

(2)继发性胃炎 见于巴氏杆菌病、沙门氏菌病、钩端螺旋体病、猪传染性胃肠炎,犬、猫也可继发于犬瘟热、犬传染性肝炎、急性胰腺炎、肠道寄生虫病和应激反应等。

2. 症状 以呕吐、胃压痛、脱水为特征。严重胃炎常伴有肠炎。急性胃炎出现持续呕吐,病畜表现痛苦、体重减轻、机体脱水、急剧消瘦、电解质紊乱和碱中毒等症状。

3. 诊断 根据病史和临床症状可进行初步诊断。单纯性胃炎,特别是急性胃炎,可进行治疗性诊断。可应用 X 线照射以便发现异物或投服造影剂。内镜检查胃黏膜的变化情况可确诊。

4. 治疗 有祛除刺激性因素、保护胃黏膜、抑制呕吐、防止机体脱水和纠正酸碱平衡紊乱等。

(三)犬胃扩张-扭转综合征

主要发生于大型犬,特征是胃内迅速产气,使胃内压升高和胃移位,导致血液灌流量降低,从而发生休克、代谢性酸中毒和低钾血症等,往往同时伴发胃壁坏死、脾脏坏死、心脏室性心律失常和弥散性血管内凝血。

1. 病因 胃下垂、胃内食糜胀满、脾脏肿大、钙磷比例失调、饱食后打滚等。

2. 症状 烦躁不安;干呕;口腔、牙龈变白;腹部变硬、肿胀、疼痛;大量流涎;弓背;脾脏肿大;呼吸急促或困难;休克。

3. 诊断 根据病史、临床症状、临床检查、X 线检查初步诊断为犬胃扩张-扭转综合征。

4. 治疗 应立即送医,先穿刺放气减压,再进行手术治疗。

(四)犬猫胃肠异物

1. 病因 吞食异物,如被毛、骨骼、针等。

2. 症状 呕吐、胃炎、食欲差或出现贪食,但只吃几口就走开。

3. 诊断 小型犬和猫腹壁较柔软,用手触诊可觉察到异物。也可应用 X 线照射以帮助诊断,必要时投服造影剂,查明异物大小和性质。

4. 治疗 催吐(适用于胃内存有少量光滑异物)。小而尖锐的异物可投服浸泡牛奶的脱脂小棉球(装于胶囊内),此外,投服大剂量甲基纤维素或琼脂化合物也有效。猫胃内有小的异物、毛球等,可投服液状石蜡或实施手术。

(五)马急性胃扩张

1. 病因 采食过量难消化和容易膨胀的饲料或采食了易于发酵的青草、发霉的草料而发病，或者由于偷食大量精饲料或饱食后突然喝大量冰冷的水而发病。

2. 症状 食欲废绝，眼结膜发红甚至发绀。有的病马还表现干呕或呕吐。急性腹痛，急起急卧，卧地滚转，有时出现犬坐姿势。重症患马的皮肤弹性减退，眼窝凹陷；局部出汗，个别病马则全身出汗。

3. 治疗 以解除扩张状态、缓解幽门痉挛、镇痛止酵和恢复胃功能为主，同时，补液强心、加强护理。

（六）肠炎

1. 症状 肠炎指肠黏膜的急性或慢性炎症，以消化紊乱、腹痛、腹泻、发热为特征，最为突出的症状是腹泻。十二指肠前部和胃发炎或小肠患有严重的局限性病灶时可引起呕吐；患结肠炎时，可出现里急后重，粪便稀软、水样或胶冻状，并带有难闻的臭味；患小肠出血性肠炎时，粪便呈黑绿色或黑红色；患大肠出血性肠炎时，粪便表面附有鲜血丝或血块。

2. 防治 控制饮食，病初要禁食；控制和预防病原菌继发感染；补充水分，如少量多次饮水；对症治疗。

（七）肠变位（肠套叠、肠扭转、肠嵌闭、肠缠结）

1. 病因
（1）机械性 肠嵌闭有先天性孔穴和后天性病理裂孔。
（2）机能性 肠扭转、肠缠结、肠套叠。

2. 症状 病畜食欲废绝，口腔干燥，肠音微弱或消失，排恶臭稀粪，并混有黏液和血液。腹压增加，腹痛由间歇性腹痛迅速转为持续性剧烈腹痛，病畜极度不安，严重时因微循环障碍脱水、休克而亡。腹腔穿刺液检查见腹腔液呈粉红色或红色。

3. 治疗 尽早施行手术整复，做好术后护理。

（八）肠便秘

1. 病因 饮水不足；运动不足；热性病。
牛：重度劳役；长期饲喂大量精饲料而粗饲料不足；牙齿磨灭不整；长期消化不良。
猪：长期饲喂不易消化的含粗纤维多的饲料，饲料内含泥沙过多，或喂精饲料过多。

2. 症状 排便不畅，腹痛；肠音减弱或消失；食欲减退；体温升高；大便干结（硬的粪块）。

3. 诊断 根据排粪困难、触诊摸到大肠内有成串的干硬粪块、按压时病畜有疼痛表现及肛门指检可诊断。另外，X线检查时清晰可见肠管扩张状态，其中含有致密粪块的异物阴影。

4. 治疗 用缓泻硫酸钠（或硫酸镁）或人工盐或植物油、液状石蜡；用1%温的食盐水或软肥皂水深部灌肠。对症疗法：腹痛剧烈——用镇静剂；心力衰竭——用强心剂；机体极度衰弱——补充能量。

三、例题及解析

1. 治疗、液胀性胃扩张除导胃减压外,还应特别注意的是( )。

A. 强心   B. 镇静   C. 镇痛

D. 止酵   E. 治疗原发病

【解析】 E。液胀性胃扩张系继发性胃扩张,导胃减压只是治标,应查明并治疗原发病。

2. 奶牛,6岁,突然发病,剧烈腹痛,用镇静剂无效;瘤胃蠕动音、肠蠕动音明显减弱,随努责排出少量松节油样粪便。直肠检查,腹内压升高,在右肾下方可摸到手臂粗、圆柱状的硬物。该病最可能的诊断是( )。

A. 肠肿瘤   B. 肠炎   C. 肠套叠

D. 肠便秘   E. 肠痉挛

【解析】 C。牛肠套叠的临床症状:病牛无任何前驱症候而突然发生剧烈的腹痛,用镇静剂无效。病至后期,瘤胃蠕动音、肠蠕动音明显减弱,随努责排出少量松节油样粪便。直肠检查,腹内压升高,右肾下方可摸到手臂粗、圆柱状的硬物。

(3～5题共用题干)

猪,2月龄,食欲减退,不安,弓腰,里急后重,粪便腥臭,稀软。体温40.2℃,脉搏100次/min。

3. 该病最可能导致( )。

A. 脱水   B. 黄疸   C. 水肿

D. 贫血   E. 碱中毒

【解析】 A。从题干可知,猪食欲减退且里急后重,粪便腥臭,稀软,猪吃得少,排稀粪,所以出现脱水的可能性极大。

4. 该病最适宜的护理措施是( )。

A. 大量饮水   B. 少量多次饮水   C. 禁止饮水

D. 增加饲喂量   E. 增加饲喂次数

【解析】 B。该猪由于食欲减退,出现稀的粪便,机体处于脱水状态。如果一次大剂量补水而不补充电解质,则会造成脱水后的进一步恶化,变成低渗性脱水,使疾病进一步恶化。

5. 该病最可能的诊断是( )。

A. 肠嵌闭   B. 肠痉挛   C. 肠扭转

D. 肠梗阻   E. 肠炎

【解析】 E。从题干可知,猪出现食欲减退,不安,弓腰,里急后重,粪便腥臭,稀软。体温40.2℃,与临床上肠炎的消化紊乱、腹痛、腹泻、发热症状相符。

6. 犬胃扩张-扭转综合征的临床特征( )。

A. 腹围增大   B. 腹泻   C. 血便

D. 脾后移   E. 脾肿大

【解析】 A。犬胃扩张-扭转综合征的临床症状为病犬突然腹痛、卧地、口吐白沫;腹部叩诊呈鼓音或金属音;触诊可摸到球状囊袋;冲击胃下部可听到拍水音;呼吸困难、脉搏频数,多于48 h内死亡,胃内容物无法向后排出导致腹围增大。

7. 德国牧羊犬，3 岁，训练后突发呼吸困难，结膜发绀，胸腹部 X 线侧位片可见肋弓前后大面积圆形低密度影，后腔静脉狭窄；正位片可见膈后大面积横梨形低密度影，肠管后移。该犬的初步诊断是（　　）。

  A. 肠套叠   B. 肠梗阻   C. 胃内异物

  D. 胃幽门阻塞   E. 犬胃扩张-扭转综合征

  【解析】　E。根据症状描述：突然发病，胸腹部 X 线侧位片可见肋弓前后大面积圆形低密度影，后腔静脉狭窄；正位片可见膈后大面积横梨形低密度影，肠管后移。因此，可推断为犬胃扩张-扭转综合征。

8. 治疗肠变位的原则不包括（　　）。

  A. 补液   B. 镇痛   C. 减压

  D. 利尿   E. 强心

  【解析】　D。肠变位病畜食欲废绝，口腔干燥，肠音微弱或消失，排恶臭稀粪，并混有黏液和血液。腹压增加，腹痛由间歇性腹痛迅速转为持续性剧烈腹痛，病畜极度不安，严重时因微循环障碍脱水、休克而亡。

<<< 第五单元　肝脏、腹膜和胰腺疾病 >>>

一、考试大纲

单元	细目	要点			
肝胆、腹膜和胰腺疾病	1. 肝炎	(1) 病因	(2) 症状	(3) 诊断	(4) 治疗
	2. 胆管炎和胆囊炎	(1) 病因	(2) 症状	(3) 防治	
	3. 胆石症				
	4. 腹膜炎	(1) 病因	(2) 症状	(3) 诊断	(4) 治疗
	5. 腹腔积液综合征	(1) 病因	(2) 症状	(3) 诊断	(4) 治疗
	6. 胰腺炎	(1) 病因	(2) 症状	(3) 诊断	(4) 治疗

二、重要知识点

（一）肝炎

1. 病因　急性实质性肝炎主要是由传染性因素（细菌、病毒和寄生虫）与中毒性因素（霉菌毒素、植物毒素、化学毒物、代谢产物）引起的。

2. 症状　粪便臭味大，色泽浅淡，可视黏膜黄染，神经症状，光敏性皮炎，消瘦，苍白，皮肤水肿，呕吐（猪、犬、猫明显），腹痛（马较明显）。叩诊时，肝脏浊音区扩大，病畜有疼痛反应；后躯无力，步态蹒跚，共济失调；狂躁不安，痉挛，或者昏睡、昏迷。当急性肝炎转为慢性肝炎时，则表现为长期消化机能紊乱，异嗜，营养不良，消瘦，下颌、下腹与四肢下端水肿。如果继发肝硬化，则呈现肝脾综合征，发生腹水。

3. 诊断 血清黄疸指数升高；直接或间接胆红素均升高，总胆红素升高；尿中胆红素和尿胆原试验呈阳性反应；血清胶体稳定性试验强阳性；反映肝损伤的乳酸脱氢酶、丙氨酸氨基转移酶、天门冬氨酸转移酶活性增加。

4. 治疗 排除病因，加强护理，保肝利胆，清肠止酵，促进消化。

（二）胆管炎和胆囊炎

1. 病因 有：①细菌感染；②胆囊结石；③胆管和胆囊内有寄生虫；④十二指肠炎症蔓延；⑤继发于钩端螺旋体病、山羊传染性胸膜肺炎、猪瘟等疾病。

2. 症状 急性胆管炎和胆囊炎，病畜体温升高，恶寒战栗，轻微黄疸，腹痛；肝脏触诊，病畜疼痛不安。慢性胆管炎和胆囊炎，病畜表现食欲减退，便秘或腹泻，黄疸、腹痛、消瘦、贫血。

3. 防治

（1）预防 加强饲养和管理，防止中毒与感染；对胆结石、肝脏寄生虫病等应及时进行防治；另外，积极防治各种有关的传染病。

（2）治疗 使病畜保持安静，给其饲喂有营养、易消化的饲料。镇痛（水合氯醛、阿托品、山莨菪碱），抗菌消炎，及时使用利胆剂。对于化脓性胆管炎与胆囊炎、胆结石或穿孔，应采取外科手术疗法。

（三）胆石症

按发病部位分为胆囊结石和胆管结石。引起胆囊、胆管的急慢性炎症；易继发感染、胆囊癌；有发热、呕吐、黄疸或腹部疼痛等症状。

（四）腹膜炎

1. 病因 与先天性胆管畸形，各种病毒、病菌、寄生虫的反复感染，肝胆代谢、功能异常，胆汁成分比例失调，以及机械性损伤、饮食生活等诸方面因素有关。

2. 症状 在临床上通常不表现症状。然而如果出现胆囊炎或者胆管阻塞后会出现发热、呕吐、黄疸或腹部疼痛症状，易继发感染、胆囊癌等。

3. 诊断 综合分析可做出正确诊断，有条件的可借助B超、CT和核磁共振扫描等特殊检查。

4. 治疗 急性发作期宜先保守治疗，待症状控制后作进一步检查。明确诊断，酌情选用合理的治疗方法，如病情严重、非手术治疗无效的应及时进行手术治疗。

（五）腹腔积液综合征

1. 病因 心源性腹水症——右心衰体征；稀血性腹水症——稀血体征；肝源性腹水症——肝病体征（单纯性腹水症）；肾源性腹水症——肾病体征。

2. 症状 腹部向下、两侧呈对称性膨胀；腹部叩诊，呈水平浊音；腹部冲击式触诊，可感到回击波或震荡音；呼吸困难；腹腔穿刺有多量液体流出。

3. 诊断 对渗出液和漏出液的鉴别诊断有颜色、透明度、比重、蛋白、Rivalta试验、细胞计数、细菌学检查。

4. 治疗　穿刺排液；用抗生素或磺胺类药物；强心利尿；治疗原发病。

（六）胰腺炎

以突然发作的急剧上腹痛，向后背反射、恶心、呕吐、发热、血压降低，血尿，淀粉酶活性升高，胰腺水肿、坏死、出血等为主要特征。

1. 病因　有长期饲喂高脂肪食物、胆道疾病、胰管梗阻、胰腺损伤、感染等。

2. 症状

（1）急性　主要表现为腹痛、呕吐、发热、腹泻且粪便中常混有血液；若溢出的活性胰酶累及肝脏和胆囊，则出现黄疸；腹部有压痛感，前腹部有时可触及硬块，腹壁紧缩；少数病例有腹水，严重病例出现脱水及休克危象。

（2）慢性　病程迟缓，缺乏特异性症状，最有特征性的变化是血清淀粉酶和脂肪酶的活性同时升高。

3. 诊断　剧烈腹痛与重剧呕吐，血液中淀粉酶与脂肪酶的活性同时升高等。

4. 治疗　原则是加强护理，抑制胰腺分泌，止痛镇静，抗休克，纠正水及电解质紊乱。

三、例题及解析

（1～3题共用题干）

南方某场奶牛，近期表现食欲减退，渐进性消瘦，可视黏膜苍白、轻度黄染，眼睑、下颌及胸腹下水肿，产奶量逐日下降，体温未见明显升高。剖检发现肝脏表面粗糙、质地坚硬，色泽暗淡且不均一。

1. 病牛出现水肿症状的是（　　）。

    A. 心力衰竭　　　　　　　　　B. 肾炎　　　　　　　　　C. 低钙血症

    D. 低球蛋白血症　　　　　　　E. 低白蛋白血症

【解析】　E。本病初步诊断为慢性肝炎。患肝炎疾病时，血清白蛋白通常会降低，出现肝源性水肿。

2. 检查病牛黄疸的相关指标发现（　　）。

    A. 总胆红素降低，游离胆红素升高　　　　B. 总胆红素升高，游离胆红素升高

    C. 总胆红素升高，结合胆红素降低　　　　D. 总胆红素降低，游离胆红素降低

    E. 总胆红素降低，结合胆红素降低

【解析】　B。肝炎的肝功能检查中直接胆红素和间接胆红素（游离胆红素）含量都增加，故总胆红素升高。

3. 血清酶活性升高的指标是（　　）。

    A. AST 和 CK　　　　　　　　B. AST 和 AMY　　　　　C. AST 和 LPS

    D. AST 和 ALP　　　　　　　　E. AST 和 GSH‐Px

【解析】　D。在大动物中，天门冬氨酸转氨酶（AST）常用于检查肝脏疾病，出现肝炎时 AST 会升高。碱性磷酸酶（ALP）是体内分布最广泛的酶之一，肝损伤会导致所有动物的血浆 ALP 活性中度升高。

4. 治疗动物腹膜炎，为制止渗出应选择静脉注射的药物是(　　)。

A. 0.9％氯化钠　　　　　　　　B. 10％氯化钙　　　　　　　C. 3％氯化钾

D. 5％葡萄糖　　　　　　　　　E. 0.25％普鲁卡因

【解析】 B。考点为腹膜炎的治疗，制止渗出用10％氯化钙静脉注射。

5. 引起实质性黄疸的疾病是(　　)。

A. 胆管结石　　　　　　　　　　B. 胆囊结石　　　　　　　　C. 胆管狭窄

D. 胆囊炎　　　　　　　　　　　E. 肝炎

【解析】 E。实质性黄疸也称肝性黄疸，主要是由毒素和病毒所致，造成肝细胞物质代谢障碍。患肝炎时会引发实质性黄疸。

6. 犬急性肝炎的实验室检查出现的变化是(　　)。

A. 天门冬氨酸氨基转移酶活性升高　　　　　B. 血浆白蛋白升高

C. 血脂降低　　　　　　　　　　　　　　　D. ATP增多

E. 维生素K增加

【解析】 A。天门冬氨酸氨基转移酶（AST）主要分布于心肌，其次分布在肝脏、骨骼肌和肾脏等组织中。AST升高常见于急性重症肝炎、慢性重症肝炎、肝硬化、心肌炎、心肌梗死、肾炎、胆管炎、皮肌炎、胰腺炎等病症。

(7～9题共用题干)

母犬，4岁，营养状态良好，偷食油炸鸡后剧烈呕吐，精神沉郁，食欲废绝，腹泻，呻吟，呈祈祷姿势，腹壁触诊高度敏感，血清学检查淀粉酶升高。

7. 该病最可能的诊断(　　)。

A. 胰腺炎　　　　　　　　　　　B. 脑炎　　　　　　　　　　C. 肝炎

D. 肠炎　　　　　　　　　　　　E. 胃肠炎

【解析】 A。根据症状描述此为急性胰腺炎的表现。

8. 确诊需进一步进行(　　)。

A. 超声检查　　　　　　　　　　B. X线检查　　　　　　　　C. 脂肪酶检测

D. 碱性磷酸酶检测　　　　　　　E. 内窥镜检查

【解析】 C。急性胰腺炎的诊断，实验室检查包括测定血液中淀粉酶与脂肪酶的活性、血常规及血脂、X线检查、B超检查等。

9. 预防该病，不宜(　　)。

A. 暴饮暴食　　　　　　　　　　B. 禁食　　　　　　　　　　C. 高脂饮食

D. 低蛋白饮食　　　　　　　　　E. 低盐饮食

【解析】 C。胰腺炎病因是给动物长期饲喂高脂肪食物，而动物又不喜运动，故使机体肥胖引发本病。

10. 泰迪犬，8岁，饮食不规律，喜暴饮暴食，突发腹痛、腹胀、呕吐，发热，血清淀粉酶超过正常值5倍。该病最可能的诊断是(　　)。

A. 肠梗阻　　　　　　　　　　　B. 急性肝炎　　　　　　　　C. 胃肠炎

D. 胆囊炎　　　　　　　　　　　E. 急性胰腺炎

【解析】 E。胰腺炎临床症状为剧烈腹痛与重剧呕吐；实验室检查，血液中淀粉酶与脂肪酶的活性同时升高，白细胞增多与核左移。

11. 奶牛，2 岁，精神沉郁，消瘦，皮肤弹性降低，可视黏膜黄染，下腹部膨大，冲击式触诊有液体震荡音。为确定疾病性质，适宜的穿刺部位是(　　)。

    A. 右肷部
               B. 右侧第 6~7 肋

    C. 剑状软骨突起后缘
        D. 脐-膝关节连线中点

    E. 左肷部

【解析】　D。根据病例的症状描述怀疑奶牛患有腹腔积液，要确定疾病性质需做腹腔穿刺，部位为脐-膝关节连线中点。

<<< 第六单元　呼吸系统疾病 >>>

一、考试大纲

单元	细目	要点
呼吸系统疾病	1. 鼻炎	(1) 病因　(2) 症状　(3) 诊断　(4) 治疗
	2. 喉炎	(1) 病因　(2) 症状　(3) 治疗
	3. 支气管炎	(1) 病因　(2) 症状　(3) 治疗
	4. 肺充血和肺水肿	(1) 病因　(2) 症状　(3) 治疗
	5. 肺泡气肿	(1) 急性弥漫性肺泡气肿　(2) 慢性肺泡气肿　(3) 治疗
	6. 间质性肺气肿	(1) 病因　(2) 症状　(3) 治疗
	7. 支气管肺炎	(1) 病因　(2) 症状　(3) 诊断　(4) 治疗
	8. 大叶性肺炎	(1) 病因　(2) 症状　(3) 治疗
	9. 异物性肺炎	(1) 病因　(2) 症状　(3) 诊断　(4) 治疗
	10. 胸膜炎	(1) 病因　(2) 症状　(3) 治疗

二、重要知识点

重点考查：支气管炎、肺充血和肺水肿、大叶性肺炎。

（一）鼻炎

1. 病因　如寒冷、SO_2 浓度增加、流感、咽炎等，过敏性鼻炎是一种特异性反应。

2. 症状　打喷嚏，流鼻液，摇头，摩擦鼻部，犬、猫抓挠面部。鼻黏膜充血、肿胀，敏感性增加。由于鼻腔变窄，故小动物呼吸时出现鼻塞音或鼾声，严重者张口呼吸或发生吸气性呼吸困难。

3. 诊断　根据鼻黏膜充血、肿胀、打喷嚏和流鼻液等特征症状即可确诊。

4. 治疗　排除致病因素，冲洗鼻腔，消炎。

（二）喉炎

1. 病因 喉炎主要发生于受寒感冒引起的上呼吸道感染，吸入尘埃、烟雾、刺激性气体及受异物等刺激均可发病。

2. 症状 剧烈的咳嗽，可能流浆液性、黏液性或黏液脓性鼻液，下颌淋巴结肿大，一般体温升高。触诊喉部敏感、疼痛、肿胀、发热，可引起强烈咳嗽。

3. 治疗 消除致病因素，缓解疼痛。

（三）支气管炎

1. 病因 有：①物理因素；②化学因素，如吸入刺激性气体；③生物因素；④过敏反应分泌物中有大量的嗜酸性粒细胞，无细菌；⑤诱发因素。

2. 症状 以咳嗽、流鼻液和不定型热为特征。

（1）急性 主要症状是咳嗽，在早晨尤为严重。流鼻涕，肺部出现干、湿啰音，X线检查可见沿支气管有斑状阴影。

（2）慢性 持续性咳嗽，肺部有啰音；X线检查可见肺部纹理增粗、紊乱，呈网状，有斑点阴影。

3. 治疗 消除病因；祛痰镇咳；使用抗菌消炎的药物，如抗生素或磺胺类药物；雾化疗法；抗过敏；补液，强心。

（四）肺充血和肺水肿

1. 病因 主动性肺充血常见于动物过度劳累、过度拥挤和闷热；被动性肺充血主要发生于代偿机能减退期的心脏疾病，如由各种原因引起的心脏衰竭。肺水肿最常继发于急性过敏反应、再生草热或充血性心力衰竭。

2. 症状 以呼吸困难、黏膜发绀和流泡沫状鼻液为特征。肺充血和肺水肿为同一病理过程的前后两个不同阶段，表现为呼吸困难、黏膜发绀、流泡沫状鼻液；X线检查可见肺叶阴影普遍加重，肺门血管纹理显著。

3. 治疗 原则是保持病畜安静，减轻心脏负荷，制止液体渗出（10％氯化钙或20％葡萄糖酸钙溶液），缓解呼吸困难。使用大剂量的皮质激素、肝素或低分子右旋糖酐溶液，结合使用抗组胺药与肾上腺素；阿托品能减少液体漏出；强心，镇静。

（五）肺泡气肿

1. 急性弥漫性肺泡气肿 发病突然，呼吸困难，叩诊肺部有广泛性过清音，叩诊区向后扩大；听诊肺泡呼吸音减弱，并有干或湿啰音；X线检查可见两肺透明度普遍性增高，膈肌后移及其运动减弱，肺的透明度不随呼吸而发生明显改变。

2. 慢性肺泡气肿 以二重式呼气为特征，其他同急性肺气肿；X线检查可见整个肺区异常透明，支气管影像模糊，膈穹隆后移。

3. 治疗

（1）急性 加强护理，缓解呼吸困难（1％硫酸阿托品、2％氨茶碱或0.5％异丙肾上腺素雾化吸入），同时治疗原发病，有条件的应及时输入氧气。

（2）慢性　无根治疗法，主要原则为加强护理，以控制病情进一步发展，对症治疗。

（六）间质性肺气肿

1. 病因　由过度劳累、SO_2 浓度增加、流感、栎树叶中毒、再生草热等引起。

2. 症状　突然表现呼吸困难；肺部叩诊区不扩大，呈鼓音；听诊出现破裂性啰音；气喘明显；皮下气肿；迅速发生窒息。

3. 治疗　无特效疗法。治疗原则为加强护理，消除病因，防止空气进入间质组织，对症治疗。

（七）支气管肺炎

1. 病因

（1）原发　受寒冷刺激，圈舍卫生不良，饲养管理不当，应激因素，机体抵抗力降低，内源性或外源性细菌大量繁殖，受异物及有害气体刺激。

（2）继发　如继发于流行性感冒、猪肺疫、猪丹毒、猪副伤寒、肺丝虫病等。

2. 症状　病畜表现为精神沉郁，食欲减退或废绝，体温升高，呈弛张热型，有时为间歇热；呼吸增数，脉搏随体温变化而变化；咳嗽，流浆液性、黏液性或脓性鼻液；呼吸困难；叩诊有局灶浊音区，听诊肺泡呼吸音减弱，有捻发音。病理特征是病灶内有浆液性分泌物及脱落的上皮细胞和白细胞。

3. 诊断

（1）血液学检查　白细胞总数增多，中性粒细胞比例可达80％以上，出现核左移现象。

（2）X线检查　肺脏斑片状或斑点状的渗出性阴影，大小和形状不规则，密度不均匀，边缘模糊不清，可沿肺纹理分布。当病灶发生融合时，则形成较大片的云絮状阴影，但密度多不均匀。

4. 治疗　有抑菌消炎、祛痰止咳、制止渗出、改善营养、加强护理等。

（八）大叶性肺炎

1. 病因

（1）细菌感染　有肺炎链球菌、链球菌、铜绿假单胞菌、巴氏杆菌等感染。

（2）管理不当　有受寒感冒、吸入有害气体、长途运输时机体的抵抗力下降、呼吸道黏膜有病原微生物等。

（3）有病毒性疾病　有猪瘟、猪肺疫等。

2. 症状　主要为稽留热型，流铁锈色鼻液，叩诊有大片肺浊音区，胸痛，听诊肺泡呼吸音减弱，有啰音、捻发音、摩擦音。

3. 治疗　原则为抗菌消炎，控制继发感染，制止渗出和促进炎性产物吸收。可静脉注射氢化可的松或地塞米松，降低机体对各种刺激的反应性，控制炎症发展。促进炎性渗出物吸收可用利尿剂。当渗出物消散太慢时，为防止机化，可用碘制剂，如碘化钾。体温过高时，可用解热镇痛药，如复方氨基比林、阿尼利定注射液等。严重的呼吸困难患畜，可输入氧气。心力衰竭时用强心剂。

(九) 异物性肺炎

异物性肺炎是动物将异物吸入肺脏而引起的以肺坏死为特征的肺炎，又称吸入性肺炎或坏疽性肺炎。

1. 病因 有：给动物投药不当；动物吞咽功能失调；食道部分阻塞而又试图采食或饮水时容易导致异物吸入呼吸道；小动物连续性呕吐时将呕吐物吸入；药浴不当等。

2. 症状 临床上以呼吸困难、流脓性恶臭的鼻液和肺部出现明显啰音为特征。鼻液静置后分层，上层为黏性，有泡沫；中层为浆性液体，并含絮状物；下层为脓液，混有大小不等的组织块。

3. 诊断 显微镜检查，可见肺组织碎片、脂肪滴、脂肪晶体、棕色至黑色的色素颗粒、红细胞及大量的微生物。将渗出物加到10%氢氧化钾溶液中煮沸，离心后将沉渣涂片镜检可观察到弹力纤维，这也是本病的重要特征。

4. 治疗 迅速排出异物，抗菌消炎，制止肺组织的腐败分解，对症治疗。首先应使动物保持安静，即使其咳嗽剧烈也应禁止使用止咳药，并尽可能让动物站在前低后高的位置，将头放低，便于异物向外咳出。

(十) 胸膜炎

1. 病因 纤维蛋白沉着，胸腔积聚大量炎性渗出物。

2. 症状 胸部疼痛，体温升高；胸部听诊出现摩擦音，叩诊呈水平浊音区，穿刺液为渗出液（蛋白多，相对密度大）。

3. 治疗 抗菌消炎，制止渗出，促进渗出物的吸收和排出。如制止渗出，可静脉注射5%氯化钙溶液或10%葡萄糖酸钙溶液；促进渗出物吸收和排出，可用利尿剂、强心剂等；另外，也可穿刺抽出液体。

三、例题及解析

1. 大叶性肺炎患畜典型热型是(   )。
   A. 弛张热　　　　　　B. 波浪热　　　　　　C. 回归热
   D. 不定型热　　　　　E. 稽留热

【解析】 E. 大叶性肺炎又称格鲁布性肺炎或纤维素性肺炎，大多由病原微生物引起，以肺泡内纤维蛋白渗出为主要特征。临床症状为高热稽留、流铁锈色鼻液、有大片肺浊音区及定型经过。

2. 德国牧羊犬，3岁，弛张热，咳嗽，呼吸次数增加，胸部叩诊呈局灶性浊音区，X线检查可见肺野有(   )。
   A. 点片状的渗出性阴影　　　　　　B. 大片状均匀的渗出性阴影
   C. 肺野中下部密度增加　　　　　　D. 肺野下方密度降低
   E. 弥散性斑块状高密度阴影

【解析】 A. 根据病犬表现，可诊断为支气管肺炎。支气管肺炎X线检查表现斑片状或斑点状的渗出性阴影；当病灶发生融合时，则形成较大片的云絮状阴影。

3. 羊，体温41℃，流大量鼻液，胸部叩诊时局部出现破壶音。死亡后采集肺脏经福尔马林溶液固定，切开后断面出现边缘整齐、大小不一的局限性病灶，呈灰白色，病灶内质地均匀，无肺组织结构。该羊有(　　)。

    A. 坏疽性肺炎　　　　　　　B. 大叶性肺炎　　　　　　　C. 小叶性肺炎

    D. 肺气肿　　　　　　　　　E. 细支气管炎

【解析】　A。坏疽性肺炎又称肺坏疽或吸入性肺炎，叩诊出现半浊音或浊音、鼓音或破壶音，肺组织腐败分解，无原有结构。

4. 犬，体重5kg，治疗过程中突然出现异常，呼吸70次/min，脉搏140次/min，眼结膜血管呈树枝状充盈，且发绀，胸部听诊呈广泛性啰音。该病最可能的病因是(　　)。

    A. 静脉输液0.9%生理盐水1 000mL　　　B. 肌内注射庆大霉素2mL

    C. 肌内注射地塞米松1mL　　　　　　　D. 静脉缓慢推注25%葡萄糖注射液10mL

    E. 静脉输液5%葡萄糖注射液100mL

【解析】　A。由题目可知该犬出现肺水肿症状，肺水肿一般由充血性心力衰竭引起，充血性心力衰竭的病因一般由一时过快超量输液导致。

5. X线片如图2-6-1所示，最可能的诊断是(　　)。

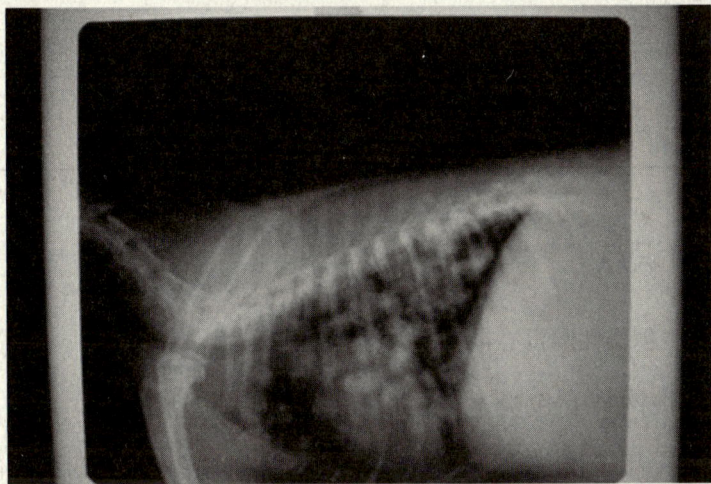

图2-6-1　犬肺肿瘤病历分析

    A. 肺肿瘤　　　　　　　　　B. 大叶性肺炎　　　　　　　C. 肺气肿

    D. 胸腔积液　　　　　　　　E. 异物性肺炎

【解析】　A。从图片可以看出，患犬肺部散在分布大量高密度团块状，边缘清晰、大小不一的阴影几乎占据整个肺部，为肺肿瘤的X线表现。

6. 犬，5岁，体温40.5℃，呈明显的腹式呼吸，常取坐姿。胸腔穿刺见多量淡黄色、浑浊的液体，其中蛋白质含量和中性粒细胞数升高。治疗该病不宜采用(　　)。

    A. 抗菌消炎　　　　　　　　B. 强心利尿　　　　　　　　C. 解热镇痛

    D. 大量补液　　　　　　　　E. 穿刺放液

【解析】　D。根据病例描述可知犬患有胸腔积液，此时不宜大量补液，否则会加重积液。

<<< 第七单元　血液循环系统疾病 >>>

一、考试大纲

单元	细目	要点
血液循环系统疾病	1. 牛创伤性网胃心包炎	(1) 病因　(2) 症状　(3) 防治
	2. 心力衰竭	(1) 病因　(2) 症状　(3) 诊断　(4) 治疗
	3. 急性心肌炎	(1) 病因　(2) 症状　(3) 治疗
	4. 心腔扩张	
	5. 心肌肥大	
	6. 急性心内膜炎	
	7. 心脏瓣膜病	
	8. 外周循环衰竭	(1) 病因　(2) 症状　(3) 治疗
	9. 贫血	(1) 分类　(2) 病因　(3) 症状　(4) 治疗
	10. 血友病	

二、重要知识点

常考知识点：牛创伤性网胃心包炎、心力衰竭、贫血。

(一) 牛创伤性网胃心包炎

1. 病因　本病病因同"创伤性网胃腹膜炎"。异物和携带的细菌污染心包液，导致化脓性和纤维素性心包炎。

2. 症状　病牛食欲急剧减退或废绝，下颌间隙和垂皮处发生水肿，颈静脉淤血怒张。心率加快，可达 120 次/min；心脏区叩诊浊音区扩大，听诊出现拍水音；肘外展，不安，弓背站立，不愿移动，卧地、起立时极为谨慎；牵病牛行走时，忌上下坡、跨沟或急转弯；瘤胃蠕动减弱，轻度臌气，排粪减少，部分病牛排煤焦油样黑色稀粪（含血）；触诊网胃区，病牛疼痛不安。

3. 防治　一般应尽早淘汰，对珍贵的牛可采用心包穿刺法或手术疗法。防止饲料中混杂金属异物。

(二) 心力衰竭

1. 病因　急性原发性心力衰竭，主要是由压力负荷过重或容量负荷过重而导致的心肌负荷过重；由容量负荷过重而引起的心力衰竭往往是在治疗过程中，静脉输液量超过心脏的最大负荷量，尤其是向静脉过快注射对心肌有较强刺激性药液，如钙制剂或碑制剂等时易发生。慢性心力衰竭（充血性心力衰竭），是心脏由于某些固有的缺损，在休息时不能维持循环平衡并出现的静脉循环充血，伴以血管扩张、肺脏或末端水肿、心脏扩大和心率加快。

2. 症状

（1）急性　易疲劳，出汗；呼吸加快，呼吸音增强；可视黏膜轻度发绀；体表静脉怒张；心搏动亢进，第一心音增强；心内杂音，节律不齐；湿啰音；死亡。

（2）慢性　垂皮，腹下和四肢末端水肿；后期腹泻；咳嗽；死亡。

3. 诊断　主要根据发病原因，如静脉怒张、脉搏增数、呼吸困难、垂皮和腹下水肿、心率加快、第一心音增强、第二心音减弱等症状做出诊断。

4. 治疗　如加强护理、减轻心脏负担、缓解呼吸困难、增强心肌收缩力和排血量、对症疗法等。

（三）急性心肌炎

1. 病因　本病很少单独发生，多继发或并发于其他各种传染性疾病、脓毒败血症或中毒性疾病。多数是病原直接侵害心肌的结果，或者是病原的毒素和其他毒物对心肌的毒性作用。

2. 症状　发热、食欲减退、心率增速与体温升高不相适应；心动过速而脉搏微弱、心律失常、心力衰竭，第一心音强盛，第二心音显著减弱；最大收缩压下降，心电图变化以房室传导阻滞多见；白细胞总数和肌酸激酶升高。

3. 治疗　如减少心脏负担、增加心脏营养、提高心脏收缩机能和治疗原发病等。

（四）心腔扩张

是各种心肌疾病的并发症，是指心肌收缩力减弱、心内腔增大、心壁变薄、心律失常、心力衰竭的一种原发性和继发性心脏病。心脏扩大以心脏收缩时不能将左、右心室中的血液充分输送到主动脉、肺动脉中去，发生心壁变薄和心腔增大等病变为特征。

（五）心肌肥大

心肌肥大是一种强有力的代偿形式，然而它不是无限度的，如果病因历久而不能被消除，则肥大心肌的功能便不能长期维持正常而终转向心力衰竭。慢性心力衰竭一般都是在心肌代偿性肥大的基础上逐渐发生发展的。临床特征为呼吸困难、胸痛、乏力、头晕与昏厥、心悸、心力衰竭。

（六）急性心内膜炎

原发性心内膜炎多数是由细菌感染引起的，如牛主要是由化脓性放线菌、链球菌、葡萄球菌和革兰氏阴性菌引起；马是由马腺疫链球菌和其他化脓性细菌引起；猪是由猪丹毒杆菌和链球菌引起；羔羊是由大肠杆菌和链球菌引起。临床上以血液循环障碍、发热和心内器质性杂音为特征。控制感染是治疗本病的关键，须长期应用抗生素治疗。为维持心脏机能，可应用洋地黄等强心剂；对于继发性心内膜炎，应治疗原发病。

（七）心脏瓣膜病

心脏瓣膜病是心脏瓣膜、瓣孔（包括内膜壁层）发生各种形态或结构上的器质性变化，导致血液循环障碍的一种慢性心内膜疾病，以心内器质性杂音和血液循环紊乱为特征。应限制使役，避免兴奋，注意营养。

（八）外周循环衰竭

1. 病因　外周循环衰竭又称循环虚脱，由血管舒缩功能紊乱引起的外周循环衰竭称血管性衰竭，由血容量不足引起的外周循环衰竭称血液性衰竭。

2. 症状　本病的临床症状为心动过速、血压下降、体温低、末梢部厥冷、浅表静脉塌陷、肌肉无力乃至昏迷和痉挛。

3. 治疗　原则为：补充血容量，纠正酸中毒，调整血管舒缩机能，保护重要脏器的功能，及时采用抗凝血治疗法。

（九）贫血

1. 分类　根据贫血可再生与否分为再生性贫血和非再生性贫血，按贫血原因分为出血性贫血、溶血性贫血、营养不良性贫血、再生障碍性贫血。

2. 病因　出血性贫血见于血管损伤，内脏出血，肝脏、脾脏破裂，某些中毒性疾病（草木樨中毒、蕨类植物中毒）等。溶血性贫血主要见于梨形虫病、锥虫病、附红细胞体病等，钩端螺旋体病、马传染性贫血等，洋葱、大葱、栎树叶中毒等，蛇咬伤等；也见于新生畜自体免疫性溶血性贫血，牛产后血红蛋白尿症等。营养不良性贫血主要见于铁、钴、铜等微量元素缺乏，也见于叶酸、维生素 B_{12} 缺乏及慢性消耗性疾病和饥饿。再生障碍性贫血见于造血器官（主要是骨髓）受到放射性损伤、羊齿类植物中毒、磺酰胺及氯霉素过敏。

3. 症状　皮肤和可视黏膜苍白，心率加快，心搏增强，肌肉无力及各器官由组织缺氧而产生的各种症状，如精神沉郁、嗜睡、不耐运动、气喘、血压下降、被毛粗乱、血色素尿或血尿、黄疸、肝脏肿大等。

4. 治疗　针对不同病因采取相应的治疗措施。迅速止血：喷洒 $0.01\sim0.1\%$ 肾上腺素溶液。补充血容量可静脉注射 5% 葡萄糖生理盐水，或使用血液代用品右旋糖酐。补充造血物质可给予铁制剂，如硫酸钴或氯化钴、维生素 B_{12}、叶酸。刺激骨髓造血机能（氟羟甲睾酮），消除原发病。

（十）血友病

血友病又称凝血因子缺乏症，是指由于凝血因子缺乏或活性凝血活酶障碍使凝血时间延长的一种疾病，在兽医临床实践中以遗传性出血性疾病报道较多。

三、例题及解析

1. 拉布拉多犬，1岁，体温40.3℃，心率142次/min，呼吸57次/min，食欲不振，心音弱。收缩期杂音，超声检查发现房室瓣口出现多余回波，舒张期回波为粗钝状，血液学检查可见(　　　)。

    A. 中性粒细胞总数增多，核左移　　　 B. 中性粒细胞总数增多，核右移

    C. 中性粒细胞总数减少　　　　　　 D. 淋巴细胞总数增多

    E. 嗜酸粒细胞总数增多

【解析】　A。根据该犬的临床症状，诊断该犬患有心内膜炎，其症状是白细胞增多，中性粒细胞总数增多和核左移，血沉增快。

2. 患新生仔畜溶血病的仔猪血常规检查最可能出现的结果是(　　　)。

    A. 血红蛋白增加　　　　　 B. 红细胞总数减少　　　　 C. 白细胞总数减少

    D. 血沉速度减慢　　　　　 E. 红细胞压积升高

【解析】　B。新生仔畜溶血病血液检查为高度溶血，呈淡黄红色，血沉加快，红细胞总数减少、形状不整、大小不匀，血红蛋白显著降低，白细胞相对值增高。

3. 患心肌炎时临床上不出现(　　　)。

    A. 大脉　　　　　　　　　 B. 小脉　　　　　　　　　 C. 早期收缩

    D. 节律不齐　　　　　　　 E. 第二心音增强

【解析】　E。考点为心肌炎的诊断。心肌炎是以伴发心肌兴奋增强和心肌收缩机能减弱为特征的心脏炎症，心肌炎出现的变化中并没有第二心音增强的情况。

4. 不引起贫血的营养因素(　　　)。

    A. 叶酸　　　　　　　　　 B. 钴　　　　　　　　　　 C. 铜

    D. 钙　　　　　　　　　　 E. 维生素 B_6

【解析】　D。造血原料维生素 B_6、铜、铁、钴、叶酸缺乏时可引起贫血。

5. 同窝新生仔猪，8 只，均于吮乳后 10h 突然发病。表现为震颤、畏寒，运步时后躯摇摆，体温无显著变化，眼结膜和齿龈黄染。该窝仔猪所患的是(　　　)。

    A. 新生仔畜低血糖　　　　 B. 新生仔畜溶血性贫血　　 C. 胎粪秘结

    D. 仔猪营养不良性贫血　　 E. 新生仔畜低血钙

【解析】　B。根据临床上表现为震颤、畏寒，眼结膜和齿龈黄染可判断黄疸症状；吮乳后 10h 同窝均发病，可判断为新生仔畜溶血性贫血。

6. 牛创伤性网胃心包炎的心电图特征是(　　　)。

    A. 窦性心动过速　　　　　 B. 高电压波型　　　　　　 C. QRS 综合波正常

    D. 窦性心动过　　　　　　 E. T 波正常

【解析】　A。牛创伤性网胃心包炎病例为心搏普遍加速，超过健康正常心率指标的高限，以窦性心动过速最为多见，表明窦性心动过速是心包炎的主要心电图变化之一。

7. 皮肤颜色呈现苍白黄染的现象见于(　　　)。

    A. 出血性贫血　　　　　　 B. 再生障碍性贫血　　　　 C. 溶血性贫血

    D. 亚硝酸盐中毒　　　　　 E. 一氧化碳中毒

【解析】　C。溶血性贫血可出现黄疸现象，所以皮肤颜色苍白黄染。

<<< 第八单元　泌尿系统疾病 >>>

一、考试大纲

单元	细目	要点
泌尿系统疾病	1. 肾炎	(1) 病因　(2) 症状　(3) 治疗
	2. 肾病	(1) 症状　(2) 治疗
	3. 尿道炎	(1) 病因　(2) 症状　(3) 治疗
	4. 膀胱炎	(1) 病因　(2) 症状　(3) 治疗
	5. 膀胱麻痹	(1) 病因　(2) 症状　(3) 诊断　(4) 治疗
	6. 尿石症	(1) 病因　(2) 症状　(3) 诊断　(4) 治疗
	7. 猫下泌尿道疾病	(1) 病因　(2) 症状　(3) 诊断　(4) 治疗
	8. 急性肾功能衰竭	(1) 病因　(2) 症状　(3) 治疗
	9. 慢性肾功能衰竭	(1) 病因　(2) 症状　(3) 治疗

二、重要知识点

常考知识点：肾炎、肾病、尿道炎、膀胱炎、尿石症、急性肾功能衰竭。

（一）肾炎

1. 病因　有感染因素、中毒因素、邻近器官的炎症转移蔓延等。

2. 症状

（1）急性　病畜体温升高；背腰弓起；肾区敏感，疼痛，水肿，少尿、血尿、蛋白尿，尿沉渣中有肾上皮细胞、红细胞、白细胞，细胞有管型、颗粒管型和透明管型等；脉搏强硬，第二心音增强，血压升高；血液稀薄，血浆蛋白含量降低，血中非蛋白氮含量升高，出现尿毒症症状。

（2）慢性　多由急性肾炎发展而来，病畜逐渐消瘦；血压高，脉搏增数，主动脉第二心音增强，全身水肿；尿量不定，尿中有少量蛋白质，尿沉渣中有大量上皮细胞、透明管型、上皮管型、颗粒管型及少量红细胞、白细胞。血中非蛋白氮含量增加，最终导致慢性氮质血症性尿毒症，病畜表现倦怠、消瘦、贫血、瘙痒、抽搐及出血等。

（3）间质性肾炎　病畜表现为尿量增多（初期）或减少（后期），尿沉渣中有大量脓细胞、红细胞、白细胞、肾盂上皮细胞、少量管型（透明管型、颗粒管型）及磷酸铵镁和尿酸盐结晶；血压升高，第二心音增强，皮下水肿；直肠检查可触知肿大的肾体，按压时病畜疼痛不安，输尿管膨胀、扩张，有波动感，病畜终因尿毒症而死亡。

3. 治疗 原则是消除病因，加强护理，消炎利尿，激素疗法及对症治疗相结合。抗菌；使用某些免疫抑制药；用药物进行对症治疗时要改善饲养管理条件，同时保温、限盐。

（二）肾病

1. 症状

（1）急性 临床上可见尿量减少，尿比重增加，尿液浓稠，颜色变黄（如豆油状），严重时无尿、排尿困难，血检可见尿素氮和亮氨酸氨基肽酶水平升高。

（2）慢性 临床上以多尿为特征，同时尿比重降低。出现广泛水肿，以眼睑、胸下、四肢和阴囊明显。

2. 治疗 应适当限制喂盐和饮水，同时使用利尿剂、抗生素等治疗。

（三）尿道炎

1. 病因 导尿犬、猫的尿道炎多因导尿管消毒不严，导尿操作粗暴；尿结石的机械性刺激，损伤尿道黏膜；继发于邻近器官炎症，如膀胱炎、阴道炎或子宫内膜炎等；其他原因有交配时过度舔舐或其他异物（如草刺等）刺入尿道等。

2. 症状 病畜疼痛性排尿，尿道肿胀、敏感；尿液检查有细菌和尿道上皮细胞，无膀胱上皮细胞。

3. 治疗 要确保尿道排泄通畅，消除病因，控制感染，对症治疗。

（四）膀胱炎

膀胱炎是膀胱黏膜及其黏膜下层的炎症。

1. 病因 有细菌感染、机械性刺激或损伤、邻近器官炎症蔓延、毒物影响或某种矿物质元素缺乏。

2. 症状 临床上以疼痛性频尿和尿中出现较多的膀胱上皮细胞、炎性细胞、血液和磷酸铵镁结晶为特征。病畜频频排尿或屡做排尿姿势，但无尿液排出；尾巴翘起，阴户区不断抽动，有时出现持续性尿淋漓、痛苦不安等症状。直肠检查，病畜表现抗拒，疼痛不安；触诊膀胱，手感空虚。

3. 治疗 加强护理，抑菌消炎，防腐消毒，对症治疗。

（五）膀胱麻痹

1. 病因 膀胱麻痹是膀胱平滑肌的收缩力减弱或丧失，致使尿液不能随意排出而潴留在膀胱内所引起的一种非炎症性的膀胱疾病。

2. 症状 临床上以不随意排尿、膀胱充盈且无疼痛等为主要特征。本病多为暂时的不完全麻痹，包括脑性、脊髓性、肌源性麻痹，常发于牛和犬。

3. 诊断 根据病史、临床特征性症状（膀胱尿液充盈、不随意排尿）以及直肠触诊或导尿管探诊结果可做出初步诊断。X线或超声检查结果对诊断也有借鉴作用。

4. 治疗 原则是排出积尿，采用对症疗法和消除病因。

（六）尿石症

是指由尿路中无机盐类（或有机类）结晶的凝结物刺激尿路黏膜而引起的出血性炎症和尿路阻塞性疾病。结石成分包括磷酸盐结石、碳酸盐结石、尿酸盐结石、草酸盐结石、硅酸盐结石等，结石种类包括肾结石、输尿管结石、膀胱结石、尿道结石。

1. 病因 有：尿路细菌感染；维生素A缺乏或雌激素过剩时，引起上皮细胞脱落；长期饮水不足，尿液浓缩，使盐类浓度过高；尿液中脲酶活性升高及柠檬酸浓度降低，引起pH变化；饲料营养不均衡；有某些代谢的遗传缺陷等。

2. 症状 发生结石的部位及侵害的程度不同可出现不同的临床症状。在尿石较小且数量少时，一般无任何症状，只有死后解剖才能发现；尿石较大时可出现临床症状，主要表现为排尿障碍、肾性腹痛及血尿。有肾盂结石时，多呈肾盂肾炎的症状，可见血尿，重者肾盂积水，有腹痛现象。有输尿管结石时，出现剧烈腹痛。有膀胱结石时，往往无腹痛等症状，但表现尿频、血尿。有膀胱颈结石时，呻吟，腹痛，腹部收缩，有排尿姿势，但尿少或无尿。有尿道结石时，公马多出现在骨盆终部，公牛多见于乙状弯曲部，公羊在乙状弯曲部和龟头。

3. 诊断 根据尿频、排尿困难、血尿等症状可做出初步。确诊：X线检查；用金属探针；进行必要的尿液、血液常规检查。

4. 治疗 手术疗法、药物治疗。

（七）猫下泌尿道疾病

猫下泌尿道疾病又称猫泌尿系统综合征，指猫尿路存在结石、微结石或结晶及塞子，刺激尿路黏膜发炎，造成尿路阻塞的一种泌尿系统综合症候群。

1. 病因 与下列因素有关：感染因素；日粮因素（营养不均衡，镁含量过高）；饮水量少；尿液pH等。

2. 症状 依结石存在的部位、大小及是否造成阻塞而不同，可造成3种结果，即无明显的临床症状，引起膀胱炎或尿道炎，尿道或输尿管不完全或完全阻塞。临床上以尿频、血尿、排尿困难、异位排尿、少尿乃至无尿为特征。

3. 诊断 根据临床症状和病史可做出初步诊断，导尿管探诊、X线检查、B超检查、放射造影检查、尿液分析和血液学检查等有助于诊断的建立。

4. 治疗 原则是疏通尿道、抗菌消炎和对症治疗。

（八）急性肾功能衰竭

1. 病因 有血容量不足、急性肾小管坏死、尿路梗死等。

2. 症状 分为4期：开始期，少尿期，多尿期，恢复期。少尿期特征：少尿，伴有氮质血症；水过多，出现体重增加、水肿、高血压、脑血肿；电解质紊乱，出现高血钾、高血磷、高血镁、低血钾、低血钙症；代谢性酸中毒，蛋白尿且相对密度降低。

3. 治疗

（1）积极治疗原发病或诱发因素，纠正血容量不足、抗休克及有效的抗感染等。

（2）少尿后24～48h内补液或加利尿剂或同时用血管扩张剂。

（3）多尿期要防止脱水和电解质紊乱。

（4）恢复期无需特殊治疗。

（九）慢性肾功能衰竭

1. 病因　又称慢性肾功能不全，是指由各种原因造成的慢性进行性肾实质损害，致使肾脏明显萎缩，不能维持其基本功能。

2. 症状　临床上出现以代谢产物潴留，水、电解质、酸碱平衡失调，全身各系统受累为主要表现的综合征，也称尿毒症。白细胞总数增多、中性粒细胞总数偏高、血红蛋白降低及血液尿素氮、肌酐、尿素、磷酸盐、血清钾升高；血清钾和二氧化碳结合力降低。

3. 治疗　慢性肾功能衰竭损伤通常是不可逆的，但及时、正确治疗可以控制和降低临床症状的严重程度，如治疗原发病，加强护理，给予高能量、低蛋白的食物。

三、例题及解析

1. 最常见的猫下泌尿道结石成分是（　　　）。

    A. 磷酸铵镁　　　　　　　　　B. 尿酸盐　　　　　　　　　C. 草酸盐

    D. 硅酸盐　　　　　　　　　　E. 胱氨酸

【解析】　A。尿石症的种类很多，猫下泌尿道结石最常见的成分是磷酸铵镁。

2. 治疗猫磷酸铵镁结石，可用于酸化尿液的药物是（　　　）。

    A. 稀盐酸　　　　　　　　　　B. 磷酸氢二钠　　　　　　　C. 蛋氨酸

    D. 氢氧化铝　　　　　　　　　E. 水合氯醛

【解析】　A。本题考点：猫下泌尿道综合征的治疗。要防治磷酸铵镁结石，应选择稀盐酸酸化尿液。

3. 公犬，6岁，频频排尿，尿量显著减少，尿沉渣检查见多量肾上皮细胞及各种管型，触诊（　　　）。

    A. 肾区敏感　　　　　　　　　B. 肾区不敏感　　　　　　　C. 膀胱敏感

    D. 膀胱不敏感　　　　　　　　E. 尿道敏感

【解析】　A。根据题意可诊断为急性肾炎。急性肾炎病畜精神沉郁，食欲减退，体温升高，背腰弓起，肾区敏感、疼痛，运步困难，步态强拘，水肿，频频排尿、少尿、血尿、蛋白尿，尿沉渣中有肾上皮细胞及多种管型等。

4. 出现频尿症状提示（　　　）。

    A. 肾病　　　　　　　　　　　B. 尿毒症　　　　　　　　　C. 膀胱麻痹

    D. 尿道炎　　　　　　　　　　E. 慢性肾功能衰竭

【解析】　D。考点为频尿。频尿是指排尿次数增多，但24h内总尿量不多。尿液不断呈点滴状排出，主要由于膀胱、尿道、阴道黏膜敏感性增强引起，临床上见于膀胱炎、膀胱结石、前列腺疾病、尿道炎、阴道炎及家畜的发情期。

5. 母犬膀胱结石的主要成分一般（　　　）。

    A. 碳酸盐　　　　　　　　　　B. 尿酸盐　　　　　　　　　C. 胱氨酸

    D. 硅酸盐　　　　　　　　　　E. 磷酸盐

【解析】 E。膀胱结石以疼痛性频尿和尿中出现较多的膀胱上皮细胞、炎性细胞、血液、磷酸铵镁结晶等为特征。

6. 公牛的尿道结石多发( )。

    A. 肾盂   B. 输尿管   C. 膀胱

    D. 乙状弯曲部   E. 尿道的盆骨中部

【解析】 D。公牛乙状弯曲部易发生结石阻塞。

7. 病犬不排尿，触诊膀胱增大、不敏感，按压有尿液排出，提示( )。

    A. 膀胱麻痹   B. 膀胱破裂   C. 括约肌痉挛

    D. 膀胱炎   E. 膀胱结石

【解析】 A。膀胱麻痹临床上以不随意排尿、膀胱充盈且无疼痛等为主要特征。

8. 诊断猫泌尿系统综合征的方法不包括( )。

    A. 放射造影检查   B. 心电图检查   C. X 线检查

    D. 导尿管探诊   E. B 超检查

【解析】 B。猫下泌尿道疾病：导尿管探诊、X 线检查、B 超检查、放射造影检查、尿液分析和血液学检查等有助于诊断的建立。

<<< 第九单元 神经系统疾病 >>>

一、考试大纲

单元	细目	要点
神经系统疾病	1. 脑膜炎	（1）病因 （2）症状 （3）治疗
	2. 脑震荡及脑挫伤	（1）症状 （2）治疗
	3. 脊髓炎及脊髓膜炎	（1）症状 （2）治疗

二、重要知识点

常考知识点：脑膜炎、脑震荡及脑挫伤、脊髓炎及脊髓膜炎。

（一）脑膜炎

1. 病因 感染病毒、细菌等；中毒，主要见于黄曲霉中毒、食盐中毒、铅中毒及自体中毒；寄生虫病；其他主要见于脑部损伤及邻近器官炎症蔓延等。

2. 症状

（1）一般脑症状 患病动物先兴奋后抑制或交替出现。

（2）局部脑症状 痉挛和麻痹。

（3）脑膜刺激症状　膝腱反射亢进。

（4）血液和脑脊液检查　异常。血常规检查，有中性粒细胞总数增多、核左移、嗜酸性粒细胞消失、淋巴细胞总数减少、脑积液浑浊等。

3. 治疗　冷敷、消炎、降温、抗菌；降低颅内压（甘露醇、山梨醇）和狂躁不安（安溴注射液）；心功能不全用安钠咖和氧化樟脑；中兽医治疗用"镇心散"和"白虎汤"加减配合。

（二）脑震荡及脑挫伤

一般将脑组织损伤病理变化明显的称脑挫伤，而将病理变化不明显的称脑震荡。

1. 症状　临床上以暴力作用后即时发生昏迷、反射机能减退或消失等脑机能障碍为特征。本病多为突发，且病情发展急剧，应及时进行抢救。

2. 治疗　注射止血剂、头疼冷敷、控制感染（抗生素）、消除水肿（25％山梨醇和20％甘露醇）。

（三）脊髓炎及脊髓膜炎

1. 症状　是脊髓实质、脊髓软膜及蛛网膜的炎症，以感觉、运动机能障碍及肌肉萎缩为特征。以脊髓膜炎为主时，表现为脊髓膜刺激症状；以脊髓实质炎为主时，表现为肌肉震颤，背柱僵硬，运步强拘，易于疲劳和出汗。

2. 治疗　首先加强护理，防止褥疮。为预防感染，可使用青霉素和磺胺类药物。为缓解疼痛，可肌内注射安乃近，并配合使用巴比妥钠。兴奋中枢神经，增强脊髓反射（硝酸士的宁）。四肢麻痹时，肌内注射士的宁与藜芦碱液，对慢性脊髓炎及脊髓膜炎可用碘化钾或碘化钠治疗。

三、例题及解析

1. 治疗脑膜炎时可降低颅内压的药物是（　　　）。
　　A. 磺胺嘧啶钠　　　　　　B. 盐酸氯丙嗪　　　　　　C. 甘露醇
　　D. 肾上腺素　　　　　　　E. 头孢噻呋钠

【解析】　C。20％甘露醇，主要用于急性少尿症肾功能衰竭，以促进利尿作用，降低眼内压、颅内压，治疗脑水肿，还用于加快某些毒物的排泄。

2. 家畜病毒性脑膜炎的血常规检查结果是（　　　）。
　　A. 淋巴细胞总数正常　　　　　　　　B. 白细胞总数升高
　　C. 嗜碱性粒细胞总数升高　　　　　　D. 白细胞总数降低
　　E. 嗜酸性粒细胞总数升高

【解析】　D。家畜病毒性脑膜炎的血常规检查：白细胞计数可正常或偏低，也可中度增多。

<<< 第十单元　糖、脂肪、蛋白质代谢障碍疾病 >>>

一、考试大纲

单元	细目	要点
糖、脂肪、蛋白质代谢障碍疾病	1. 奶牛酮病	
	2. 奶牛肥胖综合征	
	3. 马肌红蛋白尿症	
	4. 犬猫肥胖综合征	
	5. 犬猫糖尿病	（1）病因　（2）症状　（3）治疗
	6. 蛋鸡脂肪肝出血综合征	
	7. 禽痛风	
	8. 营养衰竭症	（1）症状　（3）治疗

二、重要知识点

常考知识点：奶牛酮病、蛋鸡脂肪肝出血综合征、禽痛风。

（一）奶牛酮病

指奶牛产后几天至几周内由体内糖及挥发性脂肪酸代谢紊乱所引起的一种全身性功能失调的代谢性疾病，以血液、尿液、乳中的酮体含量增高，血糖浓度下降，消化机能紊乱，体重减轻，产奶量下降，间断性出现神经症状为特征。根据有无明显的临床症状：健康牛血清中的酮体含量一般在 1.7mmoL/L 以下，亚临诊酮病母牛血清中的酮体含量为 1.7～3.4mmoL/L，临诊酮病母牛血清中的酮体含量一般都在 3.4mmoL/L 以上，病因包括奶牛高产；日粮中营养不平衡和供给不足；母牛产前过度肥胖；其他如母牛患肝脏疾病及矿物质（如钴、碘、磷）等缺乏。

治疗：补糖，抗酮疗法用促肾上腺皮质激素（ACTH）肌内注射，对症治疗用健胃剂、氯丙嗪等。

（二）奶牛肥胖综合征

指母牛分娩前后发生的一种以厌食、抑郁、严重的酮血症、脂肪肝、末期心率加快、昏迷及致死率极高等为特征的脂质代谢紊乱性疾病。其发生常与产奶量高、摄食量减少和妊娠期间过度肥胖等因素密切相关。当肝脏摄取脂类的量超过其氧化和转化的量时，过量的脂类便以甘油三酯的形式贮存于肝脏，同时伴随肝脏功能紊乱。脂肪肝是奶牛重要的代谢性疾病之一，一般都伴随体况、产奶量和繁殖力下降。肝功能损害、酮体含量增高时肝脏中的脂肪含量在 20％以上。

治疗：尽可能增加或补充能量。注射皮质类固醇可刺激体内葡萄糖的生成及患病奶牛食欲，但用此药的同时宜注射葡萄糖。

（三）马肌红蛋白尿症

马肌红蛋白尿症又称氮尿症，是由机体糖代谢紊乱而导致的一种肌肉细胞肿胀、变性，肌红蛋白从中游离的代谢性疾病。急性型病例以突发麻痹，运动障碍，腰、臀部肌肉肿胀、变性及排红褐色肌红蛋白尿等为特征。

临床症状为运动障碍，轻度病症的马，出现战栗，全身出汗，两后肢运动不灵活；中度病症的马，后躯负重困难，蹄尖着地，呈半蹲姿势；重度病症的马，不能起立，有时呈犬坐姿势，以后倒地。

（四）犬猫肥胖综合征

犬猫肥胖综合征是成年犬、猫的一种脂肪过多性营养性疾病，与品种、营养过剩、内分泌机能紊乱及遗传等因素有关。患畜体态丰满，皮下脂肪厚积，迟钝，不愿活动，易发骨折和关节炎，易患心脏病，影响生殖，缩短寿命。

防治：定时定量饲喂，采用高纤维、低能量、低脂肪饲料，有规律地强制活动，并注意治疗导致内分泌紊乱的原发病。

（五）犬猫糖尿病

犬、猫糖尿病是由于神经内分泌紊乱，造成糖代谢障碍，血液、尿液中葡萄糖含量升高的疾病，主要见于 5 岁以上的老龄犬。

1. 病因　凡引起胰岛素分泌减少的疾病或病变都可引发该病。

2. 症状　病犬精神不振，易疲劳，体重降低；多尿，烦渴，尿相对密度高，尿中带有水果样的甜味，后期有酮体；出现眼白内障，角膜浑浊；皮肤、黏膜干燥。

3. 治疗　改善饮食，糖尿病犬的最佳饮食是高纤维、低脂肪、高复合碳水化合物，糖尿病猫的最佳饮食是高蛋白、低碳水化合物。用胰岛素治疗，用碳酸氢钠等控制酸中毒。

（六）蛋鸡脂肪肝出血综合征

本病是以肝脏发生脂肪变性为特征的一种营养代谢性疾病。临床上以蛋鸡个体肥胖、产蛋量减少、个别蛋鸡因肝功能障碍或肝脏破裂、出血后死亡为特征。该病主要发生于笼养蛋鸡。病因包括饲喂高能量、低蛋白日粮或低能量、高蛋白日粮；胆碱、含硫氨基酸、B 族维生素、维生素 E 缺乏；饲料变质。血清胆固醇含量高达 $15.73～29.85$mmoL/L。

本病发生时无特效治疗方法，日粮中补加氯化胆碱、维生素 E、维生素 B$_{12}$、肌醇有一定的效果；降低饲料能量水平；确保营养成分充足，重视蛋鸡育成期的日增重，8 周龄时控制体重，加强管理。

（七）禽痛风

是由于蛋白质代谢障碍和肾脏受到损伤使尿酸盐在体内蓄积而致的营养代谢障碍性疾

病。可分为关节型和内脏型两种,以病禽行动迟缓、关节肿大、厌食、跛行、衰弱和腹泻为特征。病理性特征是血液中尿酸盐水平增高至 15mg/dL 以上。剖检见到关节表面或内脏表面有大量白色尿酸盐沉积。病因包括:①尿酸生成过多,如饲喂富含核蛋白和嘌呤碱的高蛋白饲料(超过28%)及遗传因素;②尿酸排泄障碍,如传染、中毒、常见日粮中维生素 A 缺乏,其次为饲喂高钙低磷日粮及饮水不足。

防治: 首先要寻找发病原因,并积极治疗原发病。常用苯基喹啉羟酸内服,别嘌呤醇亦有一定作用。

(八)营养衰竭症

即"瘦弱病""低温病""母猪消瘦综合征"。

1. 症状 消瘦,体温降低,多器官功能低下,如反应迟钝、胃肠蠕动减弱、脉搏少而无力。

2. 防治 去除病因,改善电解质平衡,提高血浆胶体渗透压,早期应从改善饲养管理、增加营养着手,同时停止劳役,注意治疗原发病。

三、例题及解析

1. 治疗新生仔畜低糖血症时,补充糖类药物的给药途径不选择(　　)。

　　A. 静脉注射　　　　　　　B. 腹腔注射　　　　　　　C. 皮内注射

　　D. 口服　　　　　　　　　E. 灌肠

【解析】 C。皮内注射吸收比较慢,不适合新生仔猪低血糖时因严重缺糖而急需补糖时选择的给药方式。

2. 引起新生幼犬低血糖症最常见的原因是(　　)。

　　A. 初乳缺乏母源抗体　　　B. 糖原异生能力增强　　　C. 摄入母乳不足

　　D. 初乳中缺乏维生素　　　E. 初乳中缺乏矿物质

【解析】 C。新生幼犬的低血糖症是由于幼犬吮乳不足导致机体血糖急剧降低的一种代谢疾病。

3. 犬,8岁,躯体丰满,不易触摸到肋骨,易疲劳,喜卧,血液生化检验可见肾上腺皮质激素升高。该病的病因可能是(　　)。

　　A. 低脂饲料　　　　　　　B. 高钙饲料　　　　　　　C. 高能饲料

　　D. 低能饲料　　　　　　　E. 低钙饲料

【解析】 C。犬、猫肥胖综合征特征:总能摄入超过消耗,使脂肪过度蓄积,体重超过正常体重15%以上。皮下脂肪多,食欲亢进,不耐热,易发生骨折,易患心脏病,血浆胆固醇含量升高。

4. 马肌红蛋白尿症最可能出现的症状是(　　)。

　　A. 犬坐姿势　　　　　　　B. 共济失调　　　　　　　C. 强直痉挛

　　D. 血红蛋白尿　　　　　　E. 血尿

【解析】 A。马肌红蛋白尿症临床症状为运动障碍,轻度病症的马,出现战栗,全身出汗,两后肢运动不灵活;中度病症的马,后躯负重困难,蹄尖着地,呈半蹲姿势;重度病症的马，不能起立，有时呈犬坐姿势，以后倒地。

5. 奶牛酮病的引发因素不包括（　　　）。

A. 日粮营养不平衡　　　　　B. 产前过度肥胖　　　　　C. 低泌乳量

D. 饲料碳水化合物不足　　　E. 高泌乳量

【解析】　C。奶牛酮病主要是产犊后的奶牛在 4～6 周出现泌乳高峰，产犊后 8～10 周内食欲较差，体内糖消耗过多、过快，糖供应与消耗不平衡，血糖降低而导致的，主要发生在高产奶牛的泌乳高峰。

<<< 第十一单元　矿物质代谢障碍疾病 >>>

一、考试大纲

单元	细目	要点
矿物质代谢障碍疾病	1. 佝偻病	（1）病因　（2）症状　（3）诊断　（4）防治
	2. 软骨病	
	3. 纤维性骨营养不良	
	4. 牛产后血红蛋白尿病	
	5. 母牛卧倒不起综合征	（1）病因　（2）症状　（3）防治
	6. 笼养蛋鸡疲劳综合征	（1）病因　（2）症状　（3）防治
	7. 鸡胫骨软骨发育不良	（1）病因　（2）症状　（3）防治
	8. 青草搐搦	
	9. 低钾血症	

二、重要知识点

常考知识点：佝偻病、软骨病、牛产后血红蛋白尿病、笼养蛋鸡疲劳综合征。

（一）佝偻病

1. 病因　本病是生长期由维生素 D 及钙、磷缺乏或钙、磷比例失调所致的一种骨营养不良性代谢病。病理特征是生长骨的钙化作用不足，并伴有持久性软骨肥大与骨髓增大。

2. 症状

（1）先天性佝偻病　四肢弯曲不能伸直，多向一侧扭转，躺卧时亦呈不自然姿势。

（2）后天性佝偻病　骨骼变形，四肢骨骼弯曲，呈内弧（O 形）或外弧（"八"字形）肢势。胸骨呈舟状突起而成鸡胸样，肋骨和肋软骨结合部呈念珠状肿胀。幼禽腿无力，喙与爪变软、易弯曲。采食困难，走路不稳，常以飞节着地，蹲状休息，骨骼变软、肿胀。

3. 诊断　血液学检测出现血清碱性磷酸酶（AKP）活性明显升高；X 线检查骨质密度

降低，长骨末端呈现羊毛状外观，外形上骨的末端凹而扁。主要病变在骨骼，如长骨变形、骨端肥大、骨质变软和直径变粗，关节肿大，肋骨与肋软骨结合处肿胀（念珠状肿）。

4. 治疗　应补充骨粉、鱼粉、甘油磷酸钙、磷酸二氢钙。

（二）软骨病

是指发生在软骨内骨化作用已经完成的成年动物的骨营养不良疾病，主要原因是钙、磷缺乏及二者比例不当（反刍动物主要是磷缺乏）。特征性病变是骨质的进行性脱钙，呈现骨质软化及形成过量的未钙化骨基质。特征是消化紊乱，异嗜癖，跛行，骨质软化及骨变形。血清钙多无明显变化，血清磷（正常 $5 \sim 7mg/dL$）含量明显降低，血清碱性磷酸酶（AKP）水平升高。

防治：调整日粮中的钙、磷比例，补充维生素 D。日粮中的钙、磷含量，黄牛按 2.5：1、奶牛按 1.5：1 比例饲喂。最好是补充苜蓿干草和骨粉，而不应补充石粉。脱氟磷酸盐对奶牛的软骨病有预防作用（含氟量不超国家标准）。针对饲料中的钙、磷不足及维生素 D 缺乏可采取相应的治疗措施。

（三）纤维性骨营养不良

纤维性骨营养不良是由于日粮中磷过剩而继发钙缺乏或原发性钙缺乏而发生的一种以马属动物为主的骨骼疾病。特征性病变是骨组织呈现进行性脱钙及软骨组织纤维性增生，进而骨体积增加而重量减轻，尤以面骨和长骨骨端显著。临床特征是消化紊乱，异嗜癖，跛行，弓背，面骨和四肢关节增大及尿液澄清、透明等。

防治：注意日粮中的钙、磷平衡，二者的比例应是钙略高于磷。

（四）牛产后血红蛋白尿病

牛产后血红蛋白尿病是由磷缺乏而引起的，以低磷酸盐血症、急性溶血性贫血和血红蛋白尿为特征的疾病。常发生于产后 4d 至 4 周的 3～6 胎高产奶牛，病死率为 50％。病牛排尿次数、呼吸、心搏增加。

治疗：本病的治疗原则是消除病因和纠正低磷酸盐血症。常用的磷制剂主要是 20％磷酸二氢钠，也可静脉注射 3％次磷酸钙，同时应补充含磷丰富的饲料。注意适当补充造血原料，如叶酸、铜、铁和维生素 B_{12} 等，以维持血容量和保证能量供应。

（五）母牛卧倒不起综合征

母牛卧倒不起综合征又称母牛爬行综合征，凡是经一次或两次钙剂治疗无反应或反应不完全的倒地不起母牛，都可归属在这一综合征范畴内。

1. 病因　矿物质代谢紊乱，尤其是低磷酸盐血症、低钾血症和低镁血症等代谢紊乱与该综合征有密切的关系。此外，压力损伤与创伤性损伤也是引起该综合征的主要原因之一。

2. 症状　卧倒不起常发生于产犊过程或产犊后 48h 内母牛。病牛表现感觉过敏，饮食欲基本正常，体温正常或稍有升高，心率升至 80～100 次/min，脉搏细弱，但呼吸无变化。最初病牛常常很想爬起来，但其后肢不能充分伸展。

3. 防治 以诊断分析的结果作为治疗依据。低磷酸盐血症，用 20％磷酸二氢钠溶液；低钾血症，用含钾 5～10g 的溶液（氯化钾）治疗。由于母牛体大过重，故对卧地不起者特别应防止肌肉损伤和褥疮形成，可适当给予垫草及定期翻身，或在可能的情况下人工辅助其站立。另外，经常投服饲料和饮水，并静脉补液、对症治疗，有助病牛康复。

（六）笼养蛋鸡疲劳综合征

又称骨质疏松症，是集约化笼养蛋鸡生产中常见的一种营养代谢性疾病。

1. 病因 缺钙，过早使用蛋鸡料（含过高的钙），钙与磷比例不当，缺乏维生素 D，缺乏运动，光照不足，有应激。

2. 症状 病鸡主要表现无力站立，移动困难，骨质疏松，骨骼变形、变脆；爪弯曲，运动失调，躺卧，产蛋鸡的正常血钙水平由 19～22mg/dL 降至 9mg/dL 以下，同群无症状产蛋鸡的血钙水平往往也低于正常值，血清碱性磷酸酶活性升高。本病主要发生在母鸡产蛋高峰期，发病率 2％～20％。产软壳蛋、薄壳蛋。

3. 防治 防治原则是加强运动和光照，按饲养标准及时补充钙、磷、维生素 D，产蛋鸡饲料中的钙含量不低于 3.5％。

（七）鸡胫骨软骨发育不良

是以软骨内骨化受阻和胫骨近端髓骨板软骨发生的持续性增生、肥大，形成无血管的玉白色的"软骨楔"为特征的骨骼性疾病。病鸡临床上表现为运动障碍，采食受限，生长发育缓慢，增重明显下降，胫骨脆弱或骨折，种鸡繁殖性能和商品肉鸡的肉品质均下降。本病多发生于肉鸡、鸭和火鸡，发病率达 10％～30％，也是肉鸡最常见的腿病之一，发病原因可能与遗传、生长速度、饲料营养、霉菌毒素污染、防霉剂使用等多种因素有关。这些因素可使软骨细胞在肥大阶段衰竭，以致骨骼血管不能进入增生的软骨，软骨退化减慢，而使软骨发生持续性增生。因此，应加强遗传选育，控制生长速度；同时，加强饲养管理，调整日粮结构，保障全价营养。

（八）青草搐搦

青草搐搦又称青草蹒跚，是反刍动物放牧于幼嫩的青草地或摄入谷类幼苗之后不久而突然发生的一种高度致死性疾病，以血镁浓度下降并常伴有血钙浓度下降为特点。临床上以强直性和阵发性肌肉痉挛、惊厥、呼吸困难、急性死亡为特征；脉搏达 150 次/min，体温 40.5℃；血镁、血钙浓度下降。

防治： 日粮中以干物质计算，至少应含镁 0.2％。治疗可静脉注射 25％$MgSO_4$，或含 4％$MgCl_2$ 的 25％葡萄糖。

（九）低钾血症

此病特征是由低钾血症导致的肌肉无力。肌肉疼痛通常是间歇性的，可能是局部性的，也可能是全身性的。因此，临床症状可能包括头颈腹背屈、头部摆动、肩胛骨背侧突出、厌食、蹲伏步态。

治疗： 主要就是补充钾，见尿补钾是给钾原则。纠正血液中钾的水平之后，对应的症状就会逐渐消失。

三、例题及解析

1. 高产奶牛饲料中磷缺乏时，最可能出现的症状是（　　）。

    A. 血尿　　　　　　　　　　B. 血红蛋白尿　　　　　　　　　　C. 肌红蛋白尿

    D. 卟啉尿　　　　　　　　　　E. 药物性红尿

【解析】　B。牛产后血红蛋白尿病是由磷缺乏而引起的一种营养代谢性疾病，临床上以低磷酸盐血症、急性溶血性贫血和血红蛋白尿为特征。

2. 奶牛继发性软骨病的病因主要是饲料中（　　）。

    A. 磷过多　　　　　　　　　　B. 钙过多　　　　　　　　　　C. 磷过少

    D. 钙过少　　　　　　　　　　E. 钙磷均缺乏

【解析】　B。继发性软骨病，是由于日粮中补充过量的钙所致，而软骨病常发生于土壤严重缺磷的地区。

3. 肉鸡群，40 日龄，部分鸡出现跛行，胫骨近端肿大，软骨基质丰富而未被钙化，软骨细胞小而皱缩。该病最可能的诊断是（　　）。

    A. 软骨病　　　　　　　　　　B. 佝偻病　　　　　　　　　　C. 骨质疏松症

    D. 胫骨软骨发育不良　　　　　E. 钙缺乏症

【解析】　D。根据症状描述，此为鸡胫骨软骨发育不良表现。

4. 雏鸡群，腿无力，喙与爪变软易弯曲，采食困难，行走不稳，常以跗关节着地，呈蹲伏状态，骨骼变软肿胀。该病最可能的诊断是（　　）。

    A. 软骨病　　　　　　　　　　B. 佝偻病　　　　　　　　　　C. 维生素 B_1 缺乏症

    D. 锰缺乏症　　　　　　　　　E. 禽痛风

【解析】　B。佝偻病临床特征：消化紊乱，异食癖，跛行，骨骼变形；血栓出现碱性磷酸酶活性明显升高；X 线检查发现骨质密度降低，长骨末端呈现羊毛状外观，外形骨的末端凹而扁。

5. 马，3 岁，异嗜，喜啃树皮，消化紊乱，跛行，弓背，有吐草团现象，鼻甲骨隆起，下颌间隙狭窄，尿液澄清、透明，同时还出现（　　）。

    A. 骨组织软骨化　　　　　　　B. 骨小梁增多　　　　　　　　C. 骨组织纤维化

    D. 骨基质钙化过度　　　　　　E. 骨质密度升高

【解析】　C。根据症状描述可知马患有纤维性骨营养不良，特征性病变是骨组织呈现进行性脱钙及软骨组织纤维性增生，进而骨体积增加而重量减轻，尤以面骨和长骨骨端显著。临床特征是消化紊乱，异嗜癖，跛行，弓背，面骨和四肢关节增大及尿澄清、透明等。

6. 猫，12 岁，突发尿量增多，不食，精神委顿，四肢无力，血清生化检查可见（　　）。

    A. 钠升高　　　　　　　　　　B. 钾升高　　　　　　　　　　C. 氯升高

    D. 钾降低　　　　　　　　　　E. 钙降低

【解析】　D。频繁排尿导致机体失水失盐，故血钾降低。

7. 奶牛，5 岁，产后 1 周开始出现红尿，尿液暗红色，可视黏膜和皮肤苍白黄染，体温、呼吸与食欲无明显异常。该病的发病原因最可能是（　　）。

A. 日粮钙不足   B. 维生素 D 缺乏   C. 维生素 K 缺乏

D. 日粮磷不足   E. 尿路感染

【解析】 D。牛产后血红蛋白尿病是由于磷缺乏而引起的，以低磷酸盐血症、急性溶血性贫血和血红蛋白尿为特征。

<<< 第十二单元 维生素与微量元素缺乏症 >>>

一、考试大纲

单元	细目	要点
维生素与微量元素缺乏症	1. 维生素 A 缺乏症	(1) 病因 (2) 症状 (3) 防治
	2. 维生素 K 缺乏症	
	3. B 族维生素缺乏症	(1) 维生素 B_1（硫胺素）缺乏症 (2) 维生素 B_2（核黄素）缺乏症 (3) 维生素 B_4（胆碱）缺乏症 (4) 维生素 B_6（吡哆醇、吡哆醛或吡哆胺）缺乏症 (3) 维生素 B_{12}（钴胺素）缺乏症
	4. 硒-维生素 E 缺乏症	(1) 病因 (2) 症状 (3) 诊断 (4) 防治
	5. 铜缺乏症	
	6. 铁缺乏症	
	7. 锰缺乏症	
	8. 锌缺乏症	
	9. 钴缺乏症	
	10. 碘缺乏症	

二、重要知识点

常考知识点：维生素 A 缺乏症、B 族维生素缺乏症、硒-维生素 E 缺乏症、铜缺乏症、铁缺乏症、锰缺乏症、钴缺乏症。

（一）维生素 A 缺乏症

1. 病因 维生素 A 缺乏症是由维生素 A 或其前体胡萝卜素缺乏所引起的一种营养代谢疾病，常见于犊牛、仔猪、幼犬和雏禽。

2. 症状 有生长发育缓慢；生产性能低下；视力障碍（夜盲症、干眼病）；皮肤病（如角质化）；繁殖力下降；胎儿发育不全，先天性缺陷或畸形（如仔猪无眼或小眼畸形及腭裂等）；神经症状（如因颅内压增高引起的脑病、视神经管缩小引起的眼盲及外周神经根损伤引起的骨骼肌麻痹）；抗病力低下。

3. 防治　保持饲料日粮的全价性，尤其是维生素 A 和胡萝卜素含量。治疗可用维生素 A 制剂和富含维生素 A 的鱼肝油。

(二) 维生素 K 缺乏症

以凝血酶原和凝血因子减少、血液凝固过程发生障碍、凝血时间延长、出血性素质为特征。饲料中含双香豆素、长期使用抗生素及胃肠和肝胆疾病影响维生素 K 的吸收等时易引起本病。

防治：保证青绿饲料的供给，肌内注射维生素 K_3。

(三) B 族维生素缺乏症

主要是因维生素 B_1、维生素 B_2、维生素 B_6 和胆碱等缺乏而引起的。共同症状是消化机能障碍，消瘦，毛乱无光、少毛、脱毛，皮炎，跛行，神经症状，运动机能失调。蛋鸡产蛋率降低，雏鸡、肉鸡生长缓慢。

1. 维生素 B_1（硫胺素）缺乏症　主要表现为食欲下降、生长受阻、多发性神经炎等。病鸡出现多发性神经炎，主要显现进行性肌麻痹症状；双腿挛缩于腹下，躯体压在腿上。由于颈前肌肉麻痹，故头颈后仰而呈所谓"观星姿势"，又称"观星症"。

2. 维生素 B_2（核黄素）缺乏症　维生素 B_2 缺乏症亦称核黄素缺乏症，是由于体内核黄素缺乏所引起的畜禽的一种以生长缓慢、皮炎、肢麻痹（禽）、胃肠及眼的损害为主要特征的营养代谢性疾病。本病多发于猪和禽类。猪缺乏时，呈现生长迟缓、皮肤粗糙而呈鳞状脱屑或有脂溢性皮炎。禽尤其是病雏的特征性症状是趾爪向内蜷曲，又称"趾爪蜷曲症"。

3. 维生素 B_4（胆碱）缺乏症　鸡：雏鸡可引起胫骨短粗症，跗关节肿大，转位，致胫跗关节变得平坦，严重时可与胫骨脱离，致双腿不能支撑体重。关节软骨移位，跟腱滑脱（又称"滑腱症"）。青年鸡极易发生脂肪肝，因肝脏破裂致急性出血死亡（"脂肪肝综合征""脂肪肝肾综合征"）。

猪：仔猪生长发育缓慢，衰弱，被毛粗糙，腿关节屈曲不全，运动不协调，有的呈先天性"八"字形腿。常因肝脂肪变性引起消化不良，死亡率升高。

4. 维生素 B_6（吡哆醇、吡哆醛或吡哆胺）缺乏症　是指由于吡哆醇、吡哆醛或吡哆胺缺乏所引起的以生长缓慢、皮炎、癫痫样抽搐、贫血为特征的一种营养代谢性疾病。

禽：雏禽食欲下降，生长缓慢，皮炎，贫血，惊厥，颤抖，不随意运动，腰背塌陷，痉挛。产蛋鸡产蛋率和孵化率均下降，羽毛发育受阻，痉挛，跛行。

猪：食欲下降，小红细胞低色素性贫血，癫痫样抽搐，共济失调，呕吐，腹泻，被毛粗乱，皮肤结痂，眼周围有黄色分泌物。病理变化为皮下水肿，脂肪肝，外周神经脱髓鞘。

犬、猫：小红细胞低色素性贫血，血液中的铁浓度升高，含铁血黄素沉着。

5. 维生素 B_{12}（钴胺素）缺乏症　维生素 B_{12} 是唯一含有金属元素（钴）的维生素，故又称钴胺素。缺乏后以物质代谢紊乱、生长发育受阻、恶性贫血及繁殖机能障碍为特征。豆科植物、动物性饲料中含有维生素 B_{12}，其他植物性饲料中不含维生素 B_{12}。缺乏时畜禽食欲减退或反常，生长缓慢，发育不良，可视黏膜苍白，皮肤湿疹，神经兴奋性增加，共济失调，血液、尿液中的甲基丙二酸升高。

猪：生长迟缓，皮肤粗糙，背部湿疹，恶性贫血，消化不良，异嗜运动障碍，繁殖机能障碍。

牛：基本同猪。

禽：食欲不振，发育停滞，皮肤苍白，贫血，产蛋量下降，孵化率降低，雏鸡弱小且多成畸形。

（四）硒-维生素 E 缺乏症

1. 病因 饲料（草）中硒和维生素 E 含量不足。当饲料硒含量低于 0.05mg/kg 或饲料加工贮存不当时，其中的氧化酶破坏了维生素 E，就会出现硒-维生素 E 缺乏症。

2. 症状 反刍动物犊牛、羔羊表现为典型的白肌病症状群。仔猪表现为消化紊乱并伴有顽固性腹泻，肝脏组织严重变性、坏死，常因心力衰竭而死亡；心脏肿大，外观似桑葚状，又称"桑葚心"。家禽主要表现为渗出性素质（毛细血管变性、坏死，血管通透性增强，血浆蛋白渗出并积聚于皮下），以及肌营养不良、胰腺纤维化、肌胃变性及脑软化等。

3. 诊断 根据基本症状群（幼龄、群发性），结合临床症状（运动障碍、心脏衰竭、渗出性素质、神经机能紊乱）及特征性病理变化（骨骼肌、心肌、肝脏、胃肠道、生殖器官有典型的营养不良性病变，雏禽脑膜水肿、脑软化），参考病史及流行病学特点可以确诊。对幼龄畜禽不明原因的群发性、顽固性、反复发作的腹泻，应进行补硒的治疗性诊断。

4. 防治 0.1‰亚硒酸钠溶液肌内注射，配合醋酸生育酚效果确实，在低硒地带饲养的畜禽或饲用由低硒地区运入的饲粮、饲料时必须补硒。

（五）铜缺乏症

以贫血、腹泻、被毛褪色、共济失调为特征。各种动物均可发生，但主要发生在牛、羊、骆驼等反刍动物上，如牛的癫痫病或摔倒病，羔羊晃腰病、羊痢疾、舔（盐）病，骆驼摇摆病等。防治可口服 $CuSO_4$。

（六）铁缺乏症

以贫血、易疲劳、活力下降和生长发育受阻为特征，临床症状为畜禽生长缓慢、食欲减退、异嗜、嗜睡、喜卧、可视黏膜苍白、呼吸频率加快。仔猪一般发生在 2 周龄，3 周龄为发病高峰期，表现为精神沉郁、离群伏卧、食欲减退、生长迟滞、体重减轻、腹泻（但粪便颜色正常）、皮肤和可视黏膜苍白、呼吸增数、脉搏疾速，稍加运动则心搏动亢进、喘息不止，血清铁、血清铁蛋白含量低于正常。

（七）锰缺乏症

以骨骼畸形、繁殖机能障碍及新生畜禽运动失调为特征。禽表现为骨骼短粗和腓肠肌肌腱脱出，又称"滑腱症"。本病呈地方性流行，各种动物均可发生，其中以家禽最敏感，其次是仔猪、犊牛、羔羊等。

防治：日粮或饮水中添加锰制剂。

（八）锌缺乏症

临床特征是畜禽生长缓慢；皮肤皱裂，皮屑增多；蹄壳变形、开裂，甚至被磨穿；繁殖机能障碍及骨骼发育异常。引起锌缺乏的原因有土壤和饲料锌不足；饲料中的钙、镁、植酸含量过高，多余的钙、镁可与植酸形成相应的盐，在肠道碱性环境中与锌再形成难溶的复盐，导致锌的吸收出现障碍，引起锌缺乏，饲料中钙、锌比例在（100～150）：1 较为适宜；饲料中锌的利用率低；棉籽饼含量高，与锌络合后失去活性，锌的消耗量增多；多种疾病使锌排出量增多等。

预防：调整饲料中的锌含量，缺锌地区可施用锌肥。

（九）钴缺乏症

是由于动物体内钴缺乏，以及维生素 B_{12} 合成因子受到阻碍而引起的一种消耗性营养代谢性疾病，在临床上以厌食、消瘦和贫血为特征。本病呈慢性经过，主要症状是患病畜禽消瘦、虚弱、食欲下降、异食癖和贫血，最终衰竭而死。

防治：饲料中添加硫酸钴。

（十）碘缺乏症

碘缺乏症是由于动物机体摄入碘不足而引起的一种以甲状腺机能减退、甲状腺肿大、流产和死产为特征的慢性疾病，又称甲状腺肿。临床症状为繁殖障碍、黏液性水肿（面部臃肿、看似"愁容"）、脱毛、幼畜发育不良，以及甲状腺机能减退、甲状腺肿大。

防治：口服碘化钾、碘化钠。

三、例题及解析

1. 鸡出现趾爪向内踡曲的示病症状，最可能缺乏的是（　　）。
   A. 维生素 B_1　　　　　　　　B. 维生素 B_2　　　　　　　　C. 维生素 A
   D. 维生素 D　　　　　　　　E. 维生素 B_6
   【解析】 B。维生素 B_2 缺乏的病雏，其特征性症状是趾爪向内踡曲，又称"趾爪踡曲症"。

2. 春季，某羊场陆续有 10 日龄左右的羔羊在跑跳过程中突然倒地死亡，剖检可见骨骼肌色淡、肿胀，心肌色淡，有黄白色斑块和条纹。与该病发生有关的微量元素是（　　）。
   A. 锌　　　　　　　　　　　B. 铜　　　　　　　　　　　C. 铁
   D. 钴　　　　　　　　　　　E. 硒
   【解析】 E。根据剖检可见骨骼肌色淡、肿胀，心肌色淡，有黄白色斑块和条纹等病变特征，可以判定患畜有白肌病，又知发病动物为 10 日龄左右的羔羊，综合考虑为硒-维生素 E 缺乏症。因此，与该病发生有关的微量元素是硒。

   （3～5 题共用答案）
   A. 维生素 A 缺乏症　　　　　**B. 维生素 B_2 缺乏症**　　　　　**C. 维生素 C 缺乏症**
   D. 维生素 D 缺乏症　　　　　**E. 泛酸缺乏症**

3. 母猪，主要喂甜菜渣，出现生长缓慢、食欲减退、腹泻、皮肤粗糙、运动障碍，呈痉挛性鹅步，所产仔猪出现畸形。最可能的疾病是（　　）。
   【解析】 E。日粮中缺乏泛酸，会导致猪生长缓慢、厌食，腹泻，皮肤干燥，被毛粗乱，脱毛，眼周围有深黄色分泌物，免疫反应降低；脚趾出现痂皮，以致后肢行走异常，出现典型的鹅步。母猪配种后出现假妊娠或不怀胎或产死胎、畸形胎。

4. 蛋鸡群，200日龄，在产蛋高峰期时产蛋量突然下降，蛋白稀薄，孵化率低下；维鸡生长缓慢、腹泻，不能走路，趾爪向内蜷曲。最可能的疾病是(   )。

【解析】 B。维生素 B_2 缺乏症多发于禽和猪。禽的特征表现为趾爪蜷曲症。

5. 犊牛，3月龄，夜晚行走时易碰撞障碍物，眼角膜增厚，有云雾状形成，皮肤有麸皮样痂块，出现阵发性惊厥。最可能的疾病是(   )。

【解析】 A。根据犊牛出现视力障碍的临床症状，考虑诊断为维生素A缺乏症。严重缺乏维生素A时，鼻孔和眼可见水样排出物，上下眼睑往往被粘着在一起，进而眼睛中有乳白色干酪样物质积聚，最后角膜软化，眼球下陷，甚至穿孔，许多病例会出现失明。

(6～7题共用题干)

某猪场，部分母猪屡配不孕，妊娠母猪有流产、早产现象；仔猪表现顽固性腹泻，并有皮下水肿、黄疸，部分1月龄左右的仔猪有急性猝死现象，剖检可见"桑葚心"特点。

6. 该病最可能的诊断是(   )。

    A. 维生素 B_1 缺乏症　　　　B. 铜中毒　　　　　　　C. 铅中毒

    D. 维生素E和硒缺乏症　　　　E. 硒中毒

【解析】 D。硒-维生素E缺乏症在仔猪表现为消化紊乱并伴有顽固性腹泻；肝脏组织严重变性、坏死，常因心力衰竭而死亡；心脏肿大，外观似桑葚状，又称"桑葚心病"。

7. 治疗该病的有效措施是(   )。

    A. 肌内注射维生素E＋亚硒酸钠　　　　B. 口服硫酸镁

    C. 静脉注射葡萄糖酸钙　　　　　　　　D. 肌内注射维生素 B_1

    E. 口服维生素A

【解析】 A。本病是由硒-维生素E缺乏症引起，治疗应补充硒和维生素E。

8. 预防锌缺乏的最佳钙、锌比例是(   )。

    A. 1∶100　　　　　　　B. 1∶1　　　　　　　C. 10∶1

    D. 100∶1　　　　　　　E. 1∶10

【解析】 D。饲料中多余的钙、镁可与植酸形成相应的盐，在肠道碱性环境中与锌再形成难溶的复盐，导致锌的吸收障碍，引起锌缺乏，饲料中钙、锌比例在（100～150）∶1较为适宜。

<<< 第十三单元 其他营养代谢性疾病 >>>

一、考试大纲

单元	细目	要点
其他营养代谢性疾病	1. 异嗜癖	(1) 病因　(2) 症状　(3) 防治
	2. 肉鸡猝死综合征	
	3. 肉鸡腹水综合征	(1) 病因　(2) 症状　(3) 病理变化　(4) 预防

二、重要知识点

（一）异嗜癖

1. 病因   该病在冬季和早春圈养的动物中容易发生，特别是饲料营养单一的动物多发，原因有：①饲喂不当，饲料发霉；②动物饥饱不定，甚至饮水不足等；③圈舍环境恶劣，如通风不良、饲养密度过大、应激因素等；④一些疾病诱发，如体表有寄生虫、体内有寄生虫、皮炎瘙痒等。

2. 症状   异食癖的症状比较直观，动物会表现消化不良，食欲不振，味觉异常，采食反常（如啃咬舔舐被粪污污染的饲草或饲料，甚至喝尿；舔舐墙壁、木栅栏及吃土、砖头、瓦块、炉灰渣、破布、塑料布等）。

3. 防治   改善饲养管理，给予全价日粮，增加矿物质和复合维生素的添加量。

（二）肉鸡猝死综合征

肉鸡猝死综合征又称"翻跳病""暴死症""急性死亡综合征"，是肉鸡生产中常见的一种疾病，多发于生长快、体型大、肌肉丰满的肉鸡。发病前无明显征兆，但突然行动失控，向前或向后跌倒，双翅剧烈扇动，肌肉痉挛，并发出尖叫声，继而颈、腿伸直后倒地而死。剖检可见心脏扩张、心包积液增多，肺组织暗红、水肿，肝脏呈紫色、肿大。

防治：目前尚无特效的防治办法，在肉鸡饲养过程中以预防为主。

（三）肉鸡腹水综合征

又称雏鸡水肿病、肉鸡腹水症、心力衰竭综合征和鸡高原海拔病。以病鸡心脏、肝脏等实质器官发生病理变化，明显的腹腔积水，右心室肥大、扩张，肺脏淤血、水肿及心肺功能衰竭、肝脏肿大为特征。主要发生于幼龄肉用仔鸡。特征性症状是腹水，在心脏和肝脏等内脏实质器官病理性病变的基础上发生的，可恰当地反映该病的病理本质，一般称为腹水综合征。

1. 病因   一般都是机体缺氧而致肺动脉压升高、右心室衰竭，以致体腔内发生腹水和积液。

（1）遗传因素   品种与年龄。

（2）环境因素   温度、湿度。

（3）饲料因素   高能量。

（4）疾病及中毒性因素   呼吸道疾病、呋喃唑酮中毒、维生素E和硒缺乏、传染性支气管炎等。

2. 症状   饮水和采食量减少，生长迟缓，冠和肉髯发绀。病情严重者可见皮肤发红，呼吸速度加快，运动耐受力下降。特征性症状是腹围增大，腹部膨胀、下垂，腹部皮肤变得发亮或发紫，行动迟缓呈鸟步样，或站立不稳以腹着地如企鹅状。

3. 病理变化   腹腔内有大量淡褐色或淡红黄色的半透明腹水，内有半透明胶冻样；肝脏淤血、肿大，呈暗紫色，表面覆盖一层灰白色或黄色的纤维素膜，质地较硬；心包膜混浊增厚，心包液显著增多，心脏体积增大，右心室明显肥大扩张，心肌松弛；皮下水肿；脾脏肿大、色灰暗；肺脏呈粉红色或紫红色，气囊混浊；盲肠扁桃体出血；法氏囊黏膜泛红；喉头气管内有黏液。

4. 预防　有：①日粮中加亚麻油、精氨酸、阿司匹林、L-精氨酸，饲喂低蛋白和低能量的饲料；②选育优良品种（肉鸡）；③改善饲养环境（缺氧），改进饲养管理方法（生长控速），合理控制光照（间歇光照）。

三、例题及解析

(1～2 题共用题干)

某养殖场，白羽肉鸡发病，表现为生长迟缓、反应迟钝、呼吸困难，但体温正常；腹部膨大，触诊有波动感。剖检见心脏肥大，肾脏肿大、出血，肺脏呈弥漫性充血。

1. 该病最可能的诊断是( )。

    A. 食盐中毒　　　　　　　B. 衣原体病　　　　　　　C. 维生素 A 缺乏症

    D. 新城疫　　　　　　　　E. 肉鸡腹水综合征

【解析】　E。根据症状描述：生长迟缓、反应迟钝、呼吸困难，但体温正常；腹部膨大，触诊有波动感。剖检见心脏肥大，肾脏肿大、出血，肺脏呈弥漫性充血，可以判定白羽肉鸡患有肉鸡腹水综合征。

2. 该病的主要病理变化是( )。

    A. 右心室肥大　　　　　　B. 左心室缩小　　　　　　C. 左心室肥大

    D. 心冠脂肪出血　　　　　E. 左心房扩张

【解析】　A。肉鸡腹水综合征的病理变化主要为明显的腹腔积水，右心室肥大、扩张，肺脏淤血、水肿，心肺功能衰竭，肝脏肿大。

<<< 第十四单元　饲料源性毒物中毒 >>>

一、考试大纲

单元	细目	要点
饲料源性毒物中毒	1. 概述	(1) 毒物　(2) 中毒　(3) 中毒病　(4) 毒性　(5) 毒作用　(6) 中毒病的特征　(7) 中毒病的诊断　(8) 中毒病的治疗
	2. 硝酸盐与亚硝酸盐中毒	(1) 中毒机理　(2) 症状　(3) 治疗
	3. 棉籽与棉籽饼粕中毒	(1) 症状　(2) 治疗
	4. 菜籽饼粕中毒	(1) 症状　(2) 病理变化　(3) 治疗
	5. 氢氰酸中毒	(1) 病因　(2) 症状　(3) 防治
	6. 尿素及氨中毒	
	7. 巧克力中毒	(1) 病因　(2) 症状　(3) 诊断　(4) 治疗

二、重要知识点

常考知识点：亚硝酸盐中毒、氢氰酸中毒。

（一）概述

1. 毒物　在一定条件下，一定量的某种物质进入机体后，由于其本身所固有的特性，在组织器官内发生化学或物理、化学的作用，引起机体机能性或器质性的病理变化，甚至造成死亡的物质称为毒物。

2. 中毒　有毒物质通过皮肤、消化道和呼吸道黏膜进入机体，与机体相互作用，引起机体组织器官产生一系列病理过程甚至死亡，称为中毒。

3. 中毒病　即由毒物所引起的疾病。中毒病分为急性、亚急性和慢性 3 种类型。

4. 毒性　即毒力，是指某种毒物对机体有损害能力，反映毒物剂量与机体反应之间的关系。引起机体某种有害反应的剂量是衡量毒物毒性的指标。

5. 毒作用　是指毒物对动物有机体的生物学损害作用，即动物中毒时所发生的异常病理现象。毒作用明确分为效应和反应两种概念。效应仅对个体而言，但反应则涉及群体。效应，指机体在接触一定量的化学物后所引起的生物学变化，可用测定数值来表示，故也称为量效应。反应，指在接触一定量化学物的群体中，表现某种效应并达到一定强度的个体所占的比例。

6. 中毒病的特征　在同样饲养管理条件下许多动物突然同时发病，且往往在饲喂几小时后几乎所有的动物先后出现同样或类似的临床症状，其发病过程快，预后不良，病畜常以死亡告终。若病畜体温正常或低于正常，则可排除传染病发生的可能性。

7. 中毒病的诊断　有病史调查、临床症状、病理诊断、毒物检验、生物学诊断（动物试验）、治疗性诊断。

8. 中毒病的治疗

（1）病因疗法　去除毒物，主要是去除中毒的原因，包括：

①催吐　本方法只适用于猪、猫和犬，催吐剂一般用硫酸铜 0.05～5.0g。

②洗胃　用于中毒初期，但反刍动物不能用洗胃法。

③泻下　用于中毒中期，使已进入肠道的毒物尽可能地迅速排出，以避免或减少其在肠内的吸收。

④灌肠　对于小动物的作用效果比大动物的好。

⑤利尿　大部分毒物尤其是水溶性毒物，尿为主要排泄途径，故加强利尿作用可促使毒物排出体外。

⑥放血　在中毒初期心脏尚未衰竭，毒物停留在血液中未侵及肾脏时静脉放血有良好效果。

⑦瘤胃切开术　反刍动物中毒初期，无其他并发症，心脏等机能良好时可进行瘤胃切开术。

（2）解毒　包括：

①吸附　常用的吸附剂有药用炭、木炭末等。

②中和 即用弱酸中和碱性毒物、用弱碱中和酸性毒物而达到解毒的目的。

③氧化 只能用于能被氧化的毒物，发生有机磷毒物中毒时绝不能使用氧化解毒剂。

④沉淀 即用沉淀剂使毒物沉淀，以减少其毒性和延缓吸收而达到解毒目的。

⑤拮抗 通过物理、化学或生理拮抗作用，使已吸收的毒物灭活及将其排出。

⑥特效解毒剂 针对中毒发病机理而研发的特效药物，解毒效果好、专一性强。

⑦通用解毒剂 利用氧化、还原及吸附等作用减少机体对毒物的吸收。

（3）支持和对症治疗 进行支持和对症治疗法的目的是维持机体生命活动和组织器官的功能，直到选用适当的解毒剂或机体发挥本身的解毒机能，同时对治疗过程中出现的危症采取紧急措施。

（二）硝酸盐及亚硝酸盐中毒

1. 中毒机理 硝酸盐转化为亚硝酸盐后，对动物的毒性剧增，对胃肠道有强烈的刺激作用，能引起腹泻、腹痛和呕吐。吸收进入血液的亚硝酸盐能使红细胞中正常的氧合血红蛋白迅速地氧化成高铁血红蛋白，血红蛋白就丧失了正常携氧功能。亚硝酸盐使病畜末梢血管扩张而导致血压下降，外周循环衰竭。亚硝酸盐与消化道或血液中的某些胺能形成亚硝胺或亚硝酸胺，具有致癌性。

2. 症状 多发生于精神良好和食欲旺盛的动物，发病急、病程短。急性型病例除表现不安外，呈现严重的呼吸困难，脉搏疾速细弱，全身发绀，体温正常或偏低，躯体末梢部位厥冷。耳尖、尾端的血管中血液量少而凝滞，呈黑褐红色。以呼吸困难、肌肉震颤、步态摇晃、全身痉挛等为主要症状，常伴有流涎、腹痛、腹泻、呕吐等症状。

3. 治疗 特效解毒方法是静脉注射美蓝（亚甲蓝），要求低浓度、低剂量。甲苯胺蓝的治疗效果更好，静脉、肌内或腹腔注射均可。大剂量使用维生素C亦有一定作用。此外，还可以采用放血等疗法。

（三）棉籽与棉籽饼粕中毒

1. 症状 以出血性胃肠炎、全身水肿、血红蛋白尿和实质器官变性为特征。急性中毒极为少见。生产实践中多因长期不间断地饲喂棉籽饼，致使棉酚在体内积累而发生慢性中毒。哺乳犊牛最为敏感，常因吸食饲喂棉籽饼的母牛乳汁而发生中毒。棉籽饼引起动物中毒死亡可分3种形式：急性致死的直接原因是血液循环衰竭；亚急性致死是因为继发性肺水肿；慢性中毒死亡多因恶病质和营养不良。

2. 治疗 尚无特效疗法，应停止饲喂含毒棉籽饼粕，加速毒物排出。采取对症治疗方法，去除饼粕中的毒物后再合理利用。

（四）菜籽饼粕中毒

1. 症状 油菜籽榨油后的副产品中，由于含有硫代葡萄糖苷的分解产物，动物长期或大量摄入后引起肺脏、肝脏、肾脏及甲状腺等器官损伤，临床上以急性胃肠炎、肺气肿、肺水肿和肾炎为特征的中毒病称菜籽饼中毒。

2. 病理变化 剖检可见胃肠道黏膜充血、肿胀、出血；肝脏肿胀、色黄、质脆；胸、腹腔有浆液性、出血性渗出物；有的病畜头、颈、胸部皮下组织发生水肿；肾脏有出血性炎症，有时膀胱积有血尿；肺水肿和气肿；甲状腺肿大。

3. 治疗　无特效疗法，应限制饲喂量或与其他饲料搭配使用。去毒措施有坑埋法、水浸法、热处理法、化学处理法、微生物降解法、溶剂提取法、培育"双低"油菜品种。

（五）氢氰酸中毒

1. 病因　木薯、高粱、玉米的新鲜幼苗，以及亚麻子、豆类、蔷薇科植物中含有生氰糖苷（无毒），其在体内转为氢氰酸后可引起氢氰酸中毒。

2. 症状　动物采食含有氰苷的饲料后 15～20min，腹痛不安，呼吸加快，肌肉震颤，全身惊厥，可视黏膜鲜红或呈樱桃红色，并流出白色泡沫状唾液；先兴奋，很快转为抑制，呼出的气体中有苦杏仁味；随后全身极度衰弱无力，行走不稳，突然倒地，体温下降，肌肉痉挛，瞳孔散大，反射减少或消失，心动徐缓，呼吸浅表，很快昏迷而死亡。

3. 防治　用5％亚硝酸钠溶液静脉注射，随后注射5％～10％硫代硫酸钠溶液。

（六）尿素及氨中毒

以肌肉强直、呼吸困难、循环障碍、新鲜胃内容物中有氨气味；多为急性中毒，以死亡率高为特征。早期可灌服大量的食醋或稀醋酸等弱酸类，以抑制瘤胃中脲酶的活力，并中和尿素的分解产物氨气。此外，可用硫代硫酸钠溶液静脉注射，同时对症使用葡萄糖酸钙溶液、高渗葡萄糖溶液、水合氯醛及瘤胃止酵剂等可提高疗效。

（七）巧克力中毒

1. 病因　巧克力内含有大量黄嘌呤的衍生物，给幼犬过量投喂巧克力后其会呈现中毒反应，但往往不会引起注意，贻误治疗时机会造成幼犬死亡。

2. 症状　幼犬高度兴奋、烦躁不安、呕吐腹泻、肌肉震颤、萎缩、多尿，重者引起死亡。

3. 诊断　此病诊断需详细分析病史，结合接触史，根据临床表现出的神经症状、肌肉萎缩和多尿可做出诊断。

4. 治疗　用5％葡萄糖氯化钠溶液静脉输液，缓解中毒，加快毒物排出。口服或静脉输液时加入维生素 B_1、维生素 B_6、维生素C。静脉滴注林格液，以调节电解质平衡。调节呼吸功能：小剂量的安纳咖注射液 0.05～0.1g/次。镇静：出现神经症状时，为减轻肌肉震颤症状可皮下或肌内注射安定、盐酸氯丙嗪等注射液。减缓毒物吸收可口服氢氧化铝胶，5～10mL/次。

三、例题及解析

1. 棉籽饼去毒的无效方法是（　　）。
　　A. 热炒　　　　　　　　B. 加入石灰水　　　　　　　C. 添加硫酸亚铁
　　D. 微生物发酵　　　　　E. 加入食醋

【解析】　E。棉籽饼去毒方法包括：①热炒；②加入石灰水使饼粕中的游离棉酚破坏或形成结合物；③硫酸亚铁中的二价铁离子能与棉酚整合，形成难以消化吸收的棉酚-铁复合物；④利用微生物及其酶的发酵作用破坏棉酚，可以达到去毒目的。

2. 引起鸡产"桃红蛋"的主要中毒性疾病是( )。

    A. 甘薯毒素中毒   B. 洋葱中毒   C. 霉玉米中毒

    D. 棉籽饼中毒   E. 菜籽饼中毒

【解析】 D。棉籽饼中含有环丙烯类脂肪酸等抗营养因子，能使卵黄膜的通透性增加，铁离子透过卵黄膜转移到蛋清中并与蛋清蛋白螯合，形成红色的复合物，使蛋清变为桃红色，称为"桃红蛋"。

3. 亚硝酸盐中毒时皮肤和黏膜的颜色是( )。

    A. 鲜红   B. 蓝紫   C. 黄染

    D. 粉红   E. 苍白

【解析】 B。亚硝酸盐中毒特征：皮肤、黏膜发绀，呼吸困难，血液黯黑，呕吐。

(4～6题共用题干)

牛群误入即将成熟的亚麻（胡麻）地并大量采食，很快出现呼吸喘促、流涎及瘤胃臌胀等症状，全身抽搐，有2头牛当场倒地、死亡。病牛可视黏膜初期呈樱桃红色，呼吸停止后变为青紫色。剖检死牛，见血液凝固不良。

4. 该病最可能的诊断是( )。

    A. 氢氰酸中毒   B. 双香豆素   C. 有机磷中毒

    D. 亚硝酸盐中毒   E. 有机氯中毒

【解析】 A。氢氰酸中毒的病畜可视黏膜呈樱桃红色。

5. 该病的致病毒物是( )。

    A. 霉菌毒素   B. 不饱和挥发性脂肪酸   C. 杂醇油

    D. 氰苷   E. 硝酸盐

【解析】 D。氢氰酸中毒是指动物采食富含氰苷（生氰糖苷）的饲料引起的。

6. 该病的特效解毒药是( )。

    A. 亚硝酸钠   B. 钙剂   C. 中枢兴奋剂

    D. 镇静剂   E. 维生素 A

【解析】 A。本病发病后立即用5％的亚硝酸钠溶液静脉注射，随后注射5％～10％硫代硫酸钠溶液。

<<< 第十五单元　有毒植物与霉菌毒素中毒 >>>

一、考试大纲

单元	细目	要点
有毒植物与霉菌毒素中毒	1. 疯草中毒（马、羊、牛）	
	2. 栎树叶中毒（牛、羊）	
	3. 蕨中毒（马、牛）	

（续）

单元	细目	要点
有毒植物与霉菌毒素中毒	4. 黄曲霉毒素中毒	（1）病因　（2）中毒机理　（3）症状　（4）预防
	5. 呕吐毒素中毒	（1）中毒机理　（2）症状　（3）防治
	6. 杂色曲霉毒素中毒（马、羊）	（1）病因　（2）中毒机理　（3）症状　（4）防治
	7. 单端孢霉素中毒	
	8. 玉米赤霉烯酮中毒（猪）	（1）病因　（2）中毒机理　（3）症状　（4）预防
	9. 赭曲霉毒素中毒	（1）病因　（2）症状　（3）预防
	10. 伏马菌素中毒	
	11. T-2毒素中毒（猪）	（1）病因　（2）症状　（3）防治
	12. 青霉毒素类中毒	
	13. 牛霉烂甘薯中毒	（1）中毒机理　（2）症状　（3）治疗

二、重要知识点

常考知识点：黄曲霉毒素中毒、玉米赤霉烯酮中毒、牛霉烂甘薯中毒。

（一）疯草中毒（马、牛、羊）

"疯草"是棘豆属和黄芪属中有毒植物的统称，动物长期采食能引起中毒。临床症状以头部震颤、后肢麻痹等神经症状为主，发病动物主要是山羊、绵羊和马。

防治：目前尚无特效疗法。调整日粮，加强补饲，同时配合对症疗法，一般早、中期中毒病畜可以逐渐恢复健康。有围栏轮牧、化学防除、日粮控制法。

（二）栎树叶中毒（牛、羊）

中毒动物以前胃弛缓、便秘或腹泻、胃肠炎、皮下水肿、体腔积水及血尿、蛋白尿、管型尿等肾病综合征为特征。

防治：排出毒物、解毒（灌服 $KMnO_4$ 溶液）、对症治疗。

（三）蕨中毒（马、牛）

本病是动物采食大量蕨类植物后所引起的以高热、贫血、无粒细胞血症、血小板减少、血凝不良、全身泛发性出血、共济失调等为特征的一种中毒病。动物蕨中毒因品种不同，临床症状有很大差异。马以明显的共济失调为特征，又称为"蕨蹒跚"。牛慢性中毒的典型症状是出现血尿，主要是膀胱肿瘤，表现长期间歇性血尿。

（四）黄曲霉毒素中毒

黄曲霉毒素中毒是人兽共患且有严重危害性的一种霉败饲料中毒病。

1. 病因　动物因采食黄曲霉和寄生曲霉等污染的花生、玉米、豆类、麦类及其副产品所致。

2. 中毒机理　毒素的靶器官是肝脏，可引起碱性磷酸酶、转氨酶、异柠檬酸脱氢酶活性升高，肝脂肪增多，肝糖原下降以及肝细胞变性、坏死。此外，还具有致癌、致突变和致畸作用。

3. 症状　临床上以全身出血、消化机能紊乱、腹水、神经症状等为特征。以肝脏损害为主，同时还伴有血管通透性被破坏和中枢神经损伤等。临床的特征性表现为黄疸、出血、水肿和神经症状。家禽中，雏鸭、雏鸡敏感性较高，雏鸭表现角弓反张。猪中毒后可视黏膜苍白，后期黄染，皮肤表面出现紫斑，有痉挛、角弓反张等神经症状。

4. 预防　本病发生后无特效疗法，应立即停喂霉败饲料。预防措施有：①防止饲草、饲料发霉；②霉变饲料的去毒处理；③定期监测饲料。

（五）呕吐毒素中毒

1. 中毒机理　呕吐毒素主要通过影响 DNA 和 RNA 的合成及阻断翻译启动而影响蛋白质合成。

2. 症状　呕吐毒素对动物的影响集中在消化道、肾脏，可导致消化道弥散性坏死、出血、红细胞减少、凝血不良、严重皮炎、免疫力下降、产蛋量下降、骨髓和脾脏造血再生过程减慢、生殖器官病变及睾丸和卵巢等组织坏死与出血。受感染动物常出现体重下降、饲料利用率降低、血痢、流产等症状，严重的可导致死亡。家禽对呕吐毒素的敏感性比猪低得多。快速生长肉鸡的敏感性高于蛋鸡，呕吐毒素常引起肉鸡拒食。7 日龄肉鸡口服脱氧雪腐镰孢霉烯醇的半数致死量（LD_{50}）大约是 140mg/kg。母鸡日粮中的呕吐毒素超过 5mg/kg，蛋重和蛋壳厚度降低。饲喂含呕吐毒素日粮的产蛋鸡，其种蛋异常发育增多，鸡表现为采食量下降、产蛋量下降。主要毒性特征是全身性出血，尿酸盐沉积和上消化道出现炎症。

3. 治疗　立即停喂霉变饲料。霉菌毒素中毒通常难以治愈，唯一有效的方法就是对症治疗和提高器官的耐受性，主要利用含硫氨基酸来增强机体的解毒能力，也可利用某些 B 族维生素、维生素 E、硒和抗氧化剂降低脂类病理性过氧化症状。

（六）杂色曲霉毒素中毒（马、羊）

本病是家畜采食被杂色曲霉毒素污染的牧草，引起的以逐渐消瘦、全身黄染、肝细胞和肾小管上皮细胞变性、坏死、间质纤维组织增生为主要特征的中毒性疾病，主要发生于马属动物、羊、家禽及实验动物。经研究证实，我国宁夏回族自治区流行的马属动物"黄肝病"和羊"黄染病"为杂色曲霉毒素中毒。

1. 病因　杂色曲霉毒素主要由杂色曲霉、构巢曲霉和两端芽蠕孢霉 3 种霉菌产生，这些产毒霉菌普遍存在于土壤、农作物、食品和饲草、饲料中，动物食入含杂色曲霉毒素的饲草、饲料后会引起中毒。饲草收割后多未经充分晒干或遭受雨淋或长期在室外存放受潮而发霉变质，尤以草垛中下部为甚。

2. 中毒机理　杂色曲霉毒素可引起细胞核仁分裂，抑制 DNA 的合成，具有肝毒性。

3. 症状　中毒动物的结膜在初期潮红、充血，后期黄染。出现神经症状如头顶墙、无目的地徘徊，有的视力减退以致失明。

4. 防治　防止饲草发霉，对中毒家畜立即停喂霉败饲草。

（七）单端孢霉毒素中毒

该类毒素属于镰刀菌毒素族，能引起动物疾病的毒素主要为 T-2 毒素。患病畜禽以拒食、呕吐、腹泻及诸多脏器出血等为特征。本病为人兽共患病。患病畜禽的主要症状为厌食、体温下降、呕吐、腹泻、生长停滞、消瘦。预防：

防霉，减少饲料中的毒素含量。

（八）玉米赤霉烯酮中毒（猪）

1. 病因　玉米赤霉烯酮中毒又称 F-2 毒素中毒，是由赤霉病谷物中的真菌毒素——玉米赤霉烯酮所引起的一种以动物阴户肿胀、乳房隆起和慕雄狂等雌激素综合征为主要临床表现的中毒病。猪最敏感，各种年龄的猪均可发病。

2. 中毒机理　玉米赤霉烯酮系雌激素样物质，靶器官为动物（尤其是雌性动物）的生殖器官，呈雌激素效应。

3. 症状　各种病畜均表现以生殖器官机能障碍为基础的雌激素综合征。猪中毒时，阴道黏膜瘙痒，阴道与外阴黏膜淤血性水肿，并分泌带血的黏液，外阴肿大。青年母猪乳腺过早成熟而乳房隆起，出现发情征兆，发情周期延长并紊乱。成年母猪生殖能力降低，仔猪后肢外展（"八"字形腿）。妊娠母猪易发早产、流产、胚胎吸收、产死胎或胎儿木乃伊化。哺乳仔猪阴户红肿。

4. 预防　动物中毒后尚无特效治疗药物，应停止饲喂可疑的霉变饲料。预防的根本措施是防止饲料霉变。

（九）赭曲霉毒素中毒

畜禽采食被赭曲霉毒素 A 污染的饲料后，常引起以消化机能紊乱、腹泻、多尿、烦渴为临床特征，以脱水、肠炎、全身性水肿和肾脏损伤为主要病理变化。

1. 病因　动物采食了被赭曲霉污染的谷类、豆类饲料及其副产品。

2. 症状　多先侵害肾脏，临床上以多尿和消化机能紊乱为主。

3. 预防　防止谷物饲料发霉，保持饲料干燥，添加防霉剂。

（十）伏马菌素中毒

伏马菌素是由串珠镰刀菌引发，在玉米、小麦、大麦等农产品中存在比较广泛的一种真菌毒素。伏马菌素的分布范围比较广，毒性较强，遗弃被伏马菌素污染的玉米极易造成不可估量的经济损失，如对某些家畜产生急性毒性及潜在的致癌性，主要损害肝肾功能，能引起马脑白质软化症和猪肺水肿等，并与我国和南非部分地区高发的动物食道癌有关。伏马菌素主要污染玉米及其制品，偶尔在高粱、大豆和豌豆中检出。

预防：对伏马菌素中毒的预防主要应注意以下几个方面：①加强粮食的通风、防潮、防霉管理，及时对田间和贮存的玉米、麦类、稻谷等粮食和饲料原料进行干燥处理，防止串珠镰刀菌等产毒真菌的污染、繁殖和产毒。②不用发霉的玉米加工食品。③不食用发霉变质的玉米及玉米制品，减少摄入伏马菌素的可能性。

（十一）T-2毒素中毒（猪）

T-2毒素中毒以拒食、呕吐和腹泻等胃肠道症状，以及出血性素质为主要临床特征。本病多发生于猪，相关的病名有低温发霉玉米中毒病、发霉谷物呕吐症、红霉病、食物中毒性粒细胞缺乏症等。

1. 病因　单端孢霉烯族化合物至少有148种，常见的有T-2毒素、呕吐毒素等。T-2毒素为白色针状结晶，是造血组织毒素之一。

2. 症状　T-2毒素中毒的基本症状包括拒食、呕吐、腹泻等胃肠机能障碍，体温降低，生长停滞，瘦弱，以及发病后期的广泛性出血等。

3. 防治　尚无特效药物。除立即更换饲料外，应尽快投服泻剂，清除胃肠道内的毒素，同时施行对症治疗。

（十二）青霉毒素类中毒

红青霉毒素中毒主要损害肝脏、肾脏，表现为中毒性肝炎、胃肠炎、全身出血；震颤毒素中毒主要侵害中枢神经，表现为兴奋、共济失调、震颤、眼球突出、呼吸困难；展青霉素中毒主要侵害神经系统。

预防：饲料贮存前要干燥，保证含水量低于12%，同时确保贮存安全。

（十三）牛霉烂甘薯中毒

本病又称黑斑病甘薯毒素中毒或黑斑病甘薯中毒，俗称"牛喘气病"或"牛喷气病"。

1. 中毒机理　甘薯酮、甘薯醇为肝脏毒，可引起肝脏坏死。4-甘薯醇、1-甘薯醇、甘薯宁具有肺毒性，可致肺水肿及胸腔积液。

2. 症状　牛采食一定量的黑斑病甘薯后，会发生以急性肺水肿与间质性肺气肿、严重呼吸困难及皮下气肿为特征的中毒性疾病。

3. 治疗　治疗原则为迅速排出毒物（洗胃）和解毒（内服氧化剂），缓解呼吸困难（硫代硫酸钠），以及采取对症疗法（安钠咖强心、碳酸氢钠缓解酸中毒）。

三、例题及解析

1. 草木樨中毒的机制属于（　　）。

　　A. 竞争拮抗作用　　　　　B. 破坏遗传信息　　　　　C. 抑制酶活性

　　D. 致敏作用　　　　　　　E. 阻止氧吸收和利用

【解析】　A。草木樨俗名叫野苜蓿，为豆科草本直立型一年生和两年生植物。草木樨中毒是因贮存不当发霉、腐败时，草木樨中的香豆素转变成双香豆素，双香豆素能取代维生素K，降低血液中的凝血酶原，家畜食入大量霉败草木樨后可因轻微的外伤或内伤而出血不止。

2. 犊牛赭曲霉毒素A中毒的主要病变在（　　）。

　　A. 心脏　　　　　　　　　B. 脾脏　　　　　　　　　C. 脑

　　D. 肾脏　　　　　　　　　E. 肺脏

【解析】 D。赭曲霉毒素A由多种曲霉和青霉产生，动物摄入了霉变的饲料后主要引起肾脏损伤。

3.引起马属动物"黄肝病"和羊"黄染病"的霉菌毒素是( )。

A. 黄曲霉毒素　　　　　B. 杂色曲霉毒素　　　　　C. 镰刀菌毒素

D. 青霉毒素　　　　　　E. T-2毒素

【解析】 B。杂色曲霉毒素的中毒特征是：渐进性消瘦和全身性黄疸，能引起马属动物的"黄肝病"和羊"黄染病"。

4.犬，4岁，常规免疫，体温正常，饲喂商品犬粮；近月余食欲减退，消瘦，间歇性腹泻，粪便带血，黏膜黄染，贫血，血凝时间延长，血清ALT活性升高。为预防该病，应定期监测犬粮中的( )。

A. 黄曲霉毒素水平　　　B. 锌水平　　　　　　　　C. 维生素A含量

D. 硒含量　　　　　　　E. 铜含量

【解析】 A。黄曲霉毒素是各种霉菌素中最稳定、毒性最强的一类毒素，它是一种肝毒物质。题目给出ALT升高，ALT为肝脏生化指标，证明动物肝脏出现问题，故选择黄曲霉毒素水平。

5.牛、羊T-2毒素中毒最可能出现的症状是( )。

A. 便秘　　　　　　　　B. 饮欲增强　　　　　　　C. 体温偏高

D. 体温降低　　　　　　E. 食欲增强

【解析】 D。T-2毒素中毒的基本症状包括拒食、呕吐、腹泻等胃肠机能障碍，体温降低，生长停滞，瘦弱，以及病后期的广泛性出血等。

<<< 第十六单元　矿物质及微量元素中毒 >>>

一、考试大纲

单元	细目	要点
矿物质及微量元素中毒	1. 无机氟化物中毒	
	2. 食盐中毒	(1) 中毒机理　(2) 症状　(3) 防治
	3. 铅中毒	
	4. 砷中毒	(1) 中毒机理　(2) 症状　(3) 诊断　(4) 治疗
	5. 汞中毒	
	6. 铝中毒	
	7. 铜中毒	

（续）

单元	细目	要点
矿物质及 微量元素中毒	8. 镉中毒	
	9. 硒中毒	

二、重要知识点

常考知识点：食盐中毒、铅中毒、汞中毒、铝中毒、铜中毒。

（一）无机氟化物中毒

无机氟化物中毒特征是发育的牙齿出现斑纹、过度磨损及骨质疏松和骨疣形成。急性氟中毒常见于用氟化钠驱虫时用量过大。中毒后应立即抢救，小家畜可灌服催吐剂，内服蛋清、牛奶、浓茶等；各种动物均可用 0.5％氯化钙或石灰水洗胃，同时可静脉注射氯化钙或葡萄糖酸钙，以补充体内钙的不足。

（二）食盐中毒

1. 中毒机理　主要有：①钠离子中毒学说；②水盐代谢障碍说；③过敏学说，嗜酸性粒细胞积聚在血管周围，形成所谓的"袖套"现象，故称之嗜酸性粒细胞性脑膜炎。

2. 症状　有消化紊乱、神经症状、嗜酸性粒细胞性脑膜炎。

3. 防治　尚无特效解毒药。治疗要点是排钠利尿，恢复阳离子平衡和对症治疗。中毒早期多次少量给予清水；发作期禁止饮水；日粮中食盐含量应占 0.3％～0.8％。

（三）铅中毒

临床上以兴奋狂躁、感觉过敏、肌肉震颤、痉挛和麻痹等神经症状（铅脑病），流涎、腹泻和腹痛等胃肠炎症状，以及铁利用性贫血为特征。骨骼是铅毒性的重要靶器官，慢性铅中毒的特效解毒药为乙二胺四乙酸二钠钙，同时灌服适量硫酸镁等盐类缓泻剂有较好效果。急性铅中毒动物常因来不及救治而死亡，若发现较早，可采取催吐、洗胃（用 1％硫酸镁或硫酸钠溶液）、导泻等急救措施，并及时应用特效解毒药巯基络合剂。

（四）砷中毒

1. 中毒机理　砷制剂为原生质毒，可抑制酶蛋白的巯基（—SH），使其丧失活性，阻碍细胞的氧化和呼吸作用，导致组织、细胞死亡。砷尚能麻痹血管平滑肌，破坏血管壁的通透性，造成组织、器官淤血或出血，并能损害神经细胞，引起广泛的神经性损害。此外，砷制剂对皮肤和黏膜也具有局部刺激及腐蚀作用。

2. 症状　急性中毒主要呈现重剧胃肠炎症状和腹膜炎体征，慢性中毒主要表现为消化机能紊乱和神经功能障碍等。

3. 诊断　依据消化紊乱为主、神经机能障碍为辅的综合征，结合接触砷毒的病史进行综合诊断，必要时可测定饲料、饮水、乳汁、尿液、被毛、肝脏、肾脏，以及胃、肠或其内容物，中的砷含量。

4. 治疗 动物出现急性中毒时，首先用氧化镁溶液、高锰酸钾溶液或药用炭溶液反复洗胃。防止毒物进一步吸收可将硫酸亚铁溶液和氧化镁溶液等量混合灌服，也可使用硫代硫酸钠灌服。实施补液、强心、保肝、利尿、缓解腹痛等对症疗法，忌用碱性药，以免形成可溶性亚砷酸盐而促进吸收，加重病情。

（五）汞中毒

汞中毒因汞剂侵入途径不同，可分别引起胃肠炎、支气管肺炎和皮肤炎；汞吸收后可导致肾脏和神经组织等实质器官的严重损害。急性中毒者多死于胃肠炎或肺水肿；慢性中毒病例多死于尿毒症，或以神经机能紊乱为后遗症。根据接触汞剂的病史，临床上出现胃、肠、肾脏、脑损害的综合病征，因此不难做出诊断，必要时可测定饲料、饮水、尿液，以及胃、肠（或其内容物）中的汞含量。治疗时按一般中毒病常规处理后及时使用解毒剂，可选巯基络合剂或硫代硫酸钠，并配合保肝、输液、利尿等对症治疗。

（六）铝中毒

是以持续性腹泻和被毛褪色为特征的中毒病。铝过量常与铜缺乏同时发生。最早出现的特征性症状是严重而持续性腹泻，患畜排出粥样或水样粪便，并混有气泡。黑毛褪色变为灰色，深黄色毛变为浅黄色，眼周围特别明显，像戴眼镜一样。关节疼痛，腿和背部明显僵硬，运动异常。慢性铝中毒时常见骨质疏松、易骨折、长骨两端肥大、异嗜等。

（七）铜中毒

铜中毒是以腹痛、腹泻、肝功能异常和贫血为特征的中毒病。反刍动物较易发生，羔羊对过量的铜最敏感。急性铜中毒的羊可用三硫（或四硫）钼酸钠溶液静脉注射。对亚临床铜中毒及经硫钼酸盐抢救已经脱离溶血危险的急性中毒动物，按日粮中补充钼酸钠和无水硫酸钠或硫黄粉，拌匀饲喂，直至粪便中的铜含量降至接近正常时为止。对高铜地区放牧的羊，在精饲料中添加铝、锌及硫，可预防铜中毒。

（八）镉中毒

镉中毒是因饲料、饮水中的镉过量，动物长期摄入后引起的以生长发育缓慢、肝脏和肾脏损害、贫血、骨骼变化为主要特征的一种中毒病。急性中毒表现为流涎、呕吐、腹泻、腹痛、硬脑膜出血、睾丸损伤，其主要靶器官是肝脏。生前诊断较难，尸检时测定肝脏、肾脏内的镉含量有诊断意义。可用依地酸二钠钙或巯基络合剂治疗。预防的关键是有效控制环境污染，切实治理"三废"。

（九）硒中毒

硒中毒多发生于土壤和草料含硒量高的特定地区。急性：腹痛、呼吸困难、运动失调，常见于犊牛和羔羊；亚急性：称"蹒跚病"或"瞎撞病"；慢性：消瘦、跛行、脱毛，称"碱病"。依据失明、神经症状、消瘦、贫血、脱毛、蹄匣脱落等临床综合征及硒接触病史可做出初步诊断。确诊应依据饲料、血液、毛、肝脏、肾脏等中的硒测定结果。

防治：立即停喂高硒日粮，无特效解毒药，可以 0.1‰ 砷酸钠溶液皮下注射，日粮添加硒时严格掌握用量和浓度。

三、例题及解析

1. 牛亚急性砷中毒最可能出现的症状是（　　）。

    A. 血尿   B. 肌红蛋白尿   C. 卟啉尿

    D. 糖尿   E. 酮尿

【解析】　A。亚急性砷中毒表现以胃肠炎为主，病畜腹痛、厌食、口渴、喜饮、腹泻，粪便带血或有黏膜碎片。初期尿多，后期无尿，脱水，反刍动物出现血尿或血红蛋白尿。心率加快，脉搏细弱，体温下降，后肢末梢冰凉，后肢偏瘫。后期出现肌肉震颤、抽搐等神经症状，最后因昏迷死亡。

2. 羔羊，3 月龄，采食高铜饲料后，尿液呈淡红色，肝功能检查可见（　　）。

    A. AST 和 ALP 活性升高   B. AST 活性降低，ALP 活性升高

    C. AST 活性升高，ALP 活性降低   D. AST 和 ALP 活性降低

    E. AST 和 ALP 活性不变

【解析】　A。根据题意可诊断为铜中毒。出现肝功能异常，AST、ALP 等活性升高。

3. 牛，1 岁，食欲减退，烦渴，大量饮水，腹泻，有视力障碍，皮下水肿，多尿，惊厥。该病最可能的诊断是（　　）。

    A. 食盐中毒   B. 硒中毒   C. 无机氟化物中毒

    D. 铜中毒   E. 钼中毒

【解析】　A。食盐中毒症状初期表现为极度口渴，黏膜潮红，呕吐，口唇肿胀。因脑水肿而呈现神经机能紊乱症状，如兴奋不安、转圈、肌肉痉挛、全身震颤、无目的地徘徊或倒地后四肢呈游泳状划动。

4. 山羊群，2~3 岁，更换饲料后许多羊剧烈腹痛，惨叫，体温正常或偏低，频频排出水样粪便，结膜苍白，尿淡红色。该病最可能的诊断是（　　）。

    A. 食盐中毒   B. 硒中毒   C. 无机氟化物中毒

    D. 铜中毒   E. 钼中毒

【解析】　D。铜中毒是以腹痛、腹泻、肝功能异常和贫血为特征的中毒病。反刍动物较易发生，羔羊对过量的铜最敏感，其次是绵羊、山羊。

5. 牛，4 岁，背腰僵硬，跛行，颌骨、掌骨呈现对称性肥厚，牙面见有黄褐色斑，同群及周围放牧牛多见类似病例。该病最可能的诊断是（　　）。

    A. 食盐中毒   B. 硒中毒   C. 无机氟化物中毒

    D. 铜中毒   E. 钼中毒

【解析】　C。无机氟化物中毒特征是发育的牙齿出现斑纹、过度磨损及骨质疏松和骨疣形成。

<<< 第十七单元　其他中毒 >>>

一、考试大纲

单元	细目	要点
其他中毒疾病	1. 有机磷农药中毒	
	2. 有机氟化物中毒	
	3. 灭鼠药中毒	(1) 磷化锌中毒　(2) 茚满二酮类和双香豆素中毒 (3) 硫脲类中毒　(4) 毒鼠强中毒
	4. 犬洋葱及大葱中毒	(1) 病因　(2) 症状　(3) 诊断　(4) 防治
	5. 反刍动物瘤胃酸中毒	(1) 病因　(2) 症状　(3) 诊断　(4) 治疗
	6. 维生素 A 中毒	
	7. 磺胺类药物中毒	(1) 症状　(2) 治疗
	8. 阿维菌素类药物中毒	

二、重要知识点

常考知识点：有机磷农药中毒、灭鼠药中毒、犬洋葱及大葱中毒、反刍动物瘤胃酸中毒。

(一) 有机磷农药中毒

中毒动物以腹泻、流涎、肌肉群震颤为特征。毒性机理主要是胆碱酯酶的活性受到了抑制，从而失去了分解乙酰胆碱的能力，造成乙酰胆碱在体内大量蓄积，胆碱能神经功能紊乱。毒蕈碱样症状（M 症状），表现为胃肠运动过度；烟碱样症状（N 症状），表现为肌肉痉挛；中枢神经症状，表现为过度兴奋或高度抑制。特效解毒药：有抗 M 受体拮抗剂（阿托品）、胆碱酯酶复活剂（解磷定、氯解磷定、双复磷）。

(二) 有机氟化物中毒

本病是畜禽误食被有机氟（氟乙酰胺）农药或鼠药（氟乙酸钠、氟乙酰胺、甘氟等）污染的饲草或饮水而引起的以中枢神经系统机能障碍和心血管系统机能障碍为特征的中毒病，容易导致体内柠檬酸蓄积。动物常因采食被氟乙酰胺鼠药毒死的鼠尸、鸟尸而引起二次中毒。发现中毒后，先用高锰酸钾溶液洗胃，忌用碳酸氢钠。可投给蛋清、次硝酸铋，保护胃肠黏膜。及时使用解氟灵（乙酰胺），也可用乙醇乙酸酯灌服，解氟灵和纳洛酮合用疗效较好，严重者可配合强心补液、镇静、兴奋呼吸中枢等对症治疗。

（三）灭鼠药中毒

1. 磷化锌中毒 磷化锌是一种胃毒剂，动物中毒后呕吐不止，呕吐物在暗处可发出磷光，或呼出的气体有蒜味或乙炔气味，腹痛不安，还伴有腹泻、粪便中混有血液等。本病发生后无特效药。病初可用 5%碳酸氢钠溶液洗胃。亦可灌服 0.2%～0.5%硫酸铜，其与磷化锌可形成不溶性的磷化铜，阻滞磷化锌吸收而降低毒性，促使患病动物呕吐，排出一部分毒物。也可用 0.1%高锰酸钾洗胃，使磷化锌变为毒性较低的磷酸盐。为防止酸中毒，可静脉注射葡萄糖酸钙或乳酸钠溶液。

2. 茚满二酮类和双香豆素中毒 中毒毒性机理为破坏凝血机制、损伤毛细血管，继发维生素 K 缺乏，临床表现以内出血和外出血为特征。洗胃，导泻，维生素 K_1、维生素 K_3 肌内注射或静脉注射。

3. 硫脲类中毒 临床症状为精神沉郁、食欲减退、呕吐、昏迷，病理变化为肝脏肿大、黄疸、蛋白尿、血尿。治疗措施有用 $KMnO_4$ 溶液洗胃、Na_2SO_4 溶液导泻。

4. 毒鼠强中毒 中毒动物呕吐、腹泻、腹胀、突发惊厥，最后因呼吸衰竭而死，以催吐、洗胃、导泻为治疗原则。

（四）犬洋葱及大葱中毒

洋葱或大葱中含有 N-丙基二硫化物或硫化丙烯，能降低红细胞内葡萄糖-6-磷酸脱氢酶活性，使血红蛋白变性凝固，使红细胞快速溶解和海恩茨小体形成。

1. 病因 多因连续或偶尔大量投喂含有熟洋葱及大葱或含有洋葱汁的熟食而引起。犬食洋葱的中毒剂量为每千克体重 15～20g。

2. 症状 洋葱或大葱中毒 1～2d 后，动物的特征性表现为排红色或红棕色尿液。轻者中毒症状不明显，有时精神欠佳，食欲差，排淡红色尿液。重者中毒表现精神沉郁，食欲欠佳或废绝，走路蹒跚，不愿活动，喜欢卧着，眼结膜或口腔黏膜发黄，心搏增快，气喘，虚弱，排深红色或红棕色尿液，体温正常或降低。严重中毒可导致死亡。

3. 诊断 根据有采食洋葱或大葱的病史和临床症状进行诊断，确诊要进行血液化验和尿液检查，尿液呈红色或红棕色，内含大量血红蛋白；红细胞内或边缘上有海恩茨小体；黄疸、呕吐、腹泻、红细胞再生血象。

4. 防治 停止饲喂洋葱或大葱，使用抗氧化剂维生素 E 及输液、利尿、输血。

（五）反刍动物瘤胃酸中毒

1. 病因 过食精饲料，使得瘤胃内乳酸过多而发生的代谢性酸中毒。

2. 症状 前胃迟缓，进行性脱水，有神经症状（盲目运动、失明、角弓反张）。

3. 诊断 有过食史；瘤胃胀满，触诊有波动感，冲击拍水音；神经症状，脱水，瘫痪。实验室检查时血乳酸浓度高，血浆 CO_2 结合力低，pH 下降。

4. 治疗 禁食，矫正酸中毒，补液，维持血液循环量，恢复瘤胃蠕动机能。

（六）维生素 A 中毒

指动物摄食过量的维生素 A 而引起的骨骼发育障碍，临床上以生长缓慢、跛行、外生骨疣等为特征的一种营养代谢性疾病,多发于犊牛、仔猪和雏禽等幼龄动物及宠物犬、猫。症状为:牛的第三趾骨外生骨疣,形成"第四趾骨";仔猪出现大面积出血而突然死亡;犬和猫表现为倦怠,第一颈椎至第二胸椎之间形成明显的关节桥。确诊需要进行日粮、血液和肝脏组织中维生素 A 含量的测定。治疗措施主要是更换饲料,减少维生素 A 的给予量。

(七)磺胺类药物中毒

磺胺类药物是一种抑制细菌合成的抗菌药物,兽医临床诊断上广泛用于细菌性传染病的治疗。如用药不当可致中毒,孕畜用药过量可使胎儿缺氧致死,引起流产。

1. 症状

(1)急性 患畜不安、共济失调、瞳孔散大、心动过速、呼吸加快、全身出汗、四肢发冷、肌肉无力,单胃动物出现中枢兴奋、感觉过敏、昏迷、呕吐、腹泻等症状。

(2)慢性 泌尿系统一般受损严重,出现结晶尿、血尿、蛋白尿甚至尿闭,此外,还出现呕吐、便秘、疝痛等症状。家禽则表现为产蛋量下降、产软壳蛋或发生多发性神经炎和全身出血变化。

2. 治疗

(1)出现中毒症状时,立即停用磺胺类药物,改用其他肾毒性小的抗菌药物。

(2)药物投服过量时,早期应立即催吐或洗胃。同时增加饮水量或静脉注射生理盐水、复方氯化钠注射液或 5%葡萄糖注射液等,促进磺胺类药物的排泄。

(3)出现结晶尿、血尿或少尿时,可口服碳酸氢钠或静脉注射 5%碳酸氢钠注射液。

(4)出现严重的高铁血红蛋白症时,可静脉注射 1%美蓝注射液、高渗葡萄糖注射液及维生素 C 注射液。

(5)注意补充 B 族维生素和维生素 K 等。

(八)阿维菌素类药物中毒

犬、猫因使用伊维菌素过量而引起的中毒较多,主要表现为神经症状,轻者表现为中枢抑制,重者则中枢兴奋。流涎或口吐白沫,舌伸出口外,全身肌肉间歇性震颤,步态不稳,颈和四肢乏力,四肢变冷。重症者辨识力明显减弱或失明,全身抽搐,个别以头撞墙。可采取强心补液、抗炎抗过敏的常规解毒方法。

三、例题及解析

1. 犬双香豆素中毒时,可继发(　　)。
   A. 维生素 A 缺乏症　　　　　B. B 族维生素缺乏症　　　　　C. 维生素 C 缺乏症
   D. 维生素 D 缺乏症　　　　　E. 维生素 K 缺乏症

【解析】 E。茚满二酮类和香豆素类中毒的毒性机制是:破坏凝血机制、损伤毛细血管,继发维生素 K 缺乏症。

2. 家畜发生磺胺类药物中毒出现结晶尿时,治疗药物宜选用(　　)。
   A. 氯化钠　　　　　　　　　　B. 碳酸氢钠　　　　　　　　　C. 硫代硫酸钠

D. 亚硝酸钠　　　　　　　　　　E. 维生素 C

【解析】　B。磺胺类药物中毒治疗：①出现中毒症状时，立即停用磺胺类药物，改用其他肾毒性小的抗菌药物。②药物投服过量时，早期应立即催吐或洗胃。同时增加饮水或静脉注射生理盐水、复方氯化钠注射液或 5% 葡萄糖注射液等，促进磺胺类药物的排泄。③出现结晶尿、血尿或少尿时，可口服碳酸氢钠或静脉注射 5% 碳酸氢钠注射液。④出现严重的高铁血红蛋白症时，可静脉注射 1% 美蓝注射液、高渗葡萄糖注射液及维生素 C 注射液。⑤注意补充 B 族维生素和维生素 K 等。

3. 解救磷化锌中毒时不宜选用的方法是(　　)。

A. 静脉注射乳酸钠　　　　B. 灌服硫酸镁　　　　C. 灌服硫酸铜

D. 灌服碳酸氢钠　　　　　E. 静脉注射葡萄糖酸钙

【解析】　B。磷化锌中毒时，灌服硫酸镁会与氯化锌（磷化锌进入胃后，遇酸会产生磷化氢和氯化锌）生成卤碱，加重毒性，故不宜选用。磷化锌中毒时，应立即灌服 0.2%~0.5% 硫酸铜催吐，也可用 5% 碳酸氢钠洗胃，同时施行对症治疗。此外，静脉注射葡萄糖酸钙、乳酸钠及高渗葡萄糖，可防治酸中毒及保肝利胆。

4. 犬，2 岁，近期未外出，突然发病，精神沉郁，不愿活动，眼结膜黄染，心跳增快，气喘，尿液呈红棕色；体温 38.5℃，血细胞镜检可见红细胞表面海恩茨小体，抗菌类药物治疗无效。最可能的致病原因是(　　)。

A. 附红细胞体感染　　　B. 巴贝斯虫感染　　　C. 钩端螺旋体感染

D. 农药中毒　　　　　　E. 洋葱中毒

【解析】　E。犬突发疾病，符合中毒特征：气喘，尿液红棕色见于大量红细胞破裂。对于犬，如果存在海恩茨小体，即可确诊为海恩茨小体性溶血性贫血，常见于洋葱中毒导致的溶血性贫血。

5. 体内与有机磷农药化学结构相似的物质(　　)。

A. 肾上腺素　　　　　　B. 乙酰胆碱　　　　　C. 胆碱酯酶

D. 细胞色素　　　　　　E. 磷酸腺苷

【解析】　B。有机磷农药在化学结构上与乙酰胆碱相似，可与胆碱酯酶结合，形成磷酰化的胆碱酯酶，使酶失活，导致乙酰胆碱蓄积，引起一系列神经症状。

6. 炎热的夏季，1 周龄犊牛大量饮水，1d 后出现眼睑水肿，精神沉郁，共济失调，呼吸困难，从口、鼻流出血红色的泡沫状液体，并排出暗红色尿液及水样粪便。该病最可能的诊断是(　　)。

A. 水中毒　　　　　　　B. 肾炎　　　　　　　C. 肺炎

D. 尿道炎　　　　　　　E. 结膜炎

【解析】　A。水中毒是家畜机体内水分过多造成的以血红蛋白尿为特征的一种疾病，大多数是过度饮水所致。故有的称之为水过多，也有称之为一过性血红蛋白血症或血红蛋白尿症，还有称之为发作性血红蛋白尿症。

<<< 第十八单元 其他内科疾病 >>>

一、考试大纲

单元	细目	要点			
其他内科疾病	1. 应激综合征	(1) 病因	(2) 症状	(3) 治疗	
	2. 过敏性休克	(1) 病因	(2) 症状	(3) 治疗	
	3. 甲状腺机能亢进症	(1) 病因	(2) 症状	(3) 诊断	(4) 治疗
	4. 甲状腺机能减退症	(1) 病因	(2) 症状	(3) 诊断	(4) 治疗
	5. 甲状旁腺机能亢进症	(1) 病因	(2) 症状	(3) 治疗	
	6. 甲状旁腺机能减退症	(1) 病因	(2) 症状	(3) 诊断	(4) 治疗
	7. 肾上腺皮质机能亢进症	(1) 病因	(2) 症状	(3) 诊断	(4) 治疗
	8. 肾上腺皮质机能减退症	(1) 病因	(2) 症状	(3) 诊断	(4) 防治

二、重点知识点

病牛全身症状明显，精神沉郁，鼻镜干燥，眼球下陷，食欲废绝，反刍停止，腹部膨胀，右下侧明显，排少量棕褐色糊状恶臭粪便，叩诊肋弓、肷部听到叩击钢管的铿锵音，右侧下腹部触诊坚硬，拳头压诊有压痕，有痛感。

（一）应激综合征

1. 病因　在集约化养殖业中，影响动物正常生理活动的应激因素有物理性、化学性、生理性和躯体性等。

2. 症状　生长发育缓慢，生产性能和产品质量降低，免疫力下降，严重者出现死亡。

3. 治疗　有消除应激原、注射镇静剂、大剂量静脉补液、配合 5％碳酸氢钠溶液纠正酸中毒、日粮中添加抗应激药物等。

（二）过敏性休克

1. 病因　常见于注射异种血清、生物抽提物、非蛋白药物等。

2. 症状　初期烦躁不安，皮肤红斑、瘙痒，肌肉震颤，出汗，流涎，呼吸困难，黏膜发绀，心动过速，呕吐。血压急剧下降，昏迷，抽搐。轻则意识朦胧，重则意识完全丧失，甚至出现血管性虚脱和循环衰竭。

3. 治疗　应立即去除致敏因素，进行抢救。在早期过敏性休克的治疗中，首要的急救措施在于迅速纠正循环衰竭状态，其中最有效的药物是皮下注射或肌内注射 0.1％肾上腺素，还可配合应用各种抗组胺药物、肾上腺皮质激素或其他各种中枢兴奋剂。

（三）甲状腺功能亢进症

本病是甲状腺素（T4）和/或三碘甲腺原氨酸（T3）分泌过多的一种疾病，也是猫第一位的内分泌疾病，多见于 8 岁以上的老龄猫。

1. 病因　甲状腺肿瘤是发生甲状腺机能亢进的主要原因。

2. 症状　表现为多尿、饮欲亢进乃至烦渴、食欲亢进、体重减轻、肌肉无力、消瘦、易疲劳、体温升高等症状，以及肌肉震颤、心动过速、各导联心电图振幅增大及易惊恐等行为异常。

3. 诊断　生化检查异常包括丙氨酸氨基转移酶（ALT）、碱性磷酸酶（ALP）和天门冬氨酸氨基转移酶（AST）活性轻度至中度升高。对临床表现甲状腺机能亢进症状但无甲状腺肿大的病例，需检测甲状腺激素（T4）、三碘甲腺原氨酸（T3）和促甲状腺激素（TSH）结果，综合判读。

4. 治疗　控制甲状腺机能亢进的基本疗法有 3 种，即抗甲状腺药物疗法、放射性碘疗法或限制碘摄入、甲状腺切除术。

（四）甲状腺机能减退症

本病是甲状腺激素和三碘甲腺原氨酸缺乏，也是犬最常见的内分泌疾病，主要发生于 2～6 岁的中型或大型犬，母犬发病率高。

1. 病因　大多数原因是自发性甲状腺萎缩和重症淋巴细胞性甲状腺炎等甲状腺破坏性病变所致。少数原因包括严重碘缺乏、肿瘤所致的甲状腺破坏及促甲状腺素或促甲状腺素释放激素缺乏。

2. 症状　成年犬病初最常见的症状是脱毛，尤其是尾近端或远端的背侧脱毛。重症病例，皮肤色素沉着过度，因有黏液性水肿而皮肤增厚，以眼睛上方、颈部和肩背部最为明显。体重增加，四肢感觉异常，面神经麻痹或前庭神经麻痹，兴奋及攻击性增加。最常见的临床病理学特征是高胆固醇血症和高甘油三酯血症，后者称为脂血症。另外，乳酸脱氢酶（LDH）、天门冬氨酸氨基转移酶（AST）、丙氨酸氨基转移酶（ALT）和碱性磷酸酶（ALP）轻度或中度升高。

3. 诊断　依据全身性发胖、躯干部被毛稀疏、嗜睡及不育等基本症状可初步诊断，确诊需进行全血细胞计数（CBC）、生化检查和甲状腺功能试验等实验室检查。

4. 治疗　主要采用甲状腺素替代疗法。

（五）甲状旁腺机能亢进症

1. 病因

（1）原发性　甲状旁腺增生、肥大等。

（2）继发性　长期饲喂缺乏钙、磷、维生素 D 或钙、磷比例不当的饲粮而致血钙降低，继而导致甲状旁腺激素分泌过多，见于青年犬、猫。此外，还有肾性和假性因素引起。

2. 症状　以骨质疏松、泌尿道结石或消化道溃疡为特征，常伴代谢性酸中毒、反应迟钝、肌无力、共济失调、盲目运动、心律不齐等。

3. 治疗

（1）原发性　磷酸盐滴注，同时补液，防止脱水发生。对肿瘤和增生的腺体进行外科切除。

（2）继发性　病畜可饲喂维生素 D 和钙、磷比例为 2∶1 的饲粮，等症状缓解后给予钙、磷比例为 1.2∶1 的饲粮。对食欲不振的犬、猫可静脉注射葡萄糖酸钙以改善症状，管理上要注意骨折的发生。

（3）肾性　治疗原发病以及对症治疗。

（4）其他　放射性、免疫及对症治疗，或实施外科手术。

（六）甲状旁腺机能减退症

甲状旁腺机能减退症是由于甲状旁腺激素（PTH）缺乏，致使血清钙含量降低而磷含量升高的一种内分泌疾病。本病多发生于小型犬，以 2~8 岁的母犬多发。

1. 病因　多为甲状旁腺肿瘤、维生素 D 缺乏、钙不足或钙正常、磷过多、严重肾功能不全引起。

2. 症状　动物表现为低钙血症；呕吐，便秘，多尿，肌无力，跛行，心律不齐；精神沉郁，易骨折（营养继发性）；全身骨吸收（肾性）。

3. 诊断　实验室检查可见低钙血症、高磷血症、尿钙及尿磷含量下降等。

4. 治疗　补充钙剂是治疗本病的主要措施。

（七）肾上腺皮质机能亢进症

亦称库欣综合征，中老年犬的发病率高，狮子犬、德国小猎犬、拳师犬和波士顿犬为易发品种。

1. 病因　功能性肾上腺皮质瘤；垂体依赖性肾上腺皮质机能亢进（最常见病因）；医源性（长期大量使用皮质类固醇类激素药物）。

2. 症状　多尿，血尿；继发性多饮，腹围增大，呈木桶状；气喘，呼吸迫促；不耐运动，嗜睡；血压升高；贪食；体重下降，尿糖升高。睾丸萎缩，不育，雄性犬性欲减退；雌性犬生殖器官肥大，发情周期停止等。对称性脱毛，血管显露，颈部、肋部两侧及会阴部周围明显；头部和四肢被毛较少，皮肤变薄，萎缩；腹部出现皱褶，胸背部、腹股沟部皮肤出现钙化现象；腹部可见很多粉刺，鳞屑增加。色素过度沉着。

3. 诊断　主要有：①多尿，烦渴，出现对称性脱毛。②实验室血液检查，淋巴细胞减少，中性粒细胞增多，碱性磷酸酶活性升高，血浆皮质醇浓度升高。

4. 治疗

（1）药物疗法　首选药物为双氯苯二氯乙烷内服，还可选用甲吡酮、氨基苯乙哌唑酮等药物。

（2）手术疗法　确诊为肾上腺皮质肿瘤的应实施手术切除。手术后必须进行皮质激素代替疗法，口服醋酸氢化可的松醋酸酯。

（八）肾上腺皮质机能减退症

又称阿狄森氏病，多见于 2~5 岁的母犬，其发病率是公犬的 3~4 倍。两侧性肾上腺皮质严重损伤可致本病。

1. 病因

（1）原发　由肾上腺皮质本身的疾病引起。

（2）继发　多因下丘脑分泌促肾上腺皮质激素释放激素及垂体分泌促肾上腺皮质激素不足，如下丘脑-垂体疾病、长期使用糖皮质激素（抑制下丘脑垂体分泌促上腺皮质激素）等。

2. 症状　精神沉郁，食欲不振，恶心，呕吐，腹胀、腹痛，偶有呈糊状的腹泻粪便，体重减轻；色素沉着，散见于皮肤及黏膜内；体质虚弱，嗜睡，肌肉无力，易疲乏，不耐运动。

3. 诊断

（1）症状诊断　皮肤黏膜色素沉着，血中 ACTH 增加。

（2）实验室诊断　血液生化检验时，血钠降低，血钾升高，血钙轻度升高；正细胞性贫血，酸性粒细胞和淋巴细胞的绝对值及分类数升高。血清氯化物减低，血糖降低。心电图检查：T 波低平或倒置；P－R 间期与 Q－T 间期延长。血钙升高时，P 波消失。激素测定：尿中 17-羟皮质类固醇近于 0，100mL 血液中皮质醇低于犬正常值（5～10g）。血浆 ACTH 测定：原发性者明显增高，继发性者明显降低。

4. 防治　原则是纠正动物脱水、电解质失衡，补充盐皮质和糖皮质激素。

三、例题及解析

1. 犬肾上腺皮质机能亢进时，实验室检验可见（　　）。

　　A. ALT 活性下降，ALP 活性正常　　　　B. ALT 和 ALP 活性均升高

　　C. ALT 和 ALP 活性均下降　　　　　　D. ALT 活性升高，ALP 活性下降

　　E. ALT 活性正常，ALP 活性升高

【解析】　B。肾上腺皮质机能亢进又称库欣综合征，通常是指糖皮质激素中的皮质醇分泌过多。实验室检查可见相对性或绝对性外周淋巴细胞减少，血清 ALP 活性升高，CHOL 升高及 ALT 活性升高，还可见中性粒细胞增多、嗜酸性粒细胞减少和单核细胞增多。

2. 犬肾上腺皮质机能减退症的主要原因是（　　）。

　　A. 营养不良　　　　　　　B. 中毒　　　　　　　C. 自体免疫

　　D. 辐射　　　　　　　　　E. 寒冷

【解析】　C。肾上腺皮质机能减退症（阿狄森氏病）常见于自身免疫性疾病，双侧性肾上腺皮质严重损坏，全肾上腺皮质激素缺乏，2～5 岁母犬多见。

3. 与阿狄森氏病有关的激素是（　　）。

　　A. 生长激素　　　　　　　B. 促肾上腺皮质激素　　　C. 黄体生成素

　　D. 促甲状腺素　　　　　　E. 抗利尿激素

【解析】　B。该病病因是双侧性肾上腺皮质严重损坏，全肾上腺皮质激素缺乏，2～5 岁母犬多见。

4. 京巴犬，雌性，8 岁，多饮，垂腹，后肢后侧方脱毛，皮肤色素过度沉着，呈斑块状。实验室检查尿蛋白阳性，空腹血糖含量为 4.27mmoL/L，血浆皮质醇含量升高。本病

最可能的诊断是( )。

    A. 肾炎   B. 膀胱炎   C. 糖尿病

    D. 库欣综合征   E. 胃炎

【解析】 D。库欣综合征的临床特征是多尿、烦渴、垂腹、对称性脱毛。

5. 白色比熊犬，3 岁，初期在鼻梁，继而在肘关节与膝关节周围以上部位脱毛，呈对称性；皮肤色素沉着，无明显瘙痒症状，触摸皮肤温度较低。该病实验室诊断应选择的项目是( )。

    A. 血清总蛋白＋ALT   B. 血清总蛋白＋AST

    C. 皮肤病理检查＋TT4   D. 尿蛋白＋ALP

    E. 血糖＋CK

【解析】 C。根据对侧性脱毛，初步诊断为肾上腺皮质机能亢进症，即库欣综合征。该病确诊应依据肾上腺皮质机能试验及内分泌测定的结果。肾上腺皮质机能试验包括血浆皮质醇含量测定、小剂量地塞米松抑制试验、ACTH 刺激试验、高血糖素耐量试验和大剂量地塞米松试验，故选择 TT4 试验。皮肤病理试验是为验证脱毛由非病原感染引起而进行的。

考点速记

1. 口炎的症状主要为采食、咀嚼障碍和流涎。

2. 在猫口、鼻部发生的炎症中，鼻炎无流涎症状。

3. 属于食道阻塞的临床特点是大量流涎。

4. 犬发生食道阻塞的病因主要为争食软骨、肉块和筋腱时突然引起的。

5. 原发性前胃弛缓最常见的病因是饲养管理不当。

6. 发生前胃弛缓时瘤胃内容物的pH 降低。

7. 瓣胃穿刺的部位是右侧腹部第 7～9 肋与肩关节水平线交界上下 3～5cm 范围内。

8. 治疗瓣胃阻塞的首选药物是硫酸镁。

9. **体液向瘤胃内渗透**是瘤胃积食导致机体脱水的主要原因。

10. 牛发生重度瘤胃臌气时首先要采取的措施是穿刺放气。

11. 牛顽固性瓣胃阻塞的适宜治疗方法是行瘤胃切开术并进行瓣胃冲洗。

12. 犬、猫发生急性胃炎时，给药方式应尽量避免口服。

13. 急性胃肠炎的首要治疗原则是抗菌消炎。

14. 肠扭转的最佳治疗方法是手术整复。

15. 区分胃扭转、肠扭转、脾扭转和单纯性胃扩张的方法通常是插胃管。

16. 治疗动物腹膜炎时，制止渗出的药物通常选用10％氯化钙。

17. 因吸入花粉发生支气管炎时，支气管分泌物中有大量的嗜酸性粒细胞。

18. 发生支气管肺炎（小叶性肺炎）时，胸部 X 线检查可见肺野局部斑片状或斑点状密影。

19. 支气管肺炎（小叶性肺炎）的热型是弛张热。

20. 大叶性肺炎的热型为稽留热。

21. 牛创伤性网胃心包炎后期的典型临床症状是听诊有摩擦音和心包拍水音。

22. 引起奶牛创伤性网胃心包炎的异物主要是细长的金属物。

23. 急性心力衰竭出现水肿、钠潴留时，可选用的治疗药物是双氢克尿噻。

24. 尿液检查出现尿蛋白阳性并有红细胞管型，该病最可能的诊断是肾炎。

25. 动物患急性肾炎时，心脏听诊可出现主动脉第二心音增强。

26. 肾病与急性肾炎的主要鉴别症状是急性肾炎出现血尿，而肾病无血尿。

27. 肾炎的治疗原则是消除病因、消炎利尿、对症治疗及抑制免疫反应。

28. 家畜患膀胱麻痹时的主要表现是不随意排尿，膀胱充满且无疼痛反应。

29. 患尿道炎时，尿液中出现尿道上皮细胞。

30. 尿道发炎时，可用于冲洗尿道的药物是0.1％高锰酸钾溶液。

31. 猫下泌尿道结石成分最常见的是磷酸铵镁。

32. 治疗磷酸铵镁结石，可用于酸化尿液的药物是稀盐酸。

33. 家畜脑膜炎的治疗原则是抗菌消炎，降低颅内压和对症治疗。

34. 动物因脑膜炎出现狂躁不安时，首选治疗药物是安溴注射液。

35. 治疗脑膜炎时可降低颅内压的药物是甘露醇或山梨醇。

36. 猫脂肪肝综合征的处方日粮应选择高蛋白低脂肪含量的。

37. 患内脏型禽痛风时肾脏的主要病变是尿酸盐沉积。

38. 禽痛风发生的根本原因是体内积蓄了过多的尿酸盐。

39. 禽痛风的发病原因是肝脏中缺乏精氨酸酶。

40. 控制蛋鸡脂肪肝出血综合征，应优先考虑降低饲料中的营养素，即碳水化合物。

41. 蛋鸡患脂肪肝出血综合征时，血清生化指标应检查胆固醇含量。

42. 在糖尿病后期，患畜的尿液中常带有酮味（烂苹果味）。

43. 笼养蛋鸡疲劳症又称为骨质疏松症。

44. 对佝偻病动物进行血液生化检查，碱性磷酸酶活性升高。

45. 治疗奶牛产后血红蛋白尿病的药物是20％磷酸二氢钠。

46. 牛产后血红蛋白尿病的主要临床病理学变化是低磷酸盐血症。

47. 高产奶牛磷缺乏时，最可能出现的症状是血红蛋白尿。

48. 猪患低钾血症时，血浆钾浓度下降至$1\sim3$ mmoL/L。

49. 牛发生软骨病时，血清生化指标检测为无机磷含量降低。

50. 为预防奶牛软骨病，饲料中最适的钙、磷比例为1.5∶1。

51. 马患纤维性骨营养不良时，血清中的甲状旁腺素含量升高。

52. 奶牛继发性软骨病的病因主要是饲料中钙含量过多。

53. 家畜铜缺乏可导致贫血。

54. 维生素 A 缺乏时可引起"干眼病"。

55. 禽痛风与缺乏维生素 A 有关。

56. 维持动物视觉特别是在维持暗适应能力方面起着极其重要作用的是维生素 A。

57. 维生素 B_1 缺乏，主要以进行性肌麻痹和头颈后仰呈"观星姿势"为特征。

58. 维生素 B_2 缺乏，鸡出现趾爪向内踡曲的示病症状。

59. 维生素 B_2 缺乏，能引起家畜非传染性口炎。

60. 鸭群发生皮下紫斑，是因为缺乏维生素 K_3。

61. 治疗禽骨骼短粗和腓肠肌肌腱脱落的药物是**硫酸锰**。

62. 家禽锰缺乏症的临床特征是**腓肠肌肌腱脱出**。

63. 羔羊摆（晃）腰病的主要致病原因是**日粮中缺乏铜**。

64. 鸡硒缺乏症的主要特征为**渗出性素质**。

65. 羔羊硒缺乏症的特征性变化是**肌营养不良（白肌病）**。

66. 仔猪缺铁后出现贫血，可视黏膜变化是**苍白**。

67. 防止出现肉鸡腹水综合征，日粮中可添加的氨基酸是**精氨酸**。

68. 肉鸡腹水综合征的特征是**右心衰竭**。

69. **使用特效解毒药**是抢救中毒动物的最佳疗法。

70. 临床上可作为一般解毒剂的维生素是**维生素 C**。

71. 亚硝酸盐中毒的特效解毒药为**美蓝或甲苯胺蓝**。

72. 亚硝酸盐中毒的原因之一是**青饲料用文火焖煮**。

73. 猪亚硝酸盐中毒的特效解毒药是**甲苯胺蓝或美蓝（亚甲蓝）**。

74. 猪亚硝酸盐中毒时皮肤和黏膜的颜色呈现**蓝紫色**。

75. 引起鸡产"**桃红蛋**"的主要中毒性疾病是**棉籽饼中毒**。

76. 犬因洋葱中毒所引起的贫血属于**溶血性贫血**。

77. 犬急性洋葱中毒的典型症状是**红尿（血红蛋白尿）**。

78. 反刍动物氢氰酸中毒的病因是采食了**大量青菜**。

79. 黄牛栎树叶中毒时，其粪便常呈现**念珠状或算盘珠样**。

80. 牛慢性蕨中毒的典型症状是出现**血尿**。

81. 某猪群在多雨季节，因饲喂贮存不当的配合饲料而发生中毒性疾病，最可能是**黄曲霉毒素中毒**。

82. **黄曲霉毒素**是畜牧业生产中危害最大的霉菌毒素。

83. 黄曲霉毒素对动物的损害是以**肝脏**为主。

84. 防止饲料中黄曲霉毒素生长的有效方法是使用**丙酸钠**。

85. **雏鸭**对黄曲霉毒素最敏感。

86. 犊牛赫曲霉毒素 A 中毒的主要病变在**肾脏**。

87. 引起马属动物"黄肝病"和羊"黄染病"的霉菌毒素是**杂色曲霉毒素**。

88. 引起牛黑斑病甘薯中毒的甘薯酮为**肝脏**毒。

89. 畜禽食盐中毒尚未出现神经症状者，给予**少量多次饮水**。

90. 在食盐中毒的发作期应**禁止饮水**。

91. 猪食盐中毒时常引起脑水肿，临床上常表现**颅内压升高**。

92. 动物慢性铅中毒导致贫血，血常规检查可见**红细胞总数减少**。

93. 牛钼中毒引起代谢紊乱的元素是**铜**。

94. 牛亚急性砷中毒最可能出现的症状是**血尿**。

95. 有机磷农药中毒，使用特效解毒剂解磷定的目的是**恢复胆碱酯酶活性**。

96. 有机磷农药中毒，使用阿托品的目的是**作为生理拮抗剂对抗毒蕈碱样症状**。

97. 猫发生敌鼠钠盐中毒时的主要症状是**出血**。

98. 敌鼠钠盐中毒的有效解毒药是**维生素 K**。

99. 急性有机氟化物中毒的主要症状类型包括神经型和心脏型。

100. 有机氟化物中毒容易导致体内柠檬酸蓄积，特效解毒药是解氟灵（乙酰胺）。

101. 犬发生双香豆素中毒时，可继发维生素 K 缺乏症。

102. 家畜发生磺胺类药物中毒出现结晶尿时，治疗药物宜选用5％碳酸氢钠。

103. 草木樨中毒的机制属于竞争拮抗作用。

104. 猪应激综合征可以导致肌肉呈现苍白、松软、汁液渗出。

105. 犬患营养性继发性甲状旁腺机能亢进，尿液检查可见尿磷含量增加。

106. 患甲状旁腺机能减退症病畜最可能出现低钙血症。

107. 犬库欣综合征的表现为多尿、烦渴、腹部下垂、躯体两侧对称性脱毛、食欲亢进、肌肉无力萎缩、嗜睡。

108. 犬，多尿，烦渴，头、背及腹部多出现对称性脱毛，抗菌和抗真菌治疗无效，诊断该病的首选检验方法是 ACTH 刺激试验。

109. 犬库欣综合征血液检查可见淋巴细胞减少。

110. 犬阿狄森氏病表现为精神沉郁、虚弱、食欲减退、周期性呕吐、腹泻、体重减轻、多尿、烦渴，实验室检查呈现低钠血症和高钾血症。

111. 犬肾上腺皮质机能亢进时，实验室检验可见ALT 和 ALP 均升高。

112. 易表现为食欲亢进的疾病是肾上腺皮质机能亢进症。

113. 犬肾上腺皮质机能减退的主要原因是自体免疫。

114. 与阿狄森氏病有关的激素是促肾上腺皮质激素。

高频题练习

1. 动物患口炎后唾液较多时洗涤口腔宜选（　　　）。
   A. 1％食盐水　　　　　　　　B. 0.1％高锰酸钾　　　　　　C. 3％硼酸
   D. 生理盐水　　　　　　　　E. 1％明矾

2. 口黏膜溃烂时，洗涤后涂抹药物宜选（　　　）。
   A. 1％食盐水　　　　　　　　B. 0.1％高锰酸钾　　　　　　C. 3％硼酸
   D. 10％磺胺甘油乳剂　　　　E. 1％明矾

3. 动物被诊断为咽炎，在采用蒸汽吸入法治疗时宜选药物（　　　）。
   A. 2％～3％食盐水　　　　　B. 10％水杨酸钠　　　　　　C. 3％硼酸
   D. 樟脑酒精　　　　　　　　E. 鱼石脂软膏

4. 犬争食软骨、肉块和筋腱时可突然引起的食道疾病是（　　　）。
   A. 溃疡　　　　　　　　　　B. 痉挛　　　　　　　　　　C. 狭窄
   D. 阻塞　　　　　　　　　　E. 麻痹

5. 奶牛，食欲减退，反刍减弱，嗳气减少，瘤胃蠕动音减弱，触诊瘤胃内容物柔软，体温正常，该病最可能的诊断是（　　　）。
   A. 瘤胃臌气　　　　　　　　B. 瓣胃阻塞　　　　　　　　C. 前胃弛缓
   D. 瘤胃炎　　　　　　　　　E. 瘤胃积食

6. 德国牧羊犬，3岁，训练后突发呼吸困难，结膜发绀，胸腹部 X 线侧位片可见肋弓前后大面积圆形低密度影，后腔静脉狭窄；正位片可见膈后大面积横梨形低密度影，肠管后移。该犬的初步诊断是(　　)。

  A. 肠套叠   B. 肠梗阻   C. 胃内异物

  D. 胃幽门阻塞   E. 胃扩张-胃扭转

7. 母犬，4岁，营养状态良好，偷食油炸鸡后剧烈呕吐，精神沉郁，食欲废绝，腹泻，呻吟，呈祈祷姿势，腹壁触诊高度敏感，血清学检查淀粉酶升高。该病最可能的诊断(　　)。

  A. 胰腺炎   B. 脑炎   C. 肝炎

  D. 肠炎   E. 胃肠炎

8. 引起新生幼犬低血糖症最常见的原因是(　　)。

  A. 初乳中缺乏母源抗体   B. 糖原异生能力增强   C. 摄入母乳不足

  D. 初乳中缺乏维生素   E. 初乳中缺乏矿物质

9. 鸡出现趾爪向内蜷曲的示病症状，最可能缺乏的是(　　)。

  A. 维生素 B_1 B. 维生素 B_2 C. 维生素 A

  D. 维生素 D   E. 维生素 B_6

10. 猪，主要喂甜菜渣，出现生长缓慢、食欲减退、腹泻、皮肤粗糙、运动障碍、呈痉挛性鹅步症状，母猪所产仔猪出现畸形。最可能的疾病是(　　)。

  A. 维生素 A 缺乏症   B. 维生素 B_2 缺乏症   C. 维生素 C 缺乏症

  D. 维生素 D 缺乏症   E. 泛酸缺乏症

11. 棉籽饼去毒的无效方法是(　　)。

  A. 热炒   B. 加入石灰水   C. 添加硫酸亚铁

  D. 微生物发酵   E. 加入食醋

12. 引起鸡产"桃红蛋"的主要中毒性疾病是(　　)。

  A. 甘薯毒素中毒   B. 洋葱中毒   C. 霉玉米中毒

  D. 棉籽饼中毒   E. 菜籽饼中毒

13. 羔羊，3月龄，采食高铜饲料后尿液呈淡红色，肝功能检查可见(　　)。

  A. AST 和 ALP 活性均升高   B. AST 活性降低，ALP 活性升高

  C. AST 活性升高，ALP 活性降低   D. AST 和 ALP 活性均降低

  E. AST 和 ALP 活性均不变

14. 犬出现肾上腺皮质机能亢进时，实验室检验可见(　　)。

  A. ALT 活性下降，ALP 活性正常   B. ALT 和 ALP 活性均升高

  C. ALT 和 ALP 活性均下降   D. ALT 活性升高，ALP 活性下降

  E. ALT 活性正常，ALP 活性升高

15. 犬肾上腺皮质机能减退的主要原因是(　　)。

  A. 营养不良   B. 中毒   C. 自体免疫

  D. 辐射   E. 寒冷

16. 与库欣氏综合征有关的激素是(　　)。

  A. 生长激素   B. 促肾上腺皮质激素   C. 黄体生成素

  D. 促甲状腺素   E. 抗利尿激素

17. 京巴犬，雌性，8 岁，多饮，垂腹，后肢后侧方脱毛，皮肤色素过度沉着，呈斑块状。实验室检查尿蛋白阳性，空腹血糖含量为 4.27mmoL/L，血浆皮质醇含量升高。本病最可能的诊断是(　　)。

    A. 肾炎   B. 膀胱炎   C. 糖尿病

    D. 库欣综合征   E. 胃炎

18. 白色比熊犬，3 岁，初期在鼻梁，继而在肘关节与膝关节周围以上部位脱毛，呈对称性；皮肤色素沉着，无明显瘙痒症状，触摸皮温较低。该病实验室诊断应选择的项目是(　　)。

    A. 血清总蛋白＋ALT   B. 血清总蛋白＋AST

    C. 皮肤病理检查＋TT4   D. 尿蛋白＋ALP

    E. 血糖＋CK

19. 犬肾上腺皮质机能减退的主要原因是(　　)。

    A. 营养不良   B. 中毒   C. 自体免疫

    D. 辐射   E. 寒冷

20. 与阿狄森氏病有关的激素是(　　)。

    A. 生长激素   B. 促肾上腺皮质激素   C. 黄体生成素

    D. 促甲状腺素   E. 抗利尿激素

高频题练习参考答案

题号	1	2	3	4	5	6	7	8	9	10	11	12	13	14	15	16	17	18	19	20
答案	E	D	A	D	C	E	A	C	B	B	E	D	A	B	C	B	D	C	C	B

模拟题练习

1. 治疗牛急性瘤胃臌气时，瘤胃穿刺放气的正确做法是于(　　)。

    A. 左肷部刺入瘤胃腔   B. 右肷部刺入瘤胃腔

    C. 右腹壁中 1/3 刺入瘤胃腔   D. 左腹壁下 1/3 刺入瘤胃腔

    E. 左腹壁中 1/3 刺入瘤胃腔

2. 牛瘤胃积食时，叩诊左肷部出现(　　)。

    A. 鼓音   B. 浊音   C. 钢管音

    D. 过清音   E. 金属音

3. 马属动物急性胃肠炎的一般首要治疗原则是(　　)。

    A. 强心利尿   B. 止吐止泻   C. 抗菌消炎

    D. 健胃消食   E. 解痉镇痛

4. 犬发生急性支气管炎时，血液学检查可见(　　)。

    A. 白细胞总数正常   B. 白细胞总数下降   C. 白细胞总数升高

    D. 中性粒细胞总数下降   E. 嗜酸性粒细胞总数升高

5. 犬患尿道炎时，尿液中出现(　　)。

    A. 肾上皮细胞   B. 肾盂上皮细胞   C. 膀胱上皮细胞

    D. 尿道上皮细胞   E. 肾小管上皮细胞

6. 家畜脑膜炎的治疗原则是（　　）。

    A. 强心补液，防止心力衰竭   B. 控制出血，及时补液

    C. 抗菌消炎，降低颅内压   D. 抗休克，防止循环虚脱

    E. 解痉抗凝，疏通微循环

7. 影响家畜营养代谢性疾病发生的最主要因素是（　　）。

    A. 年龄   B. 遗传   C. 品种

    D. 性别   E. 生产与管理

8. 马肠扭转的最佳治疗方法是（　　）。

    A. 翻滚法   B. 针灸法   C. 下泻法

    D. 手术整复   E. 深部灌肠

9. 牛创伤性网胃心包炎后期的典型临床症状是（　　）。

    A. 弛张热   B. 精神沉郁   C. 胸壁敏感

    D. 呼吸困难   E. 心包拍水音

10. 家畜日射病的病因是（　　）。

    A. 散热障碍   B. 高热应激   C. 热平衡失调

    D. 环境通风不良   E. 日光持续照射头部

11. 笼养蛋鸡疲劳症又称为（　　）。

    A. 观星症   B. 锰缺乏症   C. 骨短粗症

    D. 趾爪蜷曲症   E. 骨质疏松症

12. 抢救中毒动物的最佳疗法是（　　）。

    A. 特效解毒   B. 强心利尿   C. 对症施治

    D. 保肝利胆   E. 加速排泄

13. 畜禽食盐中毒尚未出现神经症状者，给予清洁饮水的方法是（　　）。

    A. 大量多次   B. 少量多次   C. 不限次数

    D. 不限饮量   E. 自由饮水

14. 犬发生小叶性肺炎时，胸部 X 线摄影检查可见（　　）。

    A. 肺纹理增粗   B. 整个肺区异常透明

    C. 肺野阴影一致加重   D. 肺野有大面积均匀的致密影

    E. 肺野局部斑片状或斑点状密影

15. 体型较大病牛的网胃探查与瓣胃冲洗术的手术通路为（　　）。

    A. 左肷部前切口   B. 左侧肋弓下斜切口   C. 左肷部后切口

    D. 右肷部前切口   E. 右肷部中切口

B1 型题

（16～17 题共用备选答案）

    A. 对抗烟碱样症状   B. 对抗毒蕈碱样症状

    C. 恢复胆碱酯酶活力   D. 恢复顺乌头酸酶活力

    E. 恢复细胞色素氧化酶活力

16. 抢救有机磷农药中毒动物时，使用解磷定的目的是（　　）。

17. 抢救有机磷农药中毒动物时，使用阿托品的目的是（　　）。

（18～19 题共用备选答案）

　　A. 开胸术　　　　　　　B. 喉囊切开术　　　　　　C. 食道切开术

　　D. 气管切开术　　　　　E. 喉室切开术

18. 某牛在采食块状饲料时，突发食道梗阻，张口呼吸。急救应实施（　　）。

19. 某犬在采食中突发吞咽障碍，流涎，干呕，烦躁不安，X 线检查发现在胸腔入口前气管背侧有一不规则形状的高密度阴影。应实施（　　）。

A2 型题

20. 黄牛，3 岁，饲料以麦秸为主。采食减少，口腔有大量唾液流出，口角外附有泡沫样黏液，粪便、尿液和体温正常。最可能的诊断是（　　）。

　　A. 咽炎　　　　　　　　B. 口炎　　　　　　　　　C. 胃炎

　　D. 肠炎　　　　　　　　E. 食道梗阻

21. 猫，5 月龄。食欲不振，呕吐，体温 40.5℃，24h 后降至正常，经 2～3d 再上升，同时临床症状加剧，血常规检查白细胞总数减少。最可能的诊断是（　　）。

　　A. 猫胃炎　　　　　　　B. 猫瘟热　　　　　　　　C. 猫肠炎

　　D. 猫胰腺炎　　　　　　E. 猫免疫缺陷病

22. 仔猪，2 周龄，精神沉郁，吮乳量减少，结膜苍白，应用铁制剂治疗后痊愈。该仔猪所患可能为（　　）。

　　A. 贫血　　　　　　　　B. 心力衰竭　　　　　　　C. 低血糖症

　　D. 出血性紫癜　　　　　E. 仔猪水肿病

23. 某奶牛场部分奶牛产犊 1 周后，只采食少量粗饲料，病初粪干，后期腹泻，迅速消瘦；乳汁呈浅黄色，易起泡沫；乳汁、尿液和呼出的气体有烂苹果味。病牛血液生化检测可能出现（　　）。

　　A. 血糖含量升高　　　　　B. 血酮含量升高　　　　　C. 血酮含量降低

　　D. 血清尿酸含量升高　　　E. 血清非蛋白氮含量升高

A3/A4 型题

（24～26 题共用题干）

　　马，7 岁，2008 年 7 月由于过度使役而突然发病，临床表现为明显的呼吸困难，流泡沫状鼻液，黏膜发绀。体温 40.5℃，呼吸 85 次/min，脉搏 97 次/min。肺部听诊湿啰音。X 线影像显示肺野密度增加，肺门血管纹理显著。

24. 最可能的诊断是（　　）。

　　A. 胸膜炎　　　　　　　B. 喘鸣症　　　　　　　　C. 支气管炎

　　D. 肺泡气肿　　　　　　E. 肺充血与肺水肿

25. 肺部叩诊可能出现（　　）。

　　A. 清音　　　　　　　　B. 浊音　　　　　　　　　C. 鼓音

　　D. 破壶音　　　　　　　E. 金属音

26. 血气分析最可能的异常是（　　）。

　　A. PO_2 正常，PCO_2 升高　　　　　　　　B. PO_2 升高，PCO_2 升高

    C. PO_2 降低，PCO_2 降低   D. PO_2 升高，PCO_2 降低

    E. PO_2 降低，PCO_2 升高

(27～29 题共用题干)

在一炼钢厂附近放牧的羊群，半年后出现骨骼变形性病变，如骨赘、局部硬肿、蹄匣变形、易骨折，牙面出现斑块状色素沉着、凸凹不平现象。

27. 发生该病的最主要原因是牧草中污染了过量的（　　）。

    A. 无机硒   B. 无机氟   C. 无机磷

    D. 无机砷   E. 无机锡

28. 这些骨骼变形症状称为典型的（　　）。

    A. 氟斑骨   B. 氟骨症   C. 氟毒骨

    D. 硒毒骨   E. 砷毒骨

29. 牙齿损害的现象称为（　　）。

    A. 氟骨牙   B. 氟斑牙   C. 氟骨症

    D. 硒毒牙   E. 砷毒牙

30. 可引起犬少尿的疾病是（　　）。

    A. 尿崩   B. 糖尿病   C. 急性肾炎

    D. 慢性肾炎   E. 子宫蓄脓

31. 支气管肺炎的 X 线影征是（　　）。

    A. 黑色阴影   B. 密度均匀的阴影

    C. 大小不一的云絮状阴影   D. 边缘整齐的大块状阴影

    E. 整个肺野出现高密度阴影

32. 急性前胃弛缓时瘤胃内容物的 pH（　　）。

    A. 不变   B. 升高   C. 降低

    D. 先升高后降低   E. 先降低后升高

33. 肾病与急性肾炎的主要鉴别症状是（　　）。

    A. 少尿   B. 无尿   C. 水肿

    D. 血尿   E. 肾区敏感

34. 治疗猫脂肪肝综合征的处方日粮特点是（　　）。

    A. 低蛋白低脂肪   B. 低蛋白高脂肪   C. 高蛋白高脂肪

    D. 高蛋白低脂肪   E. 正常蛋白与脂肪

35. 对患佝偻病动物进行血液生化检查，活性升高的酶是（　　）。

    A. 脂肪酶   B. 肌酸激酶   C. 碱性磷酸酶

    D. 酸性磷酸酶   E. 乳酸脱氢酶

36. 治疗奶牛产后血红蛋白尿病的注射药物是（　　）。

    A. 磷酸钙   B. 磷酸二氢钾   C. 磷酸氢二钾

    D. 磷酸二氢钠   E. 磷酸氢二钠

37. 维持动物视觉，特别是在维持暗适应能力方面起着极其重要作用的维生素是（　　）。

    A. 维生素 A   B. 维生素 B_1 C. 维生素 B_2

D. 维生素 E   E. 维生素 K

38. 鸡硒缺乏的病理变化特征是( )。

A. 脂肪肝   B. 脾脏肿大   C. 尿酸盐沉积

D. 渗出性素质   E. 法氏囊坏死

39. 临床上可作为一般解毒剂的维生素是( )。

A. 维生素 A   B. B 族维生素   C. 维生素 C

D. 维生素 D   E. 维生素 E

40. 在畜牧业生产中危害最大的霉菌毒素是( )。

A. 青霉毒素   B. 伏马菌素   C. 呕吐霉素

D. 黄曲霉毒素   E. 玉米赤霉烯酮

41. 猪食盐中毒的发作期应( )。

A. 禁止饮水   B. 少量饮水   C. 大量饮水

D. 多次饮水   E. 自由饮水

42. 猫发生敌鼠钠盐中毒时的主要症状是( )。

A. 黄疸   B. 出血   C. 抽搐

D. 肺水肿   E. 瞳孔缩小

43. 防止肉鸡腹水综合征，日粮中可添加的氨基酸是( )。

A. 丝氨酸   B. 蛋氨酸   C. 精氨酸

D. 赖氨酸   E. 丙氨酸

(44～45 题共用备选答案)

A. 血尿   **B. 卟啉尿**   **C. 肌红蛋白尿**

D. 血红蛋白尿   **E. 药物性红尿**

44. 北京犬，8 岁，近期排尿习惯改变，排尿困难，尿少而频繁，色红，触诊检查有疼痛反应，X 线检查未见膀胱结石阴影。该红尿病例最可能的红尿性质是( )。

45. 经产奶牛，3d 前食欲下降，体温 38.5℃，呼吸 28 次/min，脉搏 85 次/min；结膜苍白、黄染，排尿次数增加，但每次排尿量相对减少，尿液呈暗红色。该红尿病例最可能的红尿性质是( )。

46. 奶牛，5 岁，产后第 3 周发病，仅采食少量粗饲料，先便秘后腹泻，并迅速消瘦，乳汁、尿液和呼出的气体呈烂苹果味。需要进一步检查的项目是( )。

A. 尿蛋白   B. 血清钙   C. 血清酮体

D. 尿胆素原   E. 血清无机磷

47. 幼驹出生后 24h，无尿，腹围增大，腹壁紧张，体温 36℃。本病最可能的诊断是( )。

A. 肠变位   B. 腹壁病   C. 膀胱破裂

D. 胎粪潴留   E. 腹股沟阴囊病

(48～50 题共用题干)

马，食欲下降，咳嗽，呼吸困难，流黏液性鼻液，体温 40.5℃，叩诊胸区出现局灶性浊音区，胸部听诊有湿啰音，病灶部位肺泡呼吸音减弱。

48. 本病最可能的诊断是( )。

A. 胸膜炎 B. 支气管炎 C. 大叶性肺炎
D. 支气管肺炎 E. 间质性肺气肿

49. 病马的热型最可能表现为(　　)。
A. 弛张热 B. 稽留热 C. 回归热
D. 间歇热 E. 不完整热

50. 病马的血常规检查最可能出现(　　)。
A. 白细胞总数增多 B. 白细胞总数减少 C. 白细胞总数正常
D. 红细胞总数增多 E. 红细胞总数减少

51. 牛在下列哪种情况仍可经鼻腔使用胃导管进行给药(　　)。
A. 气喘 B. 瘤胃酸中毒 C. 鼻炎
D. 咽炎 E. 喉炎

52. 犬,腹痛明显,腹腔触诊检查可在右下腹摸到坚实而有弹性的、弯曲的、移动自如的圆柱形肠管,最可能是(　　)。
A. 肠便秘 B. 肠绞窄 C. 肠扭转
D. 肠炎 E. 肠套叠

53. 排粪失禁见于(　　)。
A. 胃炎 B. 便秘 C. 腰部脊髓损伤
D. 直肠炎 E. 荐部脊髓损伤

54. 动物排尿量增加,可见于(　　)。
A. 急性肾功能衰竭 B. 尿毒症 C. 慢性肾炎
D. 脱水 E. 心功能不全

55. 听诊牛结肠频繁出现流水音,该牛可能患有(　　)。
A. 瘤胃积食 B. 肠炎 C. 瓣胃堵塞
D. 肠臌气 E. 便秘

56. 咽炎的首要治疗原则是(　　)。
A. 加强护理 B. 抗菌消炎 C. 恢复体质
D. 维持呼吸 E. 防止继发感染

57. 原发性奶牛前胃弛缓的主要发病原因(　　)。
A. 饲养失宜 B. 生产应激 C. 细菌感染
D. 饮水不足 E. 缺乏运动

58. 患瘤胃积食时,触诊瘤胃胃内容物(　　)。
A. 稀软 B. 柔软 C. 柔软而有弹性
D. 黏硬或坚硬 E. 紧张而有弹性

59. 瘤胃臌气首选治疗措施(　　)。
A. 手术治疗 B. 静脉给药 C. 口服灌药
D. 减压止酵 E. 直肠按摩

60. 肠变位最佳治疗方案(　　)。
A. 手术治疗 B. 静脉给药 C. 口服灌药
D. 穿刺止酵 E. 直肠按摩

61. 不可能引起急性心力衰竭的原因有(　　)。
    A. 电击　　　　　　　　　B. 中暑　　　　　　　　　C. 胃肠炎
    D. 过劳　　　　　　　　　E. 心包炎

62. 与佝偻病的病因关系最密切的是(　　)。
    A. 维生素 B_1 缺乏　　　B. 维生素 B_2 缺乏　　　C. 维生素 D 缺乏
    D. 维生素 A 缺乏　　　　　E. 维生素 E 缺乏

63. 雏鸡表现为厌食、消瘦、角弓反张，头向后仰，呈观星状，同时进行性肌麻痹症状比较典型，是缺乏(　　)。
    A. 维生素 A　　　　　　　B. 维生素 B_1　　　　　　C. 维生素 B_2
    D. 维生素 D　　　　　　　E. 维生素 E

64. 乙酰胆碱在体内蓄积，引起中毒症状，是哪种中毒的主要表现(　　)。
    A. 有机磷　　　　　　　　B. 有机氟　　　　　　　　C. 有机氯
    D. 无机氟　　　　　　　　E. 氰化物

65. 犬肾上腺皮质机能减退症（阿狄森氏病）的确定诊断，除临床表现外，可主要依靠(　　)。
    A. X 线　　　　　　　　　B. 心电图　　　　　　　　C. 超声
    D. 血液检验　　　　　　　E. 促肾上腺皮质激素试验

(66～67 题共用备选答案)
    A. 瘤胃积食　　　　　　**B. 皱胃阻塞**　　　　　　**C. 瘤胃臌气**
    D. 胃炎　　　　　　　　**E. 瓣胃阻塞**

66. 实验室检验时，粪便中最可能查到潜血的是(　　)。

67. 瘤胃叩诊呈鼓音的病例是(　　)。

(68～69 题共用备选答案)
    A. 肠套叠　　　　　　　**B. 小肠便秘**　　　　　　**C. 急性胃扩张**
    D. 急性结肠炎　　　　　**E. 肠痉挛**

68. 马发生剧烈腹痛，为确诊进行腹腔穿刺，穿刺液呈粉红色，此病最可能是(　　)。

69. 全身症状最轻微的是(　　)。

(70～74 题共用备选答案)
    A. 犬癣病　　　　　　　　　　　**B. 皮肤马拉色菌病**
    C. 甲状腺机能减退性皮肤病　　　**D. 犬肾上腺皮质机能亢进症**
    E. 犬过敏性皮肤病

70. 患犬后肢对称性脱毛，食欲亢进，腹部膨大，多饮多尿。该犬应为(　　)。

71. 一只青年犬，周期性瘙痒，频繁而剧烈，面部、腋窝、耳郭、腹股沟较重。该犬应为(　　)。

72. 患犬被毛着色，患部皮肤湿红，脂溢性皮炎，患部发生苔藓化，色素沉积。该犬应为(　　)。

73. 患犬颈部、背部、胸腹两侧被毛稀疏，短而细，皮肤干燥且有异味，精神差，不愿走动。该犬应为(　　)。

74. 患犬患处出现圆形的脱毛区，皮屑较多。该犬为(　　)。

75. 一只公犬突然出现精神沉郁、厌食、血尿，触诊肾区疼痛明显，运步强拘，步态紧张，不断做排尿姿势。该犬最有可能患的是(   )。

    A. 膀胱结石   B. 尿道结石   C. 肾结石

    D. 输尿管结石   E. 泌尿道结石

76. 某患病公犬主要表现便秘，里急后重，精神沉郁，体温升高，食欲不振，不安，步样强拘，触诊腹后部有压痛反应，尿道口有滴血样分泌物。该犬可能患有(   )。

    A. 膀胱结石   B. 尿道结石   C. 肾结石

    D. 输尿管结石   E. 前列腺炎

(77～79题共用题干)

病牛全身症状明显，精神沉郁，鼻镜干燥，眼球下陷，食欲废绝，反刍停止，腹部膨胀，右下侧明显，排少量棕褐色糊状恶臭粪便，叩诊肋弓，肷部听到叩击钢管的铿锵音，右侧下腹部触诊坚硬，拳头压诊有压痕，有痛感。

77. 本病最可能的诊断是(   )。

    A. 皱胃变位   B. 创伤性网胃炎   C. 瓣胃阻塞

    D. 皱胃溃疡   E. 皱胃阻塞

78. 常用口服治疗药物是(   )。

    A. 硫酸钠   B. 鱼石脂   C. 消胀片

    D. 土霉素   E. 大蒜酊

79. 重症病例常采用何种治疗手段(   )。

    A. 直肠按摩   B. 穿刺放气   C. 手术治疗

    D. 翻转治疗   E. 吸氧治疗

(80～82题共用题干)

犬，8岁，表现多尿、烦渴、垂腹和两侧性脱毛。先是后肢的后侧方脱毛，然后是躯干部脱毛，而头和末梢部很少脱毛。皮肤增厚，弹性减退，形成皱襞。皮肤色素过度沉着，多为斑块状。皮肤钙质沉着，呈奶油色斑块状，周围为淡红色的红斑环。病犬一侧后肢，然后是另一后肢，最后扩展到两前肢发生肌肉强直，休息或在寒冷条件下步态僵硬尤为明显。

80. 若尿检，尿液相对密度低于1.012，则血检可见(   )。

    A. 淋巴细胞总数减少   B. 中性粒细胞总数减少

    C. 单核细胞总数减少   D. 红细胞总数减少

    E. 不确定

81. 本病确诊应依据(   )。

    A. 尿检   B. 血常规   C. 血液生化

    D. 肾上腺皮质机能试验   E. 甲状腺机能试验

82. 治疗首选药物是(   )。

    A. 碘酸钾   B. 氯仿   C. 氯霉素

    D. 乙二胺四乙酸   E. 双氯苯二氯乙烷

83. 治疗口炎常用的口腔清洗液是(   )。

    A. 双氧水   B. 生理盐水   C. 来苏儿

    D. 10%氯化钠溶液   E. 20%硫酸钠溶液

84. 牛患瓣胃阻塞时，其临床症状不包括(   )。
    A. 反刍缓慢　　　　　　　　B. 轻度腹痛　　　　　　　C. 食欲减退
    D. 触诊左腹壁敏感　　　　　E. 瘤胃蠕动音减弱

85. 尿道发炎时，可用于清洗尿道的药物是(   )。
    A. 10%氯化钠溶液　　　　　B. 10%葡萄糖酸钙溶液　　C. 3%过氧化氢溶液
    D. 2%戊二醛溶液　　　　　E. 0.1%高锰酸钾溶液

86. 中暑的临床症状除体温急剧升高外，还有(   )。
    A. 多尿　　　　　　　　　　B. 黄疸　　　　　　　　　C. 碱中毒
    D. 发病缓慢　　　　　　　　E. 心肺机能障碍

87. 为预防奶牛软骨病，饲料中最适的钙、磷比例为(   )。
    A. 1∶1　　　　　　　　　　B. 1.5∶1　　　　　　　　C. 2.5∶1
    D. 1∶1.5　　　　　　　　　E. 1∶2

88. 母牛倒地不起综合征的病因不包括(   )。
    A. 骨折　　　　　　　　　　B. 蛋白质缺乏　　　　　　C. 神经损伤
    D. 关节脱臼　　　　　　　　E. 矿物质代谢紊乱

89. 不能对动物造成血液性、化学性或病理性改变等损害作用的最大剂量称为(   )。
    A. 半数致死量　　　　　　　B. 最高无毒剂量　　　　　C. 绝对致死量
    D. 最小致死量　　　　　　　E. 无作用剂量

90. 牛慢性蕨中毒的典型症状是(   )。
    A. 腹泻　　　　　　　　　　B. 血尿　　　　　　　　　C. 皮下水肿
    D. 共济失调　　　　　　　　E. 黏膜发绀

91. 黄曲霉毒素经动物胃肠吸收后主要毒害的器官是(   )。
    A. 肝脏　　　　　　　　　　B. 肾脏　　　　　　　　　C. 肺脏
    D. 胰脏　　　　　　　　　　E. 心脏

92. 引起牛黑斑病甘薯中毒的甘薯酮是(   )。
    A. 肝脏毒　　　　　　　　　B. 肺脏毒　　　　　　　　C. 肾脏毒
    D. 心脏毒　　　　　　　　　E. 脾脏毒

93. 猪食盐中毒的发作期应(   )。
    A. 大量饮水　　　　　　　　B. 少量饮水　　　　　　　C. 禁止饮水
    D. 多次饮水　　　　　　　　E. 自由饮水

94. 肉鸡腹水综合征的特征是(   )。
    A. 肺动脉低压　　　　　　　B. 主动脉高压　　　　　　C. 主动脉低压
    D. 右心衰竭　　　　　　　　E. 左心衰竭

95. 犬库欣综合征血液检查可见(   )。
    A. 中性粒细胞总数减少　　　　　　　B. 淋巴细胞总数减少
    C. 单核细胞总数减少　　　　　　　　D. 淋巴细胞总数增多
    E. 红细胞总数减少

(96～97 题共用备选答案)
    A. 铁缺乏　　　　　　　　　B. 铜缺乏　　　　　　　　C. 钴缺乏

D. 硒缺乏　　　　　　　　　　**E. 叶酸缺乏**

96. 仔猪，20 日龄，高床保育，精神沉郁，食欲减退，被毛粗乱，生长发育停滞，皮肤和可视黏膜苍白，稍加运动则喘息不止。该病最可能的致病原因是(　　)。

97. 牛，草地放牧 6 个月后发病，表现为消瘦、贫血，被毛由黑色变为棕黄色，尿液中的甲基丙氨酸和亚氨甲基谷氨酸含量升高。该病最可能的致病原因是(　　)。

98. 犬，4 周龄，未免疫，体温 40℃，呻吟，可视黏膜发绀，有心杂音，心跳加快，心电图检查出现冠状 T 波。血液生化检查，活性升高的酶是(　　)。

    A. 脂肪酶　　　　　　　　　　B. 碱性磷酸酶　　　　　　　　C. 胆碱酯酶

    D. 肌酸激酶　　　　　　　　　　E. γ-谷氨酰转移酶

99. 金毛犬，4 岁，消瘦，反复呕吐，大便先干后稀。腹部平片未见异常，钡餐造影 2h 后仅有少量进入空肠，X 线正位片胃影左侧可见高中密度间隔条形影、右侧为欠均匀的高密度影。此病最可能是(　　)。

    A. 胃内金属异物　　　　　　　　B. 布片阻塞胃贲门　　　　　　　C. 石头阻塞胃幽门

    D. 骨头阻塞十二指肠　　　　　　E. 塑料袋阻塞胃幽门

100. 牛，发热，精神沉郁，叩诊胸部敏感，听诊胸部有摩擦音，胸腔穿刺液中含有大量纤维蛋白。该牛可诊断为(　　)。

    A. 大叶性肺炎　　　　　　　　　B. 小叶性肺炎　　　　　　　　　C. 肺充血

    D. 胸膜炎　　　　　　　　　　　E. 肺泡气肿

101. 某猪群，饲喂焖煮的菜叶后不久生病，临床表现为呼吸困难、心跳加快、全身发绀。剖检见血液呈黑褐色，凝固不良。治疗该病的特效药是(　　)。

    A. 亚硝酸钠　　　　　　　　　　B. 硫代硫酸钠　　　　　　　　　C. 阿托品

    D. 亚甲蓝　　　　　　　　　　　E. 硫酸镁

(102～104 题共用题干)

黄牛，5 岁，于高温季节在田间使役时突然发病，呼吸困难，流泡沫状鼻液，黏膜发绀。体温 40.8℃，呼吸 60 次/min，脉搏 98 次/min。肺部听诊有湿啰音。X 线影像显示肺部阴影加重，肺门血管纹理显著。

102. 该病可诊断为(　　)。

    A. 胸膜炎　　　　　　　　　　　B. 喘鸣症　　　　　　　　　　　C. 支气管炎

    D. 肺泡气肿　　　　　　　　　　E. 肺充血和肺水肿

103. 肺部叩诊可能出现(　　)。

    A. 清音　　　　　　　　　　　　B. 浊音　　　　　　　　　　　　C. 鼓音

    D. 破壶音　　　　　　　　　　　E. 金属音

104. 血气分析最可能异常的是(　　)。

    A. PO_2 正常，PCO_2 升高　　　　　　　　B. PO_2 升高，PCO_2 升高

    C. PO_2 降低，PCO_2 降低　　　　　　　　D. PO_2 升高，PCO_2 降低

    E. PO_2 降低，PCO_2 升高

105. 瘤胃积食导致机体脱水的主要原因是(　　)。

    A. 腹泻　　　　　　　　　　　　B. 饮水不足　　　　　　　　　　C. 出汗

    D. 体液向瘤胃内渗透　　　　　　E. 呕吐

106. 发生支气管炎时，若支气管分泌物中有大量的嗜酸性粒细胞，其原因可能是（   ）。

    A. 吸入花粉　　　　　　　　B. 寒冷空气刺激　　　　　　C. 病毒感染

    D. 细菌感染　　　　　　　　E. 通风不良

107. 动物患急性肾炎时，心脏听诊可出现（   ）。

    A. 肺动脉第二心音减弱　　　　　　　　B. 第二心音分裂

    C. 主动脉第二心音减弱　　　　　　　　D. 主动脉第二心音增强

    E. 肺动脉第二心音增强

108. 动物患脑膜炎出现狂躁不安时，首选的治疗药物是（   ）。

    A. 东莨菪碱　　　　　　　　B. 安溴注射液　　　　　　　C. 6 - 氨基己酸

    D. 地塞米松　　　　　　　　E. 樟脑磺酸钠

109. 与钙、磷代谢无关的疾病是（   ）。

    A. 牛生产瘫痪　　　　　　　B. 猪桑葚心　　　　　　　　C. 犬佝偻病

    D. 马纤维素性骨营养不良　　E. 牛青草抽搐

110. 羊缺乏铜的主要表现是（   ）。

    A. 运动障碍　　　　　　　　B. 视力模糊　　　　　　　　C. 黄疸

    D. 呕吐　　　　　　　　　　E. 呼吸缓慢

111. 家禽缺乏锰的临床特征是（   ）。

    A. 腓肠肌肌腱脱出　　　　　B. 皮肤角化不全　　　　　　C. 共济失调

    D. 趾爪蜷缩　　　　　　　　E. 角弓反张

112. 青饲料用文火焖煮可产生的有毒物质是（   ）。

    A. 硝酸盐　　　　　　　　　B. 亚硝酸盐　　　　　　　　C. 氢氰酸

    D. 乳酸　　　　　　　　　　E. 碳酸

113. 黄牛栎树叶中毒时，其粪便常呈现（   ）。

    A. 水样　　　　　　　　　　B. 泡沫样　　　　　　　　　C. 胶冻样

    D. 捻珠样　　　　　　　　　E. 粥样

114. 动物慢性铅中毒的血常规检查可见（   ）。

    A. 红细胞总数增多　　　　　B. 红细胞总数正常　　　　　C. 红细胞总数减少

    D. 白细胞总数增多　　　　　E. 白细胞总数减少

115. 牛钼中毒引起代谢紊乱的元素是（   ）。

    A. 铜　　　　　　　　　　　B. 铁　　　　　　　　　　　C. 锰

    D. 锌　　　　　　　　　　　E. 钴

116. 急性有机氟中毒的主要症状类型包括（   ）。

    A. 神经型和胃肠型　　　　　B. 肝脏型和肾脏型　　　　　C. 肝脏型和心脏型

    D. 神经型和心脏型　　　　　E. 神经型和肝脏型

117. 犬营养性继发性甲状旁腺机能亢进，尿液检查可见（   ）。

    A. 尿钙含量增加　　　　　　B. 尿磷含量增加　　　　　　C. 尿磷含量减少

    D. 尿钠含量减少　　　　　　E. 尿钠含量增加

(118～120 题共用备选答案)

A. 前胃弛缓   B. 瘤胃酸中毒   C. 瘤胃积食

D. 瓣胃阻塞   E. 瘤胃臌气

118. 牛，采食后突然发病，回头踢腹，检查见腹部膨大，左肷部尤为明显，叩诊呈鼓音，呼吸高度困难，黏膜呈蓝紫色。该病最可能的诊断是（　　）。

119. 牛，近日采食量减少，反刍和嗳气也减少，体温 38.7℃，听诊瘤胃蠕动音明显减弱，触动瘤胃内容物松动，实验室检查瘤胃液 pH 为 5.8，纤毛虫数量减少。该病最可能的诊断是（　　）。

120. 公犬，9岁，一年来表现腹部肥大和对称性脱毛，多饮多尿，食欲亢进，肌肉无力萎缩，嗜睡。该犬所患疾病是（　　）。

A. 库欣综合征   B. 雄激素分泌过多

C. 甲状腺功能亢进症   D. 甲状腺机能减退症

E. 肾上腺皮质机能减退症

(121～123 题共用题干)

黄牛，采食过程中被惊吓，突然躁动不安，伸颈，空嚼吞咽，大量流涎，咳嗽，呼吸困难。

121. 该病可能为（　　）。

A. 口炎   B. 咽炎   C. 唾液腺炎

D. 食道阻塞   E. 肠胃胀气

122. 如进一步检查，具有诊断意义的是（　　）。

A. 瘤胃穿刺   B. 瘤胃叩诊   C. 胸部叩诊

D. 口腔视诊   E. 胃管探诊

123. 进一步诊断本病的检查方法是（　　）。

A. X 线检查   B. B 超检查   C. 心电图检查

D. 血常规检查   E. 金属检查仪检查

(124～126 题共用题干)

一舍内饲牛，日粮以粗纤维饲料为主，一次过食后数小时，突发不安，用后腿踢腹，不断摇尾，食欲废绝。临床检查，左腹部隆起，触诊坚实。

124. 该病最可能的诊断是（　　）。

A. 前胃弛缓   B. 瘤胃积食   C. 瘤胃臌气

D. 瘤胃酸中毒   E. 皱胃变位

125. 左肷部听诊，瘤胃（　　）。

A. 蠕动次数增加，声音增强   B. 蠕动次数增加，声音减弱

C. 蠕动次数减少，声音增强   D. 蠕动次数减少，声音减弱

E. 蠕动正常

126. 检查瘤胃内容物，可能（　　）。

A. 纤毛虫总数增加   B. 纤毛虫总数减少   C. pH＝7

D. pH＞7   E. 渗透压降低

127. 最易发生脱水的疾病是（　　）。

A. 胰腺炎 B. 尿道炎 C. 脉管炎

D. 胆管炎 E. 淋巴管炎

128. 牛皱胃穿刺的正确部位是（　　）。

A. 左侧第 8~10 肋的肋弓下方 B. 右侧第 8~10 肋的肋弓下方

C. 左侧第 11~13 肋的肋弓下方 D. 右侧第 11~13 肋的肋弓下方

E. 右侧第 10~12 肋的肋弓下方

129. 牛急性瘤胃臌气导致极度呼吸困难时首先要采取的措施是（　　）。

A. 强心 B. 兴奋呼吸 C. 穿刺放气

D. 镇静 E. 输氧

130. 肾炎的治疗原则除了消除病因、消炎利尿和对症治疗外，还包括（　　）。

A. 抑制免疫 B. 增强免疫 C. 使用磺胺类药物

D. 大量补液 E. 补充电解质

131. 马患热射病时，不宜采取的治疗措施是（　　）。

A. 牵遛运动 B. 冷水浇洒全身 C. 使用碳酸氢钠

D. 使用氯丙嗪 E. 使用地塞米松

132. 控制蛋鸡脂肪肝综合征，应优先考虑降低饲料中的营养素是（　　）。

A. 常量元素 B. 碳水化合物 C. 维生素

D. 蛋白质 E. 微量元素

133. 牛发生软骨病时，血清生化检测可能降低的指标是（　　）。

A. 镁 B. 铜 C. 无机磷

D. 钙 E. 碱性磷酸酶

134. 牛产后血红蛋白尿病的主要临床病理学变化是（　　）。

A. 高磷酸盐血症 B. 低磷酸盐血症 C. 高钾血症

D. 低钾血症 E. 低钠血症

135. 鸭群发生皮下紫斑，缺乏的维生素是（　　）。

A. 维生素 E B. B 族维生素 C. 维生素 K

D. 维生素 D E. 维生素 A

136. 羔羊摆（晃）腰病的主要致病原因是日粮中缺乏（　　）。

A. 碘 B. 铜 C. 铝

D. 硒 E. 锌

137. 猪亚硝酸盐中毒的特效解毒药是（　　）。

A. 硫代硫酸钠 B. 碳酸氢钠 C. 葡萄糖

D. 甲苯胺蓝 E. 阿托品

138. 禁止饲料中黄曲霉毒素生长的有效方法是（　　）。

A. 酸处理 B. 使用丙酸钠 C. 使用氯化钾

D. 使用硫酸亚铁 E. 使用硫酸锌

139. 猪发生食盐中毒时，临床上常表现（　　）。

A. 颅内压降低 B. 腹内压降低 C. 颅内压升高

D. 腹内压升高 E. 颅内压不变

140. 犬发生有机氟中毒的特效解毒药是(   )。

    A. 苯巴比妥   B. 抗坏血酸   C. 解磷定

    D. 乙酰胺   E. 硫代硫酸钠

141. 动物受到应激原刺激后可引起(   )。

    A. 免疫力升高   B. 血糖升高

    C. 超氧化物歧化酶活性升高   D. 谷胱甘肽过氧化物酶活性升高

    E. 过氧化氢酶活性升高

(142～143 题共用备选答案)

    A. 肝炎   **B. 肠炎**   **C. 胃炎**

    D. 腹膜炎   **E. 胰腺炎**

142. 巴哥犬，4 岁，精神不振，食欲差，呕吐，腹围膨大，触诊波动感明显。血清生化检查，ALT、AST、LDH 升高，而 ALB 降低。该病最可能的诊断是(   )。

143. 心跳 100 次/min，呼吸 120 次/min。血常规检查，WBC 升高，中性粒细胞比例升高，核左移；血清生化检查，K^+ 下降，其他指标变化不明显。该病最可能的诊断是(   )。

(144～145 题共用备选答案)

    A. 肾结石   **B. 膀胱肿大**   **C. 膀胱结石**

    D. 尿道结石   **E. 前列腺炎**

144. 3 岁犬，雄性，尿频、尿痛，后段血尿，X 线检测膀胱内有多个高密度阴影，该病可能是(   )。

145. 7 岁犬，雄性，尿闭，腹部 X 线显示坐骨下方有一块致密阴影，该病可能是(   )。

146. 奶牛产后 30d 发病，食欲差，不食饼粕类饲料，尿量减少且呈淡黄色，易形成泡沫，尿液和乳汁均有烂苹果味，该牛采食饲料的组成可能是(   )。

    A. 高蛋白、高脂肪和高碳水化合物   B. 高蛋白、高脂肪和低碳水化合物

    C. 低蛋白、低脂肪和高碳水化合物   D. 高蛋白、低脂肪和高碳水化合物

    E. 低蛋白、高脂肪和低碳水化合物

(147～149 题共用题干)

奶牛，产后加喂多量精饲料，随后出现食欲废绝，运动失调，眼结膜充血发绀，中度脱水，瘤胃胀满，冲击式触诊可听到震荡音，排稀软的酸臭粪便，尿少色浓，体温正常。

147. 该病初步诊断为(   )。

    A. 瘤胃酸中毒   B. 前胃弛缓   C. 奶牛酮病

    D. 胃肠炎   E. 生产性瘫痪

148. 进一步诊断，最有意义的检测指标是(   )。

    A. 叩诊瘤胃   B. 听诊瘤胃蠕动音   C. 观察反刍和嗳气

    D. 检查肠道和粪便   E. 测定瘤胃液的 pH

149. 可能升高的血液指标是(   )。

    A. pH   B. HCO_3^- C. CO_2 结合力

    D. 乳酸   E. 白细胞总数

（150～152 题共用题干）

2012 年 2 月，北方某牛场运来青年牛 10 头，进场后 3d 发病，精神差，食欲废绝，呼吸困难，腹式呼吸，心率加快，高热稽留，铁锈色鼻液。

150. 诊断该病可能是（　　）。

　　A. 支气管炎　　　　　　　B. 大叶性肺炎　　　　　　　C. 胸膜炎

　　D. 支气管肺炎　　　　　　E. 肺水肿

151. 病理变化不包括（　　）。

　　A. 充血期　　　　　　　　B. 出血期　　　　　　　　　C. 红色肝变期

　　D. 灰色肝变期　　　　　　E. 溶解期

152. 进一步检查可进行（　　）。

　　A. 穿刺检查　　　　　　　B. X 线检查　　　　　　　　C. 粪便检查

　　D. 尿液检查　　　　　　　E. 心电图检查

模拟题练习参考答案

题号	1	2	3	4	5	6	7	8	9	10	11	12	13	14	15	16	17	18	19	20
答案	A	B	C	C	D	C	E	D	E	E	A	B	E	A	C	B	C	A	B	
题号	21	22	23	24	25	26	27	28	29	30	31	32	33	34	35	36	37	38	39	40
答案	B	A	B	E	B	E	B	B	B	C	C	C	D	D	C	D	A	D	C	D
题号	41	42	43	44	45	46	47	48	49	50	51	52	53	54	55	56	57	58	59	60
答案	A	B	C	A	D	C	C	D	A	A	B	E	E	C	B	B	A	D	D	A
题号	61	62	63	64	65	66	67	68	69	70	71	72	73	74	75	76	77	78	79	80
答案	E	C	B	A	B	D	C	A	E	D	E	B	C	A	C	E	E	A	C	A
题号	81	82	83	84	85	86	87	88	89	90	91	92	93	94	95	96	97	98	99	100
答案	D	E	B	B	E	E	B	B	B	B	A	B	C	D	B	A	C	D	E	D
题号	101	102	103	104	105	106	107	108	109	110	111	112	113	114	115	116	117	118	119	120
答案	D	E	B	E	D	A	B	B	A	A	B	D	C	A	D	B	E	A	A	
题号	121	122	123	124	125	126	127	128	129	130	131	132	133	134	135	136	137	138	139	140
答案	D	E	A	B	D	E	A	D	C	A	A	B	C	B	C	B	D	B	C	D
题号	141	142	143	144	145	146	147	148	149	150	151	152								
答案	B	A	D	C	D	B	A	E	D	B	B	B								

第三篇

兽医外科与外科手术学

■ 备考指南

≣|学科特点

兽医外科与外科手术学是兽医学的一个分支，是以手术方法为主、配合药物和理学疗法等的家畜疾病诊治方法，是研究动物外科疾病的发生、发展规律、临床特征、诊断和防治的一门学科，是重要的兽医临床学科，需具备系统的科学理论和实用性很强的先进外科技术，具有较强的实践操作能力和研究价值。

≣|学习方法

1. 要掌握牢固的理论基础。
2. 要注意动手能力和分析能力的培养。
3. 采用理论联系实际的学习方法。

近五年分值分布

年份	外科感染	损伤	肿瘤	风湿病	眼科疾病	头颈部疾病	胸腹部疾病	疝	直肠与肛门疾病	泌尿与生殖系统疾病	跛行	四肢疾病	皮肤病	蹄病	术前准备	麻醉技术	手术基本操作	手术技术	总计
2019	1	1	1	0	4	1	0	1	1	1	1	8	3	2	2	2	2	7	38
2020	2	1	1	0	1	2	0	2	1	2	1	5	1	2	2	2	2	4	30
2021	1	1	2	0	2	1	1	3	1	2	1	3	1	1	1	2	3	4	30
2022	1	3	1	0	2	2	0	2	1	1	1	4	0	2	1	1	3	5	30
2023	1	3	0	0	0	2	0	3	1	0	1	5	0	0	3	5	0	0	25
总计	6	9	5	0	9	8	1	11	5	6	5	21	10	7	5	10	15	20	153

<<< 第一单元　外科感染 >>>

一、考试大纲

单元	细目	要点
外科感染	1. 概述	(1) 外科感染的概念　(2) 外科感染常见病原体　(3) 外科感染的特点　(4) 影响外科感染的因素　(5) 外科感染的症状与治疗
	2. 局部外科感染	(1) 疖和痈　(2) 脓肿　(3) 蜂窝织炎　(4) 厌气性感染和腐败性感染
	3. 全身化脓性感染	(1) 概念　(2) 病因　(3) 分类　(4) 症状　(5) 治疗

二、重要知识点

(一) 概述

1. 外科感染的概念　指动物有机体与侵入体内的致病微生物相互作用所产生的局部和全身反应。它是有机体对致病微生物的侵入、生长和繁殖造成损害的一种反应性病理过程，也是有机体与致病微生物感染与抗感染斗争的结果。

2. 外科感染常见病原体　引起外科感染的常见化脓性致病菌有葡萄球菌、链球菌、大肠杆菌、铜绿假单胞菌和变形杆菌等。

3. 外科感染的特点

(1) 大部分的外科感染由外伤引起。

(2) 由多种病原菌引起的混合感染。

(3) 外科感染一般均有明显的局部症状，即红、肿、热、痛、机能障碍等炎性症状。

(4) 损伤的组织或器官常发生化脓和坏死过程。

(5) 外伤治疗后局部常形成瘢痕组织。

(6) 主要通过手术疗法和抗生素治疗。

4. 影响外科感染的因素

(1) 病原微生物的侵入及其致病性

①病菌黏附因子　病菌产生的黏附因子有利于其附着于组织细胞并侵入。有些病菌有荚膜或微荚膜，能抗拒吞噬细胞的吞噬或杀菌作用。

②病菌毒素　致病菌释放的胞外酶、外毒素、内毒素等可侵蚀组织和细胞，使感染容易扩散，导致机体发热、白细胞增多或减少、休克等全身反应。

③病菌数量　在健康个体，每克组织中创口污染的病菌数量如超过 10^5 个，常引起感染，低于此数量则较少发生感染。

(2) 机体的防御功能减弱

①局部屏障受损　如皮肤黏膜的病变或缺损；体腔内异物留置于血管或体腔内的导管处理不当，为病菌侵入开放了通道；管腔阻塞；局部组织缺血或血流障碍；皮肤或黏膜的其他病变。

②全身抗感染能力降低　严重创伤或休克、糖尿病、尿毒症、肝功能障碍等；长期使用肾上腺皮质激素、抗肿瘤的化学药物和放射治疗等；严重营养不良、低蛋白血症、白血病或白细胞过少等；先天性或获得性免疫缺陷综合征等。

（3）环境及其他因素的影响　炎热的气候、潮湿的环境、狭小空间里污浊的空气等，都能促进化脓性感染的发生。

5. 外科感染的症状与治疗

（1）症状

①局部症状　红、肿、热、痛和机能障碍是化脓性感染的 5 个典型症状，但这些症状并不一定全部出现，而是随着病程迟早、病变范围及位置深浅而异。病变范围小或位置深的局部症状不明显，深部感染仅有疼痛及压痛、表面组织水肿等。

②全身症状　轻重不一，感染轻微的可无全身症状，感染较重的有发热、心跳和呼吸加快、精神沉郁、食欲减退等症状。感染较为严重的、病程较长时可继发感染性休克、器官衰竭等，甚至出现败血症。

（2）治疗　消除感染病因和毒性物质（脓液、坏死组织等），增强机体的修复能力（表3-1-1）。

表 3-1-1　外科感染治疗

疗法名称	具体操作
局部治疗（物理疗法）	早期：可用冷敷、普鲁卡因进行局部封闭治疗
	中后期：热敷、湿热敷、电疗、光疗
全身治疗	抗菌消炎，铜绿假单胞菌感染首选治疗药物，如哌拉西林
手术治疗	扩创治疗，对于脓肿破溃、排脓不畅的应进行扩创、清创、人工引流

（二）局部外科感染

1. 疖和痈

（1）概念和症状

①疖　指一个毛囊及其所属皮脂腺的急性化脓性感染，常扩展到皮下组织。致病菌为金黄色葡萄球菌、白色葡萄球菌和表皮葡萄球菌。疖一般无明显的全身症状。

②痈　指多个相邻的毛囊及其所属皮脂腺或汗腺的急性化脓性感染，或由多个疖融合而成。致病菌主要为金黄色葡萄球菌，其次是链球菌，有时则是葡萄球菌和链球菌的混合感染。表现为炎肿、脓栓、破溃流脓等，多有全身反应。

（2）治疗

①全身治疗　如抗生素疗法、加强营养。

②局部治疗　早期用 5%碘酊外涂，普鲁卡因青霉素封闭；后期切开排脓，用双氧水冲

洗，填塞抗生素。

2. 脓肿

（1）概念 在任何组织或器官内形成外有脓肿膜包裹、内有脓汁潴留的局限性脓腔时称为脓肿。如果在解剖腔（胸膜腔、喉囊、关节腔、鼻窦）内有脓汁潴留时则称之为蓄脓，如关节蓄脓、上颌窦蓄脓、胸膜腔蓄脓等。大多数脓肿是由感染引起的。引起脓肿的致病菌主要是葡萄球菌，其次是化脓性链球菌、大肠杆菌、铜绿假单胞菌和腐败菌。除感染因素外，静脉注射各种刺激性的化学药品也会发生脓肿，或是注射时不遵守无菌操作规程而引起注射部位脓肿。

（2）分类 根据脓肿发生的部位可分为浅在性脓肿和深在性脓肿。

①浅在性脓肿 发生在皮下、筋膜下、肌肉浅层，表现为红、肿、热、痛的急性炎症变化，脓肿与周围组织界限明显，一般经3～5d在肿胀中央逐渐软化，出现波动，以后自溃排脓。局部症状明显，当出现波动后用粗针头穿刺即可确诊。

②深在性脓肿 发生在深层肌肉、腹膜下或内脏器官。深在性脓肿的诊断有一定困难，可采用穿刺诊断或B超检查进行确诊。

（3）治疗

①消炎、止痛及促进炎症产物消散吸收 感染初期，即急性炎症阶段，局部冷敷，并行抗生素普鲁卡因病灶周围封闭。

②促进脓肿成熟 当炎性肿胀不能消散吸收时，可涂擦鱼石脂软膏或2%碘酊，以促进脓肿成熟。

③手术疗法 脓肿成熟出现波动后，应选脓腔最低位置切开排脓，并用0.1%高锰酸钾、0.1%雷夫诺尔或0.1%新洁尔灭溶液等冲洗。

④其他方法 对关节部脓肿膜形成良好的小脓肿，采取脓汁抽出法；对脓肿膜完整的浅表性小脓肿，可采取脓肿摘除法。

3. 蜂窝织炎

（1）概念 在疏松结缔组织内发生的急性弥漫性化脓性炎症称为蜂窝织炎，常发生在皮下、筋膜下及肌间的蜂窝组织内。

（2）病因 致病菌主要是溶血性链球菌，其次为金黄色葡萄球菌或大肠杆菌及厌氧菌等。

（3）症状

①肌间蜂窝织炎 常继发于开放性骨折、化脓性骨膜炎、关节炎、腱鞘炎等。

②皮下蜂窝织炎 常发于四肢，病初局部有弥漫性渐进性肿胀，热痛反应明显。初期肿胀呈捏粉状，有指压痕，后变得坚实。组织坏死后形成化脓灶，有波动感。

③筋膜下蜂窝织炎 热痛反应剧烈，患部组织呈坚实性炎性浸润。

（4）治疗 有局部治疗（患部休息，局部热敷或理疗；加强营养，止痛、退热；多处切开引流）及全身治疗（应用磺胺类药物或其他抗生素）。

4. 厌气性感染和腐败性感染 二者区别见表3-1-2。

表3-1-2　厌气性感染和腐败性感染的区别

名称	致病菌	分类	症状	治疗
厌气性感染	产气荚膜梭菌、恶性水肿杆菌、溶组织杆菌、水肿杆菌、腐败弧菌	厌气性（气性）坏疽	病畜初期局部出现疼痛性肿胀，并迅速向外扩散，触诊捻发音，后期出现严重的全身症状	彻底清创，开放治疗，严禁包扎或缝合；用氧化剂、高渗盐水等洗涤伤口；大剂量应用抗生素；对症治疗；合理扩创，通畅引流
		厌气性（气性）蜂窝织炎	局部出现弹性的大面积肿胀，肿胀急剧向周围扩散，触诊有捻发音，叩诊呈鼓音	
		恶性水肿	触诊时不出现捻发音，有稀薄的脓样液体（无气泡）从创口流出，常发生于去势绵羊	
		厌气性败血症	是最严重的全身性外科感染	
腐败性感染	变形杆菌、产芽孢杆菌、腐败杆菌、大肠杆菌、某些球菌		局部反应比较剧烈，创伤周围水肿、剧痛	
			创伤表面被覆红褐色恶臭的腐败液，有时混有气泡	
			坏死组织呈绿灰色或黑褐色，肉芽组织不平整、发绀、易出血	
			筋膜和腱膜坏死，以及腱鞘和关节囊溶解	
			严重的全身症状	

（三）全身化脓性感染

1. 概念　全身化脓性感染也称脓毒败血症，是由有机体从败血病灶内吸收致病菌（主要是化脓菌）及其生活活动产物和组织分解产物所引起的全身性病理过程。

2. 病因　引起全身化脓性感染的致病菌主要有金黄色葡萄球菌、溶血性链球菌、大肠杆菌、厌气菌和腐败菌等。此外，机体过度劳累、衰竭、维生素摄入不足、某些慢性传染病，以及粗暴地处理创伤使其防卫性肉芽面受到损伤，创内存有大量脓汁，创液和坏死组织分解产物不能排出创外，创内有异物、坏死灶和脓窦等都是容易发生全身化脓性感染的因素。

3. 分类　根据临床症状和特点可分为毒血症和脓血症。毒血症是由大量毒素进入血液循环所引起。在临床上，二者有时不易区分且往往是混合型。

4. 症状

（1）毒血症　从原发性和继发性病灶有大量致病菌的外毒素、内毒素，以及组织坏死和腐败分解产物进入血液循环而引起的机体中毒称为毒血症。发病的主要因素是毒素，常见于马及山羊。动物常表现为躺卧，起立困难，运步时步态蹒跚，体温明显升高，常呈极小的间歇后而一直稽留到死前。肌肉剧烈颤抖，有时出汗，食欲废绝，呼吸困难，脉弱而快，结膜黄染，有时有出血点。败血症灶常含有大量的坏死组织及腐败性脓汁。有的局部化脓并不显著，但组织没有再生现象。

（2）脓血症　其特征是致病菌通过栓子或被感染的血栓进入血液循环而被带到各种不同的器官和组织内，并在这些器官和组织内形成转移性脓肿。常发生于牛、犬、家禽、猪及绵羊,少发于马(主要见于马腺疫)。败血症灶内出现明显的感染症状。当有创伤性全身化脓性感染时,首先表现出创伤周围发生严重的水肿,疼痛剧烈,组织发生坏死。肉芽组织肿胀、发绀、发生坏死。脓汁在初期呈微黄色黏稠,在后期变稀薄并有恶臭。病灶内常存有脓窦、血栓性静脉炎及组织溶解。随着感染的加剧,病畜表现出全身症状,初期精神沉郁,恶寒战栗,食欲废绝,但喜饮水,呼吸加速,脉弱而频,出汗。后期体温升高,有些呈典型的弛张热型,有些则呈间歇热型或类似间歇热型。体温出现明显的变化,且血压下降是全身化脓性感染的特征。血液检查时可见到血沉加快,白细胞总数增加,白细胞核左移,中性粒细胞中幼稚型白细胞占优势。

5. 治疗 全身化脓性感染是严重的全身性病理过程,因此必须在早期采取综合性治疗措施。

(1)局部疗法 彻底清除所有坏死组织,切开创囊、流注性脓肿和脓窦,摘除异物,排出脓汁,畅通引流。首先用刺激性较小的防腐消毒剂彻底冲洗败血病灶,然后局部按化脓性感染创进行处理。创围用混有青霉素的盐酸普鲁卡因溶液封闭。

(2)全身疗法 为抑制感染发展,早期可应用抗生素疗法,根据病畜的具体情况可以大剂量地使用青霉素、链霉素、庆大霉素和头孢菌素等。为增强机体的抗病力,维持循环血容量和中和毒素,可进行输血和补液。为防止酸中毒可应用碳酸氢钠疗法。为增强肝脏的解毒机能和增强机体的抗病力可应用葡萄糖疗法。加强饲养管理,喂给病畜易于消化且富有维生素的饲料。对卧地不起的病畜需垫厚层垫草,经常翻转能防褥疮的发生。

(3)对症疗法 改善和恢复全身化脓性感染时受损害的系统和器官,当心脏衰弱时可应用苯甲酸钠咖啡因或强尔心,当肾功能受损时可应用乌洛托品,有败血性腹泻时可静脉注射氯化钙。

三、例题及解析

1. 蜂窝织炎属于( )。

    A. 急性弥漫性化脓性炎症   B. 慢性化脓性炎症   C. 慢性增生性炎症

    D. 慢性局限性化脓性炎症   E. 急性局限性非化脓性炎症

【解析】 A。蜂窝织炎是指疏松结缔组织内发生的急性弥漫性化脓性炎症。其常发生于皮下、筋膜下、肌肉、气管及食道周围的蜂窝组织内,以其中形成浆液性、化脓性和腐败性渗出液并伴有明显的全身症状为特征。

2. 关于腐败性感染表述错误的( )。

    A. 局部坏死,发生腐败性分解   B. 内源性腐败性感染可见于肠管损伤时

    C. 初期创伤周围出现水肿和剧痛   D. 病灶不用广泛切开

    E. 尽可能地切除坏死组织

【解析】 D。该题考点为腐败性感染,腐败性感染的治疗方法:开放创口,使用氧化剂(3%过氧化氢或0.5%高锰酸钾溶液)、中性盐高渗液(10%~20%硫酸镁或硫酸钠)、酸性防腐液洗涤创口,使用抗菌药,对症疗法,所以D不符合腐败性感染的治疗措施。

3. 发生蜂窝织炎时最常见的化脓性病原菌是( )。

    A. 肺炎球菌   B. 棒状杆菌   C. 李斯特菌

D. 溶血性链球菌　　　　　　　　E. 破伤风杆菌

【解析】　D。发生蜂窝织炎时最常见的化脓性病原菌为溶血性链球菌。

4. 关于外科感染论述不正确的是(　　)。

A. 很少为混合感染　　　　　　　　B. 大部分由外伤引起

C. 常发生化脓性坏死过程　　　　　D. 常伴发明显全身症状

E. 愈合后局部常形成瘢痕组织

【解析】　A。外科感染与其他感染的不同点：①绝大部分的外科感染是由外伤所引起；②外科感染一般均有明显的局部症状；③常为混合感染；④损伤的组织或器官常发生化脓和坏死过程，治疗后局部常形成瘢痕组织。

5. 疏松结缔组织发生的急性弥漫性化脓性炎症是(　　)。

A. 蜂窝织炎　　　　　　　B. 脓肿　　　　　　　　C. 溃疡

D. 窦道　　　　　　　　　E. 血肿

【解析】　A。该题考点为蜂窝织炎的定义，蜂窝织炎是指疏松结缔组织内发生的急性弥漫性化脓性炎症，其常发生于皮下、黏膜下、肌肉、气管及食道周围的蜂窝组织内。

<<< 第二单元　损　　伤 >>>

一、考试大纲

单元	细目	要点
损伤	1. 创伤	(1) 创伤的组成　(2) 创伤的分类及临床特点　(3) 创伤愈合分期及其愈合过程　(4) 影响创伤愈合的因素　(5) 治疗
	2. 软组织非开放性损伤	(1) 挫伤　(2) 血肿　(3) 淋巴外渗
	3. 烧伤与冻伤	(1) 烧伤　(2) 冻伤
	4. 损伤的并发症	(1) 溃疡　(2) 窦道和瘘管　(3) 坏死与坏疽

二、重要知识点

(一)创伤

1. 创伤的组成　创伤由创围、创缘、创口、创壁、创底、创腔等构成。

2. 创伤的分类及临床特点　见表 3-2-1。

表 3-2-1　创伤的分类及临床特点

分类依据	分类	临床特点
按创伤后的时间分类	新鲜创	指创伤后时间短，创内有血流出，已污染但未引起感染，未出现红、肿、热、痛的炎性症状。该类创伤在伤后6h之内能进行外科处理，可取第一期愈合。新鲜创包括手术创和污染创
	陈旧创	指创伤后时间长，已出现明显的感染症状。若有脓汁出现，则称为化脓创
按创伤有无感染分类	无菌创	指无菌手术创
	污染创	指创内发生细菌与损伤组织机械性接触，但未引起感染。污染较轻的创伤，经适当的外科处理，可取第一期愈合。污染严重的创伤，未及时进行外科处理，可转为感染创
	感染创	指伤后时间长，创内各组织轮廓不易区分，有明显创伤感染症状

3. 创伤愈合分期及其愈合过程　根据创伤愈合的临床表现，将其分为第一期愈合、第二期愈合、痂皮下愈合3种愈合形式（表3-2-2）。

表 3-2-2　创伤愈合分类及临床表现

分类	临床表现
第一期愈合	其特点是创缘、创壁整齐，创口吻合良好，无肉眼可见的组织间隙，临床上的炎症反应较轻。无菌手术创可取第一期愈合
第二期愈合	有多量的肉芽组织，形成的瘢痕组织被覆上皮组织。伤口大，伴有组织缺损创缘及创壁不整，伤口内有血液凝块
痂皮下愈合	表皮有损伤，创面浅；有少量出血，血液逐渐干燥后结成痂皮覆盖在创伤表面，具有保护作用，痂皮下损伤的边缘再生表皮从而治愈

4. 影响创伤愈合的因素　主要有创伤感染；创内有异物或坏死组织；受伤部位血液循环不良；受伤部位不安静；处理创伤不合理。

5. 治疗

（1）治疗的一般原则　有抗休克、防感染、纠正水与电解质失衡、消除影响创伤愈合的因素、保证营养供应等。

（2）治疗方法

①清洗创围。用灭菌纱布覆盖创面，创围剪毛5～10cm，用酒精或碘酊消毒。

②清洗创面。揭去覆盖的纱布，用生理盐水或防腐液反复清洗创面或冲洗创腔，除去表面的异物、血凝块或脓痂，再用干燥棉球或纱布块拭去创内残存的液体。

③进行清创手术。除去创内异物和血凝块，切除创内失活组织，对创缘做必要的修整，保证排液畅通，力求使新鲜污染创转变为新鲜手术创，争取第一期愈合。

④创伤用药。无菌手术创一般不必用药；新鲜污染创可在使用广谱抗菌药后缝合包扎；化脓创用抗菌药和加速炎性净化的药物并进行引流；肉芽创用促进肉芽生长和上皮生长的药物并进行包扎。

⑤缝合创伤。根据创伤发生的时间及是否感染，分别采取3种缝合：初期缝合对受伤数小时的清洁创或经彻底外科处理后的新鲜污染创施行缝合，以保护创伤和促进第一期愈合；

延期缝合对超过12h的创伤或污染严重的创伤，先用抗菌药物治疗3~5d，待无创伤感染后再缝合；肉芽创缝合又称二次缝合，适用于经适当外科处理后的肉芽创。

⑥创伤引流。适合于创腔深、创道长、创内有坏死组织或创底潴留渗出物，感染创多采用纱布条引流法。

⑦创伤包扎。保护创伤免于继发损伤和感染，且保持创伤安静、保温，有利于创伤愈合。缝合后的新鲜创和未缝合的健康肉芽创一般应包扎，化脓感染创一般采取开放疗法。

⑧全身治疗。当动物出现全身反应时，全身用磺胺类药物或抗生素，并采取必要的强心、输液、减少炎性渗出和防止酸中毒等疗法。

（二）软组织非开放性损伤

1. 挫伤　指的是钝性外力直接作用于机体引起的组织的非开放性损伤，伤部皮肤完整，但皮下溢血，有不同程度的肿痛及运动障碍（如四肢挫伤）。治疗时，早期冷敷以制止溢血渗出，2d后用温热疗法促进肿胀消退。

2. 血肿　指的是钝性外力所致挫伤的同时，造成皮下血管破裂，溢出的血液分离周围组织形成充满血液的腔。致伤后肿胀迅速增大，有明显的波动感或饱满而有弹性，患部有轻微疼痛。小血肿通常可被组织吸收。治疗时，较大的血肿，一般于伤后4~5d穿刺放血，并加压迫绷带；或切开血肿排出血凝块，结扎或烧烙出血点，再用防腐液冲洗创腔后缝合。

3. 淋巴外渗　其临床特点表现为发生缓慢，一般于伤后3~4d出现逐渐增大的局限性肿胀，触诊皮肤不紧张，炎症反应轻微，穿刺液为橙黄色且稍透明，或混有少量血液。治疗时，穿刺排出淋巴液后，注入95％酒精或酒精福尔马林溶液（95％酒精100mL、福尔马林1mL、碘酊数滴，混合备用），停留片刻后抽出。使用一次无效时可行第二次注入。

脓肿、血肿、淋巴外渗、挫伤、疝的鉴别诊断见表3-2-3。

表3-2-3　脓肿、血肿、淋巴外渗、挫伤、疝的鉴别诊断

项目	脓肿	血肿	淋巴外渗	挫伤	疝
形成速度	较慢	很快	较慢	较快	较快，可还纳
温热感	发热	正常或局部增温	凉	发热	正常
波动性	有	有	有	无	无
穿刺液	脓液	血液	淋巴液	无	尿、粪等
是否有肠蠕动音	无	无	无	无	有可能

（三）烧伤与冻伤

1. 烧伤

（1）分类和特征　见表3-2-4。

表3-2-4　烧伤的分类及特征

特征	一度烧伤	二度烧伤	三度烧伤
损伤程度	皮肤表层	皮肤表层及真皮层	皮肤全层或深层组织
局部体征	红、热、痛，无水肿	弥散性水肿或水疱	局部干燥，形成焦痂，有褐色干性坏死

烧伤面易引发铜绿假单胞菌感染，严重大面积烧伤可引起等渗性脱水。

（2）治疗

①现场急救　灭火并将动物牵离火场。呼吸困难者，切开气管，并给予止痛药。

②防止休克　保温、安静，肌内注射氯丙嗪，皮下注射樟脑磺胺钠溶液，静脉补注5%碳酸氢钠溶液。

③伤面处理　剪毛，用温的肥皂水或0.5%氨水洗涤伤部（头部除外），拭干，并用70%酒精消毒，眼部用2%～3%硼酸溶液冲洗。

④防止败血症　使用广谱抗生素。

⑤皮肤移植　优先选择在身体隐蔽处取皮，伤疤不易外露也不易引发排异反应。

2. 冻伤

（1）分类和特征　见表3-2-5。

表3-2-5　冻伤的分类及特征

特征	一度冻伤	二度冻伤	三度冻伤
皮肤和皮下组织	疼痛性水肿	弥漫性水肿	干性坏死
局部体征	症状轻微	水疱破裂形成溃疡	严重，易发生化脓性感染（破伤风、气性坏疽）

（2）治疗　见表3-2-6。

表3-2-6　冻伤的治疗

特征	治疗原则
一度冻伤	恢复血管的紧张力，消除淤血，促进血液循环和水肿消退
二度冻伤	促进血液循环，预防感染，增强血管的紧张力，加速瘢痕和上皮组织的形成
三度冻伤	预防发生湿性坏疽。对已发生的湿性坏疽，应加速坏死组织的断离，促进肉芽组织的生长和上皮的形成，预防全身性感染

（四）损伤的并发症

1. 溃疡

（1）分类和症状

①单纯性溃疡　肉芽生长接近正常肉芽创状态。

②炎症性溃疡　溃疡呈明显的炎性浸润，红、肿、痛显著。

③坏疽性溃疡　创伤组织发生进行性坏死并伴有腐败性液体浸润。

④水肿性溃疡　肉芽苍白、脆弱，呈淡灰白色，且有明显的水肿。

⑤蕈状性溃疡　肉芽高出于皮肤表面，形如散布的真菌状。

⑥褥创性溃疡　皮肤长期受压引起血液循环障碍所发生的坏疽。

⑦神经营养性溃疡　病程长达一年至数年，肉芽苍白或发绀，见不到颗粒。

⑧胼胝性溃疡　肉芽组织过早变为厚而较硬的纤维性瘢痕组织。

（2）治疗

①蕈状性溃疡的治疗　应施行手术切除，或充分搔刮后进行烧烙止血。

②其他溃疡的治疗　改善局部血液循环和神经营养状态，可采用温热疗法，如用红外线、特定电磁波谱、周林频谱仪等照射后，用鱼肝油软膏进行包扎；同时，配合输液强心和补充维生素 A、B 族维生素、维生素 C 等进行治疗。炎症反应剧烈的溃疡，可采用普鲁卡因青霉素封闭疗法。

2. 窦道和瘘管

（1）概念　窦道和瘘管都是狭窄不易愈合的病理性管道，表面被覆上皮或肉芽组织。均有管口、管道、管壁，且管壁上附有上皮或肉芽，管口不断排出分泌物或脓汁，长期不愈合。但窦道呈盲管状，只有一个开口，而瘘管的管道是两头开口。

（2）症状

①窦道　其症状表现为从体表窦道口长期排出少量黏稠的脓汁，窦道壁及窦道口因肉芽组织瘢痕化而变得狭窄而平滑。患有陈旧性窦道的动物多无全身症状。

②瘘管　因胚胎期间畸形发育而引起，如脐瘘、直肠-阴道瘘等；腺体器官和空腔器官发生创伤后未能正常愈合，或因手术操作不当而引起，如腮腺瘘、乳腺瘘、肠瘘等。分泌性瘘，经瘘管口流出该腺体的分泌物；排泄性瘘，经瘘管口向外排泄空腔器官中的内容物。

（3）治疗

①窦道　首先用探针或手指探明窦道的方向及深度，检查窦道内有无异物；然后手术切除窦道壁进行引流，进行引流，局部尽量按无菌手术创缝合。

②瘘管　对排泄性瘘施行手术分离瘘管壁和修补瘘管内口，并注意彻底清创，争取达第一期愈合。对分泌性瘘可灌注 20% 碘酊或 10% 硝酸银溶液，以腐蚀瘘管壁，使新生肉芽组织逐渐填充和堵塞。

3. 坏死与坏疽

（1）坏死　指生物体局部组织或细胞失去活性。

（2）坏疽　指组织坏死后受到外界环境的影响和不同程度的腐败菌感染而产生的形态学的变化。

二者的区别见表 3-2-7。

表 3-2-7　坏死和坏疽的区别

分类	特点
凝固性坏死	坏死部位组织发生凝固、硬化，表面覆盖一层灰白色至黄色的蛋白凝固物
液化性坏死	坏死部位肿胀、软化，随后发生溶解，多见于热伤、化脓灶等
干性坏疽	多见于机械性局部压迫、药品腐蚀等。坏死组织初期表现苍白，水分渐渐失去后颜色变成褐色至暗黑色，表面干裂，呈皮革样外观
湿性坏疽	多见于坏死部腐败菌的感染。初期局部组织脱毛，水肿，暗紫色或暗黑色，表面湿润，覆盖恶臭的分泌物

三、例题及解析

1. 犬咬创的临床特点通常(   )。
   A. 不易感染   B. 创口较大   C. 出血较多
   D. 组织挫灭少   E. 呈管状创

【解析】　E。是由犬牙咬伤所致的组织损伤,被咬部位呈管状创,近似裂创或组织缺损创,创内常含有挫灭组织,出血少,被口腔细菌所污染后可继发蜂窝织炎。

2. 火场急救首先应防止动物发生(   )。
   A. 尿毒症   B. 窒息   C. 尿毒症
   D. 感染   E. 损伤

【解析】　B。考点为烧伤的急救与治疗。在火场现场急救时,主要任务为灭火和清除畜体上的致伤物质,保护创面,防止动物发生窒息,有条件者可注射止痛药等防休克措施。

3. 可能取第一期愈合的是(   )。
   A. 褥创   B. 污染创   C. 化脓创
   D. 陈旧创   E. 肉芽创

【解析】　B。考点为愈合分期的特点及临床表现。第一期愈合的特点为:创缘、创壁整齐,创口吻合良好,无肉眼可见的组织间隙,临床上的炎症反应较轻微。题目中的备选答案中,B选项污染创指的是创伤被细菌和异物所污染,污染创较轻的创伤,经适当的外科处理后可能取第一期愈合。

4. 关于一度烧伤的错误表述(   )。
   A. 皮肤表皮层损伤   B. 生发层健在   C. 有再生能力
   D. 真皮层大部损伤   E. 伤部被毛烧焦

【解析】　D。该题考点为烧伤,烧伤程度分为三度,其中一度烧伤损伤表皮层,伤部被毛烧焦,局部有轻微热、肿、疼,生发层健在,有再生能力,故答案选D。

5. 适用于初期缝合的创伤特征(   )。
   A. 创伤严重污染   B. 创伤已经感染   C. 创伤尚未感染
   D. 创内异物尚未取出   E. 创内出血尚未制止

【解析】　C。该题考点为创伤的治疗。根据创伤情况可采取初期缝合、延期缝合和肉芽创缝合。初期缝合是对受伤后数小时的清洁创或经彻底外科处理的新鲜污染创施行的缝合,适用于初期缝合的创伤条件包括创伤无严重污染、创缘及创壁完整且具有活力、创内无较大的出血和较大的血凝块、缝合时创缘不致因牵引而过分紧张且不妨碍局部的血液循环等。故答案选C。

6. 图3-2-1创面组成结构示意图中标注的"3"所指的是(   )。
   A. 创壁   B. 创底   C. 创缘
   D. 创腔   E. 创围

【解析】　A。该题考点为创伤的组成。如图所示"3"所指处为创壁,"4"为创底,"5"为创腔,"1"为创围,"2"为创缘。

7. 不适用于淋巴外渗的治疗方法是(   )。

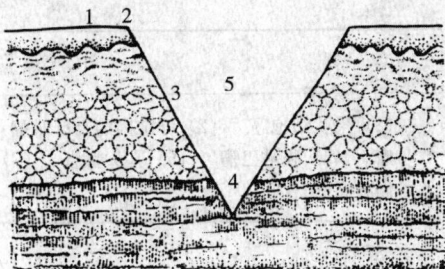

图 3-2-1　创面组成结构示意图

A. 温热疗法
B. 切开疗法
C. 保持动物安静
D. 注入 95％酒精，停留片刻后抽出
E. 注入 95％酒精福尔马林溶液，停留片刻后抽出

【解析】　A。该题考点为淋巴外渗治疗。首先使患病动物保持安静，减少淋巴液外渗和已形成的淋巴凝块破坏。较小的淋巴外渗，在波动明显部位用注射器抽出淋巴液，然后注入 95％酒精或酒精福尔马林溶液，停留片刻后将其抽出。对于较大的淋巴外渗可采用切开，用酒精福尔马林溶液冲洗，用纱布填塞，待淋巴管完全闭塞后按创伤治疗。淋巴外渗病忌用温热疗法。

8. 窦道的治疗措施（　　）。
A. 闭合窦道口
B. 装压迫绷带
C. 冷敷
D. 引流
E. 缝合全部窦道

【解析】　D。该题考点为窦道的治疗。首先用探针或手指探明窦道的方向及深度，探查窦道内有无异物，然后手术切除窦道壁进行引流，局部尽量按无菌手术创缝合。

9. 创伤周围的皮肤或黏膜称为（　　）。
A. 创壁
B. 创口
C. 创围
D. 创底
E. 创面

【解析】　C。该题考点为创伤的组成，根据题干可知，创伤周围的皮肤或黏膜为创围。

10. 淋巴穿刺一般为什么颜色（淋巴外渗的穿刺液）（　　）。
A. 红色透明
B. 黄白色透明
C. 褐色浑浊
D. 乳白色浑浊
E. 橙黄色且稍透明

【解析】　E。淋巴外渗的穿刺液为橙黄色且稍透明，血肿穿刺液为红色。

<<< 第三单元　肿　瘤 >>>

一、考试大纲

单元	细目	要点
肿瘤	1. 概述	（1）症状　（2）诊断　（3）治疗

（续）

单元	细目	要点
肿瘤	2. 常见肿瘤	（1）鳞状细胞癌　（2）纤维肉瘤与纤维瘤　（3）犬肥大细胞瘤　（4）脂肪瘤　（5）猫淋巴瘤　（6）乳头状瘤　（7）犬乳腺肿瘤　（8）犬可传播性性病肿瘤（TVT）

二、重要知识点

（一）概述

良性肿瘤一般称为瘤，其表面光滑，呈膨胀性增长，与周围组织界限清楚，有蒂。上皮组织的恶性肿瘤称为癌，一般表面不完整，呈浸润性生长，与周围组织界限不清楚，无蒂。

1. 症状

（1）局部症状　有肿块（瘤体）、疼痛、病理性分泌物、溃疡、出血、功能障碍。

（2）全身症状　有消瘦、发热、贫血、恶病质。

2. 诊断　有病史调查、体格检查、影像学检查、内镜检查、病理学检查（最可靠）、免疫学检查、酶学检查、基因诊断。

3. 治疗

（1）良性肿瘤的治疗　原则上是进行手术切除。

①对易恶变的、已有恶变倾向的、难以排除恶性的良性肿瘤等应施早期手术，连同部分正常组织彻底切除。

②当良性肿瘤出现危及生命的并发症时，应做紧急手术。

③影响使役、肿块大或并发感染的良性肿瘤可择期手术。

④某些生长慢、无症状、不影响使役的较小的良性肿瘤可不用手术，但要定期观察。

⑤冷冻疗法对良性瘤有良好疗效。

（2）恶性肿瘤的治疗

①早期或原位癌，应行切除术，有的可用放射治疗、电灼或冷冻等方法。

②肿瘤已有转移，但仅局限于近区淋巴结时，以手术切除为主，辅以放射和抗癌药物治疗。

③肿瘤已有广泛转移或有其他原因不能切除者，可行姑息性手术，综合应用抗癌药物及其他疗法。

（二）常见肿瘤

1. 鳞状细胞癌　鳞状细胞癌是由鳞状上皮细胞转化而来的恶性肿瘤，又称鳞状上皮癌，简称鳞癌。最常发生于动物皮肤的鳞状上皮和有此种上皮的黏膜。治疗时手术与放射疗法合用。

2. 纤维肉瘤和纤维瘤　纤维肉瘤是来源于纤维结缔组织的一种恶性肿瘤。纤维瘤是来源于纤维结缔组织的一种良性肿瘤，通常是由纤维组织异常增生所致。

纤维瘤组织内的胶原纤维排成束状，互相编织，纤维间含有细长的纤维细胞；外观呈结节状，与周围组织分界明显，有包膜；切面灰白色，可见编织状的条纹，质地韧硬；常见于四肢及躯干皮下。纤维瘤宜早期手术切除，并适当切除相连的周围组织。此外，还可用内分泌、非甾体类药物、放化疗、靶向治疗等。

3. 犬肥大细胞瘤　犬多发于肛门周围、包皮、内脏。病犬体表淋巴结肿胀，呈渐进性消瘦、贫血。良性肥大细胞瘤一般通过手术切除。常用的植物类抗癌药物是长春新碱。

4. 脂肪瘤　脂肪瘤是犬、猫常见的间叶性皮肤肿瘤，是由脂肪细胞与成脂细胞组成的良性肿瘤。脂肪瘤占犬、猫皮肤肿瘤的 5%～7%，犬发生在第三眼睑、胸、肩、肘关节内侧、腹、阴门和腹侧壁等处。单纯的脂肪瘤生长慢，光滑，可移动，质地软，大小不一，病初容易扯碎，出血较少，呈球状、结节状或不规则的分叶状，周围有一层薄的纤维包膜，内有很多纤维素纵横形成的许多间隔，老的脂肪瘤变为脂肪囊肿，可钙化甚至骨化。常用治疗方法是直接手术切除，预后良好。

5. 猫淋巴瘤　猫淋巴肉瘤又称猫白血病，是猫常见的肿瘤，其病原是猫白血病病毒和猫肉瘤病毒。

6. 乳头状瘤　是临床上常见的表皮良性肿瘤，外形为结节状或菜花状。牛乳头状瘤，病原为牛乳头状瘤病毒。常采用手术切除或烧烙、冷冻及激光疗法。

7. 犬乳腺肿瘤　大于 6 岁的母犬常见，近半为恶性。有癌、瘤、肉瘤等型。乳腺肿瘤可转至淋巴结、肺脏等器官。形态具有介于成纤维细胞和平滑肌细胞之间的特点。其增生的细胞间具有数量不等的胶原，缺乏恶性细胞的特征，核分裂象极少。在病变边缘的血管周围可见淋巴细胞浸润。治疗时应选择及时而彻底的手术切除。

8. 犬可传播性性病肿瘤（TVT）　TVT 是侵害犬的外生殖器和其他黏膜的一种自发性肿瘤，又称接触传染性淋巴肉瘤。是一种自然发生的脱落细胞的同种异基因移植物，在交配或口、鼻接触时植入宿主黏膜。肿瘤通常分为叶状、菜花状、无蒂的团块，偶尔呈乳头状或有蒂。表面松软，生长早期呈红色，后期呈淡红色或灰色。常有出血和坏死。最常见的部位在外生殖器，如包皮或阴茎、外阴、前庭或阴道。外科切除可能治愈，但手术后常会复发。化学疗法治疗 TVT 的成功率很高。0.025mg/kg 长春新碱静脉注射，1 周 1 次，一般 3～6周即可。

三、例题及解析

1. 对放射线敏感度高的肿瘤细胞是（　　）。
　　A. 分化程度高、新陈代谢快的细胞　　　　B. 分化程度低、新陈代谢慢的细胞
　　C. 分化程度高、新陈代谢慢的细胞　　　　D. 分化程度低、新陈代谢快的细胞
　　E. 分化程度与新陈代谢均正常的细胞

【解析】　D。考点为肿瘤的放射治疗，放射治疗是利用放射线治疗肿瘤的一种局部治疗方法，放射线包括放射性同位素产生的 α、β、γ 线和各类 X 线治疗机或加速器产生的 X 线、电子线、质子束及其他粒子束等。分化程度愈低、新陈代谢愈旺盛的细胞，对放射线愈敏感。临床上最敏感的是造血淋巴系统和某些胚胎组织的肿瘤，如恶性淋巴瘤、骨髓瘤、淋巴上皮癌等。

2. 牛，4 岁，眼部角膜表面有白色斑点，稍突出表面，逐渐变大形成疣状物；眼睑见乳

头状瘤样肿块，表面破溃出血。该牛眼睑瘤样物很可能是( )。

    A. 纤维肉瘤   B. 鳞状细胞癌   C. 腺癌

    D. 纤维瘤   E. 组织细胞瘤

【解析】 B。来源于复层扁平上皮组织的恶性肿瘤——鳞状细胞癌，是皮肤表皮细胞的一种恶性肿瘤，常发于眼睑皮肤结膜交界处的皮肤棘细胞层，临床表现呈溃疡状、菜花状或乳头状。

(3~4题共用备选答案)

    A. 化学疗法   **B. 抗生素疗法**   **C. 营养疗法**

    D. 手术切除肿块   **E. 去势术**

3. 犬肛周皮下出现直径 2.5cm 的肿块，已经 3 年，无明显肿大，肿物局限无转移和扩散，经病理组织学检查为良性肥大细胞瘤，该病的最佳治疗方法是( )。

【解析】 D。良性肿瘤治疗首先考虑手术切除。

4. 公犬左侧睾丸肿胀，右侧萎缩，躯体两侧有对称性脱毛，乳头膨大，愿意接触其他公犬，表现雌性化，经组织病理学检查为细胞瘤，该病的最佳疗法是( )。

【解析】 E。该题考点为犬睾丸足细胞瘤治疗，首先考虑去势术。

<<< 第四单元 风 湿 病 >>>

一、考试大纲

单元	细目	要点
风湿病	1. 病因与病理分期	(1) 病因 (2) 病理分期
	2. 症状与治疗	(1) 症状 (2) 治疗

二、重要知识点

(一) 病因与病理分期

1. 病因 风湿病是一种变态反应性疾病，并与溶血性链球菌感染有关。

2. 病理分期

(1) 变性渗出期 结缔组织基质的黏液变性，胶原纤维肿胀、断裂、崩解，基质蛋白多糖升高，导致纤维素样坏死，少量浆液和炎症细胞（淋巴细胞、浆细胞和单核细胞）浸润。

(2) 增殖期 出现风湿性肉芽肿或阿孝夫小体（Aschoff body），是风湿病的特征性病变，是病理上确诊风湿病的依据，且是风湿活动的指标。

(3) 硬化期（瘢痕期） 全身性结缔组织的症候，分为三期。

(二) 症状与治疗

1. 症状 发病的肌肉群、关节及蹄的疼痛和机能障碍有突发性、疼痛性、游走性、对称性、复发性和活动后疼痛减轻等特点。

2. 治疗　用解热、镇痛及抗风湿药水杨酸类药物，包括水杨酸、水杨酸钠及阿司匹林，用抗生素控制链球菌感染时首选青霉素。

三、例题及解析

活动性风湿病的确诊指标是在组织内出现(　　)。

 A. 巨噬细胞   B. B淋巴细胞   C. T淋巴细胞

 D. 红细胞   E. 阿孝夫小体（Aschoff body）

【解析】　E。该题考点为风湿病。风湿病是一种常反复发作的急性或慢性非化脓性炎症，以胶原纤维发生纤维素样变性为特征，其特征性病变是出现风湿性肉芽肿或阿孝夫小体，这是病理上确诊风湿病的依据，且是风湿活动的指标。

<<< 第五单元　眼科疾病 >>>

一、考试大纲

单元	细目	要点
眼科疾病	1. 眼科检查方法	(1) 一般检查　(2) 泪液检查　(3) 眼内压测定　(4) 检眼镜的使用　(5) 治疗
	2. 第三眼睑腺疾病	
	3. 角膜炎	(1) 分类　(2) 症状　(3) 治疗
	4. 结膜炎	(1) 卡他性结膜炎　(2) 化脓性结膜炎
	5. 牛传染性角膜结膜炎	
	6. 青光眼	(1) 病因　(2) 治疗
	7. 白内障	(1) 症状　(2) 检查　(3) 治疗
	8. 虹膜炎	

二、重要知识点

（一）眼科检查方法

1. 一般检查　包括眼睛各部位的视诊，眼睑及眼球的温热、肿胀和眼内压的触诊。

2. 泪液检查　泪液分泌量测定——Schirmer试验，是检测泪液分泌量的常用方法。虎红染色法，用于干眼病的诊断。泪液析晶形态试验，常用于角膜干燥症的诊断。

3. 眼内压测定　眼内压是眼内容物对眼球壁产生的压力，用眼压计测量。

4. 检眼镜的使用　用间接检眼镜所看到的眼底是放大 4～5 倍的倒像。玻璃体与眼底检查前 30～60min，向被检眼内滴入 1% 硫酸阿托品 2～3 次，用以散瞳。检查者手持检眼镜，在距动物眼睛 1～2cm 处，打开检眼镜开关，将光源对准瞳孔，让光线射入患眼，调整好转盘，由镜孔通过瞳孔观察眼内及眼底情况，一般应上、下、左、右移动检眼镜比较观察。临床检查时，主要观察视神经乳头、血管等的变化，并能够解释所发生变化的临床诊断意义。

5. 治疗　有洗眼、点眼、结膜下注射、球后麻醉、眼睑下灌流法。

（二）第三眼睑腺疾病

第三眼睑，又称为瞬膜，是一种可移动的具有保护功能的结构，其位于角膜和靠近鼻侧的下眼睑之间。常见的第三眼睑疾病主要有第三眼睑突出（瞬膜突出）、第三眼睑腺增生（樱桃眼）、第三眼睑软骨蹄踃曲。

（三）角膜炎

1. 分类　由于角膜病变可来自上皮或内皮，故根据发生部位及角膜受侵害的深度分为浅表性角膜炎、间质性角膜炎、溃疡性角膜炎和深层性角膜炎。

（1）浅表性角膜炎　突出特征是角膜表面浑浊和上皮下出现新生血管。

（2）间质性角膜炎　是角膜基质深层的炎症，多因眼内感染引起，如犬传染性肝炎、马混睛虫病。

（3）溃疡性角膜炎　又称角膜溃疡，绝大部分为外来因素所致，即感染性致病因子由外侵入角膜上皮细胞层而发生的炎症。

（4）深层性角膜炎　累及角膜深层发生的炎症，如后弹力层和内皮层等。

2. 症状　有畏光、流泪、疼痛、眼睑闭合、角膜浑浊、角膜缺损或溃疡，角膜周围形成新生血管或睫状体充血。

（1）外伤性角膜炎常可找到伤痕，透明的表面变为淡蓝色或蓝褐色。

（2）由化学物质引起的角膜炎，轻的仅见角膜上皮被破坏，形成银灰色浑浊。

（3）当角膜面上形成不透明的白色瘢痕时，叫做角膜浑浊或角膜翳。

（4）犬传染性肝炎恢复期，常见单侧间质性角膜炎和水肿，呈蓝白色角膜翳。

（5）当有细菌感染时，角膜呈暗灰色或灰黄色浸润，形成脓肿、溃疡。

（6）萤光素点眼可确定溃疡的存在及其范围。

3. 治疗　对直径小于 3mm 的角膜破裂，可用眼科无损伤缝针和可吸收缝线进行缝合；角膜溃疡穿孔，可用附近的球结膜做成结膜瓣，覆盖固定在溃疡处（结膜瓣遮盖术），若不能控制感染则应行眼球摘除术。外伤性角膜炎，青霉素、普鲁卡因、氢化可的松作结膜下或患眼上、下眼睑皮下注射效果好，但不能用于角膜溃疡或角膜穿孔的患眼。

（四）结膜炎

有畏光、流泪、结膜充血、结膜水肿、眼睑痉挛、渗出物及白细胞浸润症状。

1. 卡他性结膜炎　是临床上最常见的病型，结膜潮红、肿胀、充血，流浆液、黏液或黏液脓性分泌物。

2. 化脓性结膜炎 常从眼内流出多量化脓性分泌物，上、下眼睑常被粘在一起。

（五）牛传染性角膜结膜炎

由牛莫拉菌引起，秋家蝇是媒介，阳光中的紫外线为诱因。临床表现为畏光、流泪、眼睑痉挛和闭锁、局部增温；出现角膜炎和结膜炎的临床体征；圆锥形角膜为本病的特征性病变；可引起角膜溃疡和穿孔。

治疗：隔离消毒；局部用药可向患眼滴入硝酸银溶液、蛋白银溶液、硫酸锌溶液或葡萄糖溶液；也可涂擦 3％甘汞软膏、抗生素眼膏；结膜下注射抗生素；全身应用抗生素。

（六）青光眼

青光眼是由于眼房角阻塞，眼房液排出受阻使眼内压升高所致的疾病，可发生于一只眼睛或两只眼睛。临床表现为眼压增加，眼球增大，视力减弱或消失，虹膜和晶状体向前突出，前房缩小，瞳孔散大，无光反射。初期角膜透明，后期则变为毛玻璃状，视神经萎缩。

1. 病因

（1）原发性青光眼 多因眼房角结构发育不良或发育停止，引起房水排泄受阻、眼压升高。

（2）继发性青光眼 眼球疾病；棉籽饼中毒；维生素缺乏；近亲繁殖；性激素代谢紊乱；碘缺乏；晶状体脱位（犬）。

（3）先天性青光眼 胚胎期发育缺陷，房角结构异常或残留部分胚胎组织，堵塞引流通道，使房水无法正常排出，导致眼压升高。

2. 治疗 无特效方法，可采用高渗疗法，如用 40％～50％葡萄糖注射液等；使用缩瞳药毛果芸香碱；内服碳酸酐酶抑制剂乙酰丙嗪；手术治疗，如角膜穿刺术、小梁切除术、周边虹膜切除术及巩膜周边冷冻术。

（七）白内障

1. 症状 晶状体或晶状体及其囊浑浊、瞳孔变色、视力消失或减退。

2. 检查

（1）烛光成像检查 当晶状体全浑浊时，烛光成像看不见第三个影像，第二个影像反而比正常时更清楚。

（2）检眼镜检查 眼底反射强度下降得越多，晶状体的浑浊就越完全。

3. 治疗

（1）晶状体摘除术 在角膜缘或巩膜边缘作一个切口（15mm）。

（2）晶状体乳化白内障摘除术 用探针直接传递超声能量使晶状体破裂乳化并被吸出的一种白内障摘除术。该手术可最大程度地保护晶状体后囊。

（3）人工晶体植入 一般先通过白内障超声乳化摘除术治疗，再把变性的晶状体蛋白取出，并植入调节屈光度的人工晶体。

（八）虹膜炎

患畜表现畏光、流泪、增温、疼痛剧烈的临床症状。由于瞳孔缩小和调节不良，故易形成后粘连。患虹膜炎时眼内压常下降。

三、例题及解析

1. 角膜上出现树枝状新生血管，提示炎症主要在角膜(　　)。

    A. 浅层　　　　　　　　　B. 深层　　　　　　　　　C. 后弹力层

    D. 上皮细胞层　　　　　　E. 内皮细胞层

【解析】　A。该题考点为角膜炎，角膜炎是角膜因受微生物、外伤、化学性、物理性等因素影响而发生的炎症，为最常见的眼病之一。临床上常见有外伤性、表层性、深层性（实质性）及溃疡性角膜炎等类型。其中，表层性角膜炎的血管来自结膜，呈树枝状分布于角膜表面上，可看到其来源。

2. 拨云散适用的眼病是(　　)。

    A. 卡他性结膜炎　　　　　B. 化脓性结膜炎　　　　　C. 间质性角膜炎

    D. 溃疡性角膜炎　　　　　E. 虹膜睫状体炎

【解析】　C。该题考点为角膜炎的药物治疗，拨云散属于中成药，决明散、明目散对间质性角膜炎也有一定疗效。

3. 青光眼的主要症状(　　)。

    A. 眼内压升高　　　　　　B. 眼房液浑浊　　　　　　C. 晶状体浑浊

    D. 角膜混浊　　　　　　　E. 泪液增多

【解析】　A。该题考点为青光眼。青光眼是由于眼房角阻塞，眼房液排出受阻使眼内压升高所致，可发生于一只眼睛或两只眼睛。该病多见于小动物，症状为眼内压明显升高，球结膜血管明显充血扩张，瞳孔散大，瞳孔反射消失。

(4～6 题共用备选答案)

    A. 卡他性结膜炎　　　　　B. 化脓性结膜炎　　　　　C. 浅表性角膜炎

    D. 深层性角膜炎　　　　　E. 溃疡性角膜炎

4. 使役公牛，3岁，结膜充血，角膜水肿，浅表性血管增生，增生部位浑浊，表面粗糙，且随病程延长而出现色素沉着。该眼病最可能的诊断是(　　)。

【解析】　C。根据题干，结合其表现出结膜充血、角膜水肿、浅表性血管增生、增生部位浑浊、表面粗糙可分析得出，该眼病为浅表性角膜炎。

5. 使役公牛，4岁，角膜急性浑浊，深层和浅层血管增生，随病程延长角膜出现瘢痕。该眼病最可能的诊断是(　　)。

【解析】　D。根据题干，即"其角膜出现急性浑浊，深层和浅层血管增生，随病程延长，角膜出现瘢痕"的症状与深层性角膜炎所表现的临床症状相符，因此诊断该眼病为深层性角膜炎。

6. 使役公牛，5岁，眼有黏性分泌物，荧光素检查角膜有不规则局限性浅表缺损，无血管生长。该眼病最可能的诊断是(　　)。

【解析】　E。根据题干可知，荧光素检查角膜有不规则局限性浅表缺损，无血管生长，该症状属于典型的溃疡性角膜炎。

7. 治疗青光眼的手术不包括(　　)。

A. 巩膜打孔结膜覆盖滤过术　　　B. 小梁切除术　　　　　　　C. 晶状体摘除术

D. 睫状体冷凝术　　　　　　　　E. 虹膜周边切除术

【解析】　C。该题考点为青光眼。青光眼的手术疗法包括角膜穿刺术、小梁切除术、虹膜周边切除术及巩膜周边冷冻术，不包括晶状体摘除术。

8. 混血马，8岁，骑乘后次日左眼半闭、流泪，角膜浑浊，结膜呈粉红色。该马病的诊断是（　　）。

A. 角膜炎　　　　　　　　　B. 结膜炎　　　　　　　　　C. 虹膜炎

D. 视网膜炎　　　　　　　　E. 青光眼

【解析】　A。根据题干，结合其症状表现可知其为角膜炎特征。

9. 金毛犬，2岁，2d前主人自行在家中用硫黄皂给其清洗体表，次日患犬右眼畏光、流泪，眼睑轻度肿胀，结膜潮红、充血，虹膜纹理清晰可见。该犬病的诊断是（　　）。

A. 角膜炎　　　　　　　　　B. 结膜炎　　　　　　　　　C. 虹膜炎

D. 视网膜炎　　　　　　　　E. 青光眼

【解析】　B。根据题干，结合其症状表现可知其为结膜炎特征。

10. 黄牛，4岁，体温40.5℃，厌食、流涎、跛行；两眼畏光、流泪，轻度肿胀，角膜及眼前房液浑浊，瞳孔缩小，虹膜纹理不清。该牛病的诊断是（　　）。

A. 角膜炎　　　　　　　　　B. 结膜炎　　　　　　　　　C. 虹膜炎

D. 视网膜炎　　　　　　　　E. 青光眼

【解析】　C。根据题干，结合其症状表现可知其为虹膜炎特征。

11. 治疗结膜炎的原则不包括（　　）。

A. 手术疗法　　　　　　　　B. 遮挡光线　　　　　　　　C. 除去病因

D. 对症治疗　　　　　　　　E. 清洗患眼

【解析】　A。根据题干，结膜炎的治疗原则主要包括：①滴眼药水；②涂抹眼药膏；③冲洗结膜囊；④全身治疗。

12. 治疗直径2～3mm的角膜穿孔宜采用的方法是（　　）。

A. 用10%氯化钠溶液每日3～5次点眼

B. 用40%葡萄糖溶液或自家血点眼

C. 用眼科无损伤缝合针和可吸收缝线进行缝合

D. 用青霉素、普鲁卡因、氢化可的松作结膜下注射

E. 用中成药拨云散治疗

【解析】　C。引起角膜穿孔常见的原因为异物或外力直接损伤眼角膜。对于角膜愈合差或不愈合的角膜穿孔病例，在进行角膜清创后，采用显微眼科手术技术来修复或重建眼角膜。

13. 眼结膜消毒最常用的药物是（　　）。

A. 1%高锰酸钾　　　　　　　B. 3%硼酸　　　　　　　　　C. 苯扎溴铵

D. 75%酒精　　　　　　　　　E. 碘伏

【解析】　B。该题考点为眼部消毒用药，眼部消毒常用药物为2%～3%硼酸。

<<< 第六单元　头颈部疾病　>>>

一、考试大纲

单元	细目	要点
头颈部疾病	1. 耳病	(1) 耳血肿　(2) 外耳炎　(3) 中耳炎
	2. 颌面部疾病	(1) 面神经麻痹　(2) 马、牛鼻旁窦炎
	3. 齿病	(1) 牙周炎　(2) 犬、猫牙结石　(3) 齿槽骨膜炎　(4) 牙髓炎　(5) 龋齿　(6) 牙齿不正
	4. 舌下囊肿	(1) 症状　(2) 治疗
	5. 颈静脉炎	(1) 病因　(2) 诊断　(3) 治疗

二、重要知识点

(一) 耳病

1. 耳血肿　耳血肿是指在外力的作用下耳部血管破裂，血液积聚于耳郭皮肤与耳软骨之间形成的肿胀。

(1) 病因

①机械性损伤　如动物之间打斗玩耍。

②耳内寄生痒螨　因瘙痒剧烈而摇头甩耳，摩擦患耳造成耳郭挫伤和耳郭内血管破裂。

(2) 症状　血肿形成后耳郭增厚数倍、下垂，按压有波动感并疼痛。穿刺放血后常再发，多次穿刺容易感染化脓。

(3) 治疗　耳血肿小的一般不必治疗，待其自行吸收。较大的耳血肿可在穿刺放血后，在耳郭内侧放适量棉花后装加压耳绷带，并保留 7~10d。若保守疗法使用无效，可消毒后在血肿一侧作 1~1.5cm 长的纵向切口，排出积血及凝血块，然后作若干散在的平行于切口的耳郭全层结节缝合，以消除血肿腔。术后可装置耳绷带，以适当施压制止出血和渗出。

2. 外耳炎

(1) 概念　是指外耳道皮肤的炎症，多发于垂耳或外耳道多毛的犬、猫品种。

(2) 症状　突出表现为摇头、甩耳、抓耳，指压耳根部敏感、疼痛。检查发现外耳道湿润，有带臭味的、淡黄色浆液性或黏脓性分泌物；慢性病例分泌物黏稠，常见外耳道上皮肥厚、增生，被堵塞。

(3) 治疗　用 3% 双氧水充分洗涤外耳道，用干棉球擦干。炎症轻微的，在耳道内涂布 1%~2% 龙胆紫溶液或 1:4 碘甘油。炎症严重的，可用抗生素和激素混合药水滴耳，若滴入药液过多，应停留数分钟再倾出药液为好。

3. 中耳炎

（1）概念 中耳炎的发病部位是鼓室及咽鼓管，一般多发于猪、犬和兔等。

（2）症状

①单侧性。将头倾向患侧，患耳下垂，有时出现回转运动。

②两侧性。头颈伸长，以鼻触地；

③化脓性。体温升高，食欲不振，精神沉郁，有时横卧或出现阵发性痉挛等症状。

④炎症蔓延至内耳。动物表现耳聋和平衡失调、转圈、头颈倾斜而倒地。

（3）治疗 局部和全身应用抗生素治疗；冲洗中耳腔；伴有鼓泡骨硬化和骨髓炎性中耳炎时，需施鼓泡骨切除术。

（二）颌面部疾病

1. 面神经麻痹

（1）病因 有感染性病变、自身免疫、肿瘤、外伤、药物中毒等。

（2）症状 患畜面肌瘫痪，采食及饮水困难，上眼睑下垂，眼睑反射消失，无法眨眼，以及鼻翼塌陷、鼻孔狭窄，进而影响呼吸。

（3）治疗 对症治疗，眼睛干涩用人工泪液治疗，嘴巴闭合困难可以改变食物类型；对因治疗，找到病因，针对性治疗，还可以物理治疗及手术治疗。

2. 马、牛副旁窦炎

（1）症状 脓性鼻液中带有新鲜血液，表明窦内有骨折性损伤；混有草屑或饲料，表明牙齿缺损与上颌窦相通；混有腐败血液，表明窦内有坏疽或恶性肿瘤。

（2）治疗 在患病动物的额窦和上颌窦处选择适当位置施行圆锯术进行治疗，术部骨膜，呈"十"字或瓣状切开。皮肤可不缝合或假缝合，外施以绷带。如此处理直至化脓减少或停止。

（三）齿病

1. 牙周炎 牙周炎是侵犯牙龈和牙周组织的慢性炎症，是一种破坏性疾病，其主要特征为牙周袋的形成及袋壁的炎症、牙槽骨吸收和牙齿逐渐松动。

2. 犬、猫牙结石 除去齿石，主要采用刮治法；清除龈下齿石时不宜使用超声波除石器，以防损伤牙周组织。

3. 齿槽骨膜炎 牙齿、齿龈、齿槽、颌骨的损伤，口蹄疫及溃疡性口炎时发生的齿龈疾病；龋齿、齿髓炎，异物嵌入齿龈与齿槽之间而使齿龈与齿分离等，以上因素均可发生齿槽骨膜炎。有慢性炎症时齿龈变粗糙或形成新骨质覆盖于齿根，形成慢性骨化性齿槽骨膜炎。若被感染，则发生化脓性齿槽骨膜炎。

4. 牙髓炎 牙髓炎是比较常见的牙齿疾病，以疼痛为主要症状。牙髓炎主要由来自牙体的感染。深龋、楔状缺损等牙体硬组织疾病如不能得到及时、有效控制和治疗时，均可引发牙髓炎。

5. 龋齿 常有呈褐色的齿斑或齿石，其釉质和齿骨质形成凹陷、空洞。用尖的探针探查，其病变部柔软。犬常发部位为第一上臼齿齿冠，猫则多见于露出的臼齿根或犬齿。

6. 牙齿不正

（1）牙齿发育异常 有赘生齿（动物齿额定数以外的新生齿）、牙齿更换不正常、牙齿失位、齿间隙过大。

(2) 牙齿磨灭不正 有斜齿(锐齿)、过长齿、波状齿、阶状齿、滑齿。

(四) 舌下囊肿

1. 症状 舌下、下颌出现无热痛、无炎症、逐渐增大、有波动的肿块,流涎;舌下囊肿被牙磨破,有血液进入口腔或饮水时血液滴入饮水盘中。囊肿的穿刺液黏稠,为淡黄色或黄褐色,呈线状从针孔流出。

2. 治疗 可采用腺体摘除术,临床上较常用下颌腺-舌下腺摘除术。单纯作舌下腺切除是困难的,往往同时切除下颌腺和舌下腺。

(五) 颈静脉炎

1. 病因 最常见的病因是颈静脉采血、放血、注射不按照无菌操作规程;行颈部手术时,造成颈静脉组织损伤和继发感染;将刺激性药物(如氯化钙、水合氯醛等)漏至颈静脉外。

2. 诊断

(1) 单纯性颈静脉炎 压迫血管近心端,患部静脉怒张不明显。

(2) 颈静脉周围炎 压迫血管近心端,肿胀上方的静脉可见不同程度的充盈。

(3) 血栓性颈静脉炎 压迫血管近心端,有空虚、无弹性的感觉。压迫近心端,远端不见血管扩张。穿刺血管,无血液流出。

(4) 化脓性颈静脉炎 压迫血管近心端,患部静脉不见扩张。

(5) 出血性颈静脉炎 血栓和血管壁可发生化脓性溶解,突然在某处静脉管壁薄弱的地方破裂而出血。

3. 治疗 由药物外漏引起时,应立即停止注射,并向局部隆起处注入生理盐水,同时用20%硫酸钠热敷,也可在隆起周围用盐酸普鲁卡因封闭。若隆起过大,可考虑在其下缘作切口,以排出漏出的药物。如是氯化钙漏出,可局部注射10%~20%硫酸钠,以使形成无刺激性的硫酸钙。无菌性血栓性颈静脉炎,可应用局部温热疗法,也可应用消炎消肿散、复方醋酸铅散等外敷,不宜涂有刺激性强的软膏。颈静脉周围蜂窝织炎,应早期切开,切口要大,并深达受侵害的肌肉,以有效清除坏死组织和渗出液。化脓坏死性血栓性颈静脉炎,宜采用颈静脉切除术。

三、例题及解析

1. 与犬牙周病无关的症状是(　　　)。

    A. 齿磨灭不正　　　　　　　　　　　B. 不敢咀嚼硬质食物

    C. 牙周袋形成并蓄脓　　　　　　　　D. 牙疼痛明显

    E. 齿龈肿胀或萎缩

【解析】 A。该题考点为齿病,A选项属于牙齿异常,不是牙周病。

2. 犬,3岁,下颌出现肿胀,有成人拳头大,触诊无热、无痛,有波动,穿刺后流出淡黄色的无味黏稠液体,手术治疗应施行(　　　)。

  A. 腮腺囊肿摘除术　　　　　　　　　B. 舌下囊肿造袋术

  C. 颈部黏液囊肿造袋术　　　　　　　D. 咽部囊肿造袋术

  E. 下颌腺和舌下腺切除术

【解析】　E。根据题干，犬，3 岁，下颌出现肿胀，有成人拳头大，触诊无热、无痛，有波动，穿刺后流出淡黄色的无味黏稠液体，从其犬发生肿胀的解剖部位及触诊的检查综合分析可以判断出，犬患的是下颌腺和舌下腺囊肿。因此，采取的手术治疗为下颌腺和舌下腺切除。

3. 不属于牙周炎症状的（　　）。

  A. 牙龈红肿　　　　　　　B. 牙周袋增大　　　　　　　C. 牙周溢脓

  D. 牙齿松动　　　　　　　E. 咀嚼不停

【解析】　E。该题考点为牙周炎的症状。牙周炎急性期表现牙龈红肿、变软，牙龈边缘水肿、增厚、变圆，边缘牙龈出现红斑。转为慢性期时，表现为牙周袋、牙龈萎缩、增生，由于受炎症刺激，故牙周韧带被破坏，使正常的齿沟加深、破坏，形成蓄脓的牙周袋并伴有脓汁流出。由于牙周组织的破坏，因此出现牙齿松动，影响咀嚼。

4. 犬，10 岁，有采食障碍，咀嚼异常，发病 6d 后症状减轻并逐渐消失，以后齿根部骨质增生，形成骨赘。该病的诊断最可能为（　　）。

  A. 非化脓性齿槽骨膜炎　　　　　　　B. 牙周炎

  C. 化脓性齿槽骨膜炎　　　　　　　　D. 齿髓炎

  E. 牙龈炎

【解析】　A。该题考点为齿槽骨膜炎。齿槽骨膜炎为齿龈与齿槽壁间软组织的无菌性或化脓性炎症，分为化脓性和非化脓性。非化脓性齿槽骨膜炎只发生暂时性采食障碍与咀嚼异常，经 1 周左右症状减轻或消失，但多数转为慢性。继发骨膜炎，齿根部骨质增生形成骨赘，齿龈粗糙或形成新骨质覆盖于齿根，齿根与齿槽形成粘连。病牙在齿槽中松动，散发恶臭。

5. 中耳炎的发病部位是（　　）。

  A. 垂直外耳道　　　　　　B. 水平外耳道　　　　　　　C. 骨迷路和膜迷路

  D. 鼓室和咽鼓室　　　　　E. 耳郭

【解析】　D。中耳炎是指鼓室及耳咽管的炎症，链球菌和葡萄球菌是中耳炎常见的病原菌。

6. 动物齿额定数以外的新生齿称为（　　）。

  A. 滑齿　　　　　　　　　B. 过长齿　　　　　　　　　C. 阶状齿

  D. 赘生齿　　　　　　　　E. 波状齿

【解析】　D。该题考点为赘生齿的定义，根据题干，故答案选 D。

7. 犬剧烈摇头抓耳，引起耳部血管破裂的是（　　）。

  A. 鼻窦炎　　　　　　　　B. 外耳炎　　　　　　　　　C. 中耳炎

  D. 耳血肿　　　　　　　　E. 腮腺炎

【解析】　D。耳血肿是指在外力作用下耳部血管破裂，血液积聚于耳郭皮肤与耳软骨之间形成的肿胀。

<<< 第七单元 胸腹部疾病 >>>

一、考试大纲

单元	细目	要点
胸腹部疾病	1. 胸壁疾病	(1) 胸壁凹陷 (2) 胸壁透创
	2. 胸腔疾病	(1) 胸腔积液 (2) 乳糜胸
	3. 腹壁透创	

二、重要知识点

(一) 胸壁疾病

1. 胸壁凹陷 胸壁凹陷 (pectus excavatum) 指胸骨后端及肋软骨向胸腔凹陷的一种先天性畸形,因造成胸腔后部呈背、腹狭窄的漏斗状,故又称为漏斗胸。本病在犬、猫中均有发生,其中以短头型犬较多发。

(1) 症状 胸壁凹陷的动物可出现症状或不出现症状。主要表现为呼吸机能和心血管机能紊乱。患病动物呼吸浅、快,肺呼吸音粗厉,有不同程度的呼吸困难。

(2) 诊断 胸部 X 线片可显示胸骨于胸廓后部异常升高。通过测量 X 线胸片上胸廓的矢状指数及椎骨指数,可对胸壁畸形进行客观评价。矢状指数采用第 10 胸椎处的胸宽与第 10 胸椎腹面中央到胸骨最近点之间的比例。椎骨指数采用已选定的椎体背面中央到胸骨最近点之间的距离与该锥体中央上下径的比例。依据胸廓的矢状指数及椎骨指数,可将本病分为轻度、中度和重度,有助于客观评价对本病施行手术矫正的效果。

(3) 治疗 对仅表现为单纯扁平胸的动物,一般不需要外科矫正。当本病造成呼吸机能和心血管机能紊乱症状时,可施行手术修复,方法包括多处肋软骨切开、膈肌松弛术和应用内支架或外夹板维持胸骨于正常位置。

2. 胸壁透创 胸壁透创是穿透胸膜的胸壁创伤,可继发气胸、血胸、脓胸、胸膜炎、肺炎及心脏损伤等。

(1) 气胸 闭合性气胸伤侧胸部叩诊呈鼓音,听诊可闻呼吸音减弱;开放性气胸出现纵隔摆动;张力性气胸(活瓣性气胸)胸壁创口呈活瓣状。

(2) 血胸 血胸主要根据胸壁下部叩诊出现水平浊音,X 线检查在胸膈三角区呈现水平的浓密阴影,胸腔穿刺获得带血的胸水及在胸下部可听到拍水音进行诊断,严重时出现贫血、呼吸困难等与失血、呼吸障碍有关的相应症状。

(二) 胸腔疾病

1. 胸腔积液 胸腔积液 (hydrothorax) 是指胸膜腔内有较多的渗漏液潴留。正常状态下，犬、猫胸膜腔内仅有少量浆液，具有润滑胸膜和减轻呼吸时肺与胸膜壁层之间的摩擦作用，当胸膜液的形成与吸收平衡出现失调时即发生胸腔积液。

（1）临床症状　大多数患病动物不表现临床症状，最常见的症状是呼吸困难，通常表现为吸气有力，呼气延迟，动物似乎是在有意地抑制呼吸，其他症状包括呼吸急促、黏膜发绀、张口呼吸、咳嗽、心音及肺呼吸音减弱等。此外，患病动物也可出现体温升高、精神沉郁、食欲减退、体重减轻、黏膜苍白、心律不齐和心杂音、心包积液、腹水等症状。

（2）诊断　全面评价心脏及呼吸机能，有助于对胸腔积液做出诊断。

（3）治疗　由于胸腔积液是多种疾病的继发性表现，故临床可依据检查结果，采取对因治疗措施，同时施行胸腔穿刺，以减少或消除积液带来的不良影响。

2. 乳糜胸　本病是胸腔内潴留乳糜的疾病，临床上以胸腔内积有肠淋巴液、含乳糜微粒为特征。胸腔内潴留外观上似乳糜样的液体（含有脂肪变性的肿瘤细胞、结核、炎症产物、胆固醇等），叫假性乳糜胸。

（三）腹壁透创

腹壁透创是穿透腹膜的腹壁创伤。本病多伤及腹腔脏器，严重者可致内脏脱出，继发内脏坏死、腹膜炎或败血症，甚至死亡。

三、例题及解析

胸壁透创早期最严重的并发症是（　　　）。

A. 胸膜炎　　　　　　　　B. 胸腔蓄脓　　　　　　　　C. 闭合性气胸

D. 开放性气胸　　　　　　E. 张力性气胸

【解析】　A。该题考点为胸壁透创的并发症，胸膜炎是壁层和脏层胸膜的炎症，胸膜腔内有渗出液积聚和纤维蛋白沉积，是胸壁透创常见的并发症。

<<< 第八单元　疝 >>>

一、考试大纲

单元	细目	要点
疝	1. 概述	
	2. 脐疝	（1）保守疗法　　（2）手术疗法
	3. 创伤性腹壁疝	
	4. 会阴疝	（1）病因　　（2）症状　　（3）治疗
	5. 腹股沟疝和阴囊疝	（1）症状　　（2）治疗
	6. 膈疝	

二、重要知识点

(一) 概述

疝,是指腹腔脏器通过腹壁的天然孔道或病理性破裂孔脱至皮下或其他解剖腔的一种疾病。疝一般由疝孔、疝内容物和疝囊组成。疝孔是腹壁上异常扩大的天然孔道(如脐孔、腹股沟环)和多为外力造成的后天性破裂孔,腹腔脏器经此处脱出。疝内容物是通过疝孔脱出的腹腔脏器及少量透明或混浊的渗出液(又称疝液)。疝囊是包裹疝内容物的囊腔,一般由皮肤、皮下组织(和腹膜)构成。

根据可否还纳对疝进行分类,可分为可复性疝和不可复性疝,后者包括粘连性疝和嵌闭性疝(如粪性嵌闭疝、弹力性嵌闭疝和逆行性嵌闭疝)。粪性嵌闭疝:因脱出的肠管内充满大量粪块而引起,增大的肠管不能回入腹腔。弹力性嵌闭疝:腹内压增高而发生,腹膜与肠系膜被高度牵张,引起疝孔周围肌肉反射性痉挛,孔口显著缩小。逆行性嵌闭疝:游离于疝囊内的肠管,其中一部分又通过疝孔钻回腹腔中。

(二) 脐疝

腹腔脏器经脐孔脱至脐部皮下所形成的局限性突起,称为脐疝,脐疝内容物多为网膜、镰状韧带或小肠等。仔畜出生数天或数周,脐部出现大小不等的局限性球形突起,触摸柔软,无热无痛。压挤突起部明显缩小,并触摸到脐孔,即可确诊。治疗采用以下方法:

1. 保守疗法 适用于疝轮较小、年龄小的动物。可用疝带(皮带或复绷带)、强刺激剂等促使局部炎性增生闭合疝口。

2. 手术疗法 仰卧保定,全身麻醉或局部浸润麻醉。切口在疝囊底部,呈梭形。若疝轮较小,可做荷包缝合或纽孔缝合,需将疝轮光滑面作轻微切割,形成新鲜创面,修整皮肤创缘,皮肤作结节缝合。

(三) 创伤性腹壁疝

在腹侧壁或腹底壁出现一个局限性柔软的扁平或半球形突起,突起部皮肤表面常有擦伤或挫伤痕迹。根据外伤病史、典型的局部表现和触诊摸到疝孔综合诊断,即可确诊。

(四) 会阴疝

腹腔或盆腔脏器经盆腔后直肠侧面结缔组织间隙突至会阴部皮下所形成的局限性突起,称为会阴疝,疝内容物常为膀胱、肠管或子宫等。其中,母畜和公犬多见。

1. 病因 包括先天性、各原因引起盆腔肌无力和激素失调。公犬前列腺肿大与会阴疝的发生有一定关系。

2. 症状 在肛门、会阴部近旁或其下方出现无热、无痛、柔软的肿胀,常为一侧性的,肿胀对侧的肌肉松弛。公犬多发,并伴有排便、排尿障碍。犬的疝内容物常为直肠囊(或直肠袋),其次为膀胱或前列腺。

3. 治疗 手术治疗,自尾根外侧向下至坐骨结节内侧作一弧形切口。皮肤创作结节缝合。公犬一般同时施行去势术。

（五）腹股沟疝和阴囊疝

腹腔脏器经腹股沟环脱出至腹股沟鞘膜管内，称为腹股沟疝，多见于母猪和母犬。疝内容物进一步下降到阴囊鞘膜腔内，称为阴囊疝，多见于公马、公猪、公犬等。疝内容物多为网膜、肠管、子宫或膀胱。

1. 症状

（1）腹股沟疝 腹股沟处出现卵圆形的隆肿。

（2）阴囊疝 一侧阴囊显著增大。

两者早期大多可复，触之柔软有弹性，无热无痛。若压挤隆肿和阴囊不能使其缩小，则因疝内容物与鞘膜发生粘连。

2. 治疗 动物全身麻醉后取仰卧位保定，腹股沟处无菌准备，于腹股沟环处切开，向下分离至显露疝囊及腹股沟环。将疝内容物完全还纳入腹腔后，对母犬、母猫直接闭合腹股沟环，对不留作种用的公犬、公猫，结扎精索并切除，然后闭合腹股沟环。对欲留作种用的公犬、公猫，还纳疝内容物后注意保护精索，采用结节或螺旋缝合法适当缩小腹股沟环即可。常规闭合皮肤切口。马腹股沟阴囊疝的最佳切口部位在阴囊颈部正外侧。

（六）膈疝

腹腔内的器官通过先天性或外伤性横膈裂孔突入胸腔，称为膈疝。疝内容物以胃、小肠和肝脏多见。马、牛、犬、猫均有发生。

马膈疝伴有肠梗阻是马最常见的死亡原因。犬膈肌破裂后涌入胸腔的腹内脏器以胃、小肠和肝脏较多见。患先天性膈疝的仔畜，常在奔跑或挣扎中突然倒地，呈现高度呼吸困难，可视黏膜发绀，安静后症状逐渐消失，也有的发生急性死亡。猪、犬常有呕吐和厌食。钡餐造影 X 线照相检查常作为犬膈疝的重要诊断方法。手术修补膈疝时，要注意预防心脏纤维颤动，它是手术的主要并发症。膈疝主要出现呼吸性酸中毒。

三、例题及解析

（1～3题共用题干）

母犬，脐部出现局限性肿胀近 **6 个月**，触诊该肿胀柔软，饱食或挣扎时增大，按压肿胀可缩小，皮肤无红、热、痛反应。

1. 闭合内层切口可采用的缝合方法是（ ）。

　　A. 水平纽扣状缝合　　　　B. 十字缝合　　　　C. 单纯连续缝合

　　D. 锁边缝合　　　　　　　E. 单纯间断缝合

【解析】 E。该题考点为脐疝修补术。对于脐疝的缝合，先采用2～3针纽扣状缝合法闭锁疝轮，然后补加结节缝合，最后对皮肤进行结节缝合，并包扎压迫绷带，结节缝合即单纯间断缝合。

2. 本病最可能的诊断是（ ）。

　　A. 肿瘤　　　　　　　　　B. 脓肿　　　　　　　C. 疝

D. 蜂窝织炎　　　　　　　　　　E. 痈

【解析】　C。该题考点为脐疝的诊断。脐疝的临床症状表现为呈现局限性球形肿胀，质地柔软；也有的紧张，但缺乏红、痛、热等炎性反应。病初多数能将疝内容物还纳至腹腔，并可摸到疝轮，仔猪和幼犬在饱腹或挣扎时脐疝增大。听诊时有肠蠕动音。与题干上患病猪的症状相符。

3. 合理的手术切口形状是(　　)。

A. 梭形　　　　　　　　B. 直线形　　　　　　　　C. 三角形

D. "十"字形　　　　　　E. T形

【解析】　A。该题考点为脐疝修补术。脐疝修补术的术式为术部除毛、术部消毒、术部隔离，沿脐疝基部皱襞切开皮肤组织，切口为梭形。

4. 公猪，3月龄，行去势手术后阴囊切口愈合良好；该猪阴囊突然膨大，触诊柔软有弹性，无热、无痛，听诊有肠蠕动音。该病最可能的诊断是(　　)。

A. 会阴疝　　　　　　　　B. 腹壁疝　　　　　　　　C. 阴囊积水

D. 腹股沟阴囊疝　　　　　E. 肠套叠

【解析】　D。该题考点为猪的腹股沟阴囊疝。该猪阴囊突然膨大，触诊柔软有弹性，无热、无痛，听诊有肠蠕动音，综合分析，符合腹股沟阴囊疝症状。

5. 腹内压升高使腹膜和肠系膜被高度牵张而引起疝孔周围肌肉反射性痉挛，疝孔显著缩小的疝称为(　　)。

A. 粘连性疝　　　　　　　B. 可复性疝　　　　　　　C. 粪性嵌闭疝

D. 弹力性嵌闭疝　　　　　E. 逆行性嵌闭疝

【解析】　D。①粘连性疝：即疝内容物与疝囊壁发生粘连、肠管与肠管之间相互粘连、肠管与网膜发生粘连等。②可复性疝：当改变动物体位或压挤疝囊时，病内容物可通过疝孔还纳腹腔。③粪性嵌闭疝：由脱出的肠管内充满大量粪块而引起，使增大的肠管不能回入腹腔。④弹力性嵌闭疝：是由腹内压升高而发生，腹膜与肠系膜被高度牵张，引起疝孔周围肌肉反射性痉挛，孔口显著缩小。⑤逆行性嵌闭疝：游离于疝囊内的肠管，其中一部分又通过疝孔钻回腹腔中，二者都受到疝孔的弹力压迫，造成血液循环障碍。

<<< 第九单元　直肠与肛门疾病 >>>

一、考试大纲

单元	细目	要点
直肠与肛门疾病	1. 锁肛	(1) 症状　(2) 治疗
	2. 巨结肠	(1) 症状　(2) 治疗
	3. 直肠和肛门脱	(1) 症状　(2) 治疗
	4. 犬肛门囊炎	(1) 病因　(2) 症状　(3) 治疗
	5. 直肠破裂	(1) 症状　(2) 治疗

二、重要知识点

（一）锁肛

锁肛是因妊娠期胎儿后肠和原始肛发育不全或异常，以至于肛门被皮肤所覆盖而无肛门孔的一种先天性畸形，或同时伴发直肠闭锁，导致排粪障碍。临床上以仔猪最常见，其他动物，如幼驹、犊牛、羔羊和幼犬等也有发生。

1. 症状　仔畜出生数天后腹围逐渐增大，嗷叫不安，频频努责做排粪动作，但不见粪便排出。仔畜努责时，可见肛门处皮肤膨胀，向后明显突出；而伴发直肠闭锁时，因直肠盲端与肛门之间有一定距离，故肛门膨胀不如锁肛显著。雌性动物多并发直肠阴道瘘，稀粪可经阴道排出，因此症状比较缓和。

2. 治疗　在肛门部位切除一圆形皮瓣，向前谨慎分离至显露直肠盲端，将其向后牵引，先切一个小口以排出肠内积粪，然后将直肠末端黏膜与肛门处皮肤创缘间断缝合。

（二）巨结肠

先天性巨结肠是一种结肠和直肠先天缺陷引起的肠道发育畸形，多发于直肠和后段结肠。

1. 症状　数月或常年持续便秘，腹围增大，可通过 X 线检查确诊。

2. 治疗　应清理肠道，轻泻，严重者做结肠切除术。

（三）直肠和肛门脱

直肠末端黏膜层脱出肛门之外，称为脱肛。直肠全层向外翻转脱出肛门外，称为直肠脱出。本病多见于猪、犬，其他动物也有发生。

1. 症状　发生肛门脱时，肛门外脱出的黏膜呈圆盘状或蘑菇状，颜色鲜红或暗红。直肠黏膜肌层即全层脱出，肛门外脱出的直肠似圆筒状或腊肠状，因受肛门括约肌嵌夹，故肠壁淤血、水肿、颜色暗红或发紫，容易发展为溃疡和坏死。患畜全身症状一般较轻，有时表现精神沉郁、食欲减退或废绝，但体温、心率和呼吸大多正常。

2. 治疗

（1）治疗原则是消除病因，整复固定。

（2）在排出粪便的前提下，动物全身镇静或麻醉，后肢抬高保定；用 0.1% 新洁而灭或高锰酸钾溶液清洗脱出的直肠，然后用浸湿的清洁纱布包裹并逐渐送入肛门；确认肠管完全复位后，选择粗细适宜的缝线在肛门周围施行荷包缝合。注意保留恰当的排粪孔，以保证软便能够排出。

（四）犬肛门囊炎

肛门囊炎是肛门部最常见的疾病，犬、猫均有发生，但以犬发病较多。

1. 病因　在肛门两侧稍下方相当于时钟 4 时和 8 时位置，有左右两个球形囊状结构，囊壁内衬腺体，分泌黑灰色且含有小颗粒的恶臭皮脂样物，经长为 2~4mm 的短管排出，具有润滑肛门口皮肤的作用。某些原因可引起肛门囊腺体分泌旺盛或囊管阻塞，囊内分泌物积留使肛门囊肿大,并易引起感染和炎症,严重时形成脓肿或蜂窝织炎。

2. 症状　排粪困难,里急后重,甩尾,挤压其肛门有疼痛感并流出黑灰色的恶臭物。

3. 治疗　挤净脓性内容物后,用适宜的消毒液冲洗囊腔,向囊腔内注入氨苄青霉素或庆大霉素等广谱抗生素,并沿肛门囊周围施行氨苄青霉素或庆大霉素普鲁卡因封闭疗法,一般需要处理2~3次。

(五)直肠破裂

1. 症状　直肠不全破裂是指直肠黏膜或黏膜肌层的损伤。仅黏膜损伤,一般出血较少,多能自愈。黏膜和肌层同时损伤,尤其是当损伤面积较大时,出血较多,病畜呈现不安,努责增加。直肠全破裂是指穿透直肠全层的损伤。大多数发生于受伤的当时,也有的因直肠狭窄部肌层被较大撕裂时,粪便大量积聚于浆膜下或创囊内,若病畜不安、努责或跌倒,则易撑破浆膜。病畜经常做排便姿势,有时排出混有血液的粪便、血凝块。全身症状加剧,精神沉郁,食欲废绝。呼吸促迫,肌肉震颤,腹壁紧张,心跳急速,体温升高。马常于24~36h死亡,牛于数天后死亡。直肠检查可清楚地确定破裂口的部位和大小,通过破裂口可触及内脏器官。

2. 治疗　直肠不全破裂,应用局部或全身止血剂彻底止血,破裂口可涂布磺胺软膏或白及糊剂;当创口有凝血块或粪便时,应及时清除,以减少对损伤部位的刺激。直肠全破裂,可外科缝合,包括人造直肠脱缝合、直肠内缝合、左髂区切口修补术,以及肛门旁侧切口修补术、耻骨前白线旁切口修补术。

直肠内缝合时应将动物站立保定,荐尾间隙硬膜外腔麻醉或后海穴阴部内神经与直肠后神经阻滞传导麻醉及全身镇静。肛门旁侧切开时,患畜应腹壁站立或倒卧保定,进行荐尾麻醉或腰旁神经传导麻醉及全身麻醉。

三、例题及解析

1. 母猪,3岁,精神沉郁,食欲减退,肛门处有圆球形、暗红色的肿胀物,该疾病不会出现的症状是(　　)。

　　A. 直肠黏膜水肿　　　　　　B. 直肠黏膜出血　　　　　　C. 频繁努责
　　D. 饮欲增加　　　　　　　　E. 里急后重

【解析】　D。从题干分析,该猪患有直肠脱出。直肠脱出是指直肠末端的黏膜层脱出或直肠一部分甚至大部分向外翻转脱出至肛门外。症状为肛门外有红色或暗红色的长筒状脱垂物,病畜里急后重,频繁努责。脱出时间过久,出现直肠黏膜水肿、出血、溃烂、坏死,而直肠脱出一般不会出现饮欲增加。

2. 临床检查见少量粪便从阴道流出即可诊断为(　　)。

　　A. 锁肛　　　　　　　　　　B. 阴道破裂　　　　　　　　C. 膀胱破裂
　　D. 直肠破裂　　　　　　　　E. 直肠阴道瘘

【解析】　E。该题考点为直肠阴道瘘症状。瘘孔较大而低位,可见大便从阴道排出和不能控制地排气。瘘孔小而粪便干燥时,不能见到经阴道排便,但仍有不能控制地排气。

<<< 第十单元 泌尿与生殖系统疾病 >>>

一、考试大纲

单元	细目	要点
泌尿与生殖系统疾病	1. 膀胱破裂	(1) 临床症状 (2) 治疗
	2. 前列腺增生	(1) 病因 (2) 症状 (3) 诊断 (4) 治疗
	3. 前列腺炎	(1) 病因 (2) 症状 (3) 诊断 (4) 治疗

二、重要知识点

(一) 膀胱破裂

1. 症状 继发于尿路阻塞性疾病,出现排尿障碍,一般阻塞 3d 左右出现膀胱破裂。膀胱破裂后努责突然消失,下腹部增大,继发腹膜炎、尿毒症和休克。腹腔穿刺检查有大量尿液。

2. 治疗 进行手术治疗,及时修补,控制感染,治疗腹膜炎、尿毒症等。

(二) 前列腺增生

前列腺增生又称前列腺增大、肥大,一般是指良性前列腺细胞体积增大和细胞数量增加。

1. 病因 前列腺增生主要是由老年性激素平衡失调所引起的。雄激素分泌过剩可引起腺型肥大,雌激素分泌过剩可引起纤维型肥大。

2. 症状 前列腺增生,轻度肥大一般无任何异常,若增生肥大的前列腺对直肠和膀胱颈造成压迫,即引起不同程度的便秘和尿淋漓。由于排粪、排尿困难,故动物可出现排便疼痛、行走缓慢及食欲减退等表现。进行后腹部触诊或直肠指检,可触知前列腺增大、平滑,但无痛感。

3. 诊断 应用 X 线常规摄片也可能观察到前列腺增大和前列腺密度增加。

4. 治疗 前列腺增生,应用雌激素可促进前列腺萎缩和减轻症状,如口服或注射己烯雌酚或苯甲酸雌二醇,0.2～1mg/次,每 3d 1 次。最有效而简单的方法是去势,多数病犬在去势后 2 个月内前列腺体积缩小,症状得到改善或消除。

(三) 前列腺炎

前列腺炎是指雄性犬、猫前列腺的炎症,常因化脓而形成前列腺脓肿。

1. 病因 前列腺炎主要是由大肠杆菌、变形杆菌、克雷伯氏杆菌、链球菌及葡萄球菌等经尿道上行感染所致,也可因内源性感染或邻近器官炎症蔓延而引起。

2. 症状 患前列腺炎动物屡有排便动作,但表现为便秘、尿淋漓、行走缓慢、步态拘谨，尿道口常附有带血的脓性分泌物，同时可有体温升高、精神沉郁、食欲减退或废绝等全身症状。进行后腹部触诊或直肠指检，可触知前列腺肿大、剧痛、质地硬实或有波动感。触压有波动感是前列腺化脓形成脓肿的表现。

3. 诊断 直肠指检前列腺或后上腹部触诊前列腺是诊断其异常的简单方法。

4. 治疗 对单纯性前列腺炎，可选用敏感的抗生素，如庆大霉素、头孢霉素等。

（四）隐睾

1. 概念 隐睾是指单侧或双侧睾丸没有下降到阴囊里。没有下降的睾丸可能位于腹股沟管内、腹腔内。牛的隐睾大多数位于腹股沟环附近的皮下；马的隐睾大多数在腹股沟管内；猪的隐睾多为一侧性，常发部位位于腰区的肾后方；犬的隐睾常为一侧性，在腹腔内或已通过腹股沟环但未降至阴囊内。

2. 诊断 确诊隐睾的方法可行外部触诊阴囊和腹股沟外环、直肠内盆腔区触诊和实验室检查血浆中的雄激素浓度。

三、例题及解析

犬前列腺增生的首选治疗方法（   ）。

    A. 前列腺摘除术   B. 给予雌激素   C. 化疗放疗

    D. 抗菌消炎   E. 去势术

【解析】 E。该题考点为犬前列腺增生的治疗。前列腺增生又称为前列腺肥大，是继发于雄激素刺激出现的前列腺细胞数量增加，是犬前列腺常见疾病。对于前列腺增生的治疗，去势术是首选方法，也是最有效而简单的方法。

<<< 第十一单元　跛　行 >>>

一、考试大纲

单元	细目	要点
跛行诊断	1. 概论	(1) 跛行概念与原因　(2) 跛行的分类及临床特征　(3) 跛行的严重程度
	2. 跛行诊断	(1) 马跛行诊断方法　(2) 牛跛行诊断的特殊性　(3) 犬跛行诊断的特殊性

二、重要知识点

（一）概述

1. 跛行的种类及特征

（1）跛行分类 健康肢蹄离开地面到重新接触地面所走的一步，可被对侧肢的蹄印分为前后两个半步，前半步和后半步基本相等。患肢所走的一步和对侧健肢所走的一步相等，但患肢前半步或后半步将出现延长或缩短。若前半步延长，则后半步缩短，称为后方短步；若前半步缩短，则后半步延长，称为前方短步。患肢在空间悬垂阶段表现功能障碍，即抬不高和迈不远，此时表现前方短步；患肢在地面支柱阶段表现功能障碍，即减负或免负体重，此时表现后方短步。

（2）各类跛行的特征

①悬跛　患肢在空间悬垂阶段表现功能障碍。特点：抬不高，迈不远，前方短步。

②支跛　患肢在地面支柱阶段表现功能障碍。特点：减负或免负体重，系部直立，后方短步。

③混合跛行　患肢在空间悬垂与地面支柱阶段均表现功能障碍，兼有上述两种跛行的特点。同一肢有引起支跛和悬跛的两个患部，患肢在负重和运动时均有疼痛。

④特殊跛行　紧张步样：急速短步，如蹄叶炎。黏着步样：两前肢或两后肢或四肢同时发病时出现缓慢强拘的短步，如破伤风、急性肌风湿等。鸡跛：后肢的运步和举扬都不自然，后蹄（爪）突然高举，膝关节和跗关节高度屈曲，几乎碰到腹壁，又突然落地，如鸡走路姿势，故称鸡跛，也称涉水样，多见于胫神经麻痹和趾长伸肌或趾外侧伸肌挛缩时。

（二）跛行诊断

1. 患肢确定

（1）问诊　包括何时发生跛行及发生跛行时的情况；跛行发生后至现在病情发展变化情况；动物的饲养管理情况。

（2）站立视诊　动物站立在平坦地面上，检查者距动物 1～2m 围绕其前后左右观察四肢，特别比较左右肢同一部位是否对称。

（3）运步视诊

①观察肢的提举、伸扬和落地负重状态　包括各关节屈曲、伸展是否充分，左右两肢提举高度是否相等，系关节下沉是否充分，蹄（爪）负面是否完全着地等。从中判定是前方短步，还是后方短步，以确定跛行种类，找出患肢。

②观察点头运动　当一前肢患病时，在健康前肢着地负重的瞬间，头颈稍倾向于健侧，并将头低下。在病前肢着地负重时，动物将头向患侧高举，这种上下摆动现象称为点头运动，即头低下时，着地的肢是健肢，头高举时，着地的肢是患肢。概括为"点头行，前肢痛""低在健，抬在患"。

③观察臀升降运动　一后肢支跛时，后躯重心移向对侧健肢，在健肢负重时臀部显著下降，而患肢负重时臀部显著高举，称为臀部升降运动。概括为"臀升降，后肢痛""降在健，升在患"。

④观察患肢拖拉前进状态　单肢拖拉前进时，肢不能提举、伸扬、负重，常为关节脱位或外周神经麻痹。如果两后肢拖拉前进，最多见于脊髓损伤。

⑤运动中注意运动量对跛行的影响　一般患肢伴发急性炎症时，跛行程度随着运动量的增加而加重，如关节扭伤、关节炎等。患风湿病时，运动开始时跛行显著，但随着运动量的增加，跛行程度逐渐减轻或消失。

⑥促使破行程度加重　若跛行释度较轻，可采用下列措施，促使跛行明显化。

圆圈运动：当患畜行圆圈运动时，体重倾向于内圈，即内侧前后肢负重加大，此时如果内侧肢患支柱作用障碍时，患肢疼痛加剧，则使跛行明显。反之，在圆圈外侧的前后肢，由于赶步前进，肢的举扬运步就要费力，此时外侧肢如患有悬垂障碍时，则跛行就要加重。

急速回转运动：使患畜在快步直线运动中，趁其不备，向内急转，在回转的瞬间，如是支跛病肢在回转内侧，则跛行明显。悬跛病肢在外侧，跛行也加重。

上下坡运动：前肢有病，当下坡时跛行程度显著加重。后肢有病，上坡时跛行明显。

2. 患部确定　主要通过驻立视诊时观察肢蹄局部的异常变化，运步视诊时判断跛行的种类而初步发现患部；然后通过触诊，即触摸、压迫、滑擦、他动运动等手法寻找异常部位或疼痛点。还可采用特殊诊断方法确诊患部，如 X 线检查、直肠检查、穿刺检查、麻醉诊断、运动摄影、斜板试验（主要用于确诊蹄骨、屈腱、舟状骨、远籽骨滑膜囊炎及蹄关节的疾病）。

三、例题及解析

1. 上坡时不会加重的是(　　)。

A. 前肢悬跛　　　　　　B. 前肢支跛　　　　　　C. 后肢支跛

D. 后肢混跛　　　　　　E. 后肢悬跛

【解析】　A。该题考点为悬跛，悬跛的特点是抬不高，迈不远，上坡时不会加重负担，支跛会加重。

2. 不能促使马跛行症状典型化的方法是(　　)。

A. 圆周运动　　　　　　B. 乘挽运动　　　　　　C. 软硬地运动

D. 上下坡运动　　　　　E. 起卧运动

【解析】　B。该题考点为跛行的诊断，跛行的诊断利用视诊的方法，视诊可分为驻立视诊和运步视诊。其中驻立视诊包括：①驻立负重；②有无外伤、肿胀；③肌肉有无肿胀、萎缩；④蹄、蹄铁；⑤骨及关节。运步视诊包括确定患肢、跛行种类和程度，发现可疑患部时，可通过圆周运动、回转运动、乘挽运动、硬地运动、软地运动、上坡（悬跛加重、后肢支跛加重）、下坡（前肢支持器官疾患时跛行明显），以及利用斜板试验确诊蹄骨、屈腱、舟状骨、远籽骨滑膜囊炎及蹄关节的疾病。

3. 与马比较，牛跛行诊断的特有方式是(　　)。

A. 运步视诊　　　　　　B. 驻立视诊　　　　　　C. 躺卧视诊

D. 问诊　　　　　　　　E. 外周神经麻醉诊断

【解析】　C。牛跛行诊断时的视诊，除驻立视诊和运步视诊外，还有躺卧视诊。而且，躺卧视诊非常重要，因为牛肢有病时，常常不站立而躺卧。牛跛行的诊断方式有躺卧视诊、驻立视诊、运步视诊、外周神经麻醉诊断等。

4. 在跛行诊断中，外周神经阻滞法不能诊断的疾病是(　　)。

A. 骨膜炎　　　　　　　B. 关节病　　　　　　　C. 屈腱疾病

D. 神经麻痹　　　　　　E. 黏液囊疾病

【解析】　D。外周神经阻滞法是通过使用局部麻醉药阻滞神经所支配的患部，使其疼痛和跛行消失，以便鉴别诊断可疑部位，故不能用于神经麻痹的诊断。

5. 犬，8 岁，左后肢跛行，趾甲过度卷曲生长并刺入肉垫。该犬跛行属于（　　）。

  A. 悬跛　　　　　　　　　　B. 支跛　　　　　　　　　　C. 混合跛

  D. 鸡跛　　　　　　　　　　E. 间歇跛

【解析】　B。根据题干，该犬左后肢跛行，趾甲过度卷曲生长并刺入肉垫，提示该犬跛行属于支跛。

6. 牛四指蜷在腹下，跖动脉搏动明显，其步样为（　　）。

  A. 黏着步样　　　　　　　　B. 紧张步样　　　　　　　　C. 悬跛

  D. 支跛　　　　　　　　　　E. 混合跛

【解析】　B。根据题干所描述症状，四指蜷在腹下，跖动脉搏动明显，符合紧张步样特征。

<<< 第十二单元　四肢与脊柱疾病 >>>

一、考试大纲

单元	细目	要点
四肢与脊柱疾病	1. 骨膜炎	(1) 急性骨膜炎的病因、症状与治疗　　(2) 慢性骨膜炎的病因、症状与治疗　(3) 化脓性骨膜炎的病因、症状与治疗
	2. 骨折	(1) 骨折的病因　(2) 骨折的临床特点　(3) 骨折的愈合过程　(4) 影响骨折愈合的因素　(5) 骨折的治疗原则　(6) 骨折的急救　(7) 四肢长骨骨折外固定技术　(8) 骨折修复中的并发症
	3. 关节创伤、捩伤及关节炎	(1) 关节创伤的病因、诊断与治疗　　(2) 关节捩伤的病因、诊断与治疗　(3) 关节炎的病因、诊断与治疗
	4. 骨关节炎	(1) 病因与症状　(2) 诊断与治疗
	5. 关节脱位	(1) 关节脱位概述（分类、病因、症状与诊断）　　(2) 牛、马、犬髌骨脱位的类型与症状　(3) 牛、马、犬髌骨脱位的治疗　(4) 牛、犬髋关节脱位的类型与症状　(5) 牛、犬髋关节脱位的治疗　(6) 犬肘关节脱位的类型与诊断　(7) 犬肘关节脱位的治疗
	6. 犬髋关节发育异常	(1) 定义与病因　(2) 症状与诊断　(3) 治疗与护理
	7. 犬肘关节发育异常	(1) 定义与病因　(2) 症状与诊断　(3) 治疗与护理
	8. 骨髓炎	(1) 定义与病因　(2) 症状与诊断　(3) 治疗与护理
	9. 脊髓损伤	(1) 定义与病因　(2) 症状与诊断　(3) 治疗与护理
	10. 椎间盘突出	(1) 定义与病因　(2) 症状与诊断　(3) 治疗与护理
	11. 肌肉疾病	(1) 肌炎的诊断与治疗　　(2) 肌肉断裂的诊断与治疗
	12. 腱与腱鞘疾病	(1) 腱炎的诊断与症状　(2) 腱鞘炎类型及其临床特征　(3) 腱断裂的诊断与治疗

(续)

单元	细目	要点
四肢与 脊柱疾病	13. 黏液囊疾病	(1) 黏液囊的分布　(2) 肘头黏液囊炎的特点与治疗　(3) 牛腕前黏液囊炎的特点与治疗
	14. 神经疾病	(1) 桡神经麻痹的症状与诊断　(2) 闭孔神经麻痹的症状　(3) 神经麻痹的治疗方法

二、重要知识点

(一) 骨折

骨折是指由于外力作用使骨的完整性或连续性遭受机械性破坏的损伤。同时可伴有周围软组织不同程度的损伤，其中以出血和形成血肿最为多见。

1. 症状

(1) 出血与肿胀　骨折时，骨膜、骨髓及周围软组织的血管破裂出血，血液经创口流出，或在骨折部发生血肿，再加上软组织水肿，造成局部显著肿胀。

(2) 疼痛与功能障碍　临床表现为重度跛行，主要以三肢负重和三肢跳跃式行进。

(3) 肢体变形　因受伤时的外力、肌肉牵拉力和肢体重力的作用，骨折断端极易发生移位，从而表现局部异常弯曲、伸长或缩短等异常姿势。

(4) 异常活动　对骨折部进行被动运动时可出现扭转、屈曲等异常活动。

(5) 骨摩擦音　将骨折两个断端相互碰撞可听到粗糙摩擦声或有摩擦手感。

2. 诊断

(1) 一般检查　根据动物肢体局部肿胀和重度跛行而怀疑骨折，触摸患肢异常活动和听到骨摩擦音或有骨摩擦感，即可确诊。

(2) X线检查　对于大动物臂骨或股骨骨折，小动物骨盆或股骨骨折、关节损伤或脱位，能够做出准确诊断。

(3) 直肠检查　对于大动物骨盆骨折或腰椎骨折，是简单易行的诊断方法。

3. 骨折愈合

(1) 血肿机化演进期　此阶段一般需 10～15d。临床特征是局部充血、肿胀、疼痛和增温，骨折端不稳定。损伤的软组织需修复。

(2) 原始骨痂形成期　这一阶段需 1 个月左右。临床特征是局部炎症消散，不肿不痛，骨折端基本稳定，但尚不够坚固，病肢可稍微负重。X线可见骨干骨折四周包围有梭形骨痂阴影，骨折线仍隐约可见。

(3) 骨痂改造塑形期　原始骨痂是由不规则的呈网状编织排列的骨小梁所组成，称网织骨，尚欠牢固。新骨形成后，骨折的痕迹在组织学或 X线摄片上可以完全或接近完全消失，骨结构的外形和功能也得到恢复。

4. 骨折的急救

(1) 制止出血和防治休克　具体方法是在骨折部上端扎止血带或全身应用止血药，疼痛剧烈可注射安定、氯丙嗪或静松灵。

（2）骨折部暂时包扎固定 具体方法是就地取材，将骨折部上下两个关节同时固定。目的是防止开放性骨折处污染加重，防止闭合性骨折转为开放性骨折。

5. 骨折的治疗

（1）闭合性骨折的治疗

①闭合复位与外固定 在全身麻醉状态下，依据欲合先离、离而复合的原则，首先将患肢伸直，用力牵引远端，拉开重叠的骨折端，之后对骨折端采用托压、挤按等手法，迫使骨折两端对合复位，再用石膏绷带、夹板绷带、竹帘绷带等适宜材料对骨折部上下两个关节进行固定。适用于桡骨及胫骨中部以下各长骨的骨折，无法对四肢上部骨折端准确复位及固定。

②切开复位与内固定 手术切开皮肤和分离肌肉等组织，在直视下对骨折端复位，然后采用医用接骨板、髓内针、骨螺丝、钢丝等对骨折端进行固定。适用于四肢上部的骨折，如肩胛骨、骨盆骨、臂骨、股骨、桡骨及胫骨近端的骨折，可以弥补闭合复位与外固定无法解决的四肢上部骨折端的准确复位及固定问题。

（2）开放性骨折的治疗 在全身麻醉状态下，用防腐消毒液彻底冲洗骨折部，清除骨折端无活力的软组织和完全游离的碎骨片，清除污染的表层骨质和骨髓，对骨折端正确复位，视需要采取内固定或外固定，创内撒布大量抗菌药，然后对皮肤行密闭或部分缝合。开放性骨折治疗的关键：控制化脓性感染；可靠固定。临床常安装有窗石膏绷带或竹帘绷带，以便对骨折部进行换药处理。

（3）四肢长骨骨折外固定技术

①夹板绷带固定法 里面的衬垫应超出夹板的长度。

②石膏绷带固定法 30min 达最大硬度。

③改良的 Thomas 支架绷带 适用于不能做石膏绷带的外固定的桡骨及胫骨的高位骨折。

（二）关节透创

关节透创是指关节囊的穿透性损伤。关节透创与非透创的鉴别方法是：经创口对侧穿刺向关节腔内注入生理盐水，如从创口流出，可确诊关节透创。

1. 诊断 关节透创的特点是从伤口流出黏稠透明、淡黄色的关节滑液。关节腔内注射 0.25% 普鲁卡因青霉素溶液，能从创口流出。不得进行关节腔内探诊，以减少感染机会。

2. 治疗 防治感染，增强抗病力，及时合理的处理伤口，力争在关节腔未出现感染之前闭合关节囊。创伤周围皮肤剃毛，用防腐剂彻底消毒。由伤口的对侧向关节腔穿刺注入防腐剂，禁止由伤口向关节腔冲洗。可用肠线或丝线缝合关节囊，其他软组织可不缝合，然后包扎绷带。发生感染化脓时，清除异物，用碘酊和凡士林敷盖伤口，包扎绷带，此时不缝合伤口。

（三）关节扭伤

关节扭伤是关节在突然受到间接的机械外力作用下，关节活动超越了生理限度，瞬间过度地伸展、屈曲或扭转而发生的关节囊、关节韧带及周围软组织的损伤。马最常发生于系关节和冠关节。牛常发生于系关节和髓关节，其次是肩关节。

1. 症状　疼痛、跛行、肿胀、增温等；发生于腕、跗关节或腕、跗关节以上时，以混合跛为主；而系、指（趾）关节的扭伤则以支跛为主。

2. 治疗　发病后立即冷疗并加压迫绷带，以制止出血和渗出。1～2d 后，局部可涂擦 10％樟脑酒精、松节油、红花油等，并采用温热疗法，以促进炎性产物吸收。也可口服消炎痛或炎痛静；或在患部施行普鲁卡因封闭疗法。

（四）关节炎

关节炎又称关节滑膜炎，是以关节囊滑膜层的病理变化为主的渗出性炎症（急性、慢性和化脓性）。

1. 症状

（1）急性浆液性滑膜炎　关节腔积聚大量浆液性炎性渗出物，患关节肿大，热痛，指压关节憩室突出部位明显波动。渗出液含纤维蛋白量多时有捻发音。运动时，表现以支跛为主的混跛。一般无全身反应。

（2）慢性浆液性滑膜炎　关节腔蓄积大量渗出物，关节囊高度膨大。触诊只有波动，无热痛。临床称此为关节积液。运动时患关节活动不灵，跛行不明显。

（3）化脓性滑膜炎　有明显的全身反应，体温升高（39℃以上）。患关节热痛，肿胀，关节囊高度紧张，有波动。站立时患肢屈曲，运动时呈混合跛行，牛、马在严重时卧地不起，穿刺检查容易确诊。

2. 治疗　治疗初期，应用冷疗，装压迫绷带，之后改用温热疗法或装关节加压绷带，如布绷带或石膏绷带。全身应用磺胺制剂，每日 1 次，有良好的效果。关节也可装湿绷带（饱和盐水、10％硫酸铜溶液、樟脑酒精等）。用 10％氯化钙溶液、10％水杨酸钠溶液静脉注射。

（五）关节脱位（脱臼）

关节脱位是指关节骨端的正常位置发生改变，即骨间关节面失去原来正常的对合关系而发生移位。马、牛、犬、猫多发髓关节脱位与髌骨脱位，而肘关节脱位或肩关节脱位较少。

1. 病因　主要有两种原因。先天性脱位：与遗传有关，出生时关节结构异常，容易发生脱位。外伤性脱位：与关节直接受到撞击或从高处坠落有关。

2. 症状　共同症状包括：关节变形、异常固定、关节肿胀、肢势改变和功能障碍。X线检查可以做出正确的诊断。

3. 常见关节脱位

（1）牛、犬髌骨脱位

根据膝盖骨的变位方向有上方脱位、外方脱位和内方脱位。

①症状　上方脱位时，膝关节、跗关节均不能屈曲，患肢向后伸直，球节跖屈，蹄尖着地；他动运动患肢不能弯曲，运步时患肢拖拉前进。内外方脱位时，膝关节屈曲，趾尖向内，后肢呈不同程度的扭曲性畸形，小腿向内旋转，股四头肌群向内移位。运动中呈三脚跳步样，触摸髌骨或伸屈膝关节时，可以发现髌骨脱位，一般可自行复位或容易整复复位。

②诊断与治疗

髌骨上方脱位：大腿、小腿强直，触诊膝盖骨上方移位，被异常固定于股骨内侧滑车崎的顶端，内直韧带高度紧张（治疗方法：内直韧带切断术）。

髌骨外方脱位：站立时膝、跗关节屈曲，触诊膝盖骨外方变位，患肢膝外翻，膝关节屈曲，趾尖向外，小腿向外旋转。X线检查，可发现股骨或胫骨呈现不同程度的扭转样畸形（治疗方法：加强内侧支持带和松弛外侧支持带）。

髌骨内方脱位：主要发生于小型犬。膝关节屈曲，趾尖向内，后肢呈不同程度扭曲性畸形，小腿向内旋转，股四头肌群向内移位（治疗方法：外侧关节囊缝合术、滑车成形术）。

（2）髋关节脱位

①前方脱位 股骨头转位固定于关节前方，大转子向前方突出，关节变形隆起，他动运动时可听到捻发音；站立时患肢外旋，肢抬举困难。

②上外方脱位 股骨头被异常地固定在髋关节的上方。站立时患肢明显缩短，呈内收肢势或伸展状态，同时患肢外旋，蹄尖向前外方，患肢飞节比对侧高数厘米。他动患肢外展受限，内收容易。大转子明显向上方突出。运动时，患肢拖拉前进，并向外划大的弧形。

③后方脱位 股骨头被异常固定于坐骨外支下方。站立时，患肢外展叉开，比健肢长，患侧臀部皮肤紧张，股二头肌前方出现凹陷沟，大转子原来位置凹陷，如突然向后牵引患肢时，可听到骨的摩擦音。

④内方脱位 股骨头进入闭孔内时，站立时患肢明显短缩。他动运动内收外展均容易。运动时患肢不能负重，以蹄尖着地拖行。直肠检查时，可在闭孔内摸到股骨头。

（六）脊髓损伤

1. 病因 外部因素如外伤；内在因素如软骨病、骨质疏松等。

2. 症状 依据不同的损伤部位，出现感觉功能障碍、运动障碍以及排粪排尿异常。颈部脊髓受损，一般头颈不能抬起，四肢麻痹呈瘫痪状态。腰荐部脊髓损伤，后躯瘫痪，出现大、小便失禁，两后肢无反应，肛门反射消失。

3. 治疗 加强护理，防止椎骨脱位或移位；消炎镇痛；兴奋脊髓；应用士的宁、泼尼松龙等。

（七）椎间盘突出

1. 症状 颈部椎间盘疾病主要表现颈部敏感、疼痛。站立时，颈部肌肉呈现疼痛性痉挛，鼻尖抵地，腰背弓起；运步小心，头颈僵直，耳竖起；触诊颈部肌肉极度紧张或痛叫。重者，颈部、前肢麻木，共济失调或四肢截瘫。第2~3和第3~4椎间盘发病率最高。犬胸、腰椎间盘突出常发部位为胸椎第11~12至腰椎第2~3椎间盘。

2. 诊断

（1）颈、胸腰段椎间盘突出 X线摄影征象 椎间盘间隙狭窄，并有矿物质沉积团块，关节突异常间隙形成。

（2）脊髓造影术 脊索明显变细（被突出物挤压），椎管内有大块矿物阴影。

（八）腱与腱鞘疾病（腱断裂）

腱断裂是指腱的连续性被破坏而发生分离，以四肢屈肌腱或跟腱断裂最为多见。大动物较多发生，而小动物少发。

1. 病因 临床上最多见外伤性腱断裂，常为开放性腱断裂，多是由于锐利物切割所致。例如，跳跃、滑倒、坠落后，四肢屈侧与锐利物碰撞造成软组织损伤，同时伴发腱断裂。

2. 症状

（1）屈腱断裂 屈腱即指（趾）浅屈肌腱和指（趾）深屈肌腱，有限制指（趾）关节过度背屈的作用。当屈腱不全断裂或全断裂后，关节表现轻重不同的背屈，球节下沉。运步时表现支跛。

（2）跟腱断裂 跟腱由趾浅屈肌腱和腓肠肌腱构成，有伸展和固定跗关节的作用。跟腱断裂后，跗关节明显下降，患肢前伸。运步时表现以支跛为主的混合跛行。

3. 治疗 在无菌条件下，采用双交叉扣绊缝合，配合结节缝合连接腱的两个断端，然后装置固定绷带并保留 1 个月以上。

（九）黏液囊疾病

在皮肤、肌腱与骨或软骨突起之间常有黏液囊存在。黏液囊壁薄，内面衬有一层间皮细胞，囊内有少量类似于关节滑液的黏液，起减少摩擦的作用。关节附近的黏液囊常与关节腔相通，称为滑液囊。临床上多见马结节间（臂二头肌腱下）滑液囊炎，马、犬肘头皮下黏液囊炎，牛、驴腕前皮下黏液囊炎。

1. 病因 黏液囊存在部位的皮肤多次受到碰撞或摩擦，引起黏液囊炎性渗出增多而肿胀，同时往往伴有皮肤挫伤或擦伤。

2. 症状 在黏液囊存在部位出现界限明显的波动性肿胀，皮下黏液囊多呈圆形或卵圆形，臂二头肌腱下滑液囊炎在腱两侧呈现两个长圆形肿胀。急性黏液囊炎局部热痛明显，其中皮下黏液囊炎通常不表现跛行，腱下滑液囊炎表现悬跛，患肢提举困难，前方短步。慢性病例无热无痛，通常不表现跛行。

3. 治疗 病初冷疗或向黏液囊内注射 2% 普鲁卡因和泼尼松、可的松或地塞米松的混合液，然后包扎压迫绷带。如有化脓感染倾向，应注入 2% 普鲁卡因青霉素溶液。药物治疗无效时，施行手术摘除黏液囊。

（十）神经疾病

1. 马桡神经麻痹 临床症状表现为桡神经全麻痹，站立时肩关节过度伸展，肘关节下沉，腕关节形成钝角，此时掌部向后倾斜，球节呈掌屈状态，以蹄尖壁着地，前方短步，但后退运动比较容易，肌肉无力，皮肤对疼痛刺激反射减弱。

2. 牛闭孔神经麻痹

（1）病因 分娩时胎儿压迫或助产时强力牵引。

（2）症状 成年牛一侧闭孔神经麻痹时，可见患肢外展，运步时即使是慢步，也可见步态僵硬，小心翼翼地运步。两侧闭孔神经麻痹时，呈现两后肢向后叉开，呈蛙坐姿势。

（3）治疗 电针疗法；按摩疗法配合涂擦刺激剂；配合使用维生素（维生素 B_{12}、维生素 B_1 等）；应用透明质酸酶、链激酶或链道酶（防止瘢痕形成）；肌内注射氢溴酸加兰他敏注射液（兴奋骨骼肌）；手术疗法，如神经松解术、神经吻合术。

三、例题及解析

1. 幼龄动物股骨骨折最常发生的部位是（　　）。

　　A. 大转子　　　　　　　　B. 小转子　　　　　　　　C. 股骨干

　　D. 第三转子　　　　　　　E. 股骨颈

【解析】 E。该题考点为股骨骨折。股骨骨折见于各种家畜，其中犬的股骨骨折发生率最高，主要由于外力作用导致，成年动物常发生于股骨体的螺旋骨折或纵骨折，且常为粉碎性骨折，大多伴有骨折断端的重叠。由于股四头肌的附着，股骨骨折经常会损害膝盖骨和膝关节的功能，幼畜常发生股骨颈或远端骨的骨折。发生股骨骨折的犬会出现严重的跛行，患肢不敢着地，如果是开放性骨折，在伤口处可见断骨。

2. 关于骨折修复延迟愈合表述错误的是（　　）。

　　A. 骨折愈合速度比正常缓慢　　　　B. 局部无肿痛及异常活动

　　C. 整复不良延迟愈合　　　　　　　D. 局部感染化脓延迟愈合

　　E. 局部血肿和神经损伤延迟愈合

【解析】 B。该题考点为影响骨折愈合的因素，骨折愈合的过程包括血肿进化演进期、原始骨痂形成期、骨痂改造塑形期。影响骨折愈合的因素有：①全身因素，包括病畜年龄和健康状况；②局部因素，包括血液供应、固定、骨折断端的接触面（接触面越大愈合时间越短）、感染等状况，此外还包括整复不良延迟愈合、局部感染化脓延迟愈合以及局部血肿和神经损伤延迟愈合。

3. 骡，3 岁，因跌倒致左跗关节皮肤破裂，从伤口流出黏稠、透明、淡黄色液体，并混有少量血液。该病最可能的诊断是（　　）。

　　A. 关节非透创　　　　　　B. 慢性脊髓炎　　　　　　C. 类风湿关节炎

　　D. 关节透创　　　　　　　E. 慢性肌炎

【解析】 D。关节透创是指由于外力作用下引起关节囊穿透性的损伤，特点是从伤口流出黏稠透明、淡黄色的关节滑液，有时混有血液或由纤维素形成的絮状物，与题干描述的症状相符。

4. 骨折的特有症状是（　　）。

　　A. 肿胀　　　　　　　　　B. 异常活动　　　　　　　C. 体温升高

　　D. 出血　　　　　　　　　E. 疼痛

【解析】 B。该题考点为骨折的症状，骨折的特有症状为异常活动，其他选项为一般症状。

5. 驴，6 岁，突然发病，站立时后肢强直呈向后伸直肢势，膝关节、跗关节完全伸直而不能屈曲；运动时以蹄尖着地拖地前进，同时患肢高度外展，他动时患肢不能屈曲。该病最可能的诊断是（　　）。

　　A. 跗关节炎　　　　　　　B. 髌骨内方脱位　　　　　　C. 髌骨上方脱位

　　D. 膝关节炎　　　　　　　　　E. 髌骨外方脱位

　　【解析】　C。根据题干，患畜站立时后肢强直呈向后伸直肢势，膝关节、跗关节完全伸直而不能屈曲；运动时以蹄尖着地拖地前进，同时患肢高度外展，他动时患肢不能屈曲，由症状可知患畜为髌骨上方脱位。

　　(6~8题共用题干)

　　圣伯纳犬，1岁，体重50kg。喜卧，俯卧时后肢常后伸，起立困难。运动后病情加重，后肢跛行，后躯摇摆。臀部被毛粗乱，大腿肌肉萎缩，他动运动疼痛明显，X线摄片显示股骨头与臼的间隙增大。

　　6. 该病最可能的诊断是(　　　)。

　　　　A. 髋关节挫伤　　　　　　B. 髋关节扭伤　　　　　　C. 髋关节脱位
　　　　D. 髋关节发育不良　　　　E. 髋关节创伤

　　【解析】　D。根据题干，该病犬喜卧，俯卧时后肢常后伸，起立困难。运动后病情加重，后肢跛行，后躯摇摆。臀部被毛粗乱，大腿肌肉萎缩，他动运动疼痛明显，X线摄片显示股骨头与臼的间隙增大。此为髋关节发育不良的特征。

　　7. X线检查时其重点投照方位是(　　　)。

　　　　A. 左侧位　　　　　　　　B. 斜位　　　　　　　　　C. 右侧位
　　　　D. 背腹位　　　　　　　　E. 腹背位

　　【解析】　E。该题考点为髋关节发育不良的诊断，X线检查时其重点投照方位是腹背位。

　　8. 与该病发生有关的最密切因素是(　　　)。

　　　　A. 骨盆软组织化学松弛作用　　B. 肌肉强度缺乏　　　　　C. 遗传
　　　　D. 肥胖　　　　　　　　　　　E. 内收肌张力过大

　　【解析】　C。该题考点为髋关节发育不良的病因，与该病发生有关的最密切因素是遗传。

　　9. 治疗犬化脓性骨膜炎时，不宜采取的措施是(　　　)。

　　　　A. 酒精热绷带　　　　　　　　　　　B. 10%醋酸铅冷敷
　　　　C. 0.5%普鲁卡因青霉素溶液封闭　　D. 红外线照射
　　　　E. 切开引流

　　【解析】　D。化脓性骨膜炎，病初局部应用酒精热绷带，以盐酸普鲁卡因溶液封闭，全身应用抗生素。随着肿胀局部软化，及时切开脓肿，形成窦道的要扩张，充分排出脓液。用锐匙刮净骨损伤表面的死骨，用中性盐高渗溶液引流，并包扎可吸收绷带。急性化脓期后，改用10%磺胺鱼肝油、青霉素鱼肝油等纱布条引流。

　　10. 奶牛，4岁，右侧跗关节肿胀明显，站立时不敢负重，跛行，体温40℃，肿胀部发热，有波动感，穿刺有混浊、灰黄色的黏稠液体流出。该病最可能是(　　　)。

　　　　A. 急性浆液性滑膜炎　　　B. 慢性浆液性滑膜炎　　　C. 化脓性滑膜炎
　　　　D. 浆液性黏液囊炎　　　　E. 化脓性黏液囊炎

　　【解析】　C。化脓性滑膜炎，患关节热痛、肿胀，关节囊高度紧张，触诊有波动感；站立时患肢屈曲，呈混合跛；全身症状明显，体温升高，精神沉郁。根据题干提示该奶牛的临诊症状可知该病可能是化脓性滑膜炎。

<<< 第十三单元　皮肤病 >>>

一、考试大纲

单元	细目	要点
皮肤病	1. 概述	(1) 皮肤病的临床表现　(2) 皮肤病的诊断
	2. 犬脓皮症	(1) 病因与症状　(2) 诊断与治疗
	3. 真菌性皮肤病	(1) 病因与症状　(2) 诊断与治疗
	4. 马拉色菌病	(1) 病因与症状　(2) 诊断与治疗
	5. 瘙痒症	(1) 病因与症状　(2) 诊断与治疗
	6. 湿疹	(1) 病因与症状　(2) 诊断与治疗
	7. 过敏性皮炎	(1) 病因与症状　(2) 诊断与治疗
	8. 甲状腺功能减退性皮肤病	(1) 病因与症状　(2) 诊断与治疗
	9. 肾上腺皮质功能亢进皮肤病	(1) 病因与症状　(2) 诊断与治疗
	10. 犬、猫性激素性皮肤病	(1) 病因与症状　(2) 诊断与治疗

二、重要知识点

(一) 概述

皮肤病的诊断方法

(1) 寄生虫检查　包括玻璃纸带检查（用透明胶带，逆毛采样，易发现寄生虫）、皮肤材料检查（将皮肤挤皱后，用刀片刮取）、粪便检查（饱和盐水漂浮法等，检查虫卵）。

(2) 真菌检查

①镜检　采集病料时剪毛区域要宽一些，将皮肤挤皱后，用刀片刮至真皮，将刮掉的毛和其他刮取物放在载玻片上，滴数滴 20％氢氧化钾溶液，稍微加热后加盖玻片，检查真菌的特征性菌丝或分生孢子。

②紫外线灯检查　伍德氏灯是波长 360nm 的紫外线灯，照在许多真菌上能够产生荧光，对真菌有一定的检出率。

③真菌培养　使用皮肤真菌培养基（DTM）培养真菌。用水或 70％的酒精轻轻清洗感染部位，以减少腐生菌的污染，取下毛和鳞屑置于培养基琼脂板上，然后盖好盖或密封，以减少蒸发，在室温下培养 3～7d，皮肤真菌常常生长明显。但也有可能需要培养 3 周。皮肤真菌在真菌培养基上开始形成可见菌落时，培养基颜色从黄色变成红色，菌落本身为白色或灰白色。确诊和鉴别真菌种类需要用醋酸盐胶带从菌落表面去除菌丝和大型分生孢子，用乳

酸酚棉蓝染色,进行显微镜检查。

(3) 细菌检查 用直接涂片或触片标本染色检查,或进行细菌培养和药敏试验等。

(4) 皮肤过敏试验 患畜局部剪毛、剃毛、消毒,用装有皮肤过敏试剂的注射器做分点过敏原试验。局部出现黄色丘疹则为过敏。

(5) 病理组织学检查 直接涂片或行活组织检查。

(6) 变态反应 做皮内反应和斑贴试验。

(7) 免疫学检查 用免疫荧光法进行检查。

(8) 内分泌机能检查 检查甲状腺、肾上腺和性腺的功能及所分泌的激素在血液中的含量。

(二) 犬脓皮症

1. 概念 该病是化脓菌感染引起的皮肤化脓性疾病。主要致病菌为中间型葡萄球菌,犬多发(皮肤角质层薄)。

2. 症状 圆形脱毛、红斑、黄色结痂、丘疹、脓疱、丘疹或结痂斑;幼犬主要在前后肢内侧的无毛处可见皮肤上出现脓疱疹、小脓疱和脓性分泌物。

3. 诊断与治疗 脓皮症患部皮肤刮片镜检见多量革兰氏阳性球菌。使用抗菌药治疗。治疗犬细菌性脓皮症时,症状缓解后至少需要治疗 7d。

(三) 真菌性皮肤病 (癣病)

癣病是由于真菌感染皮肤、毛发和爪甲后所致的疾病。犬主要是犬小孢子菌感染,其次是石膏样小孢子菌和须发癣菌感染;猫的癣病 95% 以上是由犬小曲子菌引起的。

1. 症状 断毛、少毛、无毛和掉毛是主要的临诊表现。患部断毛、掉毛或出现圆形脱毛区,皮屑较多。

2. 诊断 真菌感染常用 Wood's(伍德氏)灯、镜检和真菌培养进行检查。Wood's 灯检查:出现荧光为犬小孢子菌感染;石膏样小孢子感染不易看到荧光;须发癣菌感染则无荧光出现。

3. 治疗

(1) 口服特比萘酚。

(2) 外敷酮康唑乳膏、咪康唑乳膏和克霉唑软膏或特比萘酚霜。

(3) 口服抗真菌药物 2 周后,建议检测肝功能。

(4) 抗真菌药 1~2 次/周,疗程 4~6 周,直至复诊时真菌培养结果为阴性。

(四) 马拉色菌病 (厚皮症)

马拉色菌病是马拉色菌引起的皮肤浅表角质层和毛囊感染,微存于外耳道、口、肛周和潮湿皮褶处。

1. 症状 毛着色、皮潮红、瘙痒和脱毛,慢性红斑和脂溢性皮炎,皮肤苔藓化、色素沉积和过度角化。趾间、颈腹、腋窝、会阴及肢折处多发,常散发酸败气味。多伴葡萄球菌脓皮症。猫为黑色蜡样外耳炎、慢性下颚粉刺、脱毛、红斑和脂溢性皮炎等。

2. 治疗 外用酮康唑,口服伊曲康唑或酮康唑。

（五）过敏性皮炎

1. 遗传性过敏性皮炎　1～3 岁犬多发，为周期性瘙痒，频繁而剧烈。多发生于面、伸肌、屈肌皮表、腋窝、耳郭和腹股沟等部位。

2. 过敏性接触性皮炎　常触地、毛少部出现瘙痒性红斑或丘疹。

3. 食物过敏　痒而不重，且用糖皮质激素治疗无效。

（六）甲状腺功能减退性皮肤病

1. 症状　犬四肢和头多不掉毛，脱毛区主在颈、背、胸腹两侧。患部毛稀、短细脆而无光。脱毛由尾向前，皮厚而苔藓化，有色素沉着，皮温低、皮屑多，或有脂溢性皮炎等。

2. 诊断　需进行 T3 和 T4 的化验，低于正常值可确诊。

3. 治疗　首先用 T4，无效时用 T3，最快 3 周见效，对并发症对症治疗。

（七）肾上腺皮质功能亢进皮肤病（库欣综合征）

临床表现对称性脱毛，食多而发胖，腹膨大（因失蛋白而皮薄松脆、肌无力），多饮多尿，肢乏力，行蹒跚。重者皮表钙化、结痂，且难恢复。

三、例题及解析

1. 京巴犬，雌性，8 岁，多饮，垂腹，后肢后侧方脱毛，皮肤色素过度沉着，呈斑块状。实验室检查尿蛋白阳性，空腹血糖含量为 4.27mmol/L，血浆皮质醇含量升高。本病最可能的诊断是（　　）。

　　A. 肾炎　　　　　　　　　B. 膀胱炎　　　　　　　　　C. 糖尿病

　　D. 库欣综合征　　　　　　E. 胃炎

【解析】　D。库欣综合征临床特征：多尿、烦渴、垂腹、双侧性脱毛。

2. 白色比熊犬，3 岁，初期在鼻梁，继而在肘关节与膝关节周围以上部位脱毛，呈对称性；皮肤色素沉着，无明显瘙痒症状，触摸皮温较低。该病实验室诊断应选择的项目是（　　）。

　　A. 血清总蛋白＋ALT　　　　　　　B. 血清总蛋白＋AST

　　C. 皮肤病理检查＋TT4　　　　　　D. 尿蛋白＋ALP

　　E. 血糖＋CK

【解析】　C。根据双侧性脱毛，初步诊断为肾上腺皮质功能亢进，即库欣综合征。该病的确诊应依据肾上腺皮质功能试验及内分泌测定的结果。肾上腺皮质功能试验包括血浆皮质醇含量测定、小剂量地塞米松抑制试验、ACTH 刺激试验、高血糖素耐量试验和大剂量地塞米松试验。故选择 TT4 试验。皮肤病理试验是为了验证脱毛是非病原感染引起的。

3. 治疗犬细菌性脓皮症时，症状缓解后至少需要治疗（　　）。

　　A. 2d　　　　　　　　　　B. 4d　　　　　　　　　　C. 7d

　　D. 12h　　　　　　　　　E. 24h

【解析】　C。通常情况治疗犬的脓皮症需要 4～6 周的时间；当脓皮症的症状缓解后，应继续使用抗生素7~10d，以减少复发。

<<< 第十四单元 蹄 病 >>>

一、考试大纲

单元	细目	要点
蹄病	1. 马属动物蹄病	(1) 蹄钉伤的病因、诊断与治疗 (2) 蹄冠蜂窝织炎的诊断与治疗 (3) 白线裂的病因、诊断与治疗 (4) 蹄骨骨折的症状与诊断 (5) 远籽骨滑膜囊炎的病因、症状与治疗 (6) 蹄叉腐烂的病因、症状与治疗 (7) 蹄叶炎的病因、症状与治疗 (8) 蹄裂的病因、症状与治疗
	2. 牛的蹄病	(1) 指（趾）间皮炎的病因、症状与治疗 (2) 指（趾）间皮肤增生的病因、症状与治疗 (3) 局限性蹄皮炎的病因、诊断与治疗 (4) 牛蹄叶炎的病因、症状与治疗 (5) 腐蹄病的病因、症状与治疗

二、重要知识点

（一）马属动物蹄病

1. 蹄钉伤

（1）概念 该病是由于装蹄时蹄铁和蹄钉质量不好或下钉不正等引起，造成真皮损伤或受压。马和役用牛多有发生。

（2）诊断 间接钉伤是敏感的蹄真皮层受位置不正的蹄钉压挤而发病，在装蹄的当时不见异常变化，多在装蹄后3~6d出现原因不明的跛行。蹄部增温，指（趾）动脉亢进，敲打患部钉节或钳压钉头时，出现疼痛反应，表现有化脓性蹄真皮炎的症候。

2. 蹄冠蜂窝织炎 在蹄冠形成圆枕形肿胀，有热、痛。蹄冠缘往往发生剥离。患肢表现为重度支跛。病畜体温升高，精神沉郁。

3. 白线裂

（1）概念 该病是连接蹄壁角质和蹄底角质的软角质裂开并继发感染而引起的一种疾病。马和牛都可发生，马多发生在蹄侧壁白线，牛多发生在远轴侧白线。

（2）病因 广蹄、弱踵蹄、平蹄等蹄壁倾斜，以及白线角质脆弱，均为发生本病的因素。

（3）诊断 通常多在白线部充满粪、土、泥、沙。白线裂只涉及蹄角质层，是为浅裂，不出现跛行；若裂开已达肉壁下缘，称为深裂，往往诱发蹄真皮炎，引起疼痛而发生跛行。

（4）治疗 须扩开裂开的角质，使之成倒漏斗状，以彻底排出脓汁，再注入碘仿醚或碘酊等消毒药品，然后包扎。蹄冠部形成的脓肿也应切开。

4. 蹄骨骨折

（1）蹄骨伸肌突骨折 主发于前肢（多单肢）。不致跛或悬跛。

（2）蹄骨翼和矢状骨折　由钉伤或异物刺伤的蹄骨边缘骨折，常伴发感染，从蹄底可看到致伤物体和伤痕。X线检时注意至少要从前后位、侧位和两个斜位摄片。

（二）牛的蹄病

1. 指（趾）间皮炎

（1）概念　没有扩延到深层组织的指（趾）间皮肤的炎症。特征是皮肤呈湿疹性皮炎的症状，有腐败气味。

（2）症状　初期邻球部皮肿，表皮增厚和稍充血，指（趾）间隙有渗出物，呈轻跛。后期在球部见角质分离（常在两后肢外侧趾），跛行明显。

（3）治疗　宜先使蹄干燥清洁，再涂敷防腐剂和收敛剂。也可用 5％硫酸铜溶液蹄浴。

2. 指（趾）间皮肤增生

（1）概念　该病是指（趾）间皮肤和（或）皮下组织的增殖性反应。多发生在后肢。

（2）症状　指（趾）间穿窿部皮肤进一步增殖时，形成"舌状"突起，此突起随着病程发展，不断增大增厚，在指（趾）间向地面伸出，其表面可由于压迫坏死、破溃、感染，可见渗出物，有恶臭气味。

（3）治疗　小赘生物用腐蚀剂（难根除），大的则手术切除。

3. 蹄叶炎

（1）概念　蹄真皮的弥散性、无败血性炎症称为蹄叶炎，又称蹄真皮炎。马多发于前肢或四肢，牛多发于两后肢内侧趾。

（2）病因　属变态反应病。多因素致病：精饲料过多；吸收毒素；骤遇寒冷。传染性胸膜肺炎、流感、肺炎、疝痛可并发或继发该病。

（3）症状　患急性蹄叶炎的家畜，精神沉郁，食欲减少，不愿意站立和运动。如果两前蹄患病时，病马的后肢伸至腹下，两前肢向前伸出，以蹄踵着地；两后蹄患病时，前肢向后屈于腹下；如果四肢均发病，站立姿势与两前蹄发病类似，体重尽可能落在蹄踵上。强迫运步，病畜运步缓慢，步样紧张，肌肉震颤。触诊病蹄可感到增温，特别是靠近蹄冠处。指（趾）动脉亢进。可视黏膜常充血，体温升高至 40～41℃。

（4）治疗　除去病因，应用抗组胺制剂、消炎止痛剂、碳酸氢钠。

4. 腐蹄病

（1）概念　腐蹄病又称指（趾）间蜂窝织炎，牛、羊、猪等偶蹄兽多发。

（2）病因　（因体质和营养因素）蹄角质疏松；蹄常被浸泡；在不良地面活动被刺伤；蹄冠与蹄角质层发生裂缝而继发感染坏死杆菌、产黑色素类杆菌等。

（3）症状　急性突然跛行，发热（40～41℃）；蹄局部炎症；多数见蹄底有孔洞（可以探针测深）；指（趾）间常有溃疡面，上覆恶臭坏死物；或见全身败血症症状；经久于蹄冠缘、指（趾）间或跖球处见窦道。

（4）治疗　蹄底角质发病用 3％～5％高锰酸钾或 5％$CuSO_4$消毒。蹄蜂窝织炎蔓延至飞节时应予以消炎，以温 1％高锰酸钾溶液蹄浴。蹄底有洞则扩创消除坏死角质至健康层，用 10％碘酊充分消毒，撒碘仿磺胺粉，包扎绷带。全身抗菌治疗。

三、例题及解析

1. 蹄冠蜂窝织炎的临床特点是（　　）。

    A. 无热　　　　　　　　　　B. 无痛　　　　　　　　　　C. 无跛行

    D. 重度支跛　　　　　　　　E. 重度悬跛

    【解析】　D。该题考点为蹄冠蜂窝织炎，蹄冠蜂窝织炎是指发生在蹄冠皮下、真皮和蹄缘真皮以及与蹄匣上方相邻被毛皮肤的真皮化脓性或化脓坏疽性炎症，临床症状表现为蹄冠形成圆形枕形肿胀，有热痛，蹄冠缘往往发生剥离，患肢表现为重度支跛，病畜体温升高，精神沉郁。

（2～4题共用备选答案）

    A. 薄削蹄冠部蹄角质　　　　B. 蹄叉切开　　　　　　　　C. 蹄侧壁切开

    D. 蹄冠部皮肤上做数个线状切口　E. 掌部封闭

2. 马，5岁，两前肢倾蹄，蹄冠部角质纵向开裂，裂缝不整齐，未见跛行。该病适宜的治疗方法是（　　）。

    【解析】　A。该题考点为马蹄裂的治疗，通过题干综合分析可知，该马患的是蹄裂，对于蹄裂的治疗方法为薄削蹄冠部蹄角质纵裂。

3. 马，4岁，体温40℃。病初左后肢蹄角质与皮肤交界处呈圆枕形肿胀，之后患部皮肤与蹄角质之间发生剥离，重度支跛。该病适宜的治疗方法是（　　）。

    【解析】　D。通过题干可推出，该马患的是蹄冠蜂窝织炎。治疗措施：处理蹄冠皮肤，用蹄刀切除已剥离的部分，为减缓组织内压力和预防组织发生坏死，可在蹄冠上做多个长2～3cm和深1～1.5cm的垂直切口。

4. 马，3岁，体温38.7℃。右前肢支跛，蹄尖负重，系部直立，指动脉搏动明显，检蹄器压迫蹄叉有痛感，但蹄底和蹄叉处无明显眼观病变，楔木试验阳性。该病适宜的治疗方法是（　　）。

    【解析】　E。根据题干该马的楔木试验阳性，提示存在蹄骨、舟状骨、远籽骨滑膜囊炎及蹄关节的疾病，检蹄器压迫蹄叉有痛感，因此先对该马进行镇痛。

（5～7题共用题干）

马，前肢蹄底发生白线裂，表现轻度支跛。

5. 该病最不可能的病因是（　　）。

    A. 白线处切削过多　　　　　B. 白线角质脆弱　　　　　　C. 钉伤

    D. 蹄壁倾斜　　　　　　　　E. 蹄壁粗糙

    【解析】　E。该题考点为白线裂的病因，马的白线裂的病因主要有：白线处切削过多、白线角质脆弱、钉伤以及蹄壁倾斜，根据答案所给选项，E选项不属于马白线裂的病因。

6. 该病最多发生于（　　）。

    A. 马后蹄前壁　　　　　　　B. 马前蹄侧壁　　　　　　　C. 牛后蹄前壁

    D. 牛前蹄侧壁　　　　　　　E. 骡后蹄前壁

    【解析】　B。对于马白线裂，多发生于马前蹄侧壁。

7. 该病向深部发展最可能引起（　　）。

A. 化脓性蹄真皮炎　　　　B. 冠骨骨折　　　　C. 系骨骨折

D. 系关节脱位　　　　E. 掌骨骨折

【解析】　A。对于马白线裂，如病程发生进一步发展，在不积极采取治疗措施的情况下，将引起化脓性蹄真皮炎。

8. 阿拉伯马，12 岁，跛行，不愿运动，两后蹄蹄踵负重，步态紧张，蹄壁增温、敏感，X 线检查显示蹄骨背侧缘与蹄壁背侧缘不平行，彼此之间出现夹角，蹄骨转位。该病最可能的诊断是（　　）。

A. 骨关节病　　　　B. 蹄叶炎　　　　C. 腐蹄病

D. 蜂窝织炎　　　　E. 蹄关节脱位

【解析】　B。根据题干，患畜表现跛行，不愿运动，两后蹄蹄踵负重，步态紧张，蹄壁增温、敏感，X 线检查显示蹄骨背侧缘与蹄壁背侧缘不平行，彼此之间出现夹角，蹄骨转位，综合其症状分析可知该病为蹄叶炎。

（9～11 题共用题干）

某奶牛场，近日有多头泌乳奶牛跛行，且日渐严重，体温升高，食欲减退，系部球节屈曲，以蹄尖着地，趾间隙及冠部肿胀，并有小裂口，有恶臭气味。

9. 该奶牛所患的蹄病是（　　）。

A. 蹄底挫伤　　　　B. 蹄裂　　　　C. 腐蹄病

D. 蹄叶炎　　　　E. 趾间皮炎

【解析】　C。根据题干，该病牛表现为系部球节屈曲，以蹄尖着地，趾间隙及冠部肿胀，并有小裂口，恶臭气味，结合分析其症状为腐蹄病特征。

10. 该病的主要病因是（　　）。

A. 营养不良　　　　B. 营养过剩　　　　C. 运动不足

D. 细菌感染　　　　E. 运动过多

【解析】　A。该题考点为腐蹄病的病因，该病主要由营养不良导致。

11. 治疗该病的主要原则是（　　）。

A. 改善饮食　　　　B. 抗菌消炎　　　　C. 装蹄绷带

D. 加强运动　　　　E. 合理修蹄

【解析】　B。该题考点为腐蹄病的治疗，治疗原则为抗菌消炎。

12. 治疗该病的主要原则是（　　）。

A. 改善饮食　　　　B. 抗菌消炎　　　　C. 装蹄绷带

D. 加强运动　　　　E. 合理修蹄

【解析】　B。该题考点为腐蹄病的治疗，治疗原则为抗菌消炎。

13. 黄牛，右后肢跛行，趾间有一"舌状"突起，伸向地面，其表面破溃，恶臭。根治该病的方法是（　　）。

A. 清洗后包扎　　　　B. 涂擦腐蚀剂　　　　C. 注射抗生素

D. 注射抗组胺药物　　　　E. 手术切除

【解析】　E。根据题干，结合该牛的表现，诊断该牛患有指（趾）间皮肤增生。对于指（趾）间皮肤增生的治疗方法为：在炎症期，清蹄后用防腐剂包扎，可暂时缓和炎症和疼痛。对小的增生物，可用腐蚀剂腐蚀，但不易根除。大的增生物可采用手术切除根治。

14. 蹄白线裂严重时继发（　　）。

 A. 蹄横裂   B. 蹄纵裂   C. 化脓性蹄真皮炎

 D. 蹄冠蜂窝织炎   E. 蹄叉腐烂

【解析】 C。对于马白线裂，如病程发生进一步发展，在不积极采取治疗措施的情况下，将引起化脓性蹄真皮炎。

<<< 第十五单元　术前准备 >>>

一、考试大纲

单元	细目	要点
术前准备	1. 手术器械的种类与使用	（1）常用手术器械　　（2）骨科手术器械　　（3）眼科手术器械（4）手术器械的消毒
	2. 手术人员的准备与消毒	（1）手臂的消毒　　（2）手术衣及手套的穿戴
	3. 动物的准备、剃毛、消毒与隔离	（1）保定与剃毛　　（2）消毒与隔离
	4. 手术计划的制订与手术人员的分工	（1）手术计划的制订　　（2）手术人员的分工
	5. 手术动物病情稳定性治疗与术前准备	（1）手术动物病情稳定性治疗　　（2）手术动物的术前检查（3）手术动物的准备　　（4）手术动物的术部准备
	6. 手术室的准备	（1）手术室的消毒　　（2）手术监护设备的准备　　（3）手术急救药物的准备

二、重要知识点

（一）手术器械的种类与使用

1. 常见手术器械　常用的基本手术器械有手术刀、手术剪、手术镊、止血钳、巾钳、肠钳、缝针等。

（1）手术刀　主要用于切开和分离组织。手术刀执刀方式如下（图3-15-1）：

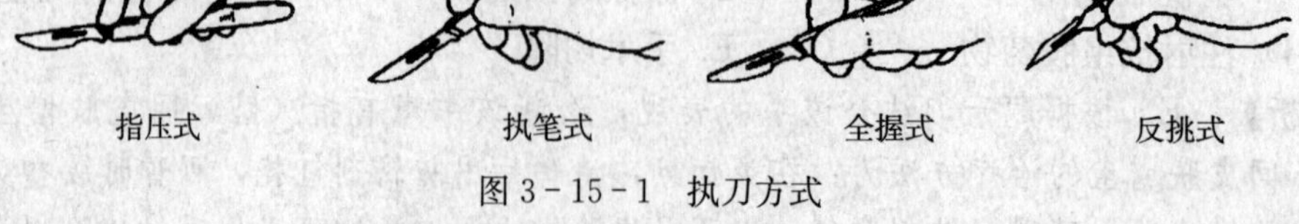

指压式   执笔式   全握式   反挑式

图3-15-1　执刀方式

①指压式（卓刀式）　以手指按刀背后 1/3 处，用腕与手指力量切割。适用于切开皮肤、腹膜及切断钳夹组织。

②执笔式　如同执钢笔。动作涉及腕部、手指，要求精细操作。适用于切割短小切口，分离血管、神经等。

③全握式（抓持式）　力量在手腕。适用于切割范围广、用力较大的切开，如较长的皮肤切口以及切开筋膜、慢性增生组织等。

④反挑式（挑起式）　即刀刃由组织内向外面挑开，如切开腹膜。

（2）手术剪　主要用于剪断组织或用于剪断缝线（图 3-15-2）。

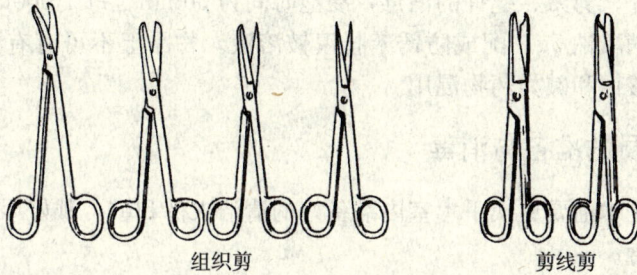

图 3-15-2　手术剪

（3）手术镊　主要用于夹持、稳定或提起组织以便切开及缝合。

（4）止血钳　主要用于夹住出血部位的血管或出血点，有时也用于分离组织、牵引缝线。

（5）持针钳　又称持针器，用于夹持缝针缝合组织。一般应夹在缝针的后 1/3 处，缝线应重叠 1/3 以便操作。

（6）巾钳　用于固定创巾。

（7）海绵钳　分有齿和无齿两种，前者用于夹持敷料作消毒用，或放在盛消毒液的大口量杯或大口瓶内，供从手术台下向台上传递物品用；后者用于夹持肠管等组织。

（8）肠钳　用于夹持肠管，其两臂薄而长，弹性好，对组织损伤小，使用时可外套乳胶管；用于吻合肠管时只能夹肠管而不能夹肠系膜，且只能上一个齿。

（9）缝针　主要用于闭合组织或贯穿结扎。

（10）缝合材料

①天然吸收性缝合材料　如肠线。

A 型：普通型或未经铬盐处理型，能引起严重的组织反应，手术时一般不使用。

B 型：轻度铬盐处理型，在体内 14d 被吸收。

C 型：中度铬盐处理型，在体内 20d 被吸收，是手术常用的肠线。

D 型：超级铬盐处理型，在体内 40d 被吸收。

②人造吸收性缝合材料　如聚乙醇酸（PGA）缝线、聚二氧杂环己酮（PDS）缝线。

③天然非吸收性缝合材料　如丝线、不锈钢丝、尼龙线。

2. 手术器械的消毒

（1）煮沸灭菌法　广泛应用于手术器械和常用物品的消毒。可用一般铝锅、铁锅或特制的煮沸消毒器，用清洁的常水加热，水沸后 3～5min 将金属器械放到煮锅内，待第二次水沸时计算时间,15min 可将一般的细菌杀死,杀灭芽孢需煮沸 60min 以上。如果消毒玻璃注射器,应在冷水时加入,以防玻璃猛然遇热而破裂。

(2)高压蒸汽灭菌法 高压蒸汽灭菌需用高压蒸汽灭菌器。将需灭菌的物品在锅内装好后拧紧锅盖上的螺旋,通电、加热,待锅内水沸、压力表上升时,打开排气阀,放出锅内冷空气后;关闭排气阀,继续加热,待压力表指示的温度达到 121.6～126.6℃时,维持 30min。在加热过程中,由于锅内压力过大,排气减压阀会自动放气。消毒完毕,打开排气阀立即放气,待气压表指示至 0 处,旋开锅盖及时取出锅内物品。

(3)化学药品消毒法 0.1%苯扎溴铵溶液最常用于浸泡消毒手臂、器械或其他可浸湿用品等。常用于刀片、剪刀、缝针的消毒,浸泡时间为 30min。每 1 000mL 的 0.1%苯扎溴铵溶液中加医用亚硝酸钠 5g,配成防锈苯扎溴铵溶液。物品上不可有有机物存在,不可与肥皂、碘酊、高锰酸钾和碱类药物混用。

(二)手术人员的准备与消毒

(1)手术人员在术前要更换手术室内准备好的清洁衣裤和鞋,戴好手术帽和口罩。
(2)消毒手、臂。
(3)穿戴手术服和手套。

(三)动物的准备与消毒

1. 术部除毛 手术前必须用肥皂水刷洗术部及周围大面积的被毛,然后剃毛。剃毛的范围大动物要超出切口周围 20～25cm,小动物要超出 10～15cm。剃毛后,用肥皂反复擦刷并用清水冲净,最后用灭菌纱布拭干。

2. 术部消毒 术部的皮肤消毒,最常用的药物是 5%碘酊和 75%酒精,碘酊消毒后必须稍待片刻,待完全干后,再以 75%酒精将碘酊擦去。在消毒时要注意:无菌手术,由手术区中心部向四周涂擦;感染的创口,由较清洁处向患处涂擦;以免碘酊沾及手术器械,带入创内造成不必要的刺激。

3. 术部隔离 采用大块有孔手术巾覆盖手术区,仅在中间露出切口部位,使术部与周围完全隔离。在全身麻醉侧卧保定下进行手术时,可用四块创巾隔离术部。

三、例题及解析

1. 用酒精浸泡消毒器械的最适浓度为( )。
    A. 50%   B. 60%   C. 70%
    D. 90%   E. 95%
【解析】 C。该题考点为手术器械的常用消毒方法。化学药品消毒法:用于浸泡器械的酒精浓度为 70%,浸泡时间不少于 30min。

2. 用于手术器械和用品的消毒方法不包括( )。
    A. 煮沸灭菌法   B. 紫外线照射法   C. 高压蒸汽灭菌法
    D. 流通蒸汽灭菌法   E. 碘酊浸泡法
【解析】 E。碘酊浸泡法不适用于外科手术器械及用品的消毒,因为碘制剂腐蚀金属,易引起生锈。

3. 中度铬盐处理的肠线，植入体内开始吸收的时间一般为( )。

A. 7d
B. 14d
C. 20d
D. 40d
E. 60d

【解析】 C。中度铬制肠线自植入组织内 20d 开始吸收，张力强度丧失较快，偶尔还会引起组织的过敏反应。

<<< 第十六单元 麻醉技术 >>>

一、考试大纲

单元	细目	要点
麻醉技术	1. 局部麻醉	(1) 局部麻醉的概念　(2) 表面麻醉技术　(3) 浸润麻醉技术　(4) 传导麻醉技术　(5) 脊髓麻醉技术
	2. 全身麻醉	(1) 麻醉前用药的目的与种类　(2) 吸入麻醉的概念　(3) 吸入麻醉流程　(4) 常用吸入麻醉药物　(5) 麻醉分期　(6) 非吸入性麻醉药物种类与应用　(7) 麻醉后护理、麻醉并发症与抢救　(8) 麻醉监护与复苏

二、重要知识点

(一) 局部麻醉

局部麻醉是利用某些药物有选择性地暂时阻断神经末梢、神经纤维以及神经干的冲动传导，从而使其分布或支配的相应局部组织暂时丧失痛觉的一种麻醉方法。

1. 表面麻醉

(1) 概念　利用麻醉药的渗透作用，使局部麻醉药物直接作用于组织表面的神经末梢，使局部痛觉消失，称表面麻醉。

(2) 麻醉部位及浓度　眼结膜及角膜的表面麻醉用 0.5％丁卡因或 2％利多卡因；鼻、口、直肠黏膜用 1％～2％丁卡因或 2％～4％利多卡因，一般每隔 5min 用药 1 次，共用药 2～3 次。麻醉方法是麻醉药滴入术部或填塞、喷雾于术部。

2. 浸润麻醉

(1) 概念　将局部麻醉剂沿手术切口皮下注射或深部分层注射，阻滞感觉神经末梢或神经干，使之失去感觉和传导能力的方法，称为浸润麻醉。

(2) 药物浓度　常用浓度盐酸普鲁卡因为 0.5％～1％，盐酸利多卡因为 0.25％～0.5％。

(3) 麻醉方法　将针头插至皮下，边注射药物边推进针头至所需的深度及长度。注射药物分为直线浸润、菱形浸润、扇形浸润、基部浸润、分层浸润。

3. 传导麻醉（神经阻滞）

（1）概念　在神经干周围注射局部麻醉药，使其所支配的区域失去痛觉，称为传导麻醉。

（2）优点　使用少量麻醉药实现较大区域的麻醉。

（3）药物浓度　盐酸利多卡因为 2%，盐酸普鲁卡因为 $2\%\sim5\%$。药物浓度及用量与所麻醉的神经大小成正比。

（4）适应证　大动物（牛、羊、马属动物）主要用于腹部手术的腰椎旁神经传导麻醉和四肢跛行诊断的神经阻断麻醉。马、牛腹腔手术的主要术部都在髂部，此部的前界是最后肋骨，后界为髋结节前缘，上界是腰椎横突。该区域主要有三条较大的神经分布，即最后肋间神经（最后胸神经的腹侧支）、髂腹下神经（第一腰神经的腹支）、髂腹股沟神经（第二腰神经的腹支）。马、牛的腰旁神经传导麻醉就是麻醉上述三条神经。

4. 脊髓麻醉（硬膜外腔麻醉）

（1）概念　硬膜外腔麻醉是将局部麻醉药注入脊髓硬膜外腔内，使经由此腔的脊神经（包括腰神经、荐神经及尾神经）失去传导能力，进而使其支配的区域得到麻醉。

（2）分类　根据不同手术的需要可选择腰荐间隙或荐尾间隙硬膜外腔麻醉。

（3）适应证　常用于腹腔、乳腺及生殖器官等手术的麻醉。

（4）麻醉部位及剂量　牛硬膜外麻醉注射部位多为第一、二尾椎之间。用 2% 盐酸普鲁卡因对牛进行硬膜外麻醉的适宜剂量是 $10\sim15mL$。

（二）全身麻醉

1. 概念　全身麻醉是指利用某些药物对动物中枢神经系统产生广泛的抑制作用，从而暂时地使机体的意识、感觉、反射和肌肉张力部分或全部丧失，但仍保持生命中枢的功能的一种麻醉方法。

2. 分类　全身麻醉的方法可分为吸入麻醉和非吸入麻醉。

（1）吸入麻醉　常采用气态或挥发性液态的麻醉药物。麻醉机制是使药物经过呼吸由肺泡毛细血管进入循环，并达到中枢，使中枢神经系统产生麻醉效应。目前兽医临床上常用的吸入麻醉剂有乙醚、氧化亚氮（笑气）、安氟醚、异氟醚（目前犬、猫临诊手术中常用的吸入麻醉药）、七氟醚（目前比较理想的吸入麻醉药）。临床主要应用安氟醚或异氟醚，如先以硫喷妥钠或异丙酚等药物作诱导（基础）麻醉，之后的 $3\sim5min$ 以异氟醚作维持麻醉。

（2）非吸入麻醉

①常用非吸入麻醉药　包括 846 合剂（又称速眠新、陆眠宁）、赛拉嗪（隆朋）、静松灵、氯胺酮、水合氯醛、舒泰。

②麻醉分期及特点

第Ⅰ期：又称朦胧期，从吸入乙醚开始，到睫毛反射消失、意识消失为止。

第Ⅱ期：又称兴奋期，从意识消失至出现深快而规律的呼吸为止。表现呼吸、循环、反射及肌肉张力兴奋亢进。

第Ⅲ期：又称外科麻醉期，从规律的呼吸开始至呼吸麻痹为止。根据呼吸变化又分 4 级，第 1 级、第 2 级、第 3 级和第 4 级，即腹腔手术最理想的麻醉深度是第Ⅲ期第 2 级。

第Ⅳ期：又称延髓麻痹期，呼吸、循环相继停止，须心肺复苏抢救。

3. 麻醉前用药

（1）麻醉前用药的目的

①消除麻醉诱导时的恐惧和不安。

②减少呼吸道和唾液腺的分泌，保持呼吸道通畅，防止发生异物性肺炎。

③阻断迷走神经反射，预防反射性心率减慢或骤停。

④减少全麻药的用量，降低麻醉副作用，提高麻醉安全性。

⑤降低胃肠道蠕动，防止呕吐，提高痛阈值，使麻醉苏醒平稳。

（2）常用药物

①安定　其作用是安静、催眠和肌肉松弛。采用肌内注射，注射剂量牛、羊、猪为每千克体重 0.5～1mg，犬、猫为每千克体重 0.66～1.1mg，马为每千克体重 0.1～0.6mg。

②阿托品　其作用是减少唾液分泌。采用皮下或肌内注射，注射剂量按每千克体重计，马、牛为 50mg/次，羊、猪为 10mg/次，犬、猫为 0.04mg/次。

4. 麻醉后护理、麻醉并发症与抢救

（1）一般护理　包括苏醒、保温、监护。

（2）并发症与抢救

①呕吐　头颈部稍抬高，口朝下，舌拉至口腔外并用纱布包裹。呕吐后，将口腔清理干净，或在麻醉时插气管导管。

②舌缩回　马属动物、小动物多见。处理方法：立即将舌拉出至口腔外。

③呼吸停止　麻醉过深时，创内出血呈暗红色，此时应立即停止麻醉，拉出舌头，人工呼吸或辅助控制呼吸。注射尼可刹米、安钠咖、樟脑油等。

④心搏停止　麻醉过深时，创内出血停止，此时应立即进行心脏按压。注射 0.1% 肾上腺素，马、牛为 5～10mL，犬、猫为 0.1～0.5mL。

三、例题及解析

1. 角膜表面麻醉常用丁卡因的浓度是（　　）。

    A. 0.1%　　　　　　　　　　B. 0.5%　　　　　　　　　　C. 2.0%

    D. 3.0%　　　　　　　　　　E. 4.0%

【解析】　B。该题考点为眼科用药，小动物进行角膜手术时，用于表面麻醉的药物有 0.5%～2% 盐酸可卡因、0.5% 盐酸丁卡因、0.5% 盐酸丙美卡因等药物。

2. 表面麻醉是利用麻醉药的渗透作用，使其透过黏膜而阻滞（　　）。

    A. 深在的神经末梢　　　　　B. 浅在的神经末梢　　　　　C. 脊神经

    D. 中枢神经　　　　　　　　E. 神经干

【解析】　B。该题考点为表面麻醉。表面麻醉是通过使用滴入、涂抹、喷洒和填塞等方法，将组织穿透力强的局部麻醉药直接与黏膜、浆膜、滑膜等组织的表面接触，使药物渗透进入组织浅层从而阻滞浅在的神经末梢的神经冲动传导。适用于眼、鼻、咽喉、气管、尿道、阴道等处的浅表手术或器械检查等。常用药物为丁卡因或利多卡因。

3. 为了防止呕吐，全身麻醉时采取的措施错误的是（　　）。

    A. 充分的禁食　　　　　　　B. 减轻胃肠胀气　　　　　　C. 应用止吐药

D. 未将舌头拉出口腔 E. 将动物颈基部垫高

【解析】 D。动物实施全身麻醉时，为防止呕吐应采取以下措施：①根据手术情况进行充分的禁食，反刍动物一般禁食24～36h，单胃动物一般禁食12～24h；②尽量减轻胃肠胀气和缩短手术时间；③应用胃复安、止吐药；④全身麻醉的动物颈基部应垫高，一旦发生呕吐，应尽快改变头部姿势，口腔朝下，使呕吐物尽快排出口腔，并使用纱布清洁口腔。

4. 浸润麻醉的方式不包括( )。

A. 神经干周围注射 B. 菱形注射 C. 扇形注射

D. 直线注射 E. 病灶基部注射

【解析】 A。该题考点为浸润麻醉的方式，A选项中在神经干周围注射局部麻醉药，属于神经传导麻醉，不属于浸润麻醉。

5. 目前兽医临床上常用的吸入麻醉药为( )。

A. 氧化亚氮 B. 氟烷 C. 乙醚

D. 异氟醚 E. 甲氧氟烷

【解析】 D。该题考点为全身麻醉方法中的吸入麻醉，目前兽医临床上主要应用的吸入麻醉药有安氟醚、异氟醚。其中异氟烷的诱导时间短、苏醒快、肌肉松弛效果好；对心血管的抑制轻，仅有轻度潮气量减少；对肝、肾的损害轻，副作用少。

<<< 第十七单元 手术基本操作 >>>

一、考试大纲

单元	细目	要点
手术基本操作	1. 组织切开	(1) 软组织的切开与分离 (2) 硬组织的分离技术
	2. 止血	(1) 出血的种类 (2) 全身和局部预防性止血方法 (3) 术中止血方法
	3. 缝合	(1) 缝合的基本原则 (2) 缝合材料 (3) 缝合方法 (4) 打结种类与注意事项 (5) 拆线方法
	4. 引流与包扎	(1) 引流的适应证、种类与应用 (2) 包扎法的类型与基本包扎法 (3) 临床常用绷带

二、重要知识点

（一）组织切开

1. 软组织分离的方法

（1）皮肤切开法

①紧张切开法 用于皮肤活动性大，切皮时易出现皮肤切口与深部切口不一致的部位。助手双手在切口两侧展平皮肤，或术者用拇指与食指展开皮肤，然后一刀切开皮肤。

②皱襞切开法 用于切口下有大血管、大神经、分泌管和重要器官，且皮下组织疏松的部位。在预定切开线两侧用手指或镊子提拉皮肤呈垂直皱襞，然后进行垂直切开。

（2）皮下组织及其他组织的分离

①皮下疏松结缔组织的分离 皮下结缔组织内分布有许多小血管，故多用钝性分离。对于中小型动物，皮下疏松结缔组织常与皮肤一起切开，然后止血。

②筋膜和腱膜的分离

A. 用刀在其中央作一小切口，然后用弯止血钳在此切口上、下将筋膜下组织与筋膜分开，沿分开线剪开筋膜。

B. 筋膜的切口应与皮肤切口等长。

C. 若筋膜下有神经血管，则用手术镊将筋膜提起，用反挑式执刀法作一小孔，插入有沟探针，沿针沟外向切开。

（3）肌肉的分离 原则上应按肌肉纤维的方向分离，分离肌肉前，需先切开肌膜，扁平的肌肉采用钝性分离法。例如，先按肌肉纤维的方向作一小的切口，然后用刀柄或止血钳伸入切口，按肌肉纤维的方向分离至所需长度。含腱质较多的肌肉须用切开法分离。

（4）肠管的切开 肠管侧壁切开时，一般于肠管纵带上纵行切开，并应避免损伤对侧肠管。

（5）索状组织的分离 索状组织（如精索）的分割，除应用手术刀（剪）作锐性切割外，尚可用刮断、拧断等方法，以减少出血。

2. 硬组织分离的方法 首先应分离骨膜，尽可能完善地保存健康部分；然后再分离骨组织。分离骨组织常用的器械有圆锯、线锯、骨钻、骨凿、骨钳、骨剪、骨匙及骨膜剥离器等。

（二）止血

1. 全身预防性止血法

（1）输血 可刺激血管运动中枢反射性地控制血管的痉挛性收缩，以减少手术中的出血。

（2）注射增加血液凝固性、血管收缩药物 包括0.3%凝血质、维生素K、安络血、止血敏、对羧基苄胺（抗血纤溶芳酸）。

2. 局部预防性止血法

（1）肾上腺素止血 常配合局部麻醉应用。一般是在每1 000mL普鲁卡因溶液中加入0.1%肾上腺素溶液2mL。

（2）止血带止血 适用于四肢、阴茎和尾部手术。于手术部位上1/3处缠绕数周固定，以止血带远侧端的脉搏将消失为度，保留时间不超过2～3h，手术中可将止血带临时松开10～30s，然后重新缠扎。松开止血带时，宜用"松、紧、松、紧"的办法，严禁一次松开。

3. 手术过程中止血法

（1）压迫止血法 用纱布块按压，适合毛细血管和小静脉的止血。

（2）止血钳止血法 钳夹血管时，要沿血管纵轴夹住断端，不能夹住多的邻近组织。多用于急救性出血的钳夹止血。

（3）结扎止血法 用于血管断端结扎，止血效果确实、可靠。贯穿结扎止血：结扎线用缝针穿过所钳夹的组织后，再进行结扎。此法结扎线不易滑脱，适用于大血管的出血。

（4）填塞止血法/缝合止血法/烧烙止血法 适用于较深部位的出血，所用纱布可浸止血药物，常用于弥散性出血或实质性器官的出血，也用于大面积毛细血管的出血。

（三）缝合

1. 缝合的基本原则

（1）严格遵守无菌操作。

（2）缝合前必须彻底止血和清创。

（3）两针孔间要有适当距离，以防拉穿组织。

（4）缝针刺入和穿出部位应彼此相对，针距相等。

（5）同层组织相缝合，除非特殊需要，否则不允许把不同类的组织缝合在一起。

（6）缝合时不宜过紧，否则将造成组织缺血。

（7）创缘、创壁应互相均匀对合，创伤深部不留死腔、积血和积液。

（8）若在手术后出现感染症状，应迅速拆除部分缝线，以便排出创液。

2. 缝合方法

（1）结节缝合 用于缝合皮肤。

（2）单纯连续缝合 用于缝合腹膜、肌肉。

（3）表皮下缝合 用于缝合小动物体表皮肤，真皮内运针。

（4）压挤缝合 用于犬、猫肠管吻合。

（5）十字缝合 用于缝合张力较大的皮肤。

（6）连续锁边缝合 用于缝合皮肤直线形切口及薄而活动性较大的部位。

（7）伦勃特氏缝合 用于缝合胃肠、子宫、膀胱，以及浆膜肌层。

（8）库兴氏缝合 连续水平褥式内翻缝合 用于缝合胃、子宫浆膜肌层。

（9）康乃尔氏缝合/连续全层水平褥式内翻缝合 注意在缝合时缝针要贯穿全层组织。

（10）间断垂直褥式缝合 属于张力缝合。

（11）间断水平褥式缝合 属于张力缝合。

（12）近远-远近缝合 属于张力缝合。

（13）骨缝合 通常应用不锈钢丝或其他金属丝进行全环扎术和半环扎术。

3. 拆线方法

（1）用5％碘酊消毒创口、缝线及创口周围皮肤后，将线结用镊子轻轻提起，拆线剪插入线结下，紧贴针眼将线剪断。

（2）拉出的方向应向拆线的一侧，动作要轻巧，强行向对侧硬拉可能将创口拉开。

（3）再次用碘酊消毒创口及周围皮肤。

三、例题及解析

1. 关于压迫止血表述错误的是（   ）。

    A. 毛细血管渗血时，压迫片刻即可止血   B. 小血管出血时，压迫片刻即可止血

    C. 大动脉出血时，压迫片刻即可止血   D. 必须是按压止血，不可擦拭

    E. 用纱布压迫出血的部位

【解析】 C。该题考点为压迫止血。压迫止血是使用无菌纱布压迫出血部位，以达到临时止血的效果，适用于毛细血管和小静脉的止血，C选项大动脉出血不能使用压迫止血。

2. 关于缝合的基本原则，表述错误的是( )。

    A. 严格遵守无菌操作   B. 缝合前必须彻底止血

    C. 缝合的创伤感染后不用拆除部分缝线   D. 缝合前必须彻底清除凝血块

    E. 缝合前必须彻底清除异物

【解析】 C。该题考点为缝合的原则，外科手术缝合的原则为：①严格遵守无菌操作；②缝合前必须进行彻底止血；③缝合前必须彻底清除创内血凝块；④缝合前必须彻底清除创内异物；⑤已缝合的创伤若在手术后出现感染症状，应迅速拆除部分缝线，以便排出创液。

(3~5题共用备选答案)

    A. 水平褥式内翻缝合   B. 单纯连续缝合   C. 荷包缝合

    D. 结节缝合   E. 连续锁边缝合

3. 奶牛，食欲废绝，反刍停止，右侧下腹部膨大，瘤胃蠕动音消失，肠音减弱；排少量糊状、褐色粪便并混有少量黏液和血凝块；触诊真胃区病牛躲闪，真胃区扩大。手术取出阻塞物后对该器官的第二层缝合宜采用的缝合方式是( )。

【解析】 A。皱胃切开手术缝合时，施行两层缝合，先进行连续全层缝合，再进行库兴氏缝合或伦勃特氏缝合。

4. 奶牛，精神沉郁，食欲废绝，反刍停止，鼻镜干燥，呼吸急促，脉搏细数。视诊左侧肷窝平坦，下腹部增大，触诊瘤胃，内容物坚实，叩诊呈浊音。手术取出内容物后对该器官的第一层缝合宜采用的缝合方式是( )。

【解析】 B。牛瘤胃切开术中首先进行的第一层缝合是单纯连续缝合，适用于皮下组织、筋膜、血管、胃肠道的缝合。对瘤胃切口进行第二层连续伦勃特氏或库兴氏缝合。

5. 德国牧羊犬，2岁，呕吐，食欲废绝，体温正常，X线检查见肠管积气，直肠内有多量高密度阴影，直肠内指检查直肠堵塞，手术取出内容物后对该器官的第一层缝合宜采用的缝合方式是( )。

【解析】 D。该犬行直肠切开术后，取出肠内异物，用2/0铬制肠线或1~2号丝线进行全层结节缝合，必要时可用3/0或4/0铬制肠线进行补针缝合。

<<< 第十八单元 手术技术 >>>

一、考试大纲

单元	细目	要点
手术技术	1. 头部手术	(1) 牛断角术 (2) 犬耳血肿手术 (3) 犬直外耳道外侧壁切除术 (4) 马鼻旁窦圆锯术 (5) 羊多头蚴包囊摘除术 (6) 下颌腺、舌下腺摘除术 (7) 眼睑内翻矫正术 (8) 眼睑外翻矫正术 (9) 第三眼睑腺突出切除术和包埋术 (10) 眼球摘除术 (11) 犬竖耳术 (耳整形术) (12) 拔牙术 (13) 上、下颌骨骨折内固定术 (14) 上、下颌骨部分或全部切除术

（续）

单元	细目	要点
手术技术	2. 颈部手术	(1) 甲状腺摘除术　　(2) 气管切开术　　(3) 食管切开术
	3. 胸部手术	(1) 犬开胸术　(2) 胸部食管切开术　　(3) 肋骨切除术　　(4) 牛心包切开术　(5) 肺叶切除术　　(6) 乳糜胸手术
	4. 腹部手术	(1) 腹部手术通路及探查技术　　(2) 瘤胃切开术　　(3) 牛皱胃切开术　(4) 牛皱胃左方变位整复术　　(5) 犬、猫剖腹术　(6) 犬胃切开术　　(7) 小肠切开术　　(8) 肠管切除及端端吻合术　　(9) 肠套叠整复术　　(10) 大肠切开术　(11) 犬直肠固定术　　(12) 犬直肠切除术　　(13) 犬猫巨结肠切除术　(14) 犬脾摘除术
	5. 泌尿生殖器官手术	(1) 犬肾摘除术　　(2) 犬膀胱切开术　　(3) 犬尿道切开术　　(4) 公犬尿道造口术　(5) 公猫尿道造口术　　(6) 公羊（牛）尿道造口术　　(7) 公犬（猫）去势术　(8) 犬猫卵巢子宫切除术　　(9) 犬猫乳腺切除术　　(10) 犬、猫剖腹产术
	6. 四肢手术	(1) 马、牛膝内直韧带切断术　　(2) 犬髋关节前方脱位开放性整复术　　(3) 马指（趾）浅屈肌腱切断术　　(4) 骨盆骨折内固定术　　(5) 犬股骨头切除术　(6) 犬股骨干骨折内固定术　　(7) 犬胫骨骨折内固定术　　(8) 犬肱骨骨折内固定术　　(9) 犬桡尺骨骨折内固定术
	7. 椎板及椎间盘手术	(1) 椎板切除术　　(2) 椎间盘切除术
	8. 疝及其他手术	(1) 犬膈疝修补术　　(2) 脐疝修补术　　(3) 腹股沟疝修补术　　(4) 阴囊疝修补术　(5) 犬会阴疝修补术　　(6) 肛门囊摘除术

二、重要知识点

（一）头部手术

1. 牛断角术

（1）适应证　性情恶劣的牛常因角斗而造成损伤或抵伤饲养人员，或引起妊娠母牛流产，或因角不正形弯曲，其生长有损伤眼或其他软组织的可能。此外，在角部复杂性骨折的治疗中要求去除牛角时，也须施行断角术。

（2）器械　断角器或骨锯、链锯、烙铁等。

（3）保定　柱栏内站立保定，注意头部保定要确实。

（4）麻醉　角神经传导麻醉。注射点在额骨外缘稍下方，眶上突基部和角根之间。刺入深度1cm，注入2％普鲁卡因10～15mL。如术中仍有疼痛，建议使用乙酰丙嗪或静松灵等，可使疼痛减轻，或者采用沿切线进行皮肤与骨膜的浸润麻醉方法。

（5）术式

①观血断角术（低位断角术）　麻醉后在靠近角根部预定断角处以碘酒消毒，用断角器或锯迅速锯断角的全部组织。为了避免血液流入额窦内，可用事先准备好的灭菌纱布压迫角根断端或用手指压迫角基动脉进行止血。

②无血断角（高位断角术）　断角位置在最上角轮和角尖之间，因没有破坏角突，不需

要止血和装角绷带。

2. 犬外耳道外侧壁切除术

（1）适应证　适用于慢性外耳炎药物治疗无效或反复发作，炎性分泌物不能排出，缺乏通风，外耳道壁增厚但未阻塞水平部外耳道时。也适用于外耳道严重溃疡、听道软骨骨化、听道狭小、肿瘤、先天性畸形等。

（2）保定和麻醉　侧卧位保定，患耳在上。全身麻醉。

（3）术式　耳基部和耳郭剃毛、清洗、消毒。在与直外耳道相对应的皮肤上做一U形切口。切除皮瓣，钝性分离皮下组织、部分耳降肌和腮腺背侧顶端，暴露直外耳道软骨。与U形皮肤切口相对应，由耳屏处向下剪开直外耳道外侧壁软骨至外耳道垂直与水平交界处。将软骨瓣向下折转，暴露直外耳道，剪去1/2软骨瓣，使其剩余部分正好与下面的皮肤缺损部分相吻合，并作结节缝合，再将外耳道软骨创缘与同侧皮肤创缘结节缝合。

3. 马副鼻窦圆锯术

（1）保定　柱栏保定，确实固定头部。

（2）器械　局部浸润麻醉，但齿源性上颌窦炎需作牙齿打出术者，则应全身麻醉，侧卧保定。少数烈性马可用少量水合氯醛加以镇静。

（3）术式　在术部瓣形切开皮肤。钝性分离皮下组织或肌肉直至骨膜，彻底止血后在圆锯中心部位用手术刀"十"字形或瓣状切开骨膜，用骨膜剥离器把骨膜推向四周，其面积以容纳圆锯稍大为度。将圆锯锥心垂直刺入预做圆锯孔的中心，然后开始旋转圆锯，分离骨组织。待将要锯透骨板之前彻底去除骨屑，用骨螺子旋入中央孔，向外提出骨片。除去黏膜，用球头刮刀整理创缘，然后进行窦内检查或除去异物。若以治疗为目的，皮肤一般不缝合或假缝合，外施以绷带。若以诊断为目的，术后将骨膜进行整理，皮肤结节缝合，外系结系绷带。

4. 眼部手术

（1）犬眼睑内翻矫正术　多用于面部皮肤有皱褶的犬，或内翻睫毛引起角膜、结膜的炎症。

（2）眼睑外翻矫正手术　多用于犬眼睑外翻而引起的结膜、角膜的干燥、发炎。应用全身麻醉配合局部麻醉。手术方法：V形切开，Y形缝合。

（3）第三眼睑腺切除术　适应证为第三眼睑腺脱出（樱桃眼）。施行手术时夹持并牵引脱出的第三眼睑腺，弯止血钳钳夹其基部片刻，手术刀沿止血钳前缘切除。轻轻松开止血钳，若出血，可用纱布按压。

（二）颈部手术

1. 食管切开术

（1）适应证　食管内腔被团块食物或异物所阻塞，经打气法和食管探诊治疗无效者。

（2）术前准备　牛的食管阻塞后，因不能正常暖气，致使瘤胃膨胀，术前应放气。阻塞物前的食管内常常存在大量的唾液，为了避免切开食管后污染创口，术前应尽量吸出唾液。采用栏内保定或手术台横卧保定。局部浸润麻醉。

（3）术式　术部定位及食管切开，通过外部触诊，随阻塞物的部位而定。以阻塞物置于颈1/3为例，于颈静脉与臂头肌之间作1～15cm长，且与颈静脉相平行的皮肤切口，分离颈静脉和肌筋膜。对被阻塞的食管进行分离,注意勿切伤动脉及神经干。食管分离之后,轻轻地尽量向外牵引,再用一金属或大镊子把柄置于其下方(最好再衬以灭菌塑料薄膜,防止食管液体流入创内),借此固定。依阻塞物的大小,对食管壁作纵行切开。开口长度以能顺利取出食物块为度。如果食管壁有明显的病变时,移动食物团块,尽可能在正常食管壁上切开。食管缝合:清理手术创,对食管黏膜先用螺旋缝合;然后用连续缝合法或螺旋缝合法缝合浆膜及浆膜肌层。切勿包埋过多,以防发生食管狭窄。术部缝合后食管复位,清理创腔,结节缝合皮肤。

2. 气管切开术 是指在颈段气管切开 2~4 个气管环,放入气管套管以保持呼吸道畅通的手术。

(1)适应证 对于各种原因引起的上呼吸道完全阻塞,必须紧急采取气管切开,以抢救动物生命;对于肺水肿、异物性肺炎等下呼吸道分泌物引起的阻塞,气管切开有利于吸取气管内的分泌物,改善呼吸;头、颈部手术时,为便于气管插管和吸入麻醉或维持术后呼吸道通畅,需施气管切开术。

(2)术前准备 上呼吸道阻塞引起呼吸困难者,不用全身麻醉,仅局部麻醉即可。在非紧急情况下,应进行全身麻醉。动物仰卧保定,头颈伸直。术部剃毛、消毒、盖上创布。

(3)术式 于颈腹侧上 1/3 和中 1/3 纵向切开皮肤 5~7cm;锐性和钝性分离皮下组织和两胸骨舌骨肌;用创钩将两肌左右牵引,扩大创口,暴露气管;在第 3~5 气管环间纵向切开气管深筋膜和气管环,气管创缘如有出血,应立即压迫止血,防止血液流入气管内;然后插入气管套管,保持气道通气;套管外端系纱布条并绕过动物颈背侧扣紧,以免套管滑脱,再用纱布块垫在套管的底板上保护创口。皮肤及肌肉切口过长,可缝合数针,但不能缝合过紧。在紧急情况下,术部不予麻醉和无菌准备,可立即在颈腹侧中线切开皮肤、肌肉和气管,使气管开张,保持通气。待窒息缓解后,再修整创缘,插入气管套管。如没有套管,气管创缘和同侧皮肤临时缝合,保持气管切口的开张。

(三)腹部手术

1. 瘤胃切开术

(1)适应证 严重的瘤胃积食经保守疗法无效;误食有毒饲料、饲草,且在瘤胃内停留者,需要取出毒物并进行胃冲洗;创伤性网胃炎或创伤性心包炎,或网胃内异物、结石等情况,需要进行瘤胃切开取出异物;瓣胃梗阻、皱胃积食,可经瘤胃切开及胃冲洗术治疗;胸部食管梗阻且梗阻物接近贲门者,可经瘤胃切开取出食管内梗阻物。

(2)保定与麻醉 一般采用柱栏内站立保定,也可进行侧卧保定。采用局部浸润麻醉,也常用椎旁或腰旁神经传导麻醉。

(3)手术通路

①术部 左肷部中切口在左侧结节与最后肋骨连线的中点,距腰椎横突下方 6~8cm 处,垂直向下作 20~25cm 的腹壁切口,此切口常作为瘤胃积食的手术通路。一般体型的牛还可兼作网胃内探查及瓣胃、皱胃积食的胃冲洗治疗。左肷部前切口在腰椎横突下方 8~10cm 处,距最后肋骨 5cm 左右,作一与最后肋骨平行的切口,切口长约 25cm,用于体型较大的牛的网胃探查及瓣胃梗阻、皱胃积食的胃冲洗手术。大体型牛可将最后肋骨或倒数第二肋骨切除后,作左肷部前切口。

②术式 腹皮肤、腹外斜肌、腹内斜肌锐性切开,腹横肌钝性分离,切开腹膜,显露腹腔与瘤胃。探查左侧腹腔与右侧腹腔内的胃肠有无其他病变。

瘤胃固定与隔离:可采用瘤胃浆膜肌层与皮肤切口缘连续缝合固定法、瘤胃六针固定和舌钳加持外翻法、瘤胃四角吊线固定法以及瘤胃缝合橡胶洞巾固定法。

瘤胃腔内探查与处理:瘤胃切开后即可对瘤胃、网胃、网瓣胃孔、瓣胃及皱胃进行探查,并对各种类型病区进行处理。对于瘤胃积食,可取出胃内容物总量的 1/2~2/3,剩余部分应分散在瘤胃各部。

网胃内探查与处理:术者用一只手自瘤胃前背盲囊向前下方经过瘤网胃褶进入网胃内,探查网胃,取出异物。清理瘤胃创口与胃壁缝合:除去橡胶洞巾,用生理盐水冲洗附着在瘤胃壁上的胃内容物和血凝块,拆除纽扣缝合固定线,对瘤胃壁创口进行自下而上的全层连续缝合;再次用生理盐水冲洗胃壁浆膜上的血凝块,拆除瘤胃浆膜肌层与皮肤创缘的连续缝合线;再次冲洗掉瘤胃壁上的血凝块,除去遗留的线头及其他异物后,进行瘤胃壁的第二层连续伦勃特氏缝合,经生理盐水冲洗后还纳回腹腔内。

腹壁切口缝合:腹膜、腹横肌以及腹内、腹外斜肌进行连续缝合,皮肤结节缝合。

2. 皱胃切开术

(1) 适应证 皱胃积食、皱胃异物。

(2) 麻醉 全身麻醉配合局部麻醉。

(3) 保定 一般采用站立保定,也可进行右侧卧保定。

(4) 手术通路 右侧肋弓下斜切口:以距右侧最后肋骨末端 25~30cm 处为切开的中点,以此点作 20~25cm 平行于肋骨弓的切口。

3. 犬、猫常见腹部手术切口选择

(1) 胃切开术 脐前腹中线切口。

(2) 子宫、卵巢摘除术 脐后腹中线切口。

(3) 剖腹产术 脐后腹中线切口。

(4) 膀胱切开术 耻骨前腹中线切口。

(5) 肠管手术 腹中线切口。

4. 大动物肠管手术 通常采用肠套叠整复术。马选择左肷部中切口;牛选择右肷部中切口。

(四)泌尿生殖器官手术

1. 膀胱切开术 母犬,采用耻骨前腹中线切口;公犬,一般在阴茎旁 2cm 作腹中线旁切口。膀胱切口选择在:膀胱顶部切开 1~2cm。膀胱黏膜用可吸收缝线连续缝合;浆膜肌层包埋缝合。

2. 犬尿道切开及造口术

(1) 适应证 尿道中有不能排出的结石。

(2) 术式

①阴囊前尿道切开术 适用于公犬阴囊前尿道结石、骨盆及会阴处尿道结石。

②阴囊尿道造口术 适用于反复尿道结石、阴囊前尿道术后狭窄。术式:在阴囊基部作椭圆形切口。

3. 猫尿道造口术　术式为环绕阴囊至包皮周围做一椭圆形皮肤切口；分离皮下组织和精索，结扎精索，将睾丸、阴囊及阴茎皮肤一同切除。

4. 去势术　一般犬在阴囊基部前方作切口；公猫在阴囊底部作切口。

5. 犬猫卵巢子宫切除术　用于绝育，也可防治卵巢子宫疾病，如卵巢囊肿、卵巢肿瘤、子宫蓄脓、阴道增生、乳腺肿瘤。

（五）四肢手术

1. 膝内直韧带切断术　是指用于治疗马、牛膝盖骨上方脱位的一种手术。

2. 髋关节开放性整复术　采用髋关节背侧通路。凿断大转子，大转子的骨切线与股骨长轴呈 $45°$。

3. 马指（趾）浅屈肌腱切断术　用于治疗球节（掌指关节）屈曲变形（突球）的一种方法，即临诊上治疗屈肌腱的挛缩。同样适用于后肢跖趾关节（球节）变形的治疗。

4. 股骨头切断术　将股骨头和股骨颈切除，其后在局部形成纤维性假关节。采用髋关节前侧通路。

5. 股骨干骨折内固定术　手术通路在大腿前外侧。采用髓内针固定或接骨板固定。

三、例题及解析

（1～3题共用题干）

马，体温 $39.7℃$，食欲废绝，仅排少量黏液样粪便，腹部增大，后肢蹴腹，时常卧地打滚。直肠检查见骨盆曲肠管内约 20cm 长的硬结。保守疗法无效，决定手术。

1. 剃毛消毒的部位是（　　）。

    A. 左肷部　　　　　　　B. 右肷部　　　　　　　C. 腹底部

    D. 左侧肋弓下　　　　　E. 腹中线左侧

【解析】　A。通过题干，该马仅排少量黏液样粪便，腹部增大，后肢蹴腹，时常卧地打滚。直肠检查见骨盆曲肠管内约 20cm 长的硬结，可以诊断为马左上大结肠阻塞，保守疗法无效，手术切口的位置为左肷部。

2. 肠管切开术后，肠壁缝合的方法是（　　）。

    A. 第一层结节缝合，第二层库兴氏缝合

    B. 第一层库兴氏缝合，第二层伦勃特氏缝合

    C. 第一层连续缝合，第二层间断缝合

    D. 第一层间断缝合，第二层连续缝合

    E. 第一层康乃尔氏缝合，第二层库兴氏缝合

【解析】　E。该题考点为空腔器官的缝合方法，对于肠壁的缝合一般采取双层缝合，第一层采取贯穿全层组织的缝合即康乃尔氏缝合，第二层做浆膜肌层的内翻缝合即库兴氏缝合。

3. 手术的肠管是（　　）。

    A. 空肠　　　　　　　　B. 结肠　　　　　　　　C. 盲肠

    D. 回肠　　　　　　　　E. 十二指肠

【解析】　B。从上题可以诊断出该马患的是左上大结肠阻塞，对其进行手术治疗缝合的就是结肠。

(4~6题共用备选答案)

A. 左肷部切口　　　　B. 右切口　　　　C. 右肋弓下斜切口
D. 左肋弓下斜切口　　E. 腹中线切口

4. 牛，患创伤性网胃炎，须进行剖腹术取出网胃内异物。该牛手术切口应选择(　　)。

【解析】　A。该题考点为网胃切开术部选择，左肷部切口适用于反刍动物的瘤胃积食、瘤胃切开术、创伤性网胃炎的胃内探查、瓣胃梗阻和皱胃积食的胃冲洗、真胃左方变位整复术、左侧腹腔探查等的手术通路。

5. 牛，患小肠梗阻，经保守治疗无效，现决定手术治疗。该牛手术切口应选择(　　)。

【解析】　B。右切口是反刍动物小肠及结肠的闭结、小肠扭转的排除、肠套叠整复、真胃扭转整复术及右侧腹腔探查术的手术通路。

6. 母犬，2岁，常出现血尿，尿频，目前出现尿闭，不安，腹部膨大，触诊耻骨前缘腹腔内有一膨大球状物，X线检查显示膀胱及膀胱颈有大量高密度阴影。该犬手术切口应选择(　　)。

【解析】　E。该题考点为膀胱切开术，根据题干可推出母犬患膀胱结石。术式：母犬在耻骨前缘腹中线上切口，公犬在腹中线旁2~3cm处平行于腹中线上切口(包皮侧一指宽)。

(7~8题共用题干)

公猪，3月龄，去势手术后阴囊切口愈合良好。目前该猪阴囊突然膨大，触诊柔软有弹性，无热无痛；听诊有肠蠕动音。

7. 对该病应采取的措施是(　　)。

A. 加强管理　　　　B. 手术治疗　　　　C. 绷带压迫
D. 夹板固定　　　　E. 按压送回

【解析】　B。该题考点为腹股沟阴囊疝的治疗，对于腹股沟阴囊疝，应采取手术治疗。

8. 【假设信息】若采取手术治疗，其缝合方法是(　　)。

A. 结节缝合　　　　B. 单纯连续缝合　　　　C. 水平褥式缝合
D. 垂直褥式缝合　　E. 荷包缝合

【解析】　C。对于腹股沟阴囊疝，应采取水平褥式缝合的方法进行缝合。

(9~11题共用备选答案)

A. 左肷部切口　　　　　　B. 右切口
C. 右侧肋弓下斜切口　　　D. 脐后腹中线切口
E. 脐前腹中线切口

9. 拉布拉多犬，雄性，3岁，X线检查直肠内有较多高密度阴影，经灌肠治疗无效后决定手术治疗。该手术通路是(　　)。

【解析】　D。对于犬肠道手术，手术的切口应选择在脐后腹中线。

10. 奶牛，2岁，采食后反刍减少，呻吟，喜站少卧，步态拘谨，X线检查网胃内有短小棒状高密度阴影。对该牛施行剖腹探查的手术通路是(　　)。

【解析】　A。根据题干，对牛网胃施行剖腹探查的手术通路时，应采用左肷部切口。

11. 斗牛犬，雌性，3岁，妊娠62d仍不见胎儿产出，X线检查见犬腹腔内有多只胎儿存在，胎儿头部直径大于母体骨盆直径。该手术通路是( )。

【解析】 D。根据题干，对母犬施行剖腹产手术时，手术切口应选择在脐后腹中线进行。

12. 普通家猫，雌性，12岁，长期腹胀，排粪困难；腹后部触诊，发现结肠及直肠内有多量坚硬结粪蓄积，反复灌肠仍未能软化排出。对该猫的治疗措施是( )。

    A. 胃切开术   B. 肠侧壁切开术   C. 脾脏摘除术

    D. 膈修补术   E. 肠管切除术

【解析】 B。根据题干描述病猫肠管粪便秘结，且软化排除困难，只能行肠侧壁切开术将其秘结粪便取出。

13. 拉布拉多犬，7岁，呕吐、腹泻超过1周，排暗黑色稀便，后经剖腹探查术发现空肠后段套叠，且套叠处肠管呈暗紫色，相应的肠系膜血管无搏动。对该犬的治疗措施是( )。

    A. 胃切开术   B. 肠侧壁切开术   C. 脾脏摘除术

    D. 膈修补术   E. 肠管切除术

【解析】 E。根据病例描述病犬患有肠套叠，套叠处肠管呈暗紫色，相应的肠系膜血管无搏动，可推断此段肠管已坏死，需要行肠管切除术。

14. 泰迪犬，2岁，突遇车祸，检查后未见体表明显外伤，驻立时全身震颤，呼吸急促，可视黏膜苍白，腹部触诊敏感，B超检查脾脏结构紊乱不清。对该犬的治疗措施是( )。

    A. 胃切开术   B. 肠侧壁切开术   C. 脾脏摘除术

    D. 膈修补术   E. 肠管切除术

【解析】 C。由题干描述泰迪犬突遇车祸，检查后未见体表明显外伤，腹部触诊敏感，B超检查脾脏结构紊乱不清，可知病犬脾脏破裂，应立即行脾脏摘除术。

15. 牛颈部前1/3与中1/3交界处的食管切开术，为充分暴露食管，需要( )。

    A. 分离肩胛舌骨肌，剪开深筋膜   B. 分离胸骨舌骨肌，剪开深筋膜

    C. 钝性分离胸骨舌骨肌及其筋膜   D. 剪开胸骨舌骨肌，钝性分离深筋膜

    E. 剪开肩胛舌骨肌，钝性分离深筋膜

【解析】 A。食管切开术的手术通路与术式：用手术刀切开皮肤、筋膜，钝性分离颈静脉和肌肉之间的筋膜，在牛颈部上1/3和中1/3手术时，钝性分离肩胛舌骨肌后再剪开深筋膜，在颈下1/3手术时，剪开肩胛舌骨肌筋膜及深筋膜。

16. 5岁松狮犬，主诉近期犬视力下降，经常撞到障碍物，两眼微眯，流泪。经检查发现该犬结膜严重潮红，角膜溃疡，上眼睑睫毛不整齐。该犬需要进行的手术是( )。

    A. 睑结膜外翻矫正术   B. 眼睑内翻矫正术

    C. 第三眼睑腺切除术   D. 晶状体摘除

    E. 视网膜修复

【解析】 B。根据题干描述，该犬近期表现视力下降，畏光，流泪，检查后表现结膜严重潮红，角膜溃疡，上眼睑睫毛不整齐，提示患犬眼睑内翻。

考点速记

1. 急性蜂窝织炎属于急性、弥散性、化脓性炎症。
2. 治疗厌气性感染进行冲洗时的首选药物是3％过氧化氢、0.5％高锰酸钾。
3. 脓肿摘除法适用于治疗体表浅在小脓肿。
4. 临床最易导致烧伤感染并易发败血症的化脓菌是绿脓杆菌。
5. 取一期愈合的是无菌手术创。
6. 一级冻伤受损在表皮层，主要特征表现为受伤组织发生疼痛性水肿。
7. 血肿的早期临诊特点为触诊波动感明显。
8. 治疗冻伤的快速复温法水温要求为40～42℃。
9. 恶性肿瘤对动物机体的危害主要表现为侵袭性生长。
10. 长春新碱可作为辅助治疗犬口腔乳头状瘤的首选药物。
11. 小动物恶性淋巴瘤对放射疗法最敏感。
12. 手术切除恶性肿瘤的正确做法是在健康组织内施行手术。
13. 对放射线敏感度高的肿瘤细胞具备的特点：分化程度低、新陈代谢快。
14. 急性风湿病的治疗原则，除应用解热镇痛药外，首选的抗菌药是青霉素。
15. 活动性风湿病的确诊指标是在组织内出现阿绍夫小体。
16. 犬角膜穿孔修复的方法为结膜瓣遮盖术。
17. 动物常用的洗眼液为2％～3％硼酸。
18. 犬的青光眼表现出眼内压升高。
19. 巩膜周边冷冻术的治疗目的是减少眼房液产生。
20. 紫外线是牛传染性角膜结膜炎的诱发因素。
21. 角膜上出现树枝状新生血管，提示炎症主要在角膜浅层。
22. 间质性角膜炎的治疗药物为拨云散。
23. 牛鼻液中混有饲草时，可能患有上臼齿齿瘘。
24. 中耳炎的发病部位是鼓室及咽鼓管。
25. 胸壁透创的主要并发症为气胸。
26. 胸壁透创后的纵隔摆动主要出现在开放性气胸。
27. 逆行性嵌闭疝是指游离于疝囊内的肠管，其中一部分通过疝孔回入腹腔，回到腹腔中的肠管与疝内部分肠管均受到疝孔的弹力压迫，造成血液循环障碍的疝。
28. 犬阴囊疝内容物常见的是空肠。
29. 弹力性嵌闭疝是指由于腹内压增高，使腹膜和肠系膜被高度牵张而引起疝孔周围肌肉反射性痉挛，疝孔显著缩小的疝。
30. 直肠脱整复后采取的外固定方法是在肛门周围施行荷包缝合。
31. 临床诊断检查发现有少量粪便从阴道流出，提示直肠阴道瘘。
32. 公犬膀胱修补术的术部选择在脐后腹中线阴茎旁2cm处作纵向切口。
33. 马支跛的运步特征是后方短步。
34. 采取运动视诊方法确定马患肢支跛的依据是表现患肢着地时头高举。

35. 患肢在负重时表现功能障碍特征的跛行是**支跛**。

36. 采用夹板绷带进行四肢骨折外固定时，要求衬垫长、**夹板短**。

37. 小型犬因滑车沟变浅导致的髌骨脱位的治疗方法为**滑车成形术**。

38. 犬髌骨内方脱位确诊的方法为**X线检查**。

39. 临床上对犬、猫癣病进行诊断，较合适的方法是**伍德氏灯检查**。

40. 蹄叶炎是指发生在**蹄真皮层的弥散性无菌性炎症**。

41. 0.1％苯扎溴铵溶液（新洁尔灭）浸泡消毒手术器械时，浸泡时间不少于30min，为防止生锈可添加的药物是**0.5％亚硝酸**。

42. 施行牛皱胃左方变位整复术时最常选用的镇静、镇痛、肌松剂为**静松灵（赛拉唑）**。

43. 动物施行剖腹产术，以异氟醚进行全身麻醉时，合理的麻醉深度应是**第Ⅲ期2级**。

44. 牛硬膜外麻醉注射部位多选择在**第1、2尾椎之间**。

45. 阿托品用作犬麻醉前给药的剂量是0.04mg/kg，麻醉前使用阿托品的目的是**减少唾液分泌**。

46. 目前兽医临床上常用的吸入麻醉剂有**异氟醚、七氟醚**。

47. 角膜表面麻醉常用**0.5％丁卡因**。

48. 施行外科手术时，对空腔器官浆膜肌层缝合的适宜方法是**伦勃特氏缝合法**。

49. 采用库兴氏缝合法缝合胃、肠时，缝针要**穿过浆膜肌层**，采用康乃尔氏缝合法缝合胃、肠，缝针要**贯穿黏膜层**。

50. 对体型较大的病牛施行网胃探查与瓣胃冲洗术时，其手术通路为**左肷部前切口**。

51. 犬下眼睑外翻施行Ⅴ-Ⅴ形矫正术时，对分离的皮瓣采取**结节缝合**。

52. 施行犬髋关节脱位整复手术，切除大转子的骨切线与股骨长轴呈**45°**。

53. 母犬膀胱手术常用的腹壁切口部位为**耻骨前腹中线切口**。

54. 对于第三眼睑腺增生的手术治疗，手术切除脱出的第三眼睑腺时需钳夹的部位为**突出物的基部**。

55. 手术治疗马腹股沟阴囊疝的最佳切口部位是**腹股沟外环处**。

56. 马副鼻窦手术的主要手术器械是**圆锯，施行圆锯术**。

57. 在**牛颈部前1/3与中1/3交界处**施行食管切开术时，为充分暴露食管，需分离肩胛舌骨肌，**剪开深筋膜**。

高频题练习

1. 可引起动物明显全身症状的疾病是（　　　）。

   A. 血肿   B. 脂肪瘤   C. 蜂窝织炎

   D. 局部气肿   E. 淋巴外渗

2. 公犬，9岁，一年来表现腹部肥大和对称性脱毛，多饮多尿，食欲亢进，肌肉无力、萎缩，嗜睡。该犬所患疾病是（　　　）。

   A. 库欣综合征   B. 雄激素分泌过多

   C. 甲状腺功能亢进症   D. 甲状腺功能减退症

E. 肾上腺皮质功能减退症

3. 恶性肿瘤对机体的危害主要体现在（　　）。

    A. 膨胀性生长   B. 侵袭性生长   C. 产生过量激素

    D. 压迫邻近器官   E. 阻塞中空器官

4. 某犬，1周前发热，呕吐，腹泻，现在眼角膜呈浅蓝色混浊，表面光滑，侧面视诊混浊，表面有薄的透明层。该犬所患眼病是（　　）。

    A. 急性浅表性角膜炎   B. 间质性角膜炎   C. 溃疡性角膜炎

    D. 慢性浅表性角膜炎   E. 色素性角膜炎

5. 创伤的组成不包括（　　）。

    A. 创口   B. 创壁   C. 创底

    D. 创围   E. 创囊

6. 与动物腹压无关的疝为（　　）。

    A. 脐疝   B. 脑疝   C. 会阴疝

    D. 腹壁疝   E. 腹股沟阴囊疝

7. 临床确诊牛、马隐睾的方法是（　　）。

    A. 叩诊   B. 听诊   C. 直肠造影

    D. 直肠检查   E. 局部穿刺

8. 京巴犬，半月前受伤，在其左腹壁中部有一长为0.2cm的创口，并不时从创口内流出少量脓汁，腹壁触诊在创口的右上方两指处有一坚硬的异物。该创伤已形成（　　）。

    A. 褥疮   B. 瘘管   C. 窦道

    D. 坏疽   E. 溃疡

9. 用夹板绷带进行四肢骨折外固定时，要求（　　）。

    A. 衬垫与夹板等长   B. 衬垫长、夹板短   C. 衬垫短、夹板长

    D. 衬垫厚、夹板长   E. 不用衬垫、只用夹板

10. 犬，3岁，颌下出现肿胀，有成人拳头大，触诊无热无痛，有波动，穿刺流出淡黄色无味黏稠液体。手术治疗应施行（　　）。

    A. 腮腺囊肿摘除术   B. 舌下囊肿造袋术

    C. 颈部黏液囊肿造袋术   D. 咽部囊肿造袋术

    E. 颌下腺和舌下腺切除术

11. 使用苯扎溴铵（新洁尔灭）溶液浸泡器械消毒时，时间应不少于（　　）。

    A. 2min   B. 5min   C. 10min

    D. 30min   E. 60min

12. 犬表皮下缝合时，缝针要刺入（　　）。

    A. 表皮   B. 真皮   C. 角质层

    D. 皮下组织   E. 皮下脂肪

13. 公猫去势时，切口应在阴囊的（　　）。

    A. 颈部   B. 底部   C. 左侧

    D. 右侧   E. 阴囊前方

14. 体型较大病牛的网胃探查与瓣胃冲洗术的手术通路为（　　）。

    A. 左胺部前切口　　　　　　B. 左侧肋弓下斜切口　　　　C. 左胺部后切口

    D. 右胺部前切口　　　　　　E. 右胺部中切口

15. 犬下眼睑外翻 V－Y 形矫正术时，应将分离的皮瓣进行(　　)。

    A. 结节缝合　　　　　　　　B. 连续缝合　　　　　　　　C. 库兴氏缝合

    D. 伦勃特氏缝合　　　　　　E. 康乃尔氏缝合

16. 犬，雄性，7 岁，排尿困难，精神和食欲基本正常，肛门右侧肿胀、隆起，触压较柔软，倒立时压迫肿胀物体积变小。该肿胀物可能是(　　)。

    A. 血肿　　　　　　　　　　B. 肛门囊脓肿　　　　　　　C. 直肠憩室

    D. 肛门腺肿瘤　　　　　　　E. 会阴疝

17. 取一期愈合的是(　　)。

    A. 瘘　　　　　　　　　　　B. 褥疮　　　　　　　　　　C. 坏疽

    D. 化脓创　　　　　　　　　E. 无菌手术创

18. 治疗水肿性溃疡不得使用的药物是(　　)。

    A. 鱼肝油　　　　　　　　　B. 植物油　　　　　　　　　C. 碘甘油

    D. 樟脑酒精　　　　　　　　E. 红霉素软膏

19. 辅助治疗犬口腔乳头状瘤的首选药物是(　　)。

    A. 酮康唑　　　　　　　　　B. 甘露醇　　　　　　　　　C. 长春新碱

    D. 氟苯尼考　　　　　　　　E. 环丙沙星

20. 马，体温 39.7℃，食欲废绝，仅排少量黏液样粪便，腹部增大，后肢蹴腹，时常卧地打滚。直肠检查见骨盆曲肠管内约 20cm 长的硬结。保守疗法无效，决定手术。剃毛消毒的部位是(　　)。

    A. 左胺部　　　　　　　　　B. 右胺部　　　　　　　　　C. 腹底部

    D. 左侧肋弓下　　　　　　　E. 腹中线左侧

21. 犬的乳腺肿瘤多发生于(　　)。

    A. 6 月龄以下幼犬　　　　　B. 1 岁左右母犬　　　　　　C. 2～3 岁母犬

    D. 初情期前的绝育母犬　　　E. 6 岁以上的母犬

22. 3 岁犬，雄性，尿频，尿痛，后段血尿，X 线检查膀胱内有多个高密度阴影。该病可能是(　　)。

    A. 肾结石　　　　　　　　　B. 膀胱肿大　　　　　　　　C. 膀胱结石

    D. 尿道结石　　　　　　　　E. 前列腺炎

23. 施行肠管切开术后，肠壁缝合的方法是(　　)。

    A. 第一层结节缝合，第二层库兴氏缝合

    B. 第一层库兴氏缝合，第二层伦勃特氏缝合

    C. 第一层连续缝合，第二层间断缝合

    D. 第一层间断缝合，第二层连续缝合

    E. 第一层康乃尔氏缝合，第二层库兴氏缝合

24. 直肠脱整复后的外固定方法是在肛门周围行(　　)。

    A. 荷包缝合　　　　　　　　B. 结节缝合　　　　　　　　C. 伦勃特氏缝合

    D. 库兴氏缝合　　　　　　　E. 连续锁边缝合

25. 猫，右腹侧壁皮下有一局限性肿胀，皮肤暗紫色，触诊有波动感，稽留热，穿刺液呈鲜红色。该肿胀可能是（　　）。

    A. 血肿 　　　　　　　　B. 脓肿 　　　　　　　　C. 水肿

    D. 肿瘤 　　　　　　　　E. 淋巴外渗

26. 阿托品用作犬麻醉前给药的剂量是（　　）。

    A. 0.01mg/kg 　　　　　B. 0.04mg/kg 　　　　　C. 0.08mg/kg

    D. 0.1mg/kg 　　　　　　E. 0.15mg/kg

27. 奶牛右后肢跗关节外侧创伤，从伤口流出透明的黏稠滑液和少量血液，轻度跛行。该病牛正确的治疗方法是（　　）。

    A. 经伤口冲洗创腔 　　　B. 经关节腔穿刺冲洗创腔 　　C. 手指探查创腔

    D. 开放疗法 　　　　　　E. 纱布条引流做肌层、皮下和皮肤缝合

28. 犬腹腔手术最理想的麻醉深度是（　　）。

    A. 第Ⅰ期 　　　　　　　B. 第Ⅱ期 　　　　　　　C. 第Ⅲ期 2 级

    D. 第Ⅲ期 3 级 　　　　　E. 第Ⅲ期 4 级

29. 肠线缝合打结后剪线时常保留线尾的长度是（　　）。

    A. 1～2mm 　　　　　　B. 3～4mm 　　　　　　C. 4～6mm

    D. 8～10mm 　　　　　　E. 10～12mm

30. 母犬膀胱手术常用的腹壁切口部位是（　　）。

    A. 肷部前切口 　　　　　B. 肋弓后斜切口 　　　　C. 脐前腹中线切口

    D. 耻骨前腹中线切口 　　E. 脐前中线旁切口

31. 马，3 岁，体温 38.7℃。右前肢支跛，蹄尖负重，系部直立，指动脉搏动明显，检蹄器压迫蹄叉有痛感但蹄底和蹄叉处无明显眼观病变，楔木试验阳性。该病适宜的治疗方法是（　　）。

    A. 薄削蹄冠部蹄角质 　　　　　　　　B. 蹄叉切开

    C. 蹄侧壁切开 　　　　　　　　　　　D. 蹄冠部皮肤上作数个线状切口

    E. 掌部封闭

32. 创伤一期愈合的临床特点是（　　）。

    A. 创缘不整 　　　　　　B. 感染严重 　　　　　　C. 瘢痕组织多

    D. 炎症反应轻微 　　　　E. 愈合时间长

33. 北京犬，6 岁，被汽车撞伤，双后肢不能站立，感觉、痛觉反射消失，尾下垂，大小便失禁。导致该犬出现上述症状的主要原因是（　　）。

    A. 腰部软组织损 　　　　B. 脊髓损伤 　　　　　　C. 马尾神经损伤

    D. 坐骨神经损伤 　　　　E. 荐神经损

34. 因眼房水排泄受阻导致视力减退或丧失的眼病是（　　）。

    A. 结膜炎 　　　　　　　B. 角膜炎 　　　　　　　C. 虹膜炎

    D. 青光眼 　　　　　　　E. 白内障

35. 公犬，7 岁，3d 未见排尿，精神沉郁，腹部膨大，B超可见腹腔脏器间呈低回声暗区。该病最可能的诊断是（　　）。

    A. 前列腺囊肿 　　　　　B. 前列腺脓肿 　　　　　C. 膀胱破裂

D. 膀胱结石   E. 膀胱炎

36. 动物发生腹壁透创，常继发(　　　)。

A. 贫血   B. 水肿   C. 肾衰

D. 腹膜炎   E. 心力衰竭

37. 游离于疝囊内的肠管，其中一部分通过疝孔回入腹腔，回到腹腔中的肠管与疝内部分肠管均受到疝孔的弹力压迫，造成血液循环障碍的疝称为(　　　)。

A. 可复性疝   B. 粘连性疝   C. 粪性嵌闭疝

D. 弹力性嵌闭疝   E. 逆行性嵌闭疝

38. 母畜，难产，经人工助产后发生右后肢外展，运步缓慢，步态僵硬，X线检查未见骨和关节异常，全身症状不明显。该病最可能的诊断是(　　　)。

A. 坐骨神经麻痹   B. 闭孔神经麻痹   C. 股二头肌转位

D. 骨神经麻痹   E. 椎间盘脱出

39. 马驹，跛行，前肢掌、指关节屈曲，不易伸展，屈肌腱紧张。手术治疗该病的常用方法是切断(　　　)。

A. 悬韧带   B. 深屈肌腱   C. 下翼状韧带

D. 指总伸肌腱   E. 指浅屈肌腱

40. 牛，患创伤性网胃炎，须进行剖腹术取出网胃内异物。该病手术切口应选择(　　　)。

A. 左肷部切口   B. 右肷部切口   C. 右肋弓下斜切口

D. 左肋弓下斜切口   E. 腹中线切口

41. 治疗家畜皮肤真菌感染常用的方法是(　　　)。

A. 外用甲硝唑   B. 口服甲硝唑   C. 口服洗必泰

D. 外用酮康唑   E. 外用地塞米松

42. 马，3岁，装蹄5d后左前肢出现跛行，站立时不敢负重，运步时系部直立，触诊蹄温升高，指动脉搏亢进，叩击患部有疼痛反应。该病可能是(　　　)。

A. 蹄变形   B. 白线裂   C. 蹄钉伤

D. 蹄叉腐烂   E. 蹄裂

43. 犬，从桌面上坠地，1h后左膝关节处弥散性肿大，有热痛，驻立姿势无明显异常，运动时轻度混合跛行。该病最可能的诊断是(　　　)。

A. 股骨远端骨折   B. 髌骨脱位   C. 淋巴外渗

D. 关节挫伤   E. 髌骨骨折

44. 小型杂种犬，6岁，一直未孕，左下腹股沟部突发一局限性肿胀，经B超检查可见单个泳动可变的囊状低回声暗区。该肿胀物的内容物可能是(　　　)。

A. 卵巢   B. 子宫   C. 结肠

D. 网膜   E. 脾脏

45. 手术切除脱出的第三眼睑腺时，钳夹部位为(　　　)。

A. 下眼睑内侧   B. 第三眼睑基部   C. 第三眼睑中部

D. 突出物的中部   E. 突出物的基部

46. 犬，5岁，因车祸造成左股骨粉碎性骨折，须实施股骨内固定，诱导麻醉，适宜的诱导麻醉药是( )。

    A. 异氟醚   B. 赛拉嗪   C. 氯胺酮

    D. 丙泊酚   E. 赛拉唑

47. 拉布拉多犬，5 岁；被汽车撞伤，右后肢悬垂，不能负重，视诊股部和膝关节肿胀，触诊敏感。若为股骨干长斜骨折，最佳治疗方案是( )。

    A. 髓内针＋钢丝内固定   B. 单纯夹板外固定   C. 卷轴绷带外固定

    D. 石膏绷带外固定   E. 髓内针内固定

48. 脓肿摘除法适用于治疗( )。

    A. 臀部大脓肿   B. 肩臂部大脓肿   C. 关节蓄脓

    D. 体表浅在小脓肿   E. 上颌窦蓄脓

49. 创壁较整齐的创伤是( )。

    A. 缚创   B. 压创   C. 挫创

    D. 切创   E. 复合创

50. 血肿早期临诊特点是( )。

    A. 肿胀缓慢   B. 波动感明显   C. 局部无热痛

    D. 界限不明显   E. 穿刺液呈淡黄色

51. 犬阴茎肿瘤手术治疗后，常配合注射的植物类抗癌药物是( )。

    A. 马利兰   B. 环磷酰胺   C. 氨甲蝶呤

    D. 长春新碱   E. 6 -羟基嘌呤

52. 治疗急性风湿病时，除应用解热镇痛药外，首选的抗菌药是( )。

    A. 链霉素   B. 青霉素   C. 甲硝唑

    D. 利福平   E. 卡那霉素

53. 兽医临床上常用的洗眼液是( )。

    A. 2％煤酚皂   B. 2％过氧乙酸   C. 2％苯扎溴铵

    D. 2％硼酸   E. 2％高锰酸钾

54. 牛鼻液中混有饲草时，可能患有的疾病是( )。

    A. 上白齿齿瘘   B. 额窦炎   C. 鼻泪管阻塞

    D. 齿槽骨膜炎   E. 下颌淋巴结炎

55. 胸壁透创的主要并发症是( )。

    A. 肺充血   B. 肺水肿   C. 肺炎

    D. 肺泡气肿   E. 气胸

56. 马支跛的运步特征是( )。

    A. 前方短步   B. 后方短步   C. 运步缓慢

    D. 抬腿困难   E. 黏着步样

57. 用 2％盐酸普鲁卡因对牛进行硬膜外麻醉的适宜剂量是( )。

    A. 10～15mL   B. 25～30mL   C. 35～40mL

    D. 45～50mL   E. 55～60mL

58. 采用库兴氏缝合法缝合胃、肠时，缝针要穿过( )。

    A. 黏膜   B. 浆膜肌层   C. 浆膜层

D. 肌层   E. 黏膜下层

59. 脊髓受伤时,给动物注射水合氯醛的目的是( )。

    A. 镇静   B. 消炎   C. 活血

    D. 止血   E. 抗菌

60. 一般可采取保守疗法的骨折是( )。

    A. 系骨骨折   B. 冠骨骨折   C. 蹄骨翼骨折

    D. 掌骨骨折   E. 桡骨骨折

高频题参考答案

题号	1	2	3	4	5	6	7	8	9	10	11	12	13	14	15	16	17	18	19	20
答案	C	A	B	B	E	B	D	D	B	E	D	B	B	D	A	E	E	D	C	A
题号	21	22	23	24	25	26	27	28	29	30	31	32	33	34	35	36	37	38	39	40
答案	E	C	E	A	A	B	B	C	B	D	E	D	B	D	C	D	D	B	E	A
题号	41	42	43	44	45	46	47	48	49	50	51	52	53	54	55	56	57	58	59	60
答案	D	C	D	B	E	D	D	D	B	D	B	D	A	E	B	A	B	A	A	C

模拟题练习

1. 蜂窝织炎属于( )。

    A. 慢性增生性炎症   B. 慢性化脓性炎症

    C. 急性弥散性化脓性炎症   D. 慢性局限性化脓性炎症

    E. 急性局限性非化脓性炎症

2. 外科感染常见的病原菌不包括( )。

    A. 葡萄球菌   B. 链球菌   C. 绿脓杆菌

    D. 大肠杆菌   E. 布氏杆菌

3. 脓肿摘除法适用于治疗( )。

    A. 臀部大脓肿   B. 肩臂部大脓肿   C. 关节蓄脓

    D. 体表浅在小脓肿   E. 上颌窦蓄脓

4. 犬,雄性,4岁,体温39℃精神稍差,食欲正常,2周前曾被野猪咬伤背部,当时经过主人简单包扎后未见出血就没有再作处理,目前发现被野猪咬伤处有一椭圆形肿胀,轻压后流出白色的液体,混有红色的血丝,触诊有波动感。该犬最有可能出现( )。

    A. 疝   B. 气肿   C. 脓肿

    D. 血肿   E. 淋巴外渗

5. 北京犬,2岁,曾因与其他犬撕咬受伤。近日犬体温升高,精神沉郁,咬伤局部出现渐进性肿胀,触诊热痛反应明显,指压留痕。该肿胀最可能的诊断是( )。

    A. 黏液囊炎   B. 关节炎   C. 蜂窝织炎

    D. 淋巴外渗   E. 血肿

6. 北京犬,2岁,曾因与其他犬撕咬受伤。近日犬体温升高,精神沉郁,咬伤局部出现渐进性肿胀，触诊热痛反应明显，指压留痕。确诊宜采用的方法是(　　)。

  A. X 线检查   B. 无菌穿刺   C. 超声检查

  D. 血管造影   E. 血常规检查

 7. 取一期愈合的是(　　)。

  A. 瘘   B. 褥疮   C. 坏疽

  D. 化脓创   E. 无菌手术创

 8. 创壁较整齐的创伤是(　　)。

  A. 缚创   B. 压创   C. 挫创

  D. 切创   E. 复合创

 9. 创伤冲洗常用的高锰酸钾浓度是(　　)。

  A. 0.1%   B. 0.5%   C. 1%

  D. 5%   E. 10%

 10. 某犬，被汽车撞后 1h，体温、脉搏、呼吸及运动均匀无异常，仅见胸壁有一椭圆形肿胀，触诊有波动感及轻度压痛感。该犬最有可能出现(　　)。

  A. 疝   B. 气肿   C. 脓肿

  D. 血肿   E. 淋巴外渗

 11. 较为理想的创伤愈合形式是(　　)。

  A. 一期愈合   B. 二期愈合   C. 三期愈合

  D. 痂皮下愈合   E. 延迟愈合

 12. 兽医临床上常用的洗眼液是(　　)。

  A. 2%煤酚皂   B. 2%过氧乙酸   C. 2%苯扎溴铵

  D. 2%硼酸   E. 2%高锰酸钾

 13. 公马，8 岁，左眼畏光、流泪，疼痛，眼睑痉挛，检查发现角膜有树枝状血管分布。该病最可能是(　　)。

  A. 青光眼   B. 虹膜炎   C. 角膜炎

  D. 传染性肝炎   E. 白内障

 14. 腹腔内的组织器官从异常扩大的自然孔道或病理性破裂孔脱至皮下或其他解剖腔的疾病称(　　)。

  A. 疝   B. 肠套叠   C. 瘘

  D. 挫伤   E. 坏疽

 15. 进行疝轮缝合时首先使用的缝合方法是(　　)。

  A. 结节缝合   B. 连续缝合   C. 近远-远近缝合

  D. 水平纽孔缝合   E. 库兴氏缝合

 16. 马，雄性，配种后第 2 天一侧阴囊肿大，皮肤紧张发亮，出现浮肿；不愿走动，运步时两后肢开张，步态紧张；直肠检查，腹股沟内环内有肠管脱入。该病最可能是(　　)。

  A. 睾丸炎   B. 附睾炎   C. 阴囊积水

  D. 睾丸肿瘤   E. 腹股沟阴囊疝

 17. 犬，5 岁，雄性，近日肛门右侧出现拳头大小的肿胀，皮肤紧张，质地柔软，界限清楚，按压患部有尿液流出，肿胀随之变小。该病可能是(　　)。

A. 脓肿   B. 挫伤   C. 血肿

D. 会阴疝   E. 淋巴外渗

18. 母犬,脐部出现局限性肿胀近 6 个月,触诊该肿胀柔软,饱食和挣扎时肿胀增大,压迫肿胀可缩小,皮肤无红、热、痛等炎性反应。该病最可能是( )。

A. 痈   B. 肿瘤   C. 脓肿

D. 脐疝   E. 蜂窝织炎

19. 直肠脱整复后的外固定方法是在肛门周围行( )。

A. 荷包缝合   B. 结节缝合   C. 伦勃特氏缝合

D. 库兴氏缝合   E. 连续锁边缝合

20. 新生幼犬出生后24h,发现无尿,腹围增大,腹壁紧张,3d 后昏迷,体温36℃。该病最可能的诊断是( )。

A. 肠变位   B. 腹壁疝   D. 胎粪滞留

C. 膀胱破裂   E. 腹股沟阴囊疝

21. 公犬,4 岁,未去势,近日排便困难,频频努责,仅排出少量黏液,呈顽固性便秘,直肠检查发现前列腺肥大。该病最有效的治疗方法是( )。

A. 切除肛门囊   B. 肌内注射抗生素   C. 去势

D. 直肠部分截除术   E. 灌服液状石蜡

22. 马支跛的运步特征是( )。

A. 前方短步   B. 后方短步   C. 运步缓慢

D. 抬腿困难   E. 黏着步样

23. 跛行种类可分为( )。

A. 悬跛、支跛   B. 悬跛、支跛、混合跛行

C. 悬跛、支跛、混合跛行、鸡跛   D. 悬跛、支跛、混合跛行、间歇跛

E. 悬跛、支跛、混合跛行、特殊跛行

24. 临床上确定悬坡的依据是( )。

A. 前方短步   B. 运步缓慢   C. 抬腿困难

D. 以上都是   E. 以上都不是

25. 犬,8 岁,左后肢跛行,趾甲过度卷曲生长并刺入肉垫。该犬跛行属于( )。

A. 悬玻   B. 支跛   C. 混合跛

D. 鸡跛   E. 间歇跛

26. 出现"抬不高、迈不远"特征的跛行是( )。

A. 支跛   B. 悬跛   C. 混跛

D. 鸡跛   E. 紧张步样

27. 以患肢负重时间短或免负体重为特征的跛行是( )。

A. 支跛   B. 悬跛   C. 混跛

D. 鸡跛   E. 紧张步样

28. 出现"前方短步"的跛行属于( )。

A. 支跛   B. 悬跛   C. 混跛

D. 鸡跛   E. 紧张步样

29. 马，5岁，装蹄后 3d 一后肢出现运步障碍，蹄温增高，趾动脉亢进，蹄钳压诊敏感。该马跛行属于(   )。

    A. 支跛   B. 悬跛   C. 紧张步样

    D. 黏着步样   E. 混合跛行

30. 四肢骨骨折特有的临床症状是(   )。

    A. 疼痛   B. 出血   C. 肿胀

    D. 骨摩擦音   E. 功能障碍

31. 引起骨骼延迟愈合的原因不包括(   )。

    A. 固定不确实   B. 整复准确   C. 局部化脓感染

    D. 局部血液循环不良   E. 骨折周围较大水肿

32. 犬，从5楼坠落至1楼后仅左后肢发生支跛，X线检查显示左胫骨远端有连续而完整的骨折线。针对该病例，不适合采取的措施是(   )。

    A. 镇静   B. 消炎   C. 活血

    D. 止血   E. 抗痛

33. 犬，从5楼坠落至1楼后仅左后肢发生支跛，X线检查显示左胫骨远端有连续而完整的骨折线。该病例最可能是(   )。

    A. 粉碎性骨折   B. 全骨折   C. 不全骨折

    D. 横骨折   E. 骨质增生

34. 成年牛滑倒后不能起立，强行站立后患肢不能负重，比健肢缩短，抬举困难，以蹄尖拖地行走，做关节他动运动有时可听到捻发音。该病最可能的诊断是(   )。

    A. 髋骨骨折   B. 股骨骨折   C. 髂骨体骨折

    D. 关节脱位   E. 髋结节上方移位

35. 成年牛滑倒后不能起立，强行站立后患肢不能负重，比健肢缩短，抬举困难，以蹄尖拖地行走，做关节他动运动有时听到捻发音。进一步确诊该病的最佳方法是(   )。

    A. 直肠检查   B. 患部视诊   C. X线检查

    D. 长骨叩诊   E. 测量患肢长度

36. 赛马，障碍赛时摔倒，左前肢支破明显，前臂上部弯曲，他动运动有骨摩擦音，患部肿胀，未见皮肤损伤，全身症状不明显。该病最可能的诊断是(   )。

    A. 骨裂   B. 腕关节脱位   C. 肘关节脱位

    D. 肩关节脱位   E. 闭合性骨折

37. 赛马，障碍赛时摔倒，左前肢支破明显，前臂上部弯曲，他动运动有骨摩擦音，患部肿胀，未见皮肤损伤，全身症状不明显。该病最适宜的保守治疗方法是(   )。

    A. 绷带包扎   B. 石蜡绷带   C. 酒精热绷带

    D. 石膏夹板绷带   E. 复方醋酸铅绷带

38. 犬，车祸造成左前肢桡骨骨折，急救处理时对创口清理、消毒、止血，并对患犬实施了防止休克治疗等措施。为了防止继发性损伤，临时还需要采取(   )。

    A. 复绷带固定   B. 夹板绷带固定   C. 卷轴绷带固定

    D. 纤维玻璃绷带固定   E. 预制夹板绷带固定

39. 犬，6岁，3d 前车祸，现意识清醒，双后肢不能站立，拖曳前行，针刺后肢不敏感；X线检查第 4、5 腰椎错位；B 超检查膀胱充盈。该病进一步发展易导致（　　）。

  A. 膀胱破裂　　　　　　　B. 膀胱结石　　　　　　C. 尿道阻塞

  D. 尿道炎　　　　　　　　E. 前列腺炎

40. 持手术剪的正确姿势是（　　）。

  A. 拇指和无名指分别插入剪柄的两个环中

  B. 拇指和中指分别插入剪柄的两个环中

  C. 拇指和小指分别插入剪柄的两个环中

  D. 拇指和食指分别插入剪柄的两个环中

  E. 拇指插入剪柄一环，无名指和小指插入另一环中

41. 常用反挑式持刀法切开的组织是（　　）。

  A. 肌膜　　　　　　　　　B. 皮肤　　　　　　　　C. 肌肉

  D. 筋膜　　　　　　　　　E. 腹膜

42. 使用苯扎溴铵（新洁尔灭）溶液浸泡器械消毒时，时间应不少于（　　）。

  A. 2min　　　　　　　　　B. 5min　　　　　　　　C. 10min

  D. 30min　　　　　　　　　E. 60min

43. 动物在手术过程中出现呼吸停止应静脉注射（　　）。

  A. 肾上腺素　　　　　　　B. 咖啡因　　　　　　　C. 安钠咖

  D. 尼可刹米　　　　　　　E. 阿托品

44. 非紧急手术前大动物禁食的时间是（　　）。

  A. 4h　　　　　　　　　　B. 8h　　　　　　　　　C. 12h

  D. 24h　　　　　　　　　　E. 48h

45. 大动物术部消毒时可用（　　）。

  A. 40%甲醛　　　　　　　B. 10%甲醛　　　　　　C. 5%碘酊

  D. 5%石炭酸　　　　　　　E. 0.1%苯扎溴铵

46. 最适宜用钝性分离方法进行分离的组织是（　　）。

  A. 皮下组织　　　　　　　B. 肌肉　　　　　　　　C. 腹膜

  D. 脂肪　　　　　　　　　E. 以上都不是

47. 犬表皮下缝合时，缝针要刺入（　　）。

  A. 表皮　　　　　　　　　B. 真皮　　　　　　　　C. 角质层

  D. 皮下组织　　　　　　　E. 皮下脂肪

48. 伦勃特氏缝合法适用的器官是（　　）。

  A. 皮肤　　　　　　　　　B. 脾脏　　　　　　　　C. 腹膜

  D. 膀胱　　　　　　　　　E. 肝脏

49. 手术中肌肉组织缝合采用（　　）。

  A. 螺旋缝合　　　　　　　B. 荷包缝合　　　　　　C. 结节缝合

  D. 垂直内翻缝合　　　　　E. 无特殊方式

50. 采用库兴氏缝合法缝合胃。肠时，缝针要穿过（　　）。

  A. 黏膜　　　　　　　　　B. 浆膜肌层　　　　　　C. 浆膜层

  D. 肌层　　　　　　　　　E. 黏膜下层

51. 手术创包扎用绷带是( )。

    A. 夹板绷带   B. 固定绷带   C. 结系绷带

    D. 交叉绷带   E. 无特殊要求

52. 适用于表面麻醉的药物是( )。

    A. 丁卡因   B. 咖啡因   C. 戊巴比妥

    D. 普鲁卡因   E. 硫喷妥钠

53. 北京犬，腹泻，腹部触诊能触及腹腔内香肠状的肠管。施行手术治疗，腹中线切口皮肤缝合的方法是( )。

    A. 结节缝合   B. 库兴氏缝合   C. 伦勃特氏缝合

    D. 水平褥式缝合   E. 垂直褥式缝合

54. 萨摩耶犬，左后肢股骨中段骨折，手术切开内固定时，见股外侧肌表面有一大出血点呈喷射状流血，此时最适宜的止血方法是( )。

    A. 单纯钳夹止血   B. 止血带止血   C. 贯穿结扎止血

    D. 填塞止血   E. 压迫止血

55. 下面属于麻醉前用药的是( )。

    A. 水合氯醛   B. 吗啡   C. 隆朋

    D. 硫喷妥钠   E. 丙泊酚

56. 胃肠手术后的缝合常用( )。

    A. 结节缝合   B. 表皮下缝合   C. 内翻缝合

    D. 压挤缝合   E. 纽扣缝合

57. 高产奶牛生产瘫痪的主要原因是( )。

    A. 低血糖   B. 低血钙   C. 难产

    D. 后躯神经损伤   E. 高血酮

58. 胃肠缝合或肠吻合时缝合浆膜肌层一般采用( )。

    A. 螺旋缝合   B. 压挤缝合   C. 伦勃特氏缝合

    D. 结节缝合   E. 十字缝合

59. 库兴氏缝合法适用的器官是( )。

    A. 皮肤   B. 子宫   C. 腹膜

    D. 肌肉   E. 皮下组织

60. 外科手术的素养包括( )。

    A. 无菌素养   B. 爱护组织素养

    C. 正确使用器械素养   D. 以上都是

    E. 以上都不是

61. 根治手术指( )。

    A. 不仅能消除症状，同时也能消除病因，以根治为目的的手术

    B. 只能消除或缓解症状，不能去除病因的手术

    C. 疾病严重威胁病畜生命，需要紧急施行的手术

    D. 病情进展较缓，不需要紧急施行的手术

    E. 以上都不对

62. 外科手术术前一般要供给的药物不包括(　　)。

  A. 止血药　　　　　　　　B. 镇痛药　　　　　　　　C. 镇静药

  D. 阿托品　　　　　　　　E. 强心药

63. 临床常见的执刀法有(　　)。

  A. 指压式　　　　　　　　B. 执笔式　　　　　　　　C. 拳握式

  D. 反挑式　　　　　　　　E. 以上都是

64. 下列不是组织切开时对切口的要求的是(　　)。

  A. 切口长度和部位要适当　　　　　　B. 切口尽可能远离病变部位

  C. 切口避免损伤大血管　　　　　　　D. 切口应该有利于创液的排出

  E. 切口避免损伤神经

65. 下列不是缝合注意事项的是(　　)。

  A. 无菌操作　　　　　　　　　　　　B. 缝合前须清创、止血

  C. 创缘、创壁应互相均匀对合　　　　D. 皮肤创缘可以内翻

  E. 同层组织缝合,打结适当收紧,防止拉穿组织

66. 引流的适应证不包括(　　)。

  A. 创腔深或创腔不规则　　B. 创道长　　　　　　　C. 创内有坏死组织

  D. 创底有渗出物潴留　　　E. 创口小而浅

67. 手术的组织与分工不包括(　　)。

  A. 术者　　　　　　　　　B. 器械助手　　　　　　　C. 第一助手

  D. 第二助手　　　　　　　E. 清洁工

68. 支势术的目的不包括(　　)。

  A. 使役用动物变得温顺

  B. 使肉用动物生长缓慢

  C. 提高肉用家畜的皮毛产量和质量

  D. 治疗动物的某些生殖器官疾病（如睾丸炎、睾丸肿瘤、睾丸创伤、鞘膜积水等疾病）

  E. 使肉用动物肉质变细嫩、味美

69. 疝的组成包括(　　)。

  A. 疝孔　　　　　　　　　B. 疝囊　　　　　　　　　C. 疝内容物

  D. 以上都是　　　　　　　E. 以上都不是

70. 下列哪项不是影响创伤愈合的因素(　　)。

  A. 创伤感染　　　　　　　　　　　　B. 创内存有异物或坏死组织

  C. 受伤部血液循环不良　　　　　　　D. 处理创伤不合理

  E. 营养丰富

71. 适用于眼、鼻、咽喉、尿道等黏膜部位浅表手术的局部麻醉方法是(　　)。

  A. 表面麻醉　　　　　　　B. 浸润麻醉　　　　　　　C. 传导麻醉

  D. 硬膜外麻醉　　　　　　E. 吸入麻醉

72. 全身麻醉前使用阿托品的目的是(　　)。

  A. 减轻疼痛　　　　　　　B. 消除恐惧　　　　　　　C. 松弛肌肉

D. 减少唾液分泌　　　　　　　E. 减少麻药用量

73. 目前，兽医临床上常用的吸入麻醉剂是(　　)。

A. 氟烷　　　　　　　　　B. 乙醚　　　　　　　　　C. 甲烷

D. 异氟醚　　　　　　　　E. 乙烷

74. 麻醉、手术意外引起心搏骤停时，首选的急救药物是(　　)。

A. 肾上腺素　　　　　　　B. 尼可刹米　　　　　　　C. 吗啡

D. 士的宁　　　　　　　　E. 乙酰丙嗪

75. 外科手术前为了预防唾液腺分泌过多唾液，可以皮下注射(　　)。

A. 肾上腺素　　　　　　　B. 阿托品　　　　　　　　C. 咖啡因

D. 尼可刹米　　　　　　　E. 10%安钠咖

76. 藏獒，2岁，公犬，性凶猛，进行去势术，应采用的麻醉方法是(　　)。

A. 局部浸润麻醉　　　　　B. 全身麻醉　　　　　　　C. 传导麻醉

D. 表面麻醉　　　　　　　E. 硬膜外腔麻醉

77. 肠管切开术的适应证是(　　)。

A. 肠变位　　　　　　　　B. 肠套叠　　　　　　　　C. 肠嵌闭

D. 肠扭转　　　　　　　　E. 肠管内异物

78. 奶牛，2.5岁，产后已经18h仍表现弓背和努责，时有污红色带异味液体自阴门流出。治疗原则为(　　)。

A. 增加营养和运动量　　　　　　　B. 剥离胎衣，增加营养

C. 抗菌消炎和增加运动量　　　　　D. 促进子宫收缩和抗菌消炎

E. 强心补液

79. 公猫去势时，切口应在阴囊的(　　)。

A. 颈部　　　　　　　　　B. 底部　　　　　　　　　C. 左侧

D. 右侧　　　　　　　　　E. 阴囊前方

80. 不能用于深部张力较大的组织的缝合方法是(　　)。

A. 结节缝合　　　　　　　B. 纽孔状缝合　　　　　　C. "十"字形缝合

D. 连续缝合　　　　　　　E. 减张缝合

81. 局部伤口的正确处理方法是(　　)。

A. 扩创清创缝合包扎　　　　　　　B. 扩创清创双氧水冲洗

C. 扩创清创新洁尔灭冲洗　　　　　D. 休整创面缝合包扎

E. 休整创面新洁尔灭冲洗

82. 中华田园犬，雄性，2岁，夜晚外出未归，早晨发现该犬精神沉郁，呼吸急促，体温39℃；左胸侧壁中下部有创口，被血块、泥土及被毛所污染；创围略肿胀，按压有捻发音；胸侧位X线检查发现肺野透明度增加，心脏前缘心尖部轮廓上抬。患犬胸壁创属于(　　)。

A. 新鲜无菌创　　　　　　B. 新鲜污染创　　　　　　C. 感染创

D. 陈旧污染创　　　　　　E. 肉芽创

83. 母畜，难产，经人工助产后发生右后肢外展，迈步缓慢，步态僵硬，X线检查未见骨和关节异常，全身症状不明显。该病最可能的诊断是(　　)。

    A. 坐骨神经麻痹   B. 闭孔神经麻痹   C. 股二头肌转位

    D. 骨神经麻痹   E. 椎间盘脱出

84. 瘤胃手术过程中，从污染术转为无菌术的一步是(　　)。

    A. 打开腹腔   B. 瘤胃固定   C. 胃壁缝合

    D. 瘤胃切开   E. 缝合腹膜

85. 手术过程中适用于实质器官出血时的止血方法是(　　)。

    A. 钳压法   B. 结扎法   C. 捻转法

    D. 填塞压迫法   E. 止血药止血

86. 下列哪些不属于创伤的一般症状(　　)

    A. 出血   B. 创口裂开   C. 抽搐

    D. 疼痛   E. 功能障碍

87. 可引起动物明显全身症状的疾病是(　　)。

    A. 血肿   B. 脂肪瘤   C. 蜂窝织炎

    D. 局部气肿   E. 淋巴外渗

88. 某牛在采食块状饲料时，突发食管梗阻，张口呼吸。急救应实施(　　)。

    A. 开胸术   B. 喉囊切开术   C. 食管切开术

    D. 气管切开术   E. 喉室切开术

89. 某犬在采食中突发吞咽障碍，流涎，干呕，烦躁不安；X 线检查发现在胸腔入口前气管背侧有一不规则形状的高密度阴影。急救应实施(　　)。

    A. 开胸术   B. 喉囊切开术   C. 食管切开术

    D. 气管切开术   E. 喉室切开术

90. 犊牛，出生后双前肢球节屈曲，不能伸展，以球节背面着地行走；X 线检查骨和关节未见异常，保守疗法无效。该病最佳手术疗法为(　　)。

    A. 球节切开术   B. 指浅屈肌腱切断术

    C. 指深屈肌腱切断术   D. 指外侧伸肌腱切断术

    E. 指浅、深屈肌腱切断术

91. 成年牛滑倒后不能起立，强行站立后患肢不能负重，比健肢缩短，抬举困难，以蹄尖拖地行走，髋关节他动运动有时可听到捻发音。该病最可能的诊断是(　　)。

    A. 髋骨骨折   B. 股骨骨折   C. 髂骨体骨折

    D. 髋关节脱位   E. 髋结节上方移位

92. 成年牛滑倒后不能起立，强行站立后患肢不能负重，比健肢缩短，抬举困难，以蹄尖拖地行走，髋关节他动运动有时可听到捻发音。进一步确诊该病的最佳方法是(　　)。

    A. 抽屉试验   B. 患部视诊   C. X 线检查

    D. 长骨叩诊   E. 测量患处长度

93. 成年牛滑倒后不能起立，强行站立后患肢不能负重，比健肢缩短，抬举困难，以蹄尖拖地行走，髋关节他动运动有时可听到捻发音；直肠检查在闭孔内摸到股骨头。该病牛可诊断为(　　)。

    A. 前方脱位   B. 后方脱位   C. 内方脱位

    D. 上方脱位   E. 下方脱位

94. 腊肠犬，6月龄，体温37.5℃，排少量黏液样柏油状粪便，呕吐，腹部触诊有香肠状物体。该病的确认方法是（　　）。

    A. 腹部叩诊　　　　　　　　B. X线造影　　　　　　　　C. 腹部听诊

    D. 血常规检查　　　　　　　E. 粪便常规检查

95. 腊肠犬，6月龄，体温37.5℃，排少量黏液样柏油状粪便，呕吐，腹部触诊有香肠状物体。若为回肠套叠且施行肠切除术，正确的操作方法是（　　）。

    A. 垂直肠管纵轴切除病变肠管　　　　B. 在病变肠管的边缘切除肠管

    C. 在横结肠与空肠之间切除肠管　　　D. 切除前先结扎通向切除肠管的血管

    E. 切除前先结扎通向套叠肠管的血管

96. 腊肠犬，6月龄，体温37.5℃，排少量黏液样柏油状粪便，呕吐，腹部触诊有香肠状物体。若回肠近心端大部分被切除，合理的肠吻合方法是（　　）。

    A. 回肠与横结肠吻合术　　　　　　　B. 两断端仅做一层压挤缝合

    C. 两端仅做一层连续缝合　　　　　　D. 端端吻合术，前壁连续缝合

    E. 端端吻合术，后壁连续缝合

97. 手术治疗仔猪脐疝，常采用的麻醉方法是（　　）。

    A. 表面麻醉　　　　　　　　B. 传导麻醉　　　　　　　　C. 硬膜外麻醉

    D. 局部浸润麻醉　　　　　　E. 蛛网膜下腔麻醉

98. 牛皱胃左方变位整复术最常选用的镇静、镇痛、肌肉松弛剂为（　　）。

    A. 氯胺酮　　　　　　　　　B. 硫喷妥钠　　　　　　　　C. 水含氯醛

    D. 戊巴比妥钠　　　　　　　E. 静松灵（赛拉唑）

99. 马膝内直韧带切断后，适当牵遛至少应保持（　　）。

    A. 1~3d　　　　　　　　　　B. 4~6d　　　　　　　　　　C. 7~9d

    D. 10~12d　　　　　　　　　E. 2周以上

100. 犬下颌骨体正中联合处骨折最合适的治疗方法是（　　）。

    A. 用骨螺钉固定　　　　　　B. 用髓内钉固定　　　　　　C. 用接骨板固定

    D. 用不锈钢丝固定　　　　　E. 用卷轴绷带固定

101. 犬髋关节脱位整复手术中，切除大转子的骨切线与股骨长轴呈（　　）。

    A. 20°　　　　　　　　　　　B. 30°　　　　　　　　　　　C. 45°

    D. 60°　　　　　　　　　　　E. 75°

102. 马副鼻窦蓄脓行圆锯术后，局部最佳护理方法是（　　）。

    A. 局部封闭　　　　　　　　B. 术部开放　　　　　　　　C. 密闭创口

    D. 安置绷带　　　　　　　　E. 安装引流管

103. 犬闭锁型子宫蓄脓的最适治疗方案是（　　）。

    A. 手术疗法　　　　　　　　B. 抗菌疗法　　　　　　　　C. 激素疗法

    D. 输液疗法　　　　　　　　E. 营养（维持）疗法

104. 促进犬开放型子宫蓄脓脓液排出的最适治疗方案是（　　）。

    A. 手术疗法　　　　　　　　B. 抗菌疗法　　　　　　　　C. 激素疗法

    D. 输液疗法　　　　　　　　E. 营养（维持）疗法

105. 某种公猪，体重80kg，不宜留作种用，欲对其行去势术。打开总鞘膜后暴露精

索，摘除睾丸的最佳方法是将精索(　　)。

    A. 用手捋断　　　　　　　　B. 捻转后切除　　　　　　　C. 结扎后切除

    D. 不结扎，捋断　　　　　　E. 不结扎，直接切除

106. 某奶牛精神沉郁，食欲减少，颈静脉怒张，体温 41.5℃；触诊剑状软骨区疼痛、敏感；白细胞总数升高；心音模糊不清，心率 120 次/min，心区穿刺放出脓性液体。手术治疗正确的操作步骤之一是(　　)。

    A. 网胃切开　　　　　　　　　　　　B. 膈肌破裂口间断缝合

    C. 左侧第 8 肋骨部分截除　　　　　　D. 右侧第 8 肋骨部分截除

    E. 心包切口边缘与皮肤创缘连续缝合

107. 母猫，6 岁，施卵巢子宫切除术，采用非吸入麻醉，首选麻醉药是(　　)。

    A. 丙泊酚　　　　　　　　　B. 氯胺酮　　　　　　　　　C. 硫喷妥钠

    D. 戊巴比妥钠　　　　　　　E. 安定

108. 雌犬，3 岁，因难产需施剖腹产术，以异氟醚进行全身麻醉，合理的麻醉深度应该是(　　)。

    A. 第Ⅰ期　　　　　　　　　B. 第Ⅱ期　　　　　　　　　C. 第Ⅲ期 2 级

    D. 第Ⅲ期 4 级　　　　　　　E. 第Ⅳ期

109. 京巴犬，因争斗致角膜严重破损，眼球内容物脱出，还纳的可能性很小。在尽量不影响犬容貌的情况下，摘除眼球手术最佳在(　　)。

    A. 角膜处作环形切口　　　　　　　B. 睑结膜处作环形切口

    C. 球结膜处作环形切口　　　　　　D. 上眼睑外侧缘作弧形切口

    E. 下眼睑外侧缘作梭形切口

110. 马，2 岁，右侧后肢经常突然不能伸展，行走呈三脚跳；经 X 线检查髌骨偏离滑车，需进行滑车形成术。滑车软骨剔除量应该是能容纳髌骨的(　　)。

    A. 5%　　　　　　　　　　　B. 10%　　　　　　　　　　C. 20%

    D. 30%　　　　　　　　　　E. 50%

111. 德国牧羊犬，站立时左后肢膝、跗关节高度屈曲，患肢悬垂，运动中呈三脚跳步样；X 线检查，可见患肢胫骨嵴向内侧扭曲。该犬患肢最可能脱位的关节是(　　)。

    A. 髋关节　　　　　　　　　B. 膝关节　　　　　　　　　C. 跗关节

    D. 系关节　　　　　　　　　E. 冠关节

112. 使役公牛，运动中左后肢突然向后伸直，不能弯曲，蹄尖被迫拖地；触诊髌骨位于股骨内侧滑车嵴的顶端，内侧直韧带高度紧张；但有时运动又能自然恢复正常肢势。该公牛患肢最可能脱位的关节是(　　)。

    A. 髋关节　　　　　　　　　B. 膝关节　　　　　　　　　C. 跗关节

    D. 系关节　　　　　　　　　E. 冠关节

113. 马，4 岁，体温 40.1℃，四肢蹄冠先后出现圆枕形肿胀，触诊有热、痛，支跛。根据该马临床表现诊断所患蹄病是(　　)。

    A. 蹄裂　　　　　　　　　　B. 白线裂　　　　　　　　　C. 蹄叶炎

    D. 蹄叉腐烂　　　　　　　　E. 蹄冠蜂窝织炎

114. 马，4 岁，广蹄，装蹄时举肢检查，白线部凹陷，内充满粪、土和泥沙，未见跛

行。根据该马临床表现诊断所患蹄病是（　　）。

  A. 蹄裂　　　　　　　　B. 白线裂　　　　　　　　C. 蹄叶炎

  D. 蹄叉腐烂　　　　　　E. 蹄冠蜂窝织炎

115. 马，5岁，精神沉郁，体温40℃，不愿站立和运动，驻立时双前肢前伸，双后肢伸至腹下，以蹄踵着地；叩诊蹄壁敏感。根据该马临床表现诊断所患蹄病是（　　）。

  A. 蹄裂　　　　　　　　B. 白线裂　　　　　　　　C. 蹄叶炎

  D. 蹄叉腐烂　　　　　　E. 蹄冠蜂窝织炎

116. 犬，骨折3个月后复诊，X线检查显示原骨折线增宽，骨断端光滑，骨髓腔闭合，骨密度增高，提示该骨折属于（　　）。

  A. 愈合　　　　　　　　B. 不愈合　　　　　　　　C. 二次骨折

  D. 愈合延迟　　　　　　E. 骨质增生

117. 某犬，被汽车撞后1h体温、脉搏、呼吸及运动均无异常，仅见胸侧壁有一椭圆形肿胀，触诊有波动感及轻度压痛感。该犬最有可能出现（　　）。

  A. 疝　　　　　　　　　B. 气肿　　　　　　　　　C. 脓肿

  D. 血肿　　　　　　　　E. 淋巴外渗

118. 雄犬，7岁，近日在肛门旁出现肿胀，界限明显，无热、无痛，柔软，大小便不畅。该病最可能的诊断是（　　）。

  A. 肿瘤　　　　　　　　B. 会阴疝　　　　　　　　C. 淋巴外渗

  D. 蜂窝织炎　　　　　　E. 肛门腺炎

119. 幼驹出生后24h发现无尿，腹围增大，腹壁紧张，3d后昏迷，体温36℃。该病最可能的诊断是（　　）。

  A. 肠变位　　　　　　　B. 腹壁疝　　　　　　　　C. 膀胱破裂

  D. 胎粪滞留　　　　　　E. 腹股沟阴囊疝

120. 赛马，障碍赛时摔倒，左前肢支跛明显，前臂上部弯曲，他动运动有骨摩擦音，患部肿胀，未见皮肤损伤，全身症状不明显。该病最可能的诊断是（　　）。

  A. 骨裂　　　　　　　　B. 腕关节脱位　　　　　　C. 肘关节脱位

  D. 肩关节脱位　　　　　E. 闭合性骨折

121. 赛马，障碍赛时摔倒，左前肢支跛明显，前臂上部弯曲，他动运动有骨摩擦音，患部肿胀，未见皮肤损伤，全身症状不明显。该病的确诊方法是（　　）。

  A. 触诊　　　　　　　　B. X线检查　　　　　　　C. 超声检查

  D. 斜板试验　　　　　　E. 关节内镜检查

122. 赛马，障碍赛时摔倒，左前肢支跛明显，前臂上部弯曲，他动运动有骨摩擦音，患部肿胀，未见皮肤损伤，全身症状不明显。该病最适宜的保守治疗方法是（　　）。

  A. 绷带包扎　　　　　　B. 石蜡绷带　　　　　　　C. 酒精热绷带

  D. 石膏夹板绷带　　　　E. 复方醋酸铅绷带

123. 德国牧羊犬，2岁，雄性，近2个月来在右肘头出现一鸡蛋大小的逐渐增大的波动性肿胀，无热无痛，未见明显跛行。该肿胀最可能的诊断是（　　）。

  A. 血肿　　　　　　　　B. 关节炎　　　　　　　　C. 蜂窝织炎

  D. 淋巴外渗　　　　　　E. 黏液囊炎

124. 德国牧羊犬，2 岁，雄性，近 2 个月来在右肘头出现一鸡蛋大小的逐渐增大的波动性肿胀，无热无痛，未见明显跛行。确诊该病不宜采用的方法是( )。
  A. X 线检查   B. 无菌穿刺   C. 超声检查
  D. 血管造影   E. 血常规检查

125. 德国牧羊犬，2 岁，雄性，近 2 个月来在右肘头出现一鸡蛋大小的逐渐增大的波动性肿胀，无热无痛，未见明显跛行。根治该病最佳的方法是( )。
  A. 热敷   B. 引流   C. 封闭疗法
  D. 涂擦刺激剂   E. 肿胀物摘除术

126. 奶牛剖腹产术侧卧保定合理的切口是( )。
  A. 左肷部前切口   B. 右肷部前切口   C. 左肋弓下斜切口
  D. 右肋弓下斜切口   E. 平行左乳静脉白线旁切口

127. 犬眼内压升高的疾病是( )。
  A. 角膜炎   B. 虹膜炎   C. 结膜炎
  D. 青光眼   E. 白内障

128. 犬钡餐造影在胸腔内显示胃肠影像的疾病是( )。
  A. 膈疝   B. 腹壁疝   C. 肠套叠
  D. 肠扭转   E. 胃扩张

129. 奶牛，跛行，体温 40.5℃，四肢蹄部肿胀，触诊有热痛，右后肢蹄底有窦道，内有恶臭坏死物；病原检查发现坏死杆菌。该病最可能的诊断是( )。
  A. 蹄叶炎   B. 腐蹄病   C. 局限性蹄皮炎
  D. 指（趾）间皮炎   E. 指（趾）间皮肤增生

130. 奶牛，处于泌乳高峰期，长期饲喂精饲料和青贮饲料；跛行，站立时弓背，后肢向前伸达于腹下；指（趾）动脉搏动明显，蹄冠皮肤发红、增温，蹄壁叩击敏感。该病最可能的诊断是( )。
  A. 蹄叶炎   B. 腐蹄病   C. 局限性蹄皮炎
  D. 指（趾）间皮炎   E. 指（趾）间皮肤增生

131. 北京犬，腹泻，腹部触诊能触及腹腔内香肠状的肠管。施行手术治疗，腹中线切口皮肤缝合的方法是( )。
  A. 结节缝合   B. 库兴氏缝合   C. 伦勃特氏缝合
  D. 水平褥式缝合   E. 垂直褥式缝合

132. 德国牧羊犬，误食金属异物，X 线摄片见异物位于小肠内。施行小肠侧壁切开术取出异物，肠侧壁切口全层缝合的方法是( )。
  A. 结节缝合   B. 库兴氏缝合   C. 伦勃特氏缝合
  D. 水平褥式缝合   E. 垂直褥式缝合

133. 某奶牛偷食大量玉米，随后食欲废绝，反刍停止，精神沉郁，鼻镜干燥，喜饮水。临床检查时重点诊断的部位是( )。
  A. 瘤胃   B. 网胃   C. 瓣胃
  D. 真胃   E. 盲肠

134. 奶牛，瘤胃、瓣胃蠕动音减弱，按压右侧第 7～9 肋间肩关节水平线上下，病牛躲闪、反抗；粪便减少、干硬、呈算盘珠状、表面有黏液，粪内有多量未消化的饲料和粗纤维。如采用手术治疗，其最佳切口部位是(　　)。

    A. 左肷部前切口   B. 左肷部后切口   C. 右肷部前切口

    D. 右肷部中切口   E. 右肷部后切口

135. 腊肠犬，10 岁，头颈僵直，耳竖起，鼻尖抵地，运步小心，触诊颈部敏感。该犬最可能患有(　　)。

    A. 肱骨骨折   B. 肘关节炎   C. 桡神经麻痹

    D. 颈椎间盘突出   E. 肩胛上神经麻痹

136. 犬，排粪困难，里急后重，甩尾，擦舔肛门，挤压其肛门表现疼痛并流出黑灰色恶臭物。该病是(　　)。

    A. 锁肛   B. 直肠脱   C. 直肠破裂

    D. 肛门囊炎   E. 巨结肠症

137. 北京犬，发病 1 周，包皮肿胀，包皮口污秽不洁、流出脓样腥臭液体；翻开包皮囊，见红肿、溃疡病变。该病是(　　)。

    A. 包皮囊炎   B. 前列腺炎   C. 阴茎肿瘤

    D. 前列腺囊肿   E. 前列腺增生

138. 公犬，频频排尿，努责，排尿困难，有血尿；X 线摄片检查显示膀胱中有高密度阴影。手术治疗选腹中线切口，需依次切开与分离皮肤、皮下组织和(　　)。

    A. 腹白线、腹膜   B. 腹横肌、腹膜

    C. 腹直肌鞘、腹膜   D. 腹内斜肌、腹外斜肌、腹膜

    E. 腹外斜肌、腹内斜肌、腹膜

139. 马在运动过程中突然出现膝关节、跗关节不能屈曲，大腿和小腿强直；强迫运动时蹄尖着地，拖曳前进；触诊时髌骨位于滑车嵴的顶端，内直韧带高度紧张。手术治疗的最佳方案是(　　)。

    A. 跗关节切开矫形术   B. 膝内直韧带切断术

    C. 膝关节外侧带加固术   D. 髋关节开放性整复固定术

    E. 切开膝关节，整复固定髌骨

140. 马，雄性，配种后第 2 天一侧阴囊肿大，皮肤紧张发亮，出现浮肿；不愿走动，运步时两后肢开张，步态紧张；直肠检查，腹股沟内环内有肠管脱入。该病最可能的诊断是(　　)。

    A. 睾丸炎   B. 附睾炎   C. 阴囊积水

    D. 睾丸肿瘤   E. 腹股沟阴囊疝

141. 母犬，脐部出现局限性肿胀近 6 个月，触诊该肿胀柔软，饱食和挣扎时肿胀增大，压迫肿胀可缩小，皮肤无红、热、痛等炎性反应。该病最可能的诊断是(　　)。

    A. 痈   B. 肿瘤   C. 脓肿

    D. 脐疝   E. 蜂窝织炎

142. 母犬，脐部出现局限性肿胀近 6 个月，触诊该肿胀柔软，饱食和挣扎时肿胀增大，压迫肿胀可缩小，皮肤无红、热、痛等炎性反应。手术治疗，合理的手术切口形状为(　　)。

A. T形   B. 直线型   C. 三角形

D. "十"字形   E. 梭(菱)形

143. 母犬,脐部出现局限性肿胀近 6 个月,触诊该肿胀柔软,饱食和挣扎时肿胀增大,压迫肿胀可缩小,皮肤无红、热、痛等炎性反应。闭合腹壁创口最适宜的缝合方法是( )。

     A. 分层结节缝合   B. 分层连续缝合   C. 全层连续缝合

     D. 全层结节缝合   E. 皮肤结节缝合

144. 奶牛,4 月龄,运动后脐孔处出现一个碗口大的肿胀,治疗时最佳的缝合方法是( )。

     A. 荷包缝合或纽孔状缝合   B. 连续螺旋缝合   C. 康乃尔氏缝合

     D. 库兴氏缝合   E. 以上均可

145. 犬,雌性,8 岁,体温 39.2℃,精神、食欲稍差,近 1 个月左右腹围逐步增大,身体逐渐消瘦,近日从阴门流出红色难闻的黏稠样体液。根据该犬临床表现诊断所患病是( )。

     A. 肾脏结石   B. 输尿管结石   C. 膀胱结石

     D. 尿道结石   E. 子宫积脓

146. 犬,雄性,8 岁,体温 39.8℃,精神差,无食欲,近 2d 下腹部略微增大,频频作排尿姿势且非常痛苦,近日从尿道口不时排出带氨味的液体,有时呈红色;X 线诊断显示膀胱内有大量白色亮斑,尿道未见异常。根据该犬临床表现诊断所患病是( )。

     A. 肾脏结石   B. 输尿管结石   C. 膀胱结石

     D. 尿道结石   E. 肾炎

147. 仔猪,腹下出现一局限性肿胀,进食及尖叫时肿胀加剧,触诊有波动感,则该肿胀为( )。

     A. 炎性肿胀   B. 水肿   C. 皮下气肿

     D. 脓肿   E. 疝气肿

148. 仔猪,腹下出现一局限性肿胀,进食及尖叫时肿胀加剧,触诊有波动感,则该肿胀为( )。

     A. 炎性肿胀   B. 水肿   C. 皮下气肿

     D. 脓肿   E. 疝气肿

149. 北京犬,患淋巴肉瘤,若要对该犬采取治疗措施,则主要采用( )。

     A. 手术切除   B. 化学疗法   C. 抗生素疗法

     D. 放射疗法   E. 干扰素治疗

150. 仔母猪卵巢摘除术采用的保定方法为( )。

     A. 仰卧保定   B. 倒立保定   C. 左侧卧

     D. 右侧卧   E. 任何姿势

151. 牛,6 岁,广蹄,修蹄时举肢检查,白线部凹陷,内充满粪、土和泥沙,未见跛行。根据该牛临床表现所患蹄病是( )。

     A. 蹄裂   B. 白线裂   C. 蹄叶炎

     D. 蹄叉腐烂   E. 蹄冠蜂窝织炎

152. 狼犬，肘头部出现局限性肿胀近 3 个月，精神、食欲和行走正常；触诊该肿胀柔软，压迫肿胀不敏感，穿刺可流出黄色液体。手术治疗时采取的合理手术切口形状为（　　）。

  A. Y 形　　　　　　　　B. 直线型　　　　　　　　C. 三角形

  D. "十"字形　　　　　　E. 梭（菱）形

153. 牛、羊外科手术之前，预先注射用于保护心脏的药物是（　　）。

  A. 麻黄碱　　　　　　　　B. 肾上腺素　　　　　　　C. 利多卡因

  D. 洋地黄　　　　　　　　E. 青霉素

154. 犬、猫手术中皮肤缝合采用（　　）。

  A. 螺旋缝合　　　　　　　B. 荷包缝合　　　　　　　C. 间断结节缝合

  D. 垂直内翻缝合　　　　　E. 以上均可

155. 狼犬，肘头部出现局限性肿胀近 3 个月，精神、食欲和行走正常。触诊该肿胀柔软，压迫肿胀不敏感，穿刺可流出黄色液体。缝合创口最适宜的缝合方法是（　　）。

  A. 库兴氏缝合　　　　　　B. 分层连续缝合　　　　　C. 全层连续缝合

  D. 康乃尔氏缝合　　　　　E. 结节缝合

156. 牛，4 岁，体温 40.3℃，四肢蹄冠先后出现圆枕形肿胀，触诊有热、痛且敏感，支跛。根据该牛临床表现所患蹄病是（　　）。

  A. 蹄裂　　　　　　　　　B. 白线裂　　　　　　　　C. 蹄叶炎

  D. 蹄叉腐烂　　　　　　　E. 蹄冠蜂窝织炎

157. 狼犬，肘头部出现局限性肿胀近 3 个月，精神、食欲和行走正常。触诊该肿胀柔软，压迫肿胀不敏感，穿刺可流出黄色液体。该病最可能的诊断是（　　）。

  A. 痈　　　　　　　　　　B. 肿瘤　　　　　　　　　C. 脓肿

  D. 黏液囊炎　　　　　　　E. 蜂窝织炎

158. 山羊，长期咳嗽、呼吸困难、消瘦和贫血等。死后剖检可见其多种器官组织，尤其是肺、淋巴结和乳腺等处有散在大小不等的结节性病变，切面有似豆腐渣样、质地松软的灰白色或黄白色物。似豆腐渣样病理变化属于（　　）。

  A. 蜡样坏死　　　　　　　B. 湿性坏死　　　　　　　C. 干酪样坏死

  D. 液化性坏死　　　　　　E. 贫血性梗死

159. 大丹犬，体温 39.5℃，精神沉郁，食欲下降，左前肢重度跛行；X 线摄片显示桡骨和尺骨在距腕关节 5cm 处有斜骨折线，两断端已经错位。该病的最佳保守治疗方法是（　　）。

  A. 复方醋酸铅绷带　　　　B. 石蜡绷带　　　　　　　C. 酒精热绷带

  D. 石膏夹板绷带　　　　　E. 抗生素消炎

160. 藏獒犬，因打斗致使左侧肩胛部有一 5cm 长的开放性创伤，1 周后该部位周围组织脱毛、浮肿；创面呈暗紫色、湿润，并覆有恶臭的红褐色分泌物，分泌物镜检有坏死杆菌。该犬表现的病理特征属于（　　）。

  A. 干性坏疽　　　　　　　B. 湿性坏疽　　　　　　　C. 凝固性坏死

  D. 液化性坏死　　　　　　E. 坏疽性溃疡

模拟题参考答案

题号	1	2	3	4	5	6	7	8	9	10	11	12	13	14	15	16	17	18	19	20
答案	C	E	D	C	C	B	E	D	A	D	A	D	C	A	D	E	D	D	A	C
题号	21	22	23	24	25	26	27	28	29	30	31	32	33	34	35	36	37	38	39	40
答案	C	B	B	D	B	B	A	B	A	D	B	C	B	D	C	E	D	B	A	A
题号	41	42	43	44	45	46	47	48	49	50	51	52	53	54	55	56	57	58	59	60
答案	E	D	D	D	C	B	B	D	A	B	C	A	A	C	B	C	B	C	B	D
题号	61	62	63	64	65	66	67	68	69	70	71	72	73	74	75	76	77	78	79	80
答案	E	E	B	D	E	A	D	D	A	B	B	E	D	B	D	C	C	B	C	D
题号	81	82	83	84	85	86	87	88	89	90	91	92	93	94	95	96	97	98	99	100
答案	B	C	A	C	A	C	C	C	A	B	D	C	C	B	D	B	D	E	E	D
题号	101	102	103	104	105	106	107	108	109	110	111	112	113	114	115	116	117	118	119	120
答案	C	D	A	C	C	E	B	C	E	B	B	E	B	C	B	D	B	C		E
题号	121	122	123	124	125	126	127	128	129	130	131	132	133	134	135	136	137	138	139	140
答案	B	D	E	D	E	E	D	A	B	A	A	A	A	D	D	A	A	B	E
题号	141	142	143	144	145	146	147	148	149	150	151	152	153	154	155	156	157	158	159	160
答案	D	E	A	A	E	C	E	E	B	C	B	E	D	C	E	E	D	C	D	B

第四篇

兽医产科学

■ **备考指南**

☰ 学科特点

兽医产科学是兽医学的一个分支学科，是主要研究动物生理生殖、生殖疾病及繁殖技术的一门兽医临床学科。从整体上看，兽医产科学包含两部分内容：一是产科基础理论部分，包括动物生殖分泌和生殖生理（母畜生殖生理、公畜生殖生理、泌乳生理和新生仔畜生理等）方面的基本知识；二是产科临床技术，包括动物生殖疾病（产科疾病、母畜科疾病、公畜科疾病、新生仔畜疾病等）及其诊疗技术以及繁殖控制技术。兽医产科学的任务是使学生了解动物生殖的基本规律和生殖疾病的发生与发展机制，掌握兽医产科临床诊断及繁殖控制技术，以保证动物的生殖健康、预防生殖疾病和提高动物的繁殖效率。

☰ 学习方法

1. 掌握牢固的理论基础
2. 注意培养动手能力和分析能力
3. 理论联系实际
4. 提高学习效率

近五年分值分布

年份	单元												合计
	动物生殖激素	发情与配种	受精	妊娠	分娩	妊娠期疾病	分娩期疾病	产后期疾病	母畜的不育	公畜的不育	新生仔畜疾病	乳房疾病	
2019	2	0	1	1	1	4	2	8	3	0	1	0	24
2020	2	1	0	1	1	1	2	2	3	0	1	1	15
2021	2	2	0	2	2	1	2	2	0	1	1	0	15
2022	1	1	1	1	1	2	2	1	1	1	2	1	15
2023	1	0	1	2	0	8	1	2	1	1	0	1	18
总计	8	4	3	7	5	16	9	15	8	3	5	3	87

<<< 第一单元　动物生殖激素 >>>

一、考试大纲

单元	细目	要点
动物生殖激素	1. 松果腺激素	褪黑素（MLT）的临床应用
	2. 丘脑下部激素	促性腺激素释放激素（GnRH）的临床应用
	3. 垂体激素	(1) 促卵泡素（FSH）的临床应用　(2) 促黄体素（LH）的临床应用　(3) 促乳素（LTH）的临床应用　(4) 催产素（OT）的临床应用
	4. 性腺激素	(1) 雌激素的临床应用　(2) 孕酮的临床应用　(3) 雄激素的临床应用
	5. 胎盘促性腺激素	(1) 马绒毛膜促性腺激素（eCG）的临床应用　(2) 人绒毛膜促性腺激素（hCG）的临床应用
	6. 前列腺素	前列腺素（PG）的临床应用

二、重要知识点

（一）褪黑素

1. 褪黑素的分泌调节与生理功能　褪黑素可抑制下丘脑-垂体-性腺轴，使促性腺激素释放激素、促性腺激素（促黄体素以及促卵泡素）的含量均降低，并可直接影响性腺激素、雌激素及孕激素的含量。对于生长发育期的哺乳动物，褪黑素可以延缓性成熟；对于性成熟的动物，可以引起性腺萎缩；可以抑制 GnRH 释放，调节动物繁殖季节。

2. 褪黑素的临床应用　可诱导绵羊发情，皮下埋植褪黑素制剂可使绵羊繁殖季节提前6～7周，并能缩短乏情期；可提高产蛋量，通过 MLT 主动免疫来提高蛋鸡生殖内分泌水平，进而提高蛋鸡的产蛋量。

（二）丘脑下部激素

1. GnRH 类似物　促排 1、2、3 号（LRH‑A1、LRH‑A2、LRH‑A3）。

2. 生理作用　GnRH 控制促性腺激素，特别是 LH 的合成和分泌。

3. 临床应用　诱导母畜产后发情；提高母畜情期受胎率；提高超数排卵效果；治疗公畜不育；用于抱窝母鸡催醒。

（三）垂体激素

1. 促卵泡素（FSH）　其作用包括刺激卵泡的生长发育；与 LH 配合使卵泡产生雌激素；与 LH 协同，促使卵泡成熟和诱导排卵；刺激卵巢生长，增加卵巢重量；促进精子生成，维持精子发展。

2. 促黄体素（LH） 其作用包括与 FSH 协同，促进卵泡成熟产生雌激素，主导排卵；促进黄体形成，产生孕酮；刺激睾丸间质细胞的发育和睾酮分泌；刺激精子成熟。FSH 和 LH 在临床上除少数情况下单独应用外，多数是协同应用的。FSH 可促进卵泡生长发育、刺激细精管上皮和次级精母细胞的发育以及促进精子完成发育；LH 可诱发排卵、促进黄体形成。

临床上，FSH 和 LH 协同应用可使家畜性成熟提前；诱导泌乳乏情期的母畜发情；诱导母畜超数排卵；治疗不孕；预防流产。

3. 催产素（OT）

（1）生理作用 其作用包括：①刺激子宫平滑肌收缩；②刺激输卵管平滑肌收缩；③刺激乳腺腺泡的肌上皮细胞收缩；④少量时可促进黄体发育，大量时可促进黄体溶解；⑤可扩张皮肤血管。

（2）临床应用 兽医临床上的应用包括：①引产，使子宫松弛，子宫颈口开张，但在胎位、产道正常时才能使用；②提高配种受胎率；③治疗子宫内膜炎，排出炎性产物；④催乳，在有乳不排时使用；⑤治疗持久性黄体、黄体囊肿；⑥治疗产后子宫出血，有止血作用；⑦加速胎衣及死胎排出。

4. 促乳素（LTH）

（1）生理作用 刺激和维持黄体功能，促进孕酮分泌；刺激雌性生殖道分泌黏液，松弛子宫颈；刺激乳腺发育，促进泌乳。

（2）临床应用 维持妊娠；促进乳腺的发育，诱导初产母畜泌乳；解救子宫颈管开张不全性难产。

（四）性腺激素

性腺激素即卵巢和睾丸产生的激素。卵巢产生的激素主要是雌激素（E2）、孕酮（P4）和松弛素；睾丸产生的激素主要是雄激素。

1. 雌激素（E2）

（1）生理作用 其作用包括：①刺激雌性动物生殖道发育；②促进乳腺腺管发育；③增强子宫对催产素的敏感性；④增加组织水分；⑤松弛产道；⑥维持第二性征、性欲和表现性兴奋。

（2）临床应用 兽医临床上的应用包括：①催情；②治疗子宫疾病，如提高子宫的抵抗力和收缩性，松弛子宫颈，治疗慢性子宫内膜炎，排出子宫内存留物如死胎、子宫积液等；③诱导泌乳；④化学去势。

2. 孕酮（P4）

（1）产生与贮存 孕酮又称黄体酮，主要由黄体及胎盘（马及绵羊）产生，肾上腺皮质、睾丸和排卵前的卵泡也能够产生少量孕酮。马和绵羊的妊娠后期，胎盘会成为孕酮的主要来源，此时破坏黄体不会造成妊娠中断。

（2）生理作用 抑制子宫平滑肌收缩；维持妊娠；促进乳腺腺泡发育。

（3）临床应用 兽医临床上的应用包括：①同期发情；②超数排卵；③判断繁殖状态；④妊娠诊断；⑤保胎安胎，预防习惯性流产。

3. 雄性激素

(1) 生理作用　其作用包括：①维持公畜性行为；②促进雄性生殖器官发育；③促进精子的生成与成熟。

(2) 临床应用　用于制备试情动物，通过主动免疫提高动物的繁殖效率。

（五）胎盘促性腺激素

1. 马绒毛膜促性腺激素（eCG）

(1) 生理作用　马绒毛膜促性腺激素既有 FSH 样作用，又有 LH 样作用，但以 FSH 样作用为主。对孕马本身，eCG 无刺激卵泡发育的作用，但具有促进黄体功能的作用；对其他动物，eCG 可以刺激卵泡生长发育，常用于诱导发情和超数排卵；对雄性动物，eCG 能促进细精管发育及精子形成。

(2) 临床应用　兽医临床上的应用包括：①催情；②同期发情；③超数排卵；④治疗卵巢疾病（卵巢萎缩、马卵泡囊肿、牛持久黄体）；⑤母猪妊娠诊断。

2. 人绒毛膜促性腺激素（hCG）

(1) 生理作用　人绒毛膜促性腺激素既有 LH 样作用，又有 FSH 样作用，但以 LH 样作用为主。

(2) 临床应用　兽医临床上的应用包括：①促进卵巢发育、成熟和排卵；②增加超数排卵的同期排卵效果；③治疗繁殖障碍（排卵延迟、不排卵、卵泡囊肿或慕雄狂、产后缺乳）；④促进公畜性腺发育。

（六）前列腺素

1. 生理作用　其作用包括：①溶解黄体；②影响输卵管收缩，这有利于卵子、精子运行，以及受精卵着床；③刺激子宫平滑肌收缩，如 $PGF_{2\alpha}$ 可增强妊娠子宫对催产素的敏感性；④开张子宫颈。

2. 临床应用　兽医临床上的应用包括：①调节发情周期；②人工引产；③治疗疾病（持久黄体、黄体囊肿、卵泡囊肿、子宫复旧不全、慢性子宫内膜炎、子宫蓄脓、干尸化胎儿等）；④在家畜繁殖上的应用（增加公畜射精量，冷冻精液中加入后提高人工授精母畜的妊娠率和产羔数）。

知识要点总结（表 4-1-1）：

表 4-1-1　不同激素的作用

激素	作用
FSH	促进卵泡生长、发育和成熟
LH	诱发排卵、促进黄体形成
OT	促使子宫收缩、促进泌乳
E2	子宫收缩、松弛子宫颈、增加组织水分
P4	维持子宫稳定，保胎安胎
eCG 和 hCG	同时具有 FSH 和 LH 的作用，eCG 以 FSH 的作用为主，hCG 以 LH 的作用为主
PG	溶解黄体、松弛子宫颈、提高子宫对 OT 的敏感性

三、例题及解析

1. 治疗母猪卵巢功能减退的首选药物是(　　)。
   A. 前列腺素　　　　　　　　　　　B. 前列烯醇
   C. 马绒毛膜促性腺激素　　　　　　D. 松弛素
   E. 促黄体素

【解析】　C。该题考点为绒毛膜促性腺激素的临床应用。绒毛膜促性腺激素具有卵泡刺激素和黄体生成素的功能,能促进雄激素转化为雌激素,刺激孕酮形成,因此成为治疗卵巢功能减退的首选药。

2. 母猪,4 岁,停止哺乳后一直未见发情,给予 GnRH 和 hCG 治疗无效,全身检查和血常规检查未见异常。治疗该病最适宜的药物是(　　)。
   A. $PGF_{2\alpha}$　　　　　　　　B. eCG　　　　　　　　C. FSH
   D. E2　　　　　　　　　　E. P4

【解析】　A。母畜停止哺乳后一直未见发情,原因是黄体未消退。$PGF_{2\alpha}$ 是前列腺素的一种,前列腺素的主要作用是溶解母牛卵巢上的各类黄体,还有收缩子宫和舒张子宫颈的功能。母牛乏情由多种因素引起,其中主要是卵巢功能减退和持久黄体造成。

3. 兽医临床上孕酮常用于(　　)。
   A. 治疗慢性子宫内膜炎　　　　　　B. 治疗胎衣不下
   C. 治疗卵巢功能不全　　　　　　　D. 诱导分娩
   E. 保胎

【解析】　E。临床上可通过肌内注射孕酮,使母畜渡过习惯性流产的危险期,以达到保胎的作用。

4. 奶牛,直肠检查诊断为卵巢功能减退,治疗该病的首选药物是(　　)。
   A. OT　　　　　　　　　　B. LH　　　　　　　　C. $PGF_{2\alpha}$
   D. E2　　　　　　　　　　E. FSH

【解析】　E。该题考点为 FSH 的临床应用。FSH 一般指促卵泡素,促卵泡素是由垂体前叶嗜碱性细胞所分泌的一种激素,其成分为糖蛋白,主要作用是促进卵泡成熟。奶牛直肠检查诊断为卵巢功能减退,因此治疗该病的首选药物为 FSH。

5. 公羊精子数少、活力差,可选用的治疗药物是(　　)。
   A. 前列腺素　　　　　　　　　　　B. 睾酮
   C. 人绒毛膜促性腺激素　　　　　　D. 生长激素
   E. 黄体酮

【解析】　B。睾酮可用于治疗雄性性欲减退、精子密度不足等疾病,可以提高雄性性欲,改善精液品质。

6. 与 LH 配合刺激卵泡发育的激素是(　　)。
   A. FSH　　　　　　　　　　B. P4　　　　　　　　C. ACTH
   D. hCG　　　　　　　　　　E. OT

【解析】　A。A 项,促性腺激素包括促卵泡素(FSH)和促黄体素(LH),两者协同应用的优点包括：使家畜提前性成熟；诱导母畜发情；诱导排卵和超数排卵；治疗不育；预防流产。B项，孕激素（P4）的作用包括：催情；治疗子宫疾病；诱导泌乳；化学去势。C项，促肾上腺皮质激素（ACTH）是维持肾上腺正常形态和功能的重要激素。D项，人绒毛膜促性腺激素（hCG）可促进卵泡发育、成熟和排卵；增强超数排卵的同期排卵效果；治疗繁殖障碍。E项，催产素（OT）可诱使临产母牛同期分娩；提高母畜配种受胎率；终止误配，治疗产科疾病等。

<<< 第二单元　发情与配种 >>>

一、考试大纲

单元	细目	要点
发情与配种	1. 母畜生殖功能的发展阶段	（1）初情期　（2）性成熟　（3）繁殖适龄期　（4）繁殖年限
	2. 发情周期	（1）发情周期的分期　（2）发情周期中卵巢的变化　（3）发情周期中其他部位的变化　（4）发情周期的调节
	3. 常见动物的发情特点及发情鉴定	（1）奶牛和黄牛　（2）绵羊和山羊　（3）猪　（4）马和驴　（5）犬和猫
	4. 配种	（1）母畜配种时机的确定　（2）人工授精技术　（3）胚胎移植技术

二、重要知识点

（一）母畜生殖功能的发展阶段

1. 初情期　指母畜开始出现发情现象或排卵的时期，此期母畜出现性行为，但表现不充分，发情周期不规律，生殖器官的生长发育也尚未完成。各种动物的初情期为：牛 6～12 月龄、水牛 10～15 月龄、马 12 月龄、驴 12 月龄、绵羊 6～8 月龄、山羊 4～6 月龄、猪 3～7 月龄、兔 3～4 月龄。

2. 性成熟期　此期母畜的生殖器官已经发育完全，基本具备正常的繁殖功能（但未达到体成熟），故不宜配种，因受孕会妨碍机体继续发育，而且还会造成难产，影响健康，也易造成以后的繁殖障碍。各种动物的性成熟期为：牛 12 月龄、水牛 15～23 月龄、马 18 月龄、驴 15 月龄、羊 10～12 月龄、猪 5～8 月龄。

3. 繁殖适龄期　此期母畜性成熟和体成熟都已完成，达到适宜配种的年龄。各种动物的繁殖适龄期为：黑白花奶牛 18 月龄（体重 350～400 kg）、黄牛 2 岁、水牛 2.5～3 岁、马 3 岁、驴 2.5～3 岁、羊 1～1.5 岁、猪 8～12 月龄。

4. 繁殖功能停止期　指动物繁殖能力消失或停止的时期。各种动物的繁殖功能停止期为：牛 13～15 岁、猪 6～8 岁、马 18～20 岁。

（二）发情周期

发情周期是母畜达到初情期后，生殖器官及性行为发生一系列周期性变化，这种周期性变化过程，称为发情周期。发情周期一般指从某一次发情开始，至下一次发情开始的前一天的一段时间。牛、水牛、猪、山羊、马、驴的发情周期为 21d；绵羊为 16～17 d；小鼠为 7d。

1. 不同动物发情周期及其特点　见表 4-2-1。

表 4-2-1　不同动物发情周期及其特点

动物	发情周期	特点	排卵方式
荷斯坦牛	21d	全年非季节性多次周期	自发排卵，单个卵泡
黄牛	21d	全年非季节性多次周期	自发排卵，单个卵泡
水牛	21～28d	全年非季节性多次周期，地区和季节差异大	自发排卵，单个卵泡
猪	21d	全年非季节性多次周期	自发排卵，多卵泡
绵羊	17d	季节性多次周期，集中于 8—9 月	自发排卵，多个卵泡
山羊	21d	季节性多次周期，集中于 8—9 月	自发排卵，多个卵泡
驴	23d	季节性多次周期，3、4 月开始至秋季，5 月最旺盛	自发排卵，单个卵泡
马	20d	季节性多次周期，3、4 月开始至秋季，5 月最旺盛	自发排卵，单个卵泡
犬		季节性单次周期，春秋两季	自发排卵，多个卵泡
猫	14～21d	季节性单次周期，春秋两季	诱导排卵（交配），多个卵泡
兔			诱导排卵（交配），多个卵泡

2. 发情周期的分期

（1）四期分法　分别是发情前期（16～20d）、发情期（21d，1d）、发情后期（2～5d）、发情间期（6～15d）。

（2）三期分法　分别是兴奋期（21d，1d）、抑制期（3～15d）、均衡期（16～20d）。

（3）二期分法　分别是卵泡期（18～21d，1d）、黄体期（2～17d）。

3. 发情周期中卵巢的变化　原始卵泡—初级卵泡—次级卵泡—三级卵泡（囊状卵泡）—成熟卵泡（格拉夫氏卵泡）—排卵（红体—黄体—白体）。

不同排卵形式的动物分类见表 4-2-2。

表 4-2-2　不同排卵形式的动物分类

排卵形式分类	动物
单排卵动物	牛、马、人
多排卵动物	猪、兔
自发排卵动物	马、牛、猪、羊
诱导排卵动物	兔、猫、貂（交配）、骆驼（精清）

4. 发情周期中其他部位的变化　见表 4-2-3。

表 4 - 2 - 3 发情周期中其他部位的变化

部位	发情前期	发情期	发情后期	间情期
卵巢	形成黄体，出现新卵泡	形成成熟的大卵泡	排卵后形成黄体（周期、妊娠黄体）	完善黄体，性欲停止，精神恢复平静
外周血浆	出现孕酮、雌激素和 FSH	出现 E2、P4、FSH 和 LH	无变化	无变化
生殖道	供血多，组织水分多，黏液多	无变化	无变化	无变化
子宫	蠕动增强，对 OT 敏感，子宫颈稍开	水肿，分泌增强，弹性增大	充血减轻，蠕动减弱	分泌停止
输卵管	蠕动增强	分泌、蠕动、纤毛波动增强，输卵管伞靠向卵巢	无变化	无变化
子宫颈	无变化	肿大，子宫颈开张	收缩，黏液少而稠	黏液少而稠，子宫颈闭合
阴道	无变化	分泌增强	无变化	无变化
阴唇	无变化	充血、肿大、松软	无变化	无变化

（三）常见动物发情周期的特点及发情鉴定

1. 奶牛和黄牛发情周期的特点及发情鉴定

（1）可在 7～12 月龄达到初情期，2 岁左右即可产犊；非季节性发情，发情期平均 21d。

（2）发情持续期为 18h。

（3）排卵时间为发情后 12h，双卵率 0.5%～2%。

（4）牛产后 35～50d 发情，产后 77% 的牛第一次发情为安静发情。

可通过外部观察、试情以及直肠检查进行发情鉴定。

2. 水牛发情周期的特点及发情鉴定

（1）可在 15～19 月龄达到初情期，2 岁左右即可产犊。

（2）非季节性发情，但季节性、地区性差异较大，发情期平均 21～28d。

（3）发情持续期按照地区，四川为 1～1.5d，广州和江苏为 1～2d，福建为 1～4d。

可通过外部观察、直肠检查、试情以及观察阴道分泌物进行发情鉴定。

3. 绵羊和山羊发情周期的特点及发情鉴定

（1）季节性多次发情（8、9 月最集中）。

（2）发情周期绵羊平均为 17d，山羊平均为 20d（18～23d）。

（3）发情持续期绵羊为 24～30h，山羊为 40h。

（4）排卵时间绵羊为发情后 24～27h，山羊为发情后 30～36h。

（5）产后发情：在下一个发情季节出现。

可通过试情进行发情鉴定。

4. 母猪发情周期的特点及发情鉴定

（1）发情周期平均为 21d。

（2）发情持续期为 2～3d。

（3）排卵时间为发情后 20～36h，排卵 10～25h。

（4）产后发情在断乳后 5～7d。

可通过观察静立反射进行发情鉴定。

5. 马和驴发情周期的特点及发情鉴定

（1）季节性多次发情，3、4 月开始至秋季。

（2）发情周期马平均为 21d，驴平均为 23d。

（3）发情期（持续期）马为 5～10，驴为 5～6d。

（4）排卵时间为发情后 6d。

可通过外部观察、直肠检查、试情以及阴道检查进行发情鉴定。

6. 犬发情周期的特点

（1）季节性单次发情，2 次/年，多数在春秋两季。

（2）发情持续期为 9～12，平均 9d。

（3）发情前期的流血现象持续时间为 3～16d，平均 9d。

（4）排卵期在发情后 1～2d。

7. 猫发情周期的特点

（1）7—9 月初情期。

（2）季节性多次发情，春秋为发情旺季。

（3）发情周期为 14～21d，一年有 2～3 次发情周期，发情 4～25 次。

（4）母猫发情期从接受交配至发情症状消失为止，发情前期和发情期一般持续 3～10d（平均 7d）。

（5）交配诱导排卵，交配后 24h 排卵。

（6）妊娠期为 58d，X 线检查，35～39d 可见胎儿骨骼。

（四）配种

1. 母畜配种时间的选择 在一个发情期一般两次输精，实际生产中一般两次输精间隔时间为：牛、羊 8～10h，猪 12～18h，马隔日配种（表 4-2-4）。

表 4-2-4 不同动物配种时间

项目	牛	绵羊	山羊	猪	马	犬
发情周期	21d	16～17d	20～21d	21d	21d	6 个月，一年 2 次发情，多在春秋两季
发情持续时间	18h	24～36h	40h	40～60h	5～7d	9（4～12）d
排卵期	发情停止后 4～16h	发情开始后 24～27h	发情开始后 30～36h	发情开始后 16～48h	发情停止前 24～48h	接受交配前 2d 至交配后 7d
精子在母畜生殖道内存活的时间	28h	30～36h	＞24h	5～6d	80～100h	

（续）

项目	牛	绵羊	山羊	猪	马	犬
最适输精时间	发情开始后9h至发情终止	发情开始后10～20h	发情开始后12～36h	发情开始后15～30h	发情第2天开始隔日一次至发情结束	接受交配后2～3d
最适输精部位	子宫和子宫颈深部	子宫颈内	子宫颈内	子宫内	子宫内	子宫颈或子宫内

2. 人工授精

（1）输精前的准备

①低温保存的精液需升温到35℃，并进行质量检查；猪新鲜精液液态保存的适宜温度为15～20℃。

②冷冻精液在解冻时要使其快速通过危险温区，解冻温度一般为40℃。也可用较高的温度解冻，但必须严格控制解冻的时间，使解冻后精液温度维持在5～8℃，完全溶解后即可用于输精。应避免精液输入母体前温度反复波动。

（2）输精方法

①牛　直肠把握法输精，精液输入子宫颈内口或子宫体中。

②猪　输精管通过子宫颈皱襞进入子宫体后输精。

③绵羊　开膣器扩张阴道，于子宫颈口内1～2cm处输精。

④马、驴　输精胶管伸入子宫颈口内1cm左右输精。

三、例题及解析

1. 按三期分法，对母畜发情周期的分期描述正确的是（　　）。

　　A. 发情前期、发情期、发情后期　　　　　　B. 卵泡发育期、卵泡成熟期、卵泡破裂期

　　C. 黄体生成期、黄体维持期、黄体消退期　D. 排卵前期、排卵期、排卵后期

　　E. 兴奋期、抑制期、均衡期

【解析】　E。该题考点为母畜发情周期。母畜发情周期有三种分期法：四期分法，分为发情前期、发情期、发情后期、间情期；三期分法，分为兴奋期、抑制期、均衡期；二期分法，分为卵泡期、黄体期。题干问的是三期分法。

2. 光照对发情活动影响最敏感的动物是（　　）。

　　A. 马　　　　　　　　　　　B. 犬　　　　　　　　　　　C. 骆驼

　　D. 牛　　　　　　　　　　　E. 猪

【解析】　A。对光照时长变化敏感的家畜是马和绵羊。母马受白昼光照渐长的刺激而表现发情。绵羊过了夏至，光照缩短后不久开始发情。夏季人工缩短光照，可使绵羊发情时间提前。

3. 母牛处于发情期的卵巢特征是（　　）。

　　A. 卵巢较小，表面平坦，有较小卵泡　　　B. 卵巢较大，表面凸起，有较大卵泡

　　C. 卵巢较大，表面凸起，有较小卵泡　　　D. 卵巢大小中等，表面凹陷，较大卵泡

【解析】　B。发情时卵巢凸起，卵泡增大，雌激素的分泌迅速增加。黏膜分泌物增多、稀薄，阴道黏膜潮红，前庭分泌物增多，阴唇充血、水肿、松软。

4. 牛3岁，产后2个月发情漏配，此后一直未见发情，阴道检查无异常，要进一步诊断应采用的检查方法是(　　)。

　　A. 直肠检查　　　　　　　B. 孕酮测定　　　　　　C. 全身检查

　　D. 血液生化检查　　　　　E. 血常规检查

【解析】　A。对发情期的牛，阴道及其分泌物的检查可与输精同时进行。对卵泡发育情况进行直肠检查，可以准确确定排卵时间及状况。

5. 猪临床上常用的发情鉴定方法是(　　)。

　　A. 静立反射　　　　　　　B. 雌激素检查　　　　　　C. B超

　　D. 直肠检查　　　　　　　E. 电测法

【解析】　A。猪临床上常用的发情鉴定方法是静立反射。

<<< 第三单元　受　　精 >>>

一、考试大纲

单元	细目	要点
受精	1. 配子在受精前的准备	(1) 配子的运行　(2) 精子在受精前的变化　(3) 卵子在受精前的变化
	2. 受精过程	(1) 精、卵的识别与结合　(2) 精子与卵质膜的结合和融合　(3) 皮质反应及多精子入卵的阻滞　(4) 卵子激活　(5) 原核发育与融合　(6) 异常受精

二、重要知识点

(一) 配子在受精前的准备

1. 精子在雌性生殖道内的运行　精子主要借助自身的运动能力，通过子宫和输卵管平滑肌的收缩，由子宫颈向输卵管方向移行。

(1) 受精部位　输卵管上1/3壶腹部。

(2) 阴道受精型动物　包括牛、水牛、绵羊、山羊。

(3) 子宫受精型动物　包括猪、马(性交时间长、精液量大、子宫颈开放大的动物在子宫内受精)。

(4) 精子库　包括子宫颈隐窝、子宫、输卵管壶峡连接处。

(5) 精子栏筛　包括子宫颈隐窝，宫管结合部，输卵管峡部。

不同动物精子受精能力的维持时间见表4-3-1。

表 4 - 3 - 1　不同动物精子受精能力的维持时间

动物	精子到达受精部位时间（min）	精子保持受精能力时间（h）
牛	2～15	28～50
羊	2～15	30～48
马	24	72～120
猪	15～30	24～48

2. 精子受精前的变化

（1）精子获能　指精子在雌性生殖道内经过一个生理变化和形态变化的阶段，以增强其呼吸和活动能力，最终获得受精能力的生物学过程。

（2）顶体反应　精子获能后，头部顶体出现形态学变化，将贮存在顶体中的酶依序释放出来，使精子能够进入卵子的被膜，这种现象称为顶体反应。

3. 卵子在输卵管内的运行　被输卵管接纳的卵子，借助输卵管管壁纤毛摆动和肌肉活动，进入输卵管壶腹部后段。

（二）受精过程

1. 概念　受精过程包括精卵识别与结合、精子与卵质膜的融合、皮质反应及多精子入卵的阻滞、卵子激活、原核发育与融合。

2. 多精子入卵的阻滞　包括皮质反应、透明带反应和卵质膜反应。

3. 卵子激活　染色质混合后，第一次有丝分裂形成纺锤体标志着受精结束和胚胎发育的开始。Ca^{2+} 是细胞内卵子激活和启动受精卵发育的主要信号。

三、例题及解析

1. 受精过程中，与皮质反应无关的是（　　）。

　　A. 完成第二次减数分裂　　　　　　　　B. 透明带性质发生改变

　　C. 卵质膜表面微绒毛伸长　　　　　　　D. 卵质膜结构重组

　　E. 皮质颗粒排入卵周隙中

【解析】　A。在受精过程中，皮质反应包括透明带反应、卵质膜反应（卵子质膜上微绒毛伸长）、皮质颗粒膜反应（皮质颗粒内容物胞吐到卵周隙，形成皮质颗粒膜）。完成第二次减数分裂，标志受精结束。

2. 猪精子在生殖道内维持受精能力的最长时间是（　　）。

　　A. 73～96h　　　　　　　　B. 8～11h　　　　　　　　C. 24～72h

　　D. 12～23h　　　　　　　　E. 97～120h

【解析】　D。在一般情况下，各种公畜的精子在母畜生殖道内保持完全活力和繁殖力的时间都超过 24h。通常猪为 24～48h。

3. 受精时精子不通过的结构是（　　）。

　　A. 透明带　　　　　　　　B. 卵黄周隙　　　　　　　　C. 放射冠

　　D. 卵黄膜　　　　　　　　E. 卵黄鞘膜

【解析】 E。根据题干，受精时精子通过透明带、卵黄周隙、放射冠、卵黄膜。

<<< 第四单元 妊 娠 >>>

一、考试大纲

单元	细目	要点
妊娠	1. 妊娠期	常见动物的妊娠期
	2. 母体的妊娠识别	(1) 妊娠识别的含义 (2) 妊娠识别的机制
	3. 妊娠期母体的变化	(1) 生殖器官的变化 (2) 全身的变化 (3) 内分泌的变化
	4. 妊娠诊断	(1) 临床检查法 (2) 实验室诊断法 (3) 特殊诊断法
	5. 妊娠终止技术	(1) 妊娠终止时机的确定 (2) 妊娠终止的方法

二、重要知识点

(一) 妊娠期

妊娠期指胎生动物胚胎和胎儿在子宫内完成生长发育的时间（表 4 - 4 - 1），通常是从最后一次配种（有效配种）之日算起，直至分娩为止所经历的一段时间。

表 4 - 4 - 1 常见动物的妊娠期 (d)

种类	平均妊娠期	妊娠期范围	种类	平均妊娠期	妊娠期范围
牛	282	276～290	绵羊	150	146～157
水牛	307	295～315	马	340	300～412
猪	114	102～140	犬	62	59～65
山羊	152	146～161	猫	58	55～60

(二) 妊娠识别

1. 概念

(1) 妊娠识别 指孕体产生信号，阻止黄体退化，使其继续维持并分泌孕激素，从而使妊娠能够确立并维持下去的一种生理机制。

(2) 妊娠确立 孕体和母体之间产生了信息传递和反应后，双方的联系和互相作用已经通过激素的媒介和其他生理因素而固定下来，从而确定开始妊娠。维持妊娠的重要激素是孕酮。

2. 不同动物的妊娠识别

(1) 反刍动物的妊娠识别 孕体能够产生 IFN - t，阻止 $PGF_{2\alpha}$ 的合成和黄体溶解。

IFN - t是牛、绵羊、山羊母体妊娠识别的信号，是反刍动物的抗溶黄体因子。

（2）猪的妊娠识别 猪的胚泡能产生雌激素，使母体产生妊娠识别。雌激素发生局部作用，使子宫内膜合成 $PGF_{2\alpha}$ 减少，同时也阻止分泌至子宫腔内的 $PGF_{2\alpha}$ 释放进入子宫静脉，以致其不能进入全身血液循环和卵巢，黄体就不会受到影响而退化。

（3）马属动物和灵长类动物的妊娠识别 马属动物和灵长类动物的妊娠黄体不足以提供维持妊娠所必需的孕酮，因此在妊娠的维持中胎盘产生的孕酮发挥重要作用。

3. 胎盘 胎盘类型见表 4 - 4 - 2。

表 4 - 4 - 2 胎盘类型及代表动物

胎盘按形态分类	胎盘根据组织层次分类	代表动物
弥散型胎盘	上皮绒毛膜型胎盘	猪、马
子叶型胎盘	结缔绒毛膜型胎盘	牛、羊
带状胎盘	内皮绒毛膜型胎盘	犬、猫
盘状胎盘	血绒毛膜型胎盘	灵长类、啮齿类

（三）妊娠期母体的变化

1. 全身变化

（1）初期 新陈代谢加快，食欲增进，消化力增强。

（2）后期 消耗较大，母体消瘦；心脏负担加大，出现妊娠水肿；胃、肠容积减少，排粪、排尿次数增加；呼吸次数增加，以胸式呼吸为主；腹围逐渐增大；行动稳重、谨慎，易疲劳、出汗。

2. 生殖器变化

（1）卵巢 有黄体存在，马在妊娠后期黄体退化，由胎盘分泌黄体维持妊娠。

（2）子宫 体积和重量增加，子宫壁变薄。

（3）子宫中动脉 变粗，动脉内膜的皱褶增厚。

（4）阴道、子宫颈和乳房 阴道黏膜苍白、干燥，分娩前充血、水肿；子宫颈缩紧、黏液浓稠；妊娠后期乳房增大变实。

（四）妊娠诊断

1. 临床诊断

（1）外部检查法 包括视诊、触诊、听诊。

（2）阴道检查法 检查子宫颈、子宫颈黏液、阴道分泌物。

（3）直肠检查法 适用于大动物，如牛、马等。检查时用手伸入直肠内，根据触摸部位的状态，以判断家畜最适宜的配种时间，或是否妊娠及其妊娠时期。

2. 实验室诊断

（1）血液和尿液的孕酮检测 妊娠动物血液中孕酮的含量显著增加，利用该特点，可对母畜做早期妊娠诊断。

（2）早孕因子（EPF）检测 交配受精后 6～48h 即能在母畜血清中测出。目前普遍采用玫瑰花环抑制试验来测定 EPF 的含量。

（3）阴道分泌物显微镜观察　进行触片，染色，镜检，如视野中出现短而细的毛发状纹路，并呈紫红色或淡红色，则为妊娠表现。

（4）子宫颈及阴道黏液煮沸法　取黏液放入试管中，加入 10% NaOH 5mL 或蒸馏水 5mL，煮沸 1min。黏液呈白色絮状并悬浮于无色透明液中，则为妊娠标志。

3. 特殊诊断法

（1）X 线诊断法　用于诊断猪、羊。

（2）超声波探测法　即 B 超检查。

（五）妊娠终止技术

妊娠终止技术包括人工流产和诱导分娩。是指根据妊娠和分娩的调控机制，通过激素或药物处理来中断妊娠或启动分娩。常用药物有：PGF 及其类似物、地塞米松。

三、例题及解析

1. 诱导同期分娩的时机常选择（　　）。

　　A. 胚胎附植期　　　　　　　B. 妊娠早期　　　　　　　　C. 妊娠中期

　　D. 预产期前数日内　　　　　E. 有分娩预兆时

【解析】　D。诱导分娩是指在母猪妊娠末期的一定时间内（预产期前 2d 使用，严禁过早使用，如果过早则会导致胎儿死亡率增加），采用外源激素处理，控制母猪在人为确定的时间范围内分娩出正常仔猪。例如，黄体分泌的孕酮是维持妊娠所必需的，而前列腺素及其类似物可以引起黄体退化，从而有效地引发分娩。

2. 奶牛，3 岁，发情配种后 1 个月未见返情，直肠检查发现右侧子宫角略有增大。要确认该奶牛是否妊娠，此时具有诊断价值的样本和检测项目分别是（　　）。

　　A. 血液、E2　　　　　　　　B. 奶液、P4　　　　　　　　C. 血液、P4

　　D. 血液、eCG　　　　　　　E. 尿液、eCG

【解析】　B。奶牛妊娠 24d 后即可检测到一定浓度的孕酮，此时孕酮值可作为妊娠诊断的指标，孕酮主要存在于血液中。

3. 早期妊娠诊断的临床检查方法不包括（　　）。

　　A. 外部检查　　　　　　　　B. 直肠检查　　　　　　　　C. 阴道检查

　　D. 妊娠脉搏触诊　　　　　　E. 乳房检查

【解析】　E。妊娠诊断的方法基本上分为三大类，即临床检查法、实验室诊断法和特殊诊断法。临床检查法包括外部检查、直肠检查、阴道检查，而妊娠脉搏触诊为直肠检查法中的一种手段。

4. 通过孕酮检测进行奶牛早期妊娠诊断的时间是在配种后的（　　）。

　　A. 5～10d　　　　　　　　　B. 21～25d　　　　　　　　C. 31～40d

　　D. 41～50d　　　　　　　　E. 51～60d

【解析】　B。母畜配种后如果未妊娠，其血浆孕酮含量会因黄体退化而下降，而妊娠母畜则保持不变或上升。这种孕酮水平的差异是动物早期妊娠诊断的基础，一般认为牛配种后 24d、猪 40～45d、羊 20～25d 进行妊娠诊断的准确率较高。

5. 由胚泡产生雌激素建立妊娠识别的动物是( )。

A. 猫   B. 猪   C. 犬

D. 马   E. 牛

【解析】 B。该题考点为猪的妊娠识别。猪的胚泡能产生雌激素，进而使母体产生妊娠识别。雌激素发生局部作用，使子宫内膜合成 $PGF_{2\alpha}$ 减少，同时也阻止分泌至子宫腔内的 $PGF_{2\alpha}$ 释放进入子宫静脉，以致其不能进入全身血液循环和卵巢，黄体就不会受到影响而退化。

<<< 第五单元 分　娩 >>>

一、考试大纲

单元	细目	要点
分娩	1. 分娩预兆	(1) 分娩前乳房的变化　(2) 分娩前软产道的变化　(3) 分娩前骨盆韧带的变化　(4) 分娩前行为与精神状态的变化
	2. 分娩启动	(1) 启动分娩的因素　(2) 启动分娩的机制
	3. 决定分娩过程的要素	(1) 产力　(2) 产道　(3) 胎儿与母体产道的关系
	4. 分娩过程	(1) 分娩过程的分期　(2) 主要动物分娩的特点
	5. 接产	(1) 接产的准备工作　(2) 正常分娩的接产
	6. 产后期	(1) 子宫复旧　(2) 恶露

二、重要知识点

(一) 分娩预兆

1. 乳房的变化　产前 10d，乳房膨胀增大，乳头变粗变大；产前 3d，左右乳头向外侧伸张。产前所有动物（马除外）乳房膨胀。

(1) 奶牛、马　产前出现漏乳，表示数小时至 24h 即可分娩；

(2) 猪　产前 1d 左右的中部乳头、产前 12h 的前部乳头、产前 6h 的后部乳头可挤出 1～2 滴白色初乳。

2. 软产道的变化　产前阴唇开始逐渐柔软、肿胀，子宫颈胀大、松软，产前排出黏液。牛在子宫颈开始扩展后数小时内分娩。

3. 骨盆韧带的变化　荐坐韧带松弛。

4. 行为的变化　母畜出现衔草做窝现象（猪产前 6～12h，犬产前 1～1.5d）；精神抑郁、徘徊不安，离群和寻找安静地方分娩，食欲不振，频频排出粪尿。

（二）分娩启动

1. 胎儿内分泌变化　胎儿的丘脑下部-垂体-肾上腺轴系，特别在羊、牛中，对于发动分娩起着决定性作用。

2. 母体内分泌变化　见表4-5-1。

表4-5-1　分娩启动时母体内分泌变化

激素	特点	作用
雌激素	分娩前逐渐升高	提高子宫肌收缩能力；软化软、硬产道；增强催产素作用
孕酮	分娩前浓度下降	抑制子宫收缩
前列腺素	分娩前逐渐升高	多种途径诱发分娩
催产素	分娩前升高，分娩时达到高峰	促使子宫强烈收缩
松弛素	分娩前产生	软化软、硬产道

（三）决定分娩过程的要素

1. 产力

（1）阵缩　指子宫肌的收缩，由于子宫肌收缩具有阵发性，故称"阵缩"，又称阵痛。是分娩过程中的主要动力，占产力的90%左右。

（2）努责　指腹肌和膈肌的收缩，在分娩过程中配合阵缩。

（3）分娩产力的分配

①第一期（开口期）　只有阵缩，无努责。

②第二期（娩出期）　阵缩、努责密切配合。

③第三期（胎衣排出期）　努责停止，阵缩继续。

2. 产道　分娩时胎儿产出的通道，包括硬产道和软产道。硬产道由骨盆、荐椎、前3个尾椎及荐坐韧带构成。软产道包括子宫颈、阴道、尿生殖前庭和阴门。

3. 胎儿与母体产道的关系

（1）胎向　指胎儿的方向，描述的是胎儿纵轴与母体纵轴的关系。胎向有三种。

①纵向　指胎儿纵轴和母体纵轴平行。

正生：指胎儿纵轴和母体纵轴平行，但方向相反，即头和两前肢先进入产道。

倒生：指胎儿纵轴和母体纵轴平行，但方向相同，即胎儿两后肢或臀部先进入产道。

②横向　指胎儿横卧于子宫内，胎儿纵轴和母体纵轴呈水平垂直。背部朝向产道的叫背部前置横向（背横向）；腹底面朝向产道的（四肢伸入产道）叫腹部前置横向（腹横向）。

③竖向　指胎儿纵轴和母体纵轴上下垂直。背部朝向产道的叫背竖向；腹部朝向产道者则叫腹竖向。纵向是正常的胎向，横向和竖向均属于不正常的胎向。

（2）胎位　即胎儿的位置，描述的是胎儿背部和母体背部或腹部的关系。胎位也有三种：上位属于正常胎位，下位和侧位均属于不正常的胎位。轻度的侧位可归于上位或下位。

①上位　指胎儿伏卧在子宫内，背部在上，靠近母体背部。

②下位　指胎儿仰卧在子宫内，背部朝下，靠近母体腹部。

③侧位　指胎儿侧卧在子宫内，背部位于一侧，靠近母体腹侧壁。

（3）胎势　即胎儿的姿势，描述的是胎儿各局部呈现的屈伸状态。

（4）前置　又称先露，指胎儿某一部位与产道的关系，哪一部位朝向产道或先露出于产道，就称该部位前置。

决定分娩过程的要素见表4-5-2。

表4-5-2　决定分娩过程的要素

要素	主要内容
产力	阵缩（子宫收缩）：是分娩过程中的主要动力。分娩过程中阵缩间隔越来越短，持续时间越来越长。单胎动物收缩从孕角尖端开始，多胎动物从靠近子宫颈部开始
	努责：由腹壁肌和横膈肌的收缩引起，是作为娩出胎儿的辅助动力（频繁而剧烈，时间较短）
产道	软产道：由子宫颈、阴道、前庭及阴门等软组织构成
	硬产道：骨盆
胎儿	胎儿大小
	胎向：即胎儿的方向，指胎儿身体纵轴与母体身体纵轴的关系
	胎势：即胎儿的姿势，指胎儿各部的状态是伸直或屈曲
	胎位：即胎儿的位置，指胎儿背部和母体背部或腹部的关系

（四）分娩过程

1. 子宫颈开张期（开口期）　指从子宫开始阵缩至子宫颈充分开大的这一时期。

2. 胎儿产出期　指从子宫颈口充分开张至胎儿排出的这一时期，努责是这一时期开始的标志，将胎儿完全排出是这一时期终止的标志。此期阵缩（主）和努责共同发生作用，阵缩为1min，且间歇期短。产出期时间：马为10～30min；牛为0.5～6h，羊为0.5～4h，猪因品种及胎儿数量不同而异。

3. 胎衣排出期　指从胎儿排出后至胎衣完全排出的这一时期。胎儿排出后产畜即逐渐安静，几分钟后再次阵缩排出胎衣。此期只有阵缩，无努责，阵缩的持续时间长、力量弱、间歇期也长，因此胎衣排出时间长。胎衣排出期时间：马为20～90min，牛为2～8h（最长不超过12h），猪为10～60min（也有1～2h），绵羊为0.5～4h，山羊为0.5～2h。

（五）接产

1. 接产的准备工作　产房温度不低于15～18℃，母畜产前7～15d转入产房。

2. 正常分娩的接产

（1）接产准备　清洗母畜外阴部及其周围。

（2）接产处理　检查产道（胎儿的胎向、胎位、胎势，注意正生时三件"唇及两蹄"的位置；母畜的骨盆有无变形，阴门、阴道及子宫颈的松软扩张程度）。当胎儿的唇部或头部露出阴门时，撕破羊膜，擦净胎儿鼻腔内的黏液，以利其呼吸。注意观察阵缩、努责是否正常，微弱者则需要助产，对于倒产（应立即助产以防止胎儿缺氧）、产道狭窄、胎儿过大、产出缓慢者则需要牵引。注意全身检查。

（3）新生仔畜的护理

①处理脐带 脐血往胎儿方向挤压后剪断，在碘酒内浸泡。脐血管可能因为前列腺素（PGs）作用而迅速封闭，因此处理脐带的目的并不在于防止出血，而是促进脐带干燥，避免细菌进入。

②保温 可在新生仔畜身上盖以麻袋进行保温，虚弱或不足月的仔畜应置于20～30℃环境中。

（4）检查胎衣 通过注水检查胎衣是否完整和正常。

（六）产后期

1. 子宫复旧 各家畜子宫复旧时间：奶牛为30～45d，水牛为39d，羊为17～20d，马为12～14d，猪为25～28d。

2. 恶露 子宫颈慢慢收缩，但在恶露排完前不会完全关闭。恶露排出的持续时间：牛为10～12d（超过3周视为病态），绵羊为5～6d，山羊为2周，猪为2～3d；猫为1周，犬为4周左右。子宫复旧完毕后才停止排出恶露。

三、例题及解析

1. 胎儿产出期母畜的产力组合是（　　）。
　　A. 仅有阵缩，而无努责　　　　　　　　B. 阵缩强烈，努责强烈
　　C. 仅有努责，而无阵缩　　　　　　　　D. 阵缩强烈，努责微弱
　　E. 阵缩微弱，努责强烈

【解析】 B。该题考点为分娩过程中的产力，胎儿产出期母畜阵缩和努责共同进行。

2. 对母畜分娩易产生不利影响的是（　　）。
　　A. 骨盆入口大而圆　　　　B. 荐坐韧带较宽　　　　C. 骨盆底较宽
　　D. 坐骨结节较低　　　　　E. 骨盆入口倾斜度小

【解析】 E。骨盆入口倾斜度小，易导致产道性难产，对胎儿分娩造成阻力。

(3～4题共用备选答案)
　　A. 纵向、倒生、上位　　　　　　　　**B. 横向、正生、侧位**
　　C. 横向、倒生、上位　　　　　　　　**D. 纵向、正生、侧位**
　　E. 纵向、倒生、下位

3. 小尾寒羊，5岁，难产。产道检查见胎儿两后肢已进入产道且伸直，胎儿背部靠近母体的下腹壁，分娩时胎儿的胎向、胎位是（　　）。

【解析】 E。纵向是指胎儿纵轴与母体纵轴平行。倒生是胎儿的方向和母体的方向相同，后腿或臀部先进入或靠近盆腔。下位（背耻位）是胎儿仰卧在子宫内，背部在下，接近母体的腹部及耻骨。

4. 母马分娩，努责强烈，未见胎儿产出。产道检查见胎儿两前肢和头部已进入产道且伸直，胎儿的背部靠近母体的侧腹壁，分娩时胎儿的胎向、胎位是（　　）。

【解析】 D。纵向是指胎儿纵轴与母体纵轴平行。正生是胎儿的方向和母体的方向相反，头和（或）前腿先进入或靠近盆腔。侧位（背髂位）是胎儿侧卧于子宫内，背部位于一

侧，接近母体左侧或右侧腹壁及髂骨。

5. 胎儿分娩正确的胎位（胎向）是（　　　）。

A. 纵向　　　　　　　　　B. 背横　　　　　　　　　C. 腹横

D. 腹竖　　　　　　　　　E. 背竖

【解析】　A。纵向是正常的胎向，横向和竖向均属于不正常的胎向。上位属于正常胎位，下位和侧位于均属于不正常的胎位。

<<< 第六单元　妊娠期疾病 >>>

一、考试大纲

单元	细目	要点
妊娠期疾病	1. 流产	(1) 病因　(2) 症状　(3) 诊断　(4) 治疗　(5) 预防
	2. 孕畜水肿	(1) 病因　(2) 症状及诊断　(3) 防治方法
	3. 阴道脱出（牛、犬）	(1) 病因　(2) 症状及诊断　(3) 治疗
	4. 妊娠毒血症（马属动物、绵羊）	(1) 病因　(2) 症状及诊断　(3) 治疗

二、重要知识点

（一）流产

1. 流产的分类

（1）隐性流产　母畜不表现明显的临诊症状，常见于胚胎早期死亡。多胎动物（羊、猪、犬等）可表现为窝产仔数减少。

（2）排出不足月的活胎儿　妊娠期未满，母畜的临床表现与正常分娩相似，但不像正常分娩那样明显，往往仅在排出胎儿前 2～3d 乳腺突然膨大，阴唇稍微肿胀，阴门内有清亮黏液排出，乳头内可挤出清亮液体。

（3）排出死亡而未经变化的胎儿　胎儿死后可引起子宫收缩反应（有时胎儿出现干尸化），于数天之内将死胎及胎衣排出。阴道检查发现子宫颈口开张，黏液稀薄。

（4）延期流产（死胎滞留）

①胎儿干尸化　胎水和组织水分被吸收而呈棕黑色。特点：颈管闭锁，黄体不萎缩，患畜无症状。诊断：无性周期，黄体功能未减退；子宫内有硬固物。

②胎儿浸溶　软组织分解、流出，骨骼存留。特点：子宫颈开张，细菌进入子宫，形成黄体。诊断：出现妊娠症状，子宫壁厚，子宫内软组织被分解，变化液体流出，骨骼留在子宫内，子宫颈开张，全身反应明显。

2. 流产的病因　见表 4-6-1。

表4-6-1 流产的病因

类型	病因
普通流产	胎膜及胎盘异常,如绒毛膜发育不良或缺乏、胚胎过多、子宫内膜发炎等;胚胎发育停止,如精子、卵子缺陷;遗传因素,如因染色体异常而使胚胎不能附植
传染性流产	细菌感染,如布鲁氏菌病、衣原体感染、钩端螺旋体感染、李氏杆菌感染、结核病、猪繁殖与呼吸综合征等。病毒感染,如猪瘟、细小病毒感染、乙型脑炎、口蹄疫等
寄生虫性流产	马媾疫、滴虫感染、弓形虫感染、孢子虫感染等
医疗事故	不当的诊断检查,如强行保定以及不当的直肠检查、采血、手术等;用药错误,如错用皮质激素、催产素、利尿药、驱虫药、健胃药、疫苗、泻药等
其他原因	损伤、摔伤、劳役过重、营养不良(如缺乏糖类、蛋白质、脂肪、维生素 A、维生素 B、维生素 D、维生素 E、钙、磷)、饲养管理差(如饲料霉变、植物中毒)、生殖激素紊乱等

3. 隐性流产的诊断

(1) 临床检查　根据配种后是否返情正常或延长来诊断。

(2) 早孕因子(EPF)测定　配种或受精后不久在血清中出现 EBF,且在胚胎死亡或取出后不久即消失。

(3) 孕酮分析　一旦胚胎死亡,孕酮水平即急剧下降。

(4) 其他检查　检查传染病、寄生虫。

4. 治疗　对先兆性流产的处理原则是安胎、镇静、止血,如肌内注射孕酮保胎;肌内注射1‰硫酸阿托品抑制子宫收缩;肌内注射氯丙嗪镇静;用维生素 K、止血敏、安络血、仙鹤草等止血。

(1) 药物治疗　对出现胎膜破裂、羊水流出者,应促进子宫内容物排出,及时注射缩宫药、催产素等,并可施行人工引产。

(2) 手术治疗　对延期流产者应尽早引产或手术取出胎儿,并防止母体中毒及患败血症。

(二)孕畜水肿

1. 病因　包括:①胎儿增大,腹内压增高;②乳房增大,运动减少;③血浆蛋白减少,阻止水分进入血液;④机体钠增加,体内水潴留(抗利尿激素、雌激素及醛固酮分泌增加);⑤遗传因素。

2. 症状　指压留痕。

(三)阴道脱出(牛、犬)

1. 病因　营养不良,老龄,雌二醇、松弛素过多,便秘,腹泻,组织松弛,腹压增大,努责过强。

2. 症状

(1) 阴道部分脱出　多发生在产前。孕畜卧下时可在阴门之间或之外露出拳头大小的粉红色瘤状物,起立后脱出部分自行缩回。

(2) 阴道完全脱出　是由阴道壁发炎刺激孕畜不断努责而引起。可见排球大小的囊状物从阴门中突出，突出物表面光滑、呈粉红色，孕畜起立后不能缩回突出物的末端。

3. 治疗　部分脱出可改善饲养管理，防止损伤和感染，选用补中益气汤。全部脱出可迅速整复、固定，以防复发。

治疗方法：第1～2尾椎间隙硬膜外麻醉，用消毒液洗净脱出的阴道，除去坏死的组织，对大创口进行缝合。当水肿严重时，用2%明矾溶液冲洗。用消毒纱布托起脱出的阴道，趁动物不努责时送入阴门内，用拳头将阴道推回原位，然后向阴道内注入消毒药。犬阴道增生多在发情期，严重病例施行手术切除。

（四）妊娠毒血症（马属动物、绵羊）

1. 病因　营养不良、缺乏运动、天气寒冷（羊）。

2. 症状　羊精神沉郁，呼出丙酮味气体，运动失调，视力降低或消失。马食欲减退或废绝，交替排出黑粪、干稀粪、心跳加快、节律不齐。

3. 诊断　血酮升高，尿酮呈现强阳性。

4. 治疗　保肝，提供能量，解毒，必要时施行剖腹产或引产手术。

三、例题及解析

1. 猪，便秘，体温、呼吸异常，经用药后排便很快恢复正常，但2d后流产，其原因最可能是（　　）。

    A. 饲养性流产　　　　　　　B. 自发性流产　　　　　　　C. 疾病性流产

    D. 中毒性流产　　　　　　　E. 医疗性流产

【解析】　E。根据题干，采用排除法，其他选项无相关信息。

2. 不属于畜群损伤性和管理性流产原因的是（　　）。

    A. 抢食　　　　　　　　　　B. 拥挤　　　　　　　　　　C. 饮冷水

    D. 使役过重　　　　　　　　E. 踢伤

【解析】　C。该题考点为流产原因分析。流产通常是由于管理不当导致子宫和胎儿受到直接或间接的机械性损伤，或孕畜遭受各种环境刺激而引起，如剧烈运动、腹壁的碰伤、使役过重、惊吓。但饮冷水只会刺激胃肠道黏膜而引发腹泻。

3. 阴道脱出较少见于（　　）。

    A. 猪　　　　　　　　　　　B. 马　　　　　　　　　　　C. 绵羊

    D. 山羊　　　　　　　　　　E. 奶牛

【解析】　B。阴道脱出是指阴道壁的一部分或全部突出阴门外。该病多发于牛，其次是羊、猪，马罕见此病。

4. 某动物，因偷配妊娠约90d，用前列腺素类似物处理后，未发现其出现阴门肿胀、腹痛等流产症状。该动物最可能是（　　）。

    A. 黄牛　　　　　　　　　　B. 绵羊　　　　　　　　　　C. 山羊

    D. 猪　　　　　　　　　　　E. 奶牛

【解析】　B。前列腺素具有引起子宫平滑肌收缩的作用。公牛精液中不含前列腺素，公猪精液中前列腺素含量很少，公羊精液中前列腺素含量较多，而绵羊子宫颈非常狭窄导致精液不易进入，因此应用前列腺素可提高绵羊受胎率。

(5～7题共用题干)

猪，4岁，妊娠后期两后肢站立不稳，交替负重，喜卧，无受伤史；神经反应基本正常，X线侧位片未见明显异常。

5. 该病最可能的诊断是(　　)。

  A. 产后截瘫   B. 腰荐椎间盘脱位   C. 坐骨神经麻痹

  D. 孕畜截瘫   E. 生产瘫痪

【解析】　D。根据题干，该猪妊娠后期发病，表现为两后肢站立不稳，交替负重，喜卧，无受伤史；神经反应基本正常，X线侧位片未见明显异常，此为孕畜截瘫特征。

6. 对该病的治疗方法是(　　)。

  A. 口服泼尼松   B. 静脉注射葡萄糖   C. 手术治疗

  D. 静脉注射葡萄糖酸钙   E. 皮下注射硝酸士的宁

【解析】　D。该题考点为孕畜截瘫的治疗。孕畜截瘫主要为妊娠期间缺钙引起，因此治疗方法为静脉注射葡萄糖酸钙。

7. 该病的发病原因可排除(　　)。

  A. 饲料单一   B. 维生素缺乏   C. 营养不良

  D. 钙磷缺乏   E. 神经损伤

【解析】　E。该题考点为孕畜截瘫的病因。孕畜截瘫表现多种疾病的症状，如营养不良、胎水过多、子宫捻转、损伤性胃肠炎、酮血病、风湿、腰损伤、后肢损伤等。排除神经损伤。

8. 奶牛，妊娠已265d，食欲减退，频频努责，可见一近排球大小的囊状物垂于阴门之外，其表面呈暗红色、水肿严重。针对该病，整复脱出物前的处置方法是(　　)。

  A. 酒精消毒   B. 温热生理盐水冲洗

  C. 3‰明矾溶液冷敷、压迫   D. 0.1%高锰酸钾热敷

  E. 3%过氧化氢冲洗

【解析】　C。根据题意可诊断为中度阴道脱出。在整复脱出物前应先将病畜处于前低后高位置。若黏膜水肿严重，可先用毛巾浸以3‰明矾溶液进行冷敷，适当压迫15～30min；或针刺水肿黏膜后冷敷，减轻水肿。

≪ 第七单元　分娩期疾病 ≫

一、考试大纲

单元	细目	要点
分娩期疾病	1. 难产的检查	(1)病史调查　(2)母畜的全身检查　(3)母畜的产道检查　(4)胎儿检查　(5)母畜的术后检查

（续）

单元	细目	要点
分娩期疾病	2. 助产手术	（1）牵引术的适应证和基本方法 （2）矫正术的适应证和基本方法 （3）截胎术的适应证和基本方法 （4）牛和犬剖腹产术的适应证和基本方法 （5）外阴切开术的适应证和基本方法
	3. 产力性难产	（1）子宫弛缓的病因、症状、诊断及处理方法 （2）子宫痉挛的病因、症状、诊断及处理方法
	4. 产道性难产	（1）子宫颈开张不全的病因、症状、诊断及处理方法 （2）阴道、阴门及前庭狭窄的病因、症状、诊断及助产 （3）骨盆狭窄的病因、症状、诊断及助产 （4）子宫捻转的病因、症状、诊断及处理方法
	5. 胎儿性难产	（1）胎儿过大的临床症状和处理方法 （2）双胎难产的临床症状和处理方法 （3）胎儿畸形难产的临床症状和处理方法 （4）胎势异常的临床症状和处理方法 （5）胎位异常的临床症状和处理方法 （6）胎向异常的临床症状和处理方法
	6. 难产的防治	（1）预防难产的饲养管理措施 （2）预防临产动物难产的注意事项 （3）手术助产后的护理

二、重要知识点

（一）难产的检查

1. 病史检查 马、驴、骆驼强烈努责超过 30min，胎儿很少能存活；牛、羊的胎儿大多在努责开始后 6～12h 死亡；犬的胎儿在努责开始后 6～8h 死亡；猪的第 1 个胎儿多在努责开始后 4～6h 死亡，其他胎儿可存活 24h，36h 后几乎所有的胎儿都死亡。

2. 母畜的全身检查 包括全身状况、分娩预兆等。重点检查体温、呼吸、脉搏、可视黏膜及精神状态，观察阴门和尾根两旁的荐坐韧带后缘是否松软，同时检查乳房是胀满、乳头能否挤出白色的初乳等。

3. 产道检查 包括产道的宽窄、松软、开张、阵缩、润滑等。

4. 胎儿检查 判断胎儿是否存活：①如果正生，可将手指塞入胎儿口内，注意有无吸吮动作；②牵拉舌头，注意有无活动；③牵拉前肢，感觉有无回缩反应；④压迫眼球，注意眼球有无转动；⑤如果头部姿势异常且摸不到时，可以触诊胸部及锁骨动脉，感觉有无搏动；⑥如果胎儿为倒生，可将手指伸入肛门，感觉是否有收缩，也可触诊脐动脉是否有搏动；⑦在严重酸中毒时，胎儿仍可出现眼球的反射；⑧胎儿活力不强或接近死亡时，以上反射逐渐消失，前肢的反射最先消失，眼球反射消失的时间最晚。阳性反射说明胎儿仍然存活，但阴性反射不能完全说明胎儿死亡。

（二）助产手术

助产前的准备见表 4-7-1。

表 4-7-1　助产前的准备

项目	准备内容
保定	母畜前低后高（尽量站立，前低后高；倒卧时，后部抬高，异常部位向上）
麻醉	对母畜实施镇静或硬膜外腔麻醉
消毒	术者手臂、器械，母畜阴部周围消毒
润滑产道	向母畜阴道灌注液状石蜡

1. 牵引术

（1）适应证　胎儿过大，母畜阵缩和努责微弱，产道轻度狭窄，胎儿位置和姿势轻度异常等。

（2）术式　拉头、拉腿、拉唇等。

①用产科绳捆缚胎儿前置部分（正生时，捆缚胎儿的头或两前肢；倒生时，捆缚两后肢），由助手拉产科绳。

②术者将手伸入产道保护胎儿和产道。

③拉出时要分别轮流牵拉胎儿的两后肢，并配合母畜的阵缩和努责。

④助手缓慢均匀地用力，并沿骨盆轴方向拉出胎儿。

2. 矫正术

（1）适应证　胎向、胎位、胎势异常。

（2）术式　通过推、整、拉，矫正姿势、位置和方向。注意事项：因子宫壁变脆易破裂，所以应用手护住锐利器械，小心操作。

①矫正姿势　推动和拉出。

②矫正位置　将侧位或下位的胎儿向上翻转或扭转，且必须尽量在胎水尚未流失时进行。

③矫正方向　正常为纵向，横向和竖向为异常。

3. 截胎术

（1）适应证　难产无法行矫正术，也不宜行剖腹产术时采用截胎术，多用于死胎。

（2）术式　采用皮下法、开放法，如头部缩小术、头部截除术、前肢截除术、后肢截除术、胸腹部缩小术、断腰术（胎儿截半术）。

4. 剖腹产术　适用于骨盆发育不全，阴道极度肿胀，子宫颈狭窄，子宫捻转矫正无效，胎儿过大或水肿，子宫破裂，阵缩、努责微弱（小动物），胎儿浸溶，大型畸形怪胎，胎向严重异常而无法矫正，母畜生命垂危时抢救仔畜。

（1）牛

①麻醉　全身麻醉（浅麻醉）配合局部麻醉。

②术式　右侧卧保定，在左乳静脉的左侧 5～8 cm 处，自乳房基部前缘作一长 35～45 cm 的平行于乳静脉的切口；或站立保定，右肷部作切口。

③手术步骤

打开腹壁：切口长 25～30cm，沿皱襞切开腹膜。

探查腹腔：确定胎儿的胎位、胎向及胎势，并注意矫正胎儿使其便于握持。

拉出子宫：隔着子宫壁握住胎儿的身体某部分（正生时是两后肢跗部；倒生时是头和前肢的掌部），把子宫孕角大弯的一部分拉出切口之外。

切开子宫：在子宫和切口之间塞大块纱布，以免肠管脱出及切开子宫后其中的液体流入腹腔。沿子宫大弯、避开子叶作一与腹壁切口等长的切口。

拉出胎儿：将子宫切口附近的胎膜剥离一部分，拉出切口外，以防胎水流入腹腔。缓慢拉出胎儿，交给助手处理。如胎儿气肿或胎儿已死，拉出有困难时，可先行截胎，再分别拉出。助手固定好子宫，防止子宫缩回腹腔。

剥离胎衣：尽可能把胎衣完全剥离，不能剥离时，应将已脱落的部分剪除，其余部分待其自行脱落后排出，切口两侧边缘附近的胎衣必须完全剥离。

缝合子宫：蘸干子宫内液体，并撒布广谱抗生素药物。先对子宫切口进行全层连续缝合；再行浆膜肌层连续内翻缝合；最后用温生理盐水冲洗子宫表面，并涂抗生素软膏。将子宫纳入腹腔原位，避免子宫变位。

闭合腹壁：行腹腔探查术后，闭合腹壁。

（2）犬　采用全身麻醉（浅麻醉）配合局部麻醉，仰卧保定。于脐后腹中线，即子宫体和子宫角交界处作切口。

（三）产力性难产

1. 子宫弛缓

（1）原发性子宫弛缓　病因包括娠末期孕畜激素平衡失调；妊娠期间营养不良，老龄，运动不足，肥胖；全身性疾病，布鲁氏菌病，子宫内膜炎；胎儿过大或胎水过多；子宫与周围脏器粘连；分娩时的低血钙或低血镁及酮病等代谢性疾病；子宫肌层脂肪浸润。

（2）继发性子宫弛缓　通常继发于难产。

①症状　母畜妊娠期满，有分娩预兆，但努责次数少、时间短、力量弱，或完全不努责。产道检查发现子宫颈松软开放。

②处理方法　实施牵引术，应用催产药，必要时行剖腹产术。

2. 子宫痉挛

（1）病因　胎势、胎位或胎向不正，产道狭窄，胎儿不能排出；临产前母畜受到惊吓，环境突然改变，空腹饮冷水等刺激子宫反射性痉挛收缩；母畜突然倒卧，不安，剧烈震动；过量使用子宫收缩药物或分娩时乙酰胆碱分泌过多。

（2）症状　母畜努责频繁而强烈，收缩间隔不明显；阴道触诊发现子宫颈松软的程度不足，开张不大。

（3）处理方法　实施牵引术、截胎术或剖腹产术，应用镇静麻醉药。

（四）产道性难产

1. 子宫颈开张不全　是一种常见的软产道狭窄，在牛、羊中较常见，其他动物少见。子宫颈开张不全是因为出现阵缩，此时雌激素及松弛素分泌不足，子宫颈未充分软化。

2. 阴门及阴道狭窄　轻度时，涂润滑剂；中度时，在阴唇背侧与皮肤侧切开；严重时，进行剖腹产。

3. 骨盆狭窄　实施牵引术或剖腹产术。

4. 子宫捻转

（1）全身症状

①产前子宫捻转　孕畜不时努责或表现不同程度的阵缩，但不露出胎儿和胎膜。

②临产子宫捻转　病牛呈现里急后重或分娩努责现象，胎膜亦不能露出阴门之外。

③阴唇变化异常　同侧阴唇向阴门内陷入；或一侧阴唇肿胀歪斜，一般和子宫捻转方向相反。

④阴道异常　可见阴道前壁紧张，阴道腔越向前越狭窄，前端还有或大或小的螺旋状皱襞，阴道腔和皱襞的走向与子宫捻转方向一致。

（2）治疗原则　矫正子宫，拉出胎儿（临产捻转）；矫正子宫后，等待胎儿足月自然产出（产前捻转）。

①直肠内矫正　适合子宫扭转程度小的病例。矫正时直接用手隔着直肠摸到子宫下，用手托起子宫进行翻转，子宫向左扭转，可向右侧翻转子宫；子宫向右扭转，可向左侧翻转子宫。

②产道内矫正　适合母畜分娩过程中发生轻度子宫扭转的病例。母畜采取前低后高姿势站立保定，并用盐酸普鲁卡因轻度麻醉，手通过子宫颈摸到胎儿，用手指掐胎儿眼窝或某一部位，借助胎儿活动向对侧翻转，使子宫复位。

③翻转母体矫正　矫正原则为向子宫捻转的方向翻转母牛（同一方向）。子宫顺时针捻转时，是向右侧捻转，翻转母牛时也要向右侧翻转。所以应由右侧卧，翻至左侧卧。

④剖腹矫正或剖腹产

临产时剖腹产：腹下切口。

剖腹矫正：腹壁切开术同剖腹产。

距分娩尚早时，胎儿小而易转动，可站立保定母畜，于腹侧（腹肋中部）作切口。

（五）胎儿性难产

1. 病因　胎儿畸形或过大，双胎难产，胎势、胎位或胎向异常。

2. 不同动物助产的时间要求

（1）分娩的第一阶段（开口期）　如果牛、绵羊和山羊的开口期达到 6～12h，马超过 4h，犬、猫和猪达到 6～12h，则必须进行助产。

（2）分娩的第二阶段（胎儿排出期）　如果牛、绵羊和山羊的胎儿排出期达到 2～3h，马达到 20～40min，犬、猫和猪达到 2～4h，则应及时进行检查与助产。

（六）难产的防治

1. 防止遗传变异和早配　在育种工作中，要注意家畜有无染色体畸变现象，如后代退化、畸形，应及时发现、及时淘汰；同时防止过早配种，因尚未发育完全的家畜产道狭窄，易造成难产。公母混群时易发生早配。

2. 加强孕期饲养管理　注意动物对维生素、矿物质、蛋白质的需要，不喂霉变有毒饲料，慎用易引起流产和畸变的药物；也要防止孕畜过肥（会导致子宫肌紧张度降低，胎儿过大）。

3. 注意运动和适当使役　妊娠前半期有照常使役，以后减轻，产前两个月停止使役，运动可使全身及子宫的紧张性提高，从而降低难产、胎衣不下及子宫复旧不全等的发病率。

4. 进行早期检查 应进行早期临产检查，及时发现有难产症状的母畜，并及时助产，同时除非发生异常，否则应尽量减少人为的干扰。

5. 设置产房 产房应配置全套助产器械和难产时常用的抢救药物。保持产房干净、整洁，定期消毒，可以减少助产过程中的污染。

此外，应保持环境安静，避免因改变环境而引起临产期母畜的惊恐和不适；产乳奶牛在产前要有一定时间实行干奶。

三、例题及解析

1. 行牵引术助产时，产科绳系在正生奶牛胎儿的(　　)。

    A. 膝关节上方　　　　　　B. 膝关节下方　　　　　　C. 腕关节上方

    D. 跗关节上方　　　　　　E. 蹄部

【解析】 A。该题考点为助产手术中的牵引术，在行牵引术助产时，产科绳系在正生奶牛胎儿两前肢球节之上。

2. 马、牛发生产力性难产时，首选的助产手术是(　　)。

    A. 牵引术　　　　　　　　B. 截胎术　　　　　　　　C. 矫正术

    D. 剖腹产术　　　　　　　E. 药物助产术

【解析】 A。牵引术适用于母畜产力性难产，母畜发生产力性难产时胎儿和产道均正常，母畜产力不足。

3. 驴，7岁，难产。检查发现胎儿下位、纵向，双侧肩部前置，且胎儿已死。对该驴首选的助产方法是(　　)。

    A. 矫正术　　　　　　　　B. 翻转母体　　　　　　　C. 截胎术

    D. 牵引术　　　　　　　　E. 剖腹产术

【解析】 C。根据题干，该驴难产为胎儿所致，胎儿下位、纵向，双侧肩部前置，且胎儿已死。因此，对该驴首选的助产方法应为截胎术。

(4～6题共用题干)

奶牛，6岁，妊娠285d，分娩预兆明显，持续努责但未见胎儿露出；检查发现该牛两侧阴唇不对称，产道向前逐渐狭窄，只能容纳一只手臂进入子宫，其他未发现异常。

4. 对该病的诊断是(　　)。

    A. 子宫捻转　　　　　　　B. 骨盆狭窄　　　　　　　C. 阴门狭窄

    D. 阴道狭窄　　　　　　　E. 子宫颈狭窄

【解析】 A。根据题干，该病牛妊娠285d，分娩预兆明显，持续努责但未见胎儿露出；检查发现两侧阴唇不对称，产道向前逐渐狭窄，只能容纳一只手臂进入子宫，其他未发现异常。综合分析，此为子宫捻转特征。

5. 对该病最有效的处理方法是(　　)。

    A. 牵引术　　　　　　　　B. 阴门切开术　　　　　　C. 骨盆切开术

    D. 产道扩张术　　　　　　E. 翻转母体术

【解析】 E。该题考点为子宫捻转的治疗，对该病最有效的处理方法是翻转母体术。

6. 与该病发生有关的因素是(　　)。

A. 首次妊娠 　　　　　B. 急剧翻滚 　　　　　C. 骨盆骨骨折

D. 运动不足 　　　　　E. 产道发育不良

【解析】 B。该题考点为子宫捻转的病因。奶牛子宫捻转的发病原因包括：妊娠后期胎儿异常增大、子宫大弯显著向前扩张；妊娠期子宫张力不足、子宫壁松弛；饲养管理不当以及运动不足等。临产时的子宫捻转可能是因该病牛分娩疼痛而急剧起卧所致。

7. 引起子宫痉挛的原因多见于(　　)。

A. 母畜肥胖 　　　　　B. 孕期缺乏运动 　　　　　C. 分娩前受到惊吓

D. 不正确助产 　　　　　E. 胎儿死亡

【解析】 C。子宫痉挛是指母畜在分娩时子宫壁的收缩时间长、间隙短、力量强，或子宫肌出现痉挛性的不协调收缩，形成狭窄环。胎势、胎位和胎向不正，产道狭窄，胎儿不能排出；临产前母畜受到惊吓、环境突然改变、气温下降或空腹饮用冷水等刺激；过量使用子宫收缩药物或分娩时乙酰胆碱分泌过多等，均可造成子宫痉挛。

<<< 第八单元　产后期疾病 >>>

一、考试大纲

单元	细目	要点
产后期疾病	1. 产道损伤	(1) 阴道及阴门损伤的症状、诊断及治疗　(2) 子宫颈损伤的症状、诊断及治疗
	2. 子宫破裂	(1) 病因　(2) 症状　(3) 治疗
	3. 子宫脱出	(1) 病因　(2) 症状　(3) 诊断　(4) 治疗
	4. 胎衣不下	(1) 病因　(2) 症状　(3) 治疗
	5. 奶牛生产瘫痪	(1) 病因　(2) 症状　(3) 诊断　(4) 防治
	6. 犬产后低钙血症	(1) 病因　(2) 症状　(3) 诊断　(4) 治疗
	7. 奶牛产后截瘫	(1) 病因　(2) 症状　(3) 诊断　(4) 防治
	8. 产后感染	(1) 产后阴门炎及阴道炎的症状、诊断及治疗　(2) 产后子宫内膜炎的症状、诊断及治疗　(3) 产后败血症和脓毒血症的症状、诊断及治疗
	9. 子宫复旧延迟	(1) 病因　(2) 症状　(3) 治疗

二、重要知识点

(一) 产道损伤

1. 阴道及阴门损伤　母畜表现疼痛、出血，可见创口，采用外科方法处理。

2. 子宫颈损伤

（1）轻度撕裂时不见出血，阴道检查有少量出血；严重撕裂时出现大出血。

（2）子宫颈拉至阴门处，外科缝合创口。

（二）子宫破裂

1. 病因　难产，宫颈开张不全，暴力助产，子宫捻转，或冲洗子宫不当。

2. 症状与诊断

（1）完全破裂　穿透子宫壁全层；阴门有血水流出。

（2）不完全破裂　黏膜层或黏膜和肌层破裂；努责和阵缩消失，病畜安静，迅速贫血和休克。

3. 治疗　除创口小且在背侧外，多数病例需要实施剖腹产术。

（三）子宫脱出

1. 病因　母畜产后强烈努责；外力牵引难产时助产不当；子宫弛缓。

2. 症状与诊断　子宫内翻时外部症状不明显；但当子宫套叠时，久不自复的母畜发生淤血、水肿或感染，则表现明显的全身症状，并出现不安、拱腰、举尾、努责等症状，经直肠检查可确诊。

3. 治疗

（1）整复法

①保定　整复顺利与否的关键是能否将母畜的后躯抬高。

②清洗　应用抑菌防腐药（如0.1％高锰酸钾、0.05％苯扎溴铵等）。

③麻醉　采用荐尾间硬膜外麻醉。

④整复　整复完成后，向子宫内放入大剂量抗生素或其他防腐杀菌药物，并注射促进子宫收缩的药物。

（2）预防复发及护理　整复后为防止复发，应皮下或肌内注射50～100IU催产素。为防止患畜努责，也可进行荐尾间硬膜外麻醉，但不宜缝合阴门，以免刺激患畜持续努责，而且缝合后虽能防止子宫脱出，但不能阻止子宫内翻。

（3）脱出子宫切除术　无法整复或整复后可能引起全身感染的病例，为挽救母畜生命，可施行脱出子宫切除术。

（四）胎衣不下

引起胎衣不下的原因有很多，主要与产后子宫收缩无力，胎盘未成熟或老化、充血、水肿、发炎等有关。牛、羊胎盘属于上皮绒毛膜与结缔组织绒毛膜混合型，胎儿胎盘与母体胎盘联系比较紧密，这是胎衣不下多见于牛、羊的主要原因。马、猪的胎盘为上皮绒毛膜型胎盘，故胎衣不下较少发生。

1. 症状与诊断　产后超过12h，阴门流出污浊红褐色、有异味、含组织碎片的液体。

2. 防治

（1）药物疗法　在确诊胎衣不下之后要尽早进行药物治疗。

①子宫腔内投药　向子宫腔内投放四环素类药物、土霉素、磺胺类药物或其他抗生素，起到防止腐败、延缓溶解的作用，然后等待胎衣自行排出。药物应投放到子宫内膜与胎衣之

间，隔日 1 次，共投药 1~3 次。子宫颈口如果已经缩小，则可先肌内注射苯甲酸雌二醇，使子宫颈口开放，排出腐败物，然后再放入防止感染的药物。

②肌内注射抗生素　为防止全身性感染，可肌内注射抗生素如头孢噻呋钠、青霉素等。

③促进子宫收缩　为加快排出子宫内己腐败分解的胎衣碎片和液体，可先肌内注射苯甲酸雌二醇，1h 后肌内或皮下注射催产素，2h 后重复一次。这类制剂应在产后尽早使用，但对分娩后超过 24h 或难产后继发子宫弛缓者效果不佳。

（2）手术疗法　即徒手剥离胎衣。

①根据胎衣剥则的难易度来判断是否采用手术剥离。患急性子宫内膜炎或体温升高者，不可手术剥离胎衣。

②马胎衣不下超过 24h 就应进行剥离；牛最好到产后 72h 进行胎衣剥离。

③剥离胎衣应做到快（5~20min 内完成）、净（无菌操作，彻底剥净）、轻（动作要轻，不可粗暴），严禁损伤子宫内膜。

（五）奶牛生产瘫痪

奶牛生产瘫痪亦称乳热症或奶牛低钙血症。

1. 病因　分娩前后血钙浓度剧烈降低是发生本病的主要原因，也可能是由于大脑皮质缺氧所致。

（1）低血钙　造成低血钙的原因包括：胎儿骨骼迅速发育，钙大量进入初乳；雌激素影响钙吸收，对肠道形成压迫进而影响奶牛的食欲及消化；补钙不及时，不能动用骨钙。

（2）大脑皮质缺氧　本病为一时性脑贫血所致的脑皮质缺氧，属于脑神经兴奋性降低的神经性疾病，而低血钙则是脑缺氧的一种并发症。

2. 症状与诊断

（1）典型症状　病初动物的食欲、反刍减弱，皮温低，呼吸慢，精神沉郁，不安，站立不稳，后肢交替负重，肌肉震颤。缺镁时病畜：目光凝视，凶暴，惊鸣；几小时后表现心音弱而速，呼吸深且慢，体温降至 35~36℃。出现麻痹症状，即肌颤、挣扎不能站立，皮无刺痛，肛门反射消失，喉舌麻痹不能自回，头偏向一侧，昏睡，有时出现抽搐的神经症状。

（2）非典型（轻型）症状　病畜表现精神沉郁、食欲废绝、体温 37℃ 以上的全身症状。出现麻痹症状，即站立不稳、行动困难、步态摇摆。

3. 治疗　静脉注射钙剂或乳房送风。

4. 预防　产前 2 周开始，给母牛饲喂低钙高磷饲料。

（六）犬产后低钙血症

1. 概念　产后低钙血症又称产后癫痫，是由低血钙和运动神经异常兴奋而引起的以肌肉痉挛为特征的严重代谢性疾病。

2. 症状与诊断

（1）急性　产后共济失调，很快四肢僵硬，全身肌肉强直性痉挛，抽搐，头颈后仰，唾液分泌量明显增加，体温 41.5℃ 以上，脉搏 130~145 次/min。

（2）慢性　后肢乏力，呼吸急促，流涎，肌肉震颤，血钙降至 7mg/dL 以下（正常血钙浓度为 9~11.5mg/dL）。

3. 治疗　静脉注射钙制剂。

（七）奶牛产后截瘫

产后截瘫是牛在分娩的过程中由于后躯神经受损，或者由于钙、磷及维生素 D 不足而导致的产后后躯不能起立。

1. 病因

（1）难产或助产不当。

（2）髋荐连接处（不动关节）和耻骨联合部损伤。

（3）闭孔神经麻痹或坐骨神经损伤。

（4）饥饿、营养缺乏、缺钙。

2. 症状及诊断

（1）骨盆损伤型　病畜不能翻身，不能自主站立，针刺痛感正常，有骨骼摩擦音。

（2）神经损伤型　母牛欲爬不起，但能自行翻身，无痛苦感觉，后肢强直外展。

（八）产后感染

1. 产后阴门炎及阴道炎

（1）症状

①黏膜表层受到损伤　病畜无全身症状，阴门有黏液性脓性分泌物。

②黏膜深层受到损伤　病畜拱背，尾根举起，努责，并常做排尿动作；从阴门中流出污红、腥臭的稀薄液体；有时体温升高。

（2）治疗　用温防腐消毒液冲洗（如 0.1％高锰酸钾溶液、0.5％苯扎溴铵溶液或生理盐水等）。

2. 产后子宫内膜炎

（1）概念　子宫内膜炎是子宫黏膜的黏液性或化脓性炎症，是母牛不育的主要原因之一。

（2）病因　分娩时或产后，微生物通过各种途径侵入动物机体引起感染。子宫复旧不全、胎衣不下、延期流产等直接导致发病。

（3）症状　产后发生的子宫内膜炎多为急性。

①病畜食欲减退，体温升高，拱背，尿频，不时努责，从阴门中排出絮状分泌物或脓性分泌物，且卧下时排出量较多。

②阴道检查可见絮状黏液、子宫颈微张肿胀；子宫冲洗回流液混浊。

③直肠检查子宫角增粗、弹性降低（面团状），如渗出物多时则有波动感。

（4）治疗　以抗菌，消炎，防止感染，清除子宫渗出物，以及促进子宫收缩为治疗原则。

①冲洗　用刺激性小的抗菌消炎药如新洁尔灭、杜米芬、洗必泰等进行冲洗。方法：配制液体，用子宫冲洗器反复冲洗吸出，然后放入抗生素。患产后急性子宫内膜炎且有全身反应者（如纤维素性炎、坏死性炎）不宜冲洗。

②药物治疗　采用子宫收缩药如麦角新碱、缩宫素，抗菌药如抗生素、维生素、磺胺类药物，纠正酸中毒的药如 5％碳酸氢钠，进行肌内注射或输液。

3. 产后败血症和脓毒血症

（1）症状和诊断

①产后败血症　病畜体温突然上升至 40～41℃，四肢末端及两耳变凉；精神极度沉郁；常卧下、呻吟、头颈弯于一侧，呈半昏迷状态；反射迟钝，食欲废绝，反刍停止，但喜饮水；泌乳量骤减，2～3d 后完全停止泌乳。

②产后脓毒血症　该病的临床表现常不一致，但都是突然发生。在开始发病及病原微生物转移、引起急性化脓性炎症时，病畜体温升高 1～1.5℃；待脓肿形成或化脓灶局限化后，体温又下降，甚至恢复正常。在整个患病过程中，病畜体温呈现时高时低的弛张热型。其他症状同产后败血症。

（2）治疗

①按治疗子宫内膜炎及阴道炎的方式处理病灶，但冲洗时需尽量减少对子宫和阴道的刺激，以免炎症扩散，使病情加剧。及时全身应用抗生素及磺胺类药物，抗生素的用量要比常规剂量大，并连续使用，直至病畜体温降至正常的 2～3d 后为止。

②使用催产素、前列腺素等促进子宫内聚集的渗出物迅速排出。

③静脉注射葡萄糖液和盐水；应用 5% 碳酸氢钠溶液及维生素 C 改善机体内环境，肌内注射复合维生素 B 等增强机体的抵抗力，促进血液中有毒物质排出和维持电解质平衡，防止组织脱水。

④根据病情还可应用强心剂、子宫收缩剂等。

⑤注射钙制剂作为败血症的辅助疗法，对改善血液渗透性、增进心脏活动有作用。

（九）子宫复旧延迟

1. 病因　促进子宫产后收缩的相关激素（如 OT、$PGF_{2\alpha}$ 等）分泌不足；出现围产期疾病（如难产、胎衣不下、子宫脱出、子宫内膜炎和产后低钙血症等）；以及其他因素（如年老体弱、双胎、胎儿过大、胎水过多、运动不足等），都可引起子宫复旧延迟。

2. 治疗　治疗原则是提高子宫收缩力和增强机体抗感染能力，促使恶露排出，防止发生慢性子宫内膜炎。可向子宫内注入雌激素、催产素、前列腺素等收缩子宫的药物。

三、例题及解析

（1～3 题共用题干）

奶牛，产后 7d 精神沉郁，食欲废绝，卧地呻吟，体温 40.5℃，结膜发绀，反刍停止，从阴门流出恶臭、褐色液体，白细胞数显著升高。

1. 治疗该病最不适宜的处理方法是（　　）。

　　A. 静脉注射头孢噻呋钠　　　　　　B. 0.1% 高锰酸钾溶液冲洗子宫

　　C. 静脉注射 5% 葡萄糖盐水　　　　D. 静脉注射 10% 葡萄糖酸钙注射液

　　E. 肌内注射催产素

【解析】　B。该题考点为产后败血症的治疗，根据题干，病牛产后 7d 体温升至 40.5℃，结膜发绀，从阴门流出恶臭、褐色液体，白细胞数显著升高。综合判断该牛发生了产后败血症，治疗方案应为抗菌和提高动物机体抵抗力，ACD 选项均可提高机体抵抗力，而肌内注射催产素可促进子宫内容物排出。B 选项的高锰酸钾具有刺激性，全身严重感染时禁止用于冲洗子宫。

2. 该牛最可能发生的疾病是(　　)。

    A. 产后子宫内膜炎　　　　　B. 子宫积液　　　　　　C. 乳热症

    D. 产后败血症　　　　　　　E. 阴道炎

【解析】　D。该题考点为产后败血症的诊断，根据题干可知，病牛体温 40.5℃，结膜发绀，从阴门流出恶臭、褐色液体，白细胞数显著升高，综合判断该牛受到感染，即产后败血症。

3. 治疗该病首选的方法是(　　)。

    A. 局部和全身抗菌消炎　　　B. 补钙　　　　　　　　C. 冲洗子宫

    D. 促进子宫内容物排出　　　E. 阴道局部抗菌消炎

【解析】　A。该题考点为产后败血症的治疗，根据题干综合分析可知奶牛已发生全身性感染，治疗需要及时进行抗菌消炎，其他为辅助治疗。

4. 奶牛，10 岁，产后持续强烈努责，导致子宫脱出，悬吊于阴门之外，呈(　　)。

    A. 长囊状　　　　　　　　　B. 圆球状　　　　　　　C. 菜花状

    D. 肠管状　　　　　　　　　E. 粗棒状

【解析】　A。奶牛子宫脱出后，从阴门中脱出一个很长的囊状物，即小麻袋样不规则的长圆形肿胀物，表面布满蘑菇状、椭圆形、海绵样凸起，即母体胎盘（子宫阜）。

(5～7 题共用题干)

奶牛，4 岁，产后 5d 精神沉郁，食欲减退，产奶量下降，体温 40.2℃。从阴道内排出棕红色、臭味分泌物，且卧地时排出量较多。

5. 该病初步诊断是(　　)。

    A. 产后阴道炎　　　　　　　B. 产后子宫内膜炎　　　C. 慢性子宫内膜炎

    D. 产后阴门炎　　　　　　　E. 胎衣不下

【解析】　B。根据题干，母畜产后 5d，精神沉郁，食欲减退，体温 40.2℃，表现出体温升高，从阴道内排出棕红色、臭味分泌物，且在卧地时排出量较多，综合判断该母畜子宫存在炎症。

6. 不属于该病发生诱因的是(　　)。

    A. 子宫迟缓　　　　　　　　B. 布鲁氏菌感染　　　　C. 胎衣不下

    D. 体表外伤　　　　　　　　E. 胎儿浸溶

【解析】　D。在分娩期或产后期，微生物可通过各种途径侵入机体形成感染。母畜产后首次发情时，子宫可排出其腔内的大部分或全部感染菌，而首次发情延迟或子宫弛缓不能排出感染菌，则会引发子宫内膜炎。难产、胎衣不下、子宫脱出、流产（胎儿浸溶）、子宫弛缓、子宫复旧延迟，均易引起子宫内膜炎。感染细菌病（布鲁氏菌病、沙门氏菌病）或寄生虫病的母畜，分娩后抵抗力降低及子宫损伤会加剧病情，进而转为急性炎症。

7. 若未及时治疗，奶牛体温升高至 41℃，且连续几天不退热，精神极度沉郁，全身症状明显。对该病最可能的诊断是(　　)。

    A. 子宫蓄脓　　　　　　　　B. 慢性子宫内膜炎　　　C. 产后败血症

    D. 产后菌血症　　　　　　　E. 生产瘫痪

【解析】 C。该题考点为产后败血症。产后败血症是指局部炎症感染扩散而继发的全身性感染性疾病，病畜体温升高至 40~41 ℃。

8. 母猪，妊娠后期腹泻，近期卧地或排便后在肛门外出现香肠样肿物，色红，部分黏膜外翻，站立后不能回缩。在采用手术治疗前对其进行清洗，适宜的药物是(   )。

    A.5%戊二醛溶液　　　　　　B.1%明矾溶液　　　　　　C.5%碘酊溶液

    D.2%硫酸铜溶液　　　　　　E.75%酒精溶液

【解析】 B。根据描述可知母猪患有直肠脱出，且已水肿不能回缩，治疗使用收敛消毒剂清洗为宜。

9. 高产奶牛生产瘫痪的主要原因是(   )。

    A. 低血糖　　　　　　　　　B. 低血钙　　　　　　　　C. 难产

    D. 后躯神经损伤　　　　　　E. 高血酮

【解析】 B。奶牛生产瘫痪又称乳热症，分娩前后血钙浓度剧烈降低是本病发生的主要原因，也可能是由于大脑皮质缺氧所致。

10. 山羊，7 岁，产后 6h，出现拱背努责，随着努责流出少量污红色液体和组织碎片。治疗该病宜选用的药物是(   )。

    A. 雌二醇、土霉素　　　　　B. 雌二醇、催产素　　　　C. 孕酮、土霉素

    D. 孕酮、雌二醇　　　　　　E. 前列腺素、孕酮

【解析】 A。根据该羊的表现，诊断该羊患有胎衣不下。治疗方法：抗菌消炎，向子宫腔内投放四环素类药物、土霉素、磺胺类药物或其他抗生素，然后等待胎衣自行排出。子宫颈口如已缩小，可先肌内注射苯甲酸雌二醇，使子宫颈口开放，排出腐败物，然后再放入防止感染的药物。

11. 奶牛生产瘫痪的治疗采用(   )。

    A. 催产素　　　　　　　　　B. 葡萄糖　　　　　　　　C. 氯化钠

    D. 氯化钙　　　　　　　　　E. 抗生素

【解析】 D。该题考点为奶牛生产瘫痪的治疗，治疗方法为静脉注射钙剂或乳房送风。

<<< 第九单元　母畜的不育 >>>

一、考试大纲

单元	细目	要点
母畜的不育	1. 母畜不育的原因及分类	母畜不育的原因和分类
	2. 先天性不育	(1) 生殖道畸形的病因及症状　(2) 两性畸形的病因及症状　(3) 异性孪生母犊不育的病因、发病机制及诊断
	3. 饲养管理及利用性不育	(1) 营养性不育　(2) 管理利用性不育　(3) 繁殖技术性不育　(4) 衰老性不育　(5) 环境气候性不育

（续）

单元	细目	要点
母畜的不育	4. 疾病性不育	（1）卵巢功能不全的病因、症状、诊断及治疗　（2）持久黄体的病因、症状、诊断及治疗　（3）卵巢囊肿的病因、症状、诊断及治疗　（4）排卵延迟及不排卵的病因、症状、诊断及治疗　（5）慢性子宫内膜炎的病因、症状、诊断及治疗　（6）奶牛子宫积液及子宫积脓的病因、症状、诊断及治疗　（7）犬子宫蓄脓的病因、症状、诊断及治疗　（8）子宫颈炎的病因、症状、诊断及治疗　（9）阴道炎的病因、症状、诊断及治疗
	5. 免疫性不育	（1）抗精子抗体性不育　（2）抗透明带抗体性不育
	6. 防治不育的综合措施	防治母畜不育的综合措施

二、重要知识点

（一）母畜不育的原因及分类

1. 先天性不育　病因是先天性或遗传性因素导致母畜生殖器官发育异常或各种畸形。

2. 后天获得性不育

①营养性不育　病因包括母畜营养不足而瘦弱；营养过剩而肥胖；维生素不足或缺乏；矿物质不足或缺乏。

②管理利用性不育　病因包括母畜使役过度；运动不足；哺乳期过长；过度挤奶；厩舍卫生不良。

③繁殖技术性不育

发情鉴定方面的原因：未注意到母畜发情而漏配；发情鉴定不准确而错配。

配种方面的原因：未及时让公畜配种（漏配），配种不确实，精液品质不良（公畜饲养管理不当、配种或采精过度），公畜配种困难；人工输精时精液处理不当，精子受到损害；输精技术不熟练。

妊娠检查方面的原因：不及时进行妊娠检查或检查不准确，未能发现未孕母畜。

④环境气候性不育　病因包括由外地引进的家畜对环境不适应；气候变化影响卵泡发育。

⑤衰老性不育　病因包括生殖器官萎缩，生殖功能衰退。

⑥疾病性不育

非传染性疾病：配种、接产、手术助产消毒不严格；产后护理不当；流产、难产、胎衣不下及子宫脱出等引起的子宫、阴道感染；卵巢、输卵管疾病以及影响生殖功能的其他疾病。

传染性疾病和寄生虫病：病原微生物或寄生虫使生殖器官受到损害，或引起影响生殖功能的疾病如结核病、布鲁氏菌病、沙门氏菌病、支原体病、衣原体病、阴道滴虫病等，而使母畜生育力减退或丧失。

⑦免疫性不育　病因是精子或卵母细胞的特异性抗原引起免疫反应，产生抗体，使生殖功能受到干扰或抑制，导致母畜不育。

(二)疾病性不育

1. 卵巢疾病 不同卵巢疾病的病变特征及治疗方法见表4-9-1。

表4-9-1 不同卵巢疾病的病变特征及治疗方法

疾病类型	病变特征	治疗方法
卵泡囊肿	是由卵泡上皮变性,卵泡壁增厚,卵细胞死亡,卵泡液增多而形成囊肿。特征是卵泡液增多,刺激生殖器官而使母畜出现不规则的频繁发情或持续发情,有的母畜出现"慕雄狂"症状	应用GnRH
黄体囊肿	是由于未排卵的卵泡上皮黄体化,或排卵后的黄体化不足,在黄体内形成空腔,以至液体聚积而形成囊肿	应用GnRH
持久黄体	组织不断分泌黄体素,而使动物长期不发情。持久黄体的主要特征是发情周期停止循环,母畜不发情。直肠检查可发现一侧(有的为两侧)卵巢增大。检查子宫无胎,子宫角不对称且松软下垂,子宫的收缩力降低及张力不全	改善饲养管理,应用$PGF_{2\alpha}$及其类似物、氟前列烯醇、氯前列烯醇

2. 慢性子宫内膜炎 子宫内膜炎的分类、症状及治疗见表4-9-2。

表4-9-2 子宫内膜炎的分类、症状及治疗

疾病类型	症状及治疗
隐性子宫内膜炎	子宫形态上无任何变化,发情周期正常,但屡配不孕。用高锰酸钾进行子宫冲洗时从子宫排出多量混浊、含有絮状物的黏液。采用新洁尔灭治疗
慢性卡他性子宫内膜炎	严重者体温稍高,食欲及泌乳稍降低;发情周期无异常,但屡配不孕。采用激素疗法
慢性卡他性脓性子宫内膜炎	病畜食欲减少,消瘦,体温有时略高,性周期异常;卧地时排出灰白色或黄褐色稀薄脓液;子宫角增粗,子宫壁厚薄不均、软硬不一,收缩反应微弱。采用子宫内给药
慢性脓性子宫内膜炎	子宫排出灰白或黄褐色浓稠的脓性渗出物,有臭味,卧下或发情时排出液增多

3. 子宫积脓与子宫积液

(1)诊断

①子宫积液 有黄体,子宫壁薄,波动极其明显。

②子宫积脓 有黄体,子宫壁薄,两侧子宫角大小不等,有孕脉(两侧都有)。

(2)治疗 首选前列腺素消除黄体,冲洗子宫,采用激素疗法(雌激素诱导黄体退化)。

4. 犬子宫蓄脓 是指母犬子宫内感染后蓄积大量脓性渗出物,不能排出。该病是母犬生殖系统的一种常见病,多发于成年犬。特征是子宫内膜异常并继发细菌感染。

(1)病因 该病是由母犬生殖道感染、使用类固醇药物及内分泌紊乱所致,并与犬年龄有密切关系。

(2)症状 母犬发情后4~10周,白细胞升高,核左移;B超检查子宫壁增厚,无回声囊性暗区;体温升高,腹围增加,多饮。

①闭合型子宫蓄脓 病犬子宫颈完全闭合,阴门无脓性分泌物排出,腹围较大,呼吸、心跳加快,严重时呼吸困难,腹部皮肤紧张,呕吐,腹部皮下静脉怒张,喜卧。

②开放型子宫蓄脓　病犬子宫颈管未完全关闭，从阴门不定时流出少量脓性分泌物，呈奶酪样，且呈乳黄色、灰色或红褐色，气味难闻，常污染外阴、尾根及飞节；阴门红肿，阴道黏膜潮红，腹围略增大。

（3）诊断

①临床症状　病犬多为发情后 4～10 周的老年母犬；有假孕现象；阴道有脓性分泌物；可触摸到增大、柔软如面团状的子宫；闭合型子宫蓄脓常表现腹部异常膨胀。

②血液检查　白细胞数增加，核左移显著，幼稚型白细胞达 30%～50% 或以上。

③生化检查　发现高蛋白血症和高球蛋白血症；毒血症引起尿素氮升高。

④X 线检查和 B 超检查　X 线、B 超检查在产科疾病诊断中，可准确地诊断子宫蓄脓、胎衣不下、死胎、化脓性子宫内膜炎、卵巢囊肿等疾病。

（4）治疗

①闭合型　立即进行卵巢、子宫切除是理想的治疗措施。

②开放型　可以考虑保守治疗，治疗原则是促进子宫内容物的排出及子宫的恢复，控制感染，增强机体抵抗力。

三、例题及解析

（1～3 题共用题干）

母猪，3 岁，产 4 胎，断奶超过 1 个月，仍不见发情，多次临床检查未见异常，子宫和阴道无异常分泌物流出，阴唇亦无红肿现象。

1. 治疗该病的首选药物是（　　）。

　　A. 促卵泡素　　　　　　　　B. 促黄体素　　　　　　　　C. 氯前列烯醇

　　D. 松弛素　　　　　　　　　E. 孕酮

【解析】　A。该题考点为母畜卵巢功能减退症的治疗。根据题干，母猪产 4 胎，断奶超过 1 个月，仍不见发情，多次临床检查未见异常，子宫和阴道无异常分泌物流出，阴唇亦无红肿现象。综合判断母猪患有卵巢功能减退症，治疗该病的首选药物为促卵泡素，主要作用为促进卵泡成熟。

2. 该猪最可能发生的是（　　）。

　　A. 卵巢功能减退　　　　　　B. 卵泡萎缩　　　　　　　　C. 卵泡囊肿

　　D. 排卵延迟　　　　　　　　E. 卵泡交替发育

【解析】　A。根据题干，该猪最可能发生的是卵巢功能减退。

3. 不属于该病发病原因的是（　　）。

　　A. 子宫疾病　　　　　　　　B. 长期饥饿　　　　　　　　C. 过度使役

　　D. 轻度腹泻　　　　　　　　E. 过度哺乳

【解析】　D。引起母畜乏情有多种因素，其中主要是由卵巢功能减退和持久黄体造成，此外，长期舍饲、运动不足、营养不良、子宫疾病等也会引起母畜乏情。因该猪断奶后未发情也未进行激素治疗，所以先用促卵泡素进行治疗。

（4～6 题共用备选答案）

　　A. 子宫积液　　　　　　　　B. 子宫积脓　　　　　　　　C. 产后子宫内膜炎

D. 子宫颈炎　　　　　　**E. 慢性子宫内膜炎**

4. 奶牛,6岁,屡配不孕,体温升高,子宫内积有脓性液体,该病最可能继发的疾病是(　　)。

【解析】　B。根据题干,母畜屡配不孕,体温升高,且子宫内积有脓性液体,因此可判断为子宫积脓。

5. 奶牛,阴道中有清亮、黏稠液体排出,尾根有结痂,直肠检查发现子宫体积明显增大,有波动感,两侧子宫角相似。该病最可能的诊断是(　　)。

【解析】　A。该题考点为子宫积液,发生子宫积液时直肠检查子宫体积增大,有波动感。阴道检查见清亮、黏稠液体排出。

6. 奶牛,屡配不孕,但并无明显的临床异常表现,发情周期基本正常,子宫冲洗液可见絮状物。该病最可能的诊断是(　　)。

【解析】　E。根据题干,母畜屡配不孕,但并无明显的临床异常表现,发情周期基本正常,子宫冲洗液可见絮状物,综合判断为慢性子宫内膜炎。

7. 由于营养缺乏或过剩导致的不育属于(　　)。

A. 衰老性不育　　　　　　B. 繁殖技术性不育　　　　　　C. 环境气候性不育
D. 管理利用性不育　　　　　　E. 先天性不育

【解析】　D。管理利用性不育是由于使役过度或泌乳过多而引起的母畜生殖功能减退或暂时停止。这种不育常发生在马、驴和牛,而且往往是由饲料数量不足和营养成分不全共同引起的。

8. 引起母畜繁殖技术性不育的有(　　)。

A. 衰老　　　　　　　　　　B. 过度挤奶
C. 营养不良　　　　　　　　D. 受精率检测不准确(发情鉴定准确率低)
E. 支原体感染(饲养管理不当)

【解析】　D。繁殖技术性不育包括:发情鉴定时未注意母畜发情而漏配、发情鉴定不准确而错配;配种时未及时让公畜配种(漏配)、配种不确实、精液品质不良、公畜配种困难;人工输精时精液处理不当,精子受到损害,输精技术不熟练;妊娠检查不及时或检查不准确,未能发现未孕母畜。

<<< 第十单元　公畜的不育 >>>

一、考试大纲

单元	细目	要点
公畜的不育	1. 不育的原因及分类	公畜不育的原因及分类
	2. 先天性不育	(1) 睾丸发育不全的病因、症状、诊断及处理方法　(2) 隐睾的病因、症状、诊断及处理方法

（续）

单元	细目	要点
公畜的不育	3. 疾病性不育	（1）睾丸炎的病因、症状、诊断及治疗 （2）羊附睾炎的病因、症状、诊断及治疗 （3）精囊腺炎综合征的病因、症状、诊断及治疗 （4）阴茎和包皮损伤的病因、症状、诊断及治疗 （5）前列腺炎的病因、症状、诊断及治疗

二、重要知识点

（一）公畜不育的原因及分类

1. 先天性不育 病因是先天性或遗传性因素导致公畜生殖器官发育异常或各种畸形。

2. 后天获得性不育

（1）营养性不育 病因包括营养不良；维生素不足或缺乏；饲料中含有害物质。

（2）管理利用性不育 病因包括使役过度；运动不足；拥挤。

（3）繁殖技术性不育 病因包括交配过度；采精频率过高；采精操作粗暴等。

（4）疾病性不育

①普通疾病 全身性疾病；生殖器官疾病。

②传染性疾病 病原微生物或寄生虫使生殖器官受到损害，或引起影响生殖功能的疾病如布鲁氏菌病；传染性化脓性阴茎头包皮炎；马媾疫、胎毛滴虫病等使生育能力减退或丧失。

③神经性内分泌失调 生殖器官、细胞和内分泌腺肿瘤以及激素分泌失调引起性功能障碍。

（5）免疫性不育 病因是精子的特异性抗原引起免疫反应，产生抗体，使生殖功能受到干扰或抑制，导致公畜不育。

（二）先天性不育

1. 睾丸发育不全 指多一条或数条 X 染色体，睾丸小，无精，其他一切正常。

2. 两性畸形 在临诊上可以分为性染色体两性畸形、性腺两性畸形和表型两性畸形三类。

（1）性染色体两性畸形

①XXY 综合征 雄性外观，睾丸发育不全。

②XXX 综合征 雌性外观，卵巢发育不全。

③XO 综合征 雌性外观，卵巢发育不全。

④嵌合体 真两性畸形，同时具有睾丸和卵巢，出生时雌性，性成熟时表现雄性行为，不能生育。

（2）性腺两性畸形

①XX 真两性畸形 XX 核型，具有大致相当的雌性生殖器，但阴蒂大，腹腔内具有卵睾体或独立存在的卵巢或睾丸。

②XX 雄性综合征　XX 核型，雄性表型，H－Y 抗原为阳性，性腺常为隐睾，阴茎小，畸形，存在有缪勒氏管发育不完全的器官。

（3）表型两性畸形

①雄性假两性畸形　动物具有 XY 染色体及睾丸，但外生殖器介乎雌雄两性之间。睾酮在性别分化中起到关键的作用。

②雌性假两性畸形　动物为 XX 核型，有基本正常的卵巢，但外生殖器官雄性化，可能出现小阴茎、前列腺，但同时有阴道前部及发育不全的子宫。在妊娠期大量使用雄激素或孕激素，可能导致此类雌性假两性畸形。

（三）疾病性不育

疾病性不育的诊断与治疗方法见表 4－10－1。

表 4－10－1　疾病性不育的诊治

疾病类型	病因	症状与诊断	治疗方法
睾丸炎	损伤、感染	急性：肿大、发热、疼痛，全身症状明显 慢性：无明显热痛，纤维变性、硬化，生精能力下降	急性：先冷敷再热敷，应用鱼石脂、复方醋酸铅、抗生素治疗 慢性：去势、淘汰
附睾炎	主要因布鲁氏菌感染	附睾炎、睾丸炎：进行精液细菌培养检查；补体结合测定；病理组织学检查	应用金霉素＋硫酸双氢链霉素治疗。确诊感染布鲁氏菌应淘汰
精囊腺炎	细菌、病毒、支原体、衣原体等感染	直肠检查：精囊腺肿大 精液检查：精液中有脓汁，颜色发生变化；进行病原培养	药敏试验，大剂量长时间用敏感药
阴茎和包皮损伤	粗暴行为	一般可见创口，不难诊断。临床可见撕裂伤，挫伤，尿道破裂，阴茎血肿	撕裂伤：消毒、麻醉、缝合 挫伤：先冷敷后热敷，消肿 血肿：止血、消肿、防感染
前列腺炎	多见于犬，细菌感染、前列腺增生、服过量雌激素、前列腺肿瘤	直肠检查发现前列腺对称性或不对称性肿大，疼痛；X 线检查前列腺增大和矿物化；超声检查前列腺肿大；前列腺液检查白细胞、血细胞增多	应用抗生素治疗

三、例题及解析

1. 公羊，不愿交配，叉腿行走，阴囊内容物紧张、肿大，精子活力降低，精液中分离出布鲁氏菌。该羊最可能发生的疾病是(　　　)。

    A. 附睾炎　　　　　　　B. 精囊腺炎　　　　　　　C. 阴囊损伤
    D. 前列腺炎　　　　　　E. 阴囊炎

【解析】　A。羊附睾炎是公羊常见的一种生殖疾病，以附睾出现炎症并可能导致精液变性和精子肉芽肿为特征。该病主要是由流产布鲁氏菌和马耳他布鲁氏菌感染所致。附睾感染一般伴有不同程度的睾丸炎，呈现特殊的化脓性附睾及睾丸炎症状。临床症状为公畜不愿交配，叉腿行走，后肢强拘；阴囊内容物紧张、肿大，睾丸与附睾界线不明；精子活力降低，不成熟精子和畸形精子比例增加。

2. 可引起公畜先天性不育的疾病为(　　)。

A. 阴茎损伤　　　　　　B. 隐睾　　　　　　C. 附睾炎

D. 布鲁氏菌　　　　　　E. 乙型脑炎

【解析】　B。根据题干，可引起公畜先天性不育的疾病有睾丸发育不全、两性畸形和隐睾等。

<<< 第十一单元　新生仔畜疾病 >>>

一、考试大纲

单元	细目	要点		
新生仔畜疾病	1. 窒息	(1) 病因	(2) 症状	(3) 治疗
	2. 胎粪停滞	(1) 病因	(2) 症状	(3) 治疗
	3. 脐尿管瘘	(1) 病因	(2) 症状	(3) 治疗
	4. 新生仔畜溶血病	(1) 病因	(2) 症状及诊断	(3) 治疗
	5. 新生仔畜（猪、犬）低糖血症	(1) 病因	(2) 症状	(3) 治疗

二、重要知识点

（一）窒息

1. 病因　难产等各种原因引起的胎儿过早呼吸。

2. 症状及诊断　病畜口鼻有黏液，呼吸障碍，无明显呼吸，仅有微弱心跳。

3. 治疗　清理呼吸道，刺激呼吸（人工诱发呼吸）。

（二）胎粪停滞

1. 病因　未吃到初乳，发生便秘。

2. 症状及诊断　便秘的症状。

3. 治疗　灌肠排结、润肠排结，疏通肠道，刺激肠蠕动。

（三）脐尿管瘘

脐尿管瘘是指新生幼驹断脐以后，脐尿管断端闭锁不全，排尿时膀胱尿液从脐孔流出。受尿液浸渍，脐孔周围出现红斑、湿疹、组织增生，而表面无上皮形成，有时可见到浓汁。由于脐孔化脓、脐孔周围发炎，幼驹抵抗力减弱，易引起全身性病变，导致幼驹死亡。

（四）新生仔畜溶血病

1. 病因 新生仔畜血细胞抗原与母体血清抗体不相合（血型不符），引起免疫性溶血。多发于驹，偶见于犊牛、家兔和犬。

2. 症状及诊断 仔畜吃初乳后发病，出现贫血，黄疸，血红蛋白尿。

3. 治疗 立即停喂母乳，实行人工哺乳；输血，但血液中禁止含有母畜血浆（血清）；辅助疗法（皮质激素＋葡萄糖＋维生素C）。

（五）新生仔畜（猪、犬）低糖血症

1. 概念 新生仔畜低糖血症是指仔畜血糖水平明显低下，血液非蛋白氮含量明显升高，临床上以仔畜衰弱乏力、运动障碍、痉挛、衰竭等症状为特征的一种代谢性疾病。主要发生于出生1～4d的仔猪和仔犬。

2. 病因 仔畜不能从体外获得糖的足量供应，因而在能量代谢过程中不断消耗的血糖得不到有效补充，导致血糖浓度急剧下降，引发该病。

3. 症状及诊断 出生后1～3d发病，仔畜精神委顿，食欲消失，全身水肿，四肢呈游泳状，口流白色泡沫，体温偏低，对外界事物无反应，最后在昏迷中死亡。血糖检查发现血糖含量显著降低。

4. 治疗 以10％葡萄糖溶液10～20mL腹腔注射，间隔4～6h注射一次，连用2d；口服25％葡萄糖溶液5～10mL，或饮白糖水。

三、例题及解析

1. 引起新生仔犬低糖血症最常见的原因是( )。

　　A. 初乳中缺乏母源抗体　　　　B. 糖原异生能力增强　　　　C. 摄入母乳不足

　　D. 初乳中缺乏维生素　　　　E. 初乳中缺乏矿物质

【解析】 C。该题考点为新生仔犬低糖血症。新生仔犬低糖血症是由仔犬吮乳不足导致机体血糖含量急剧降低的一种代谢疾病。

2. 同窝新生仔猪，8只，均于吮乳后10h突然发病，表现震颤、畏寒，运步后躯摇摆，体温无显著变化，眼结膜和齿龈黄染。该窝仔猪所患的是( )。

　　A. 新生仔畜低糖血症　　　　B. 新生仔畜溶血性贫血症　　　　C. 胎粪秘结

　　D. 仔猪营养不良性贫血症　　　　E. 新生仔畜低钙血症

【解析】 B。同窝新生仔猪，8只，均于吮乳后10h突然发病，表现震颤、畏寒。眼结膜和齿龈黄染，可判断为黄疸症状，吮乳后10h同窝均发病可判断为新生仔畜溶血性贫血症。该病是因为母乳中含有免疫特异性抗体，仔畜吮乳后血红细胞会溶解破裂，导致贫血、黄疸。

3. 治疗新生仔畜低糖血症时，补充糖类药物的给药途径不选择( )。

　　A. 静脉注射　　　　B. 腹腔注射　　　　C. 皮内注射

　　D. 口服　　　　E. 灌肠

【解析】 C。治疗新生仔畜低糖血症时，补充糖类药物的给药途径不选择皮内注射，

因为该注射方法见效慢，且注射剂量不能过大。

≪≪ 第十二单元　乳房疾病 ≫≫

一、考试大纲

单元	细目	要点
乳房疾病	1. 奶牛乳腺炎	(1) 病因　(2) 分类及症状　(3) 诊断　(4) 治疗　(5) 预防
	2. 其他乳房疾病	(1) 乳房水肿的病因、症状、诊断及治疗　(2) 乳房创伤的诊断及治疗　(3) 乳池和乳头管狭窄及闭锁的病因、症状、诊断及治疗　(4) 漏乳的病因、症状及治疗　(5) 血乳的病因、症状、诊断及治疗　(6) 乳房坏疽的病因、症状、诊断及治疗
	3. 酒精阳性乳	(1) 病因　(2) 症状　(3) 防治

二、重要知识点

（一）乳腺炎

1. 病因　主要由链球菌属中的无乳链球菌和葡萄球菌属中的金黄色葡萄球菌感染引起，化脓性棒状杆菌、大肠杆菌、产气荚膜杆菌、布鲁氏菌、变形杆菌、巴氏杆菌、支原体以及真菌等都可以引起乳腺炎。另外，非传染性因素如损伤、挤奶不当、中毒或全身性疾病等均可引起乳腺炎。

2. 症状　根据临床表现可分为急性、慢性、隐性型乳腺炎三种。

（1）隐性型乳腺炎　全身和局部视诊无明显变化，主要是乳汁的理化性质发生改变，镜检白细胞增多。

（2）急性乳腺炎　局部表现红、肿、热、痛，乳汁减少或变质；触诊敏感，乳腺肿大、化脓、变硬，严重者可出现全身症状，生理指标升高；乳汁中有黄色、白色块状或絮状物，有腥臭味，镜检白细胞增多。

（3）慢性乳腺炎　多由急性转变而来，全身症状较轻，局部硬结、组织增生，有的形成化脓、坏疽，从而导致死亡。

3. 诊断

（1）临床型乳腺炎　视诊，触诊，观察乳汁。

（2）隐性型乳腺炎　乳汁理化指标检测：乳汁体细胞计数（SCC）大于 50 万个/mL 为阳性，或采用加州乳腺炎检测法（CMT）、细菌培养检测等方法进行诊断。

4. 治疗

（1）局部处理

①局部封闭　应用 0.25% 普鲁卡因青霉素于乳房基部注射。

②乳头灌注 挤奶后乳池内灌注抗菌药,然后轻揉乳头及乳房 1~2 min 即可。

(2) 全身治疗 采用输液疗法,应用 5%葡萄糖生理盐水、抗生素、维生素 C、地塞米松,静脉注射,连用 3~5d。

(二) 其他乳房疾病

1. 乳房浮肿

(1) 症状 一般整个乳房皮下及间质水肿,以乳房下半部较为明显。皮肤发红光亮,无热无痛,指压留痕。

(2) 治疗 产前乳房出现的肿胀一般在产后逐渐消肿,不需要治疗。其他乳房浮肿治疗应适当增加运动,每天按摩乳房 3 次和冷热水交替擦洗乳房,减少饲喂精饲料。

2. 乳房创伤

(1) 轻度创伤 主要指擦伤,发生于皮肤浅层。治疗应消炎及防止感染,创口大时进行缝合。

(2) 深度创伤 多为刺伤,乳汁可流出,初期乳汁中有血液。

(3) 乳房血肿 可见较大血肿凸出于乳房表面。治疗初期应冷敷和止血,后期温敷以促进血肿吸收。

(4) 乳头外伤 乳头断裂时可浸润麻醉,然后进行缝合。

3. 乳池和乳头管狭窄及闭锁 指黏膜下结缔组织增生或纤维化,形成肉芽肿和疤痕,导致乳池和乳头管狭窄及闭锁。牛多见一个乳头或乳池出现乳汁流出障碍。

4. 漏乳

(1) 症状 临进分娩时漏乳属正常现象。产后非挤奶时间漏乳即为异常,多见于牛、马。

(2) 病因

①生理性漏乳 病畜乳房充盈,受刺激后乳汁漏出。

②病理性漏乳 随时发生,乳汁呈滴状流出,乳房松软,乳头松弛。有时乳头有损伤。

5. 乳房坏疽

(1) 病因 由腐败、坏死性微生物引起一个或两个乳区组织感染,进而发生坏死、腐败。较常见于奶牛和奶山羊,主要发生于产后数日。

(2) 治疗 以抗菌、解毒、强心为治疗原则,防止和缓解毒血症的发生。具体措施:全身大剂量应用广谱抗生素,补充葡萄糖和静脉注射碳酸氢钠溶液。对组织已开始坏死的患区,可将 1%~2%高锰酸钾溶液或 3% H_2O_2 注入患区,进行冲洗治疗。严禁热敷、按摩患区。

6. 酒精阳性乳

(1) 概念 指新挤出的牛奶在与等量的 70% (68%~72%) 酒精混合后,轻轻摇晃,产生的细微颗粒或絮状凝块的乳的总称。产生细微颗粒或絮状凝块的程度,基本可以反映乳中酸度的高低。

(2) 病因 主要包括过敏和应激反应;饲养和管理因素;潜在性疾病和内分泌;气象因素。

(3) 防治 加强饲养管理,改进饲养管理方法,改善各种不良环境条件,减少各种应激因素对奶牛的刺激，增强机体抵抗力，使奶牛的全身生理机能和乳腺功能免受影响。

三、例题及解析

隐性乳腺炎诊断的主要依据是（　　　）。

    A. 乳汁含血液   B. 体细胞计数

    C. 乳汁中可见絮状物   D. 乳房出现红、肿、热、痛

    E. 乳腺淋巴结肿胀

【解析】　B。该题考点为隐性乳腺炎的诊断。隐性乳腺炎（隐乳）的诊断方法大致可分为四类：乳汁病原微生物检查、乳汁细胞学检查、乳汁 pH 检查和乳汁导电性检查。故选答案 B。

考点速记

1. 催产素的临床应用是**治疗动物的胎衣不下**。

2. 测定母畜血浆、乳汁或尿液中的孕酮含量，利于判断**母畜的繁殖机能状态**。

3. 牛超数排卵时，马绒毛膜促性腺激素能**显著促进卵泡发育**。

4. 性腺激素主要包括**孕激素、雌激素、雄激素**。

5. 催产素是**促进乳汁从乳腺腺泡进入乳池的激素**。

6. 兽医临床上常用于保胎的激素是**孕酮**。

7. 与 LH 配合刺激卵泡发育的激素是**促卵泡素**。

8. 胚胎移植技术中，对供体动物进行超数排卵处理，必须配合治疗的药物是**促卵泡素和促黄体素**。

9. 兔属于**诱导排卵的动物**。

10. 猪新鲜精液液态保存的温度条件为15～20℃。

11. 处于发情期的母牛，其卵巢特征表现为**卵巢较大、表面凸起、有较大卵泡**。

12. 对母畜发情周期进行分期，三期分法包括**兴奋期、抑制期、均衡期**。

13. 卵子受精时，阻止多精子入卵有关的机制是**卵质膜反应**。

14. 家畜精子获能的最主要部位是**宫管结合部**。

15. 马的胎盘类型为**弥散型胎盘**。

16. 采用孕酮含量测定法对牛进行早期妊娠诊断的最早时间一般是在**妊娠后 24d**。

17. 犬于配种后第 3 天终止妊娠，可肌内注射**雌激素**。

18. 提示奶牛将于数小时至 1d 内分娩的特征征兆是**漏乳**。

19. 奶牛产后子宫复旧的时间一般为30～45d。

20. 牛分娩时正常的胎位和胎向是**上位、纵向**。

21. 胎儿产出期母畜的产力组合是**阵缩强烈、努责强烈**。

22. 预防有轻度阴道脱出病史的母犬再次发病，最适宜的措施是**在发情前期注射醋酸甲地孕酮**。

23. 牵引术助产的适应证是**原发性子宫迟缓**。

24. 施行奶牛剖腹产术时，侧卧保定采取的是**平行左乳静脉白线旁切口**。

25. 奶牛剖腹产手术，子宫壁切口采取的缝合方法是**浆膜肌层连续内翻缝合**。

26. 因子宫捻转导致的奶牛难产属于**产道性难产**。

27. 通过产道矫正子宫捻转时，奶牛的保定方法采取站立，呈**前低后高位**。

28. 母畜施行牵引术助产时，产科绳应系在正生胎儿的**膝关节上方**。

29. 高产奶牛顺产后表现出知觉丧失、不能站立，首先考虑**生产瘫痪**。

30. 对母犬产后低钙血症的抢救，最有效的药物是**葡萄糖酸钙注射液**。

31. 牛胎衣不下发生率较高，其主要原因是**胎盘组织的构造特点**。

32. 高产奶牛生产瘫痪的主要原因是**低血钙**。

33. 家畜子宫脱出的常见病因是**子宫弛缓**。

34. 犬闭锁型子宫蓄脓的治疗方法是**手术疗法**。

35. 犬开放型子宫蓄脓的治疗应采取**激素疗法**促进脓液排出。

36. 治疗母猪卵巢功能减退的首选药物是**马绒毛膜促性腺激素**。

37. 动物表现出同时具有睾丸和卵巢组织，这种情况属于**XX真两性畸形**。

38. 猪患有隐睾时，除触诊检查外，还可以通过**性欲强、生长慢、肉质差**等特点来进行判断。

39. 新生仔猪溶血病的典型症状是**血红蛋白尿**。

40. 对患新生仔畜溶血病的仔猪进行血常规检查时，最可能出现的结果为**血细胞数减少**。

41. 奶牛隐性乳腺炎的特点是**乳房和乳汁无肉眼可见的异常**。

42. 引起奶牛乳腺炎最常见的病原微生物是**葡萄球菌**。

高频题练习

1. 催产素可治疗的动物产科疾病是（   ）。

   A. 产后缺钙　　　　　　　B. 胎衣不下　　　　　　　C. 产后瘫痪

   D. 隐性乳腺炎　　　　　　E. 雄性动物不育

2. 通过测定母畜血浆、乳汁或尿液中孕酮的含量，有助于判断(   )。

   A. 垂体功能状态　　　　　　　　　B. 卵泡的大小和数量

   C. 母畜的繁殖机能状态　　　　　　D. 下丘脑内分泌功能状态

   E. 于宫内膜细胞的发育状态

3. 经产奶牛，6岁，产后6个月未出现发情，直肠检查发现两侧卵巢大小、形态、质地未见 明显变化。该牛可能发生的疾病是(   )。

   A. 卵泡囊肿　　　　　　　B. 黄体囊肿　　　　　　　C. 排卵延迟

   D. 持久黄体　　　　　　　E. 卵巢功能减退

4. 属于弥散型胎盘的动物是（   ）。

   A. 马　　　　　　　　　　B. 牛　　　　　　　　　　C. 羊

   D. 犬　　　　　　　　　　E. 猴

5. 羊的妊娠期平均为（　　　）。

    A. 110d   B. 130d   C. 150d

    D. 170d   E. 190d

6. 提示奶牛将于数小时至 1d 内分娩的特征征兆是（　　　）。

    A. 漏乳   B. 乳房膨胀   C. 精神不安

    D. 阴唇松弛   E. 子宫颈松软

7. 虽然属于季节性发情，但发情季节不明显，以秋季发情较多，发情持续 17d。具有该发情特点的动物是（　　　）。

    A. 奶牛   B. 水牛   C. 马

    D. 绵羊   E. 山羊

8. 引起猪继发性子宫弛缓的主要原因是（　　　）。

    A. 体质虚弱   B. 胎水过多   C. 身体肥胖

    D. 子宫肌疲劳   E. 催产素分泌不足

9. 奶牛，已妊娠 245d，近日出现烦躁不安、乳房肿大等症状，临床检查心率 90 次/min，呼吸 30 次/min，阴唇稍肿，阴门有清亮黏液流出。治疗该病首选的药物是（　　　）。

    A. 雌激素   B. 垂体后叶素   C. 孕酮

    D. 前列腺素   E. 促卵泡素

10. 卵子受精时，阻止多精子入卵有关的机制是（　　　）。

    A. 顶体反应   B. 卵子激活   C. 精子获能

    D. 卵质膜反应   E. 精卵膜融合

11. 牛，3 岁，近几月发现发情周期缩短，发情持续时间长且呈现强烈的发情行为，外阴红肿，黏液增多，直肠检查卵巢的最大变化是（　　　）。

    A. 卵巢有黄体   B. 卵巢既有黄体也有小卵泡   C. 卵巢有较大卵泡

    D. 卵巢萎缩，质地变小，变硬   E. 既无卵泡也无黄体

12. 受精结束和胚胎开始发育的标志是（　　　）。

    A. 原核发育   B. 透明带反应   C. 卵质膜反应

    D. 皮质颗粒膜形成   E. 染色体第一次有丝分裂形成纺锤体

13. 牛，产后第 2 天，表现弓背、努责，阴门中排出污红色恶臭液体，且卧地时排出量较多，排出物内含变性分解的组织碎片，体温未见明显变化。治疗该病时，需促进子宫收缩，为增强催产素效果，可先行肌内注射（　　　）。

    A. 雌二醇   B. 孕酮   C. 前列腺素

    D. 地塞米松   E. 肾上腺素

14. 多发子宫蓄脓的动物是（　　　）。

    A. 猪   B. 马   C. 犬

    D. 兔   E. 绵羊

15. 奶牛，4 岁，配种后 35d 确诊已妊娠，临床未见明显异常，配种后 65d 时发现原先的妊娠特征消失。再次配种前，对该牛常用的处理措施是（　　　）。

    A. 生理盐水冲洗子宫   B. 注射催产素   C. 注射孕酮

    D. 注射氯前列烯醇   E. 注射人绒毛膜促性腺激素

16. 一新生仔犬，初生时活泼健壮，采食母乳后逐渐出现精神沉郁、反应迟钝、喜卧的现象，皮肤及可视黏膜黄染，尿量少而黏稠，血液学检查血细胞数显著减少。导致此病发生的原因是(　　)。

    A. 仔犬分娩过程中呛入了大量羊水　　　　　B. 仔犬体内发生了免疫溶血反应

    C. 仔犬肝损伤　　　　　　　　　　　　　　D. 母犬乳汁中乳蛋白含量过低

    E. 母犬乳汁中乳糖含量过低

17. 高产奶牛，已产3胎，此次分娩后2d，出现精神沉郁，食欲废绝，卧地不起，体温37℃，眼睑反射微弱，头弯向胸部一侧。该病最可能的诊断是(　　)。

    A. 产后截瘫　　　　　　　　B. 生产瘫痪　　　　　　　　C. 胎衣不下

    D. 股骨骨折　　　　　　　　E. 产后感染

18. 属于季节性发情的动物是(　　)。

    A. 奶牛　　　　　　　　　　B. 黄牛　　　　　　　　　　C. 绵羊

    D. 猪　　　　　　　　　　　E. 兔

19. 经产奶牛，妊娠已280d，外阴部出现肿胀，尾根两侧臀部塌陷，乳房肿胀，乳汁呈滴状流出。该牛可能发生的是(　　)。

    A. 临产征兆　　　　　　　　B. 早产征兆　　　　　　　　C. 胎儿浸溶征兆

    D. 慢性乳腺炎　　　　　　　E. 发情

20. 奶牛，产后7d，精神沉郁，食欲废绝，卧地呻吟，体温40.5℃，结膜发绀，反刍停止，从阴门流出恶臭褐色液体，白细胞数显著升高。该牛最可能发生的疾病是(　　)。

    A. 产后子宫内膜炎　　　　　B. 子宫积液　　　　　　　　C. 乳热症

    D. 产后败血症　　　　　　　E. 阴道炎

21. 闭锁型犬子宫蓄脓的关键指征不包括(　　)。

    A. 腹泻　　　　　　　　　　B. 呕吐　　　　　　　　　　C. 腹围增大

    D. 血液白细胞数升高　　　　E. B超检查子宫影响有暗区

22. 某后备母猪，适配月龄时未见发情，体重显著超过同龄母猪，腰粗壮，臀部发达，检查生殖系统发育情况未见异常。该猪卵巢最可能呈现的变化是(　　)。

    A. 既有卵泡又有黄体　　　　B. 有多个黄体　　　　　　　C. 有多个卵泡

    D. 脂肪浸润　　　　　　　　E. 萎缩、结缔组织化

23. 最可能导致母牛难产的原因是(　　)。

    A. 妊娠前半期正常使役　　　　　　　　　　B. 妊娠后期适当减少饲料蛋白质含量

    C. 产前1周开始转入产房饲养　　　　　　　D. 分娩期进行产道检查

    E. 初情期配种受孕

24. 新生仔猪低糖血症不会出现的临床症状是(　　)。

    A. 体温升高　　　　　　　　B. 体温下降　　　　　　　　C. 口流白沫

    D. 头颈后仰　　　　　　　　E. 四肢无力

25. 母猪，4岁，停止哺乳后一直未见发情，给予GnRH和hCG治疗无效，全身检查和血常规检查未见异常。治疗该病最适宜的药物是(　　)。

    A. $PGF_{2\alpha}$　　　　　　　　　B. eCG　　　　　　　　　　C. FSH

    D. E2　　　　　　　　　　　E. P4

26. 母猪，3岁，产4胎，断奶超过1个月仍不见发情，多次临床检查未见异常，子宫和阴道无异常分泌物外流，阴唇亦无红肿现象。该猪最可能发生的是（　　）。

    A. 卵巢功能减退 　　　　B. 卵泡萎缩 　　　　C. 卵泡囊肿

    D. 排卵延迟 　　　　E. 卵泡交替发育

27. 奶牛，10岁，饲养管理正常，一年前产犊，产后2个月发情，配种但未孕，后来一直未见其发情；直肠检查发现卵巢小而硬，无卵泡和黄体，子宫角细小。该牛最可能发生的是（　　）。

    A. 卵巢先天性发育不全 　　B. 缪勒氏管发育不全 　　C. 衰老性不育

    D. 管理性不育 　　　　E. 营养不育

28. 奶牛产后56d，体温39.2℃，挤出的乳汁稀薄且呈浅红色，有少许小的血凝块，乳房触诊无明显异常，将乳汁盛于试管中静置30min，下层呈红色，上层近正常色。该牛可能患的疾病是（　　）。

    A. 隐性乳腺炎 　　　　B. 急性乳腺炎 　　　　C. 乳房血肿

    D. 血乳 　　　　E. 乳房坏疽

29. 与发生牛子宫脱出无关的因素是（　　）。

    A. 子宫弛缓 　　　　　　　　B. 助产时急速拉出胎儿

    C. 胎儿排出后母牛努责强烈 　　D. 产后子宫生理性收缩

    E. 应用牵引术助产时产道干涩

30. 家畜精子获能的最主要部位是（　　）。

    A. 子宫角 　　　　B. 子宫体 　　　　C. 子宫颈

    D. 输卵管 　　　　E. 宫管结合部

高频题参考答案

题号	1	2	3	4	5	6	7	8	9	10	11	12	13	14	15	16	17	18	19	20
答案	B	C	E	A	C	A	D	D	C	D	C	E	A	C	D	B	B	C	A	D
题号	21	22	23	24	25	26	27	28	29	30										
答案	A	D	E	A	A	A	C	D	D	E										

模拟题练习

1. 奶牛，6岁，努责时阴门流出红褐色难闻的黏稠液体，其中偶有小骨片。主诉配种后已确诊妊娠，但已过预产期半个月。该病最可能的诊断是（　　）。

    A. 阴道脱出 　　　　B. 隐性流产 　　　　C. 胎儿浸溶

    D. 胎儿干尸化 　　　　E. 早产

2. 对于胎位、胎势异常，矫正后不易拉出的复杂难产，宜采用（　　）。

    A. 剖腹产 　　　　B. 截胎术 　　　　C. 牵引术

D. 药物催产　　　　　　　　　E. 以上都不是

3. 母猪，3.5 岁，体格偏瘦，妊娠 114d 时分娩，产出 8 个胎儿后努责微弱，40min 后仍不见胎儿产出；B 超检查可见子宫后部有多个活胎。首选的助产药是(　　)。

　　A. 前列腺素　　　　　　B. 雌激素　　　　　　C. 催产素

　　D. 麦角新碱　　　　　　E. 葡萄糖酸钙

4. 母猪，3.5 岁，体格偏瘦，妊娠 114d 时分娩，产出 8 个胎儿后努责微弱，40min 后仍不见胎儿产出；B 超检查可见子宫后部有多个活胎。首选的助产方法是(　　)。

　　A. 牵引术　　　　　　　B. 矫正术　　　　　　C. 截胎术

　　D. 剖腹产术　　　　　　E. 子宫颈扩张

5. 母畜分娩时正常的胎位是(　　)。

　　A. 下位　　　　　　　　B. 侧位　　　　　　　C. 上位

　　D. 背竖向　　　　　　　E. 腹横向

6. 犬产力性难产的首选治疗方案是(　　)。

　　A. 施行剖腹产手术　　　　　　　　　B. 注射钙剂和催产素

　　C. 局部与全身应用广谱抗生素　　　　D. 施行截胎术

　　E. 施行牵引术

7. 奶牛，离分娩尚有 1 月余，近日出现烦躁不安，乳房胀大，临床检查心率 90 次/min，呼吸 30 次/min，阴门内有少量清亮黏液。该病最适合选用的治疗药物是(　　)。

　　A. 雌激素　　　　　　　B. 黄体酮　　　　　　C. 前列腺素

　　D. 垂体后叶素　　　　　E. 马绒毛膜促性腺激素

8. 一只雌性斗牛犬，2 岁，3 月中旬阴门肿胀，有血样分泌物流出，1 周后有一红色球状物突出于阴门外，质地较硬，近鸡蛋大小；指检，突出物与阴门腹侧壁相连。该犬可能患有(　　)。

　　A. 子宫脱　　　　　　　B. 乳头状瘤　　　　　C. 阴道脱

　　D. 阴道炎　　　　　　　E. 会阴疝

9. 与其他动物相比，牛胎衣不下发生率较高的主要原因是(　　)。

　　A. 肥胖　　　　　　　　B. 瘦弱　　　　　　　C. 内分泌紊乱

　　D. 饲养管理失宜　　　　E. 胎盘组织构造特点

10. 高产奶牛生产瘫痪，临床上主要表现为(　　)。

　　A. 全身肌肉无力　　　　B. 知觉　　　　　　　C. 四肢瘫痪

　　D. 体温降低　　　　　　E. 以上都是

11. 引起羊子宫全脱的主要原因是(　　)。

　　A. 产后强烈努责　　　　B. 外力牵引　　　　　C. 子宫弛缓

　　D. 以上都是　　　　　　E. 以上都不是

12. 奶牛，分娩正常，产后当天出现不安、哞叫、兴奋，不久出现四肢肌肉震颤，站立不稳，精神沉郁，感觉丧失，体温 37℃。该病最适宜的治疗原则是(　　)。

　　A. 抗菌消炎　　　　　　B. 补充钙剂　　　　　C. 补充葡萄糖

　　D. 注射催产素　　　　　E. 补充电解质

13. 奶牛发生胎衣不下时，不能用来治疗该病的方法是(　　)。

A. 向子宫内投放抗生素　　　B. 全身肌内注射抗菌药物　　　C. 肌内注射催产素

D. 手术剥离胎衣　　　E. 肌内注射孕酮

14. 下列哪项不是动物的软产道组成（　　）。

A. 子宫颈　　　B. 子宫前庭　　　C. 荐坐韧带

D. 阴道　　　E. 阴门

15. 奶牛，2.5岁，产后已经18h，仍表现弓背和努责时有污红色带异味液体自阴门流出。该病治疗原则为（　　）。

A. 增加营养和运动量　　　B. 剥离胎衣，增加营养

C. 抗菌消炎和增加运动量　　　D. 促进子宫收缩和抗菌消炎

E. 强心补液

16. 母畜分娩时正常的胎向是（　　）。

A. 纵向　　　B. 横向　　　C. 背横向

D. 背竖向　　　E. 腹横向

17. 奶牛，4岁，配种35d确诊已妊娠，临床未见明显异常，配种后65d该牛再次发情，直肠检查发现原先的妊娠特征消失。再次配种后，对该牛常用的处理措施是（　　）。

A. 生理盐水冲洗子宫　　　B. 注射催产素　　　C. 注射孕酮

D. 注射氯前列烯醇　　　E. 注射人绒毛膜促性腺激素

18. 动物发生先兆性或习惯性流产时应如何处理（　　）。

A. 人工引产催产　　　B. 破腹取胎　　　C. 注射黄体酮保胎

D. 牵引出胎儿　　　E. 注射抗生素防腐

19. 动物妊娠后，使用下列哪类药物一般不会导致流产（　　）。

A. 糖皮质激素　　　B. 驱虫药　　　C. 麻醉药

D. 雌激素　　　E. 维生素

20. 牛胎衣不下时最常用的检查方法是（　　）。

A. B超检查　　　B. X线检查　　　C. 阴道检查

D. 直肠检查　　　E. 血液生化检查

21. 引起牛产后子宫脱出最主要的原因是（　　）。

A. 子宫积液　　　B. 子宫弛缓　　　C. 子宫内膜炎

D. 分娩时间过长　　　E. 卵巢分泌功能减退

22. 胎衣不下发生率较高的动物是（　　）。

A. 马　　　B. 山羊　　　C. 猪

D. 奶牛　　　E. 犬

23. 高产奶牛生产瘫痪的主要原因是（　　）。

A. 低血糖　　　B. 低血钙　　　C. 难产

D. 后躯神经损伤　　　E. 高血酮

24. 一头牛体质比较差，分娩时发生难产，经有效助产后产出一活胎，但该母牛产后喜卧、少站立，第2天从阴门内露出拳头大小的红色瘤状物，第3天瘤状物呈篮球大小的圆形、暗红色、有弹性。对该病最可能的诊断是（　　）。

A. 子宫脱出　　　B. 直肠脱出　　　C. 阴道肿瘤

D. 阴道脱　　　　　　　　　　　E. 膀胱脱出

25. 山羊，7岁，产后6h出现拱背、努责，随着努责流出少量污红色液体和组织碎片。治疗该病宜选用的药物是（　　　）。

　　A. 雌二醇、土霉素　　　　　　B. 雌二醇、催产素　　　　　　C. 孕酮、土霉素

　　D. 孕酮、雌二醇　　　　　　　E. 前列腺素、孕酮

26. 奶牛，分娩正常，产后当天出现不安、哞叫、兴奋，不久出现四肢肌肉震颤，站立不稳，精神沉郁，感觉丧失，体温37℃。对该病最可能的诊断是（　　　）。

　　A. 酮血症　　　　　　　　　　B. 产后截瘫　　　　　　　　　C. 生产瘫痪

　　D. 胎衣不下　　　　　　　　　E. 产后败血症

27. 高产奶牛，产第3胎，产后3d表现精神极度沉郁，食欲废绝，各种反应减弱，卧地不起，头颈姿势异常，由头部至肩胛部呈一轻度S状弯曲。治疗可选（　　　）。

　　A. 子宫冲洗　　　　　　　　　　　　B. 肌内注射催产素

　　C. 皮下注射前列腺素　　　　　　　　D. 静脉注射葡萄糖盐水

　　E. 静脉注射20％葡萄糖酸钙

28. 高产奶牛，产3胎，此次分娩后2d出现精神沉郁，食欲废绝，卧地不起，体温37℃，眼睑反射微弱，头弯向胸部一侧。如进一步确诊该病，可采用的方法是（　　　）。

　　A. 直肠检查　　　　　　　　　B. 阴道检查　　　　　　　　　C. 血常规检查

　　D. 血液生化检查　　　　　　　E. 心电图检查

29. 一分娩母猪，早晨产出12只仔猪。8h后发现其仍然有努责的现象，体温稍微升高，食欲不良，喜欢饮水，触诊时未发现子宫中有胎儿存在。进一步诊断该病首先应考虑（　　　）。

　　A. 直肠检查　　　　　　　　　　　　B. 产道检查

　　C. 实验室检测血液中Ca^{2+}浓度　　　D. 听诊肠音

　　E. X线检查

30. 性腺激素主要包括（　　　）。

　　A. GnRH、LH、FSH　　　　　　　B. OT、松弛素、PGs

　　C. 孕酮、雌激素、雄激素　　　　　　D. eCG、hCG、GnRH

　　E. OT、PGs、LH

31. 促进乳汁从乳腺腺泡进入乳池的激素是（　　　）。

　　A. 催产素　　　　　　　　　　B. 松弛素　　　　　　　　　　C. 促黄体素

　　D. 促卵泡素　　　　　　　　　E. 马绒毛膜促性腺激素

32. 催产素可治疗的动物产科疾病是（　　　）。

　　A. 产后缺钙　　　　　　　　　B. 胎衣不下　　　　　　　　　C. 产后瘫痪

　　D. 隐性乳腺炎　　　　　　　　E. 雄性动物不育

33. 胚胎移植技术中，对供体动物进行超数排卵处理，必须配合治疗的药物是（　　　）。

　　A. 孕酮和雌二醇　　　　　　　B. 雌激素和催产素　　　　　　C. 松弛素和催产素

　　D. 催产素和褪黑素　　　　　　E. 促卵泡素和促黄体素

34. 催产素在体内的主要合成部位是（　　　）。

　　A. 性腺　　　　　　　　　　　B. 子宫内膜　　　　　　　　　C. 垂体前叶

　　D. 垂体后叶　　　　　　　　E. 丘脑下部

35. 牛超数排卵时能显著促进卵泡发育的激素是(　　)。
　　A. 雌二醇　　　　　　　　B. 前列腺素　　　　　　C. 促黄体素
　　D. 人绒毛膜促性腺激素　　E. 马绒毛膜促性腺激素

36. 属于诱导排卵的动物是(　　)。
　　A. 牛　　　　　　　　　　B. 猪　　　　　　　　　C. 马
　　D. 犬　　　　　　　　　　E. 兔

37. 母马初情期的卵巢变化是(　　)。
　　A. 不排卵　　　　　　　　B. 有黄体　　　　　　　C. 无卵泡发育
　　D. 有卵泡发育　　　　　　E. 卵巢质地变硬

38. 母马发情持续的时间为(　　)。
　　A. 5~10d　　　　　　　　B. 11~15d　　　　　　　C. 16~20d
　　D. 21~25d　　　　　　　E. 26~30d

39. 猪新鲜精液液态保存的适宜温度为(　　)。
　　A. 0~4℃　　　　　　　　B. 5~9℃　　　　　　　C. 10~14℃
　　D. 15~20℃　　　　　　　E. 21~25℃

40. 称为成熟卵泡的是(　　)。
　　A. 原始卵泡　　　　　　　B. 初级卵泡　　　　　　C. 次级卵泡
　　D. 三级卵泡　　　　　　　E. 格拉夫氏卵泡

41. 夏季发情但不明显，秋季发情旺盛，平均发情周期17d的动物是(　　)。
　　A. 奶牛　　　　　　　　　B. 水牛　　　　　　　　C. 马
　　D. 绵羊　　　　　　　　　E. 山羊

42. 全年多次发情，发情周期21d，具有该发情特点的是(　　)。
　　A. 奶牛　　　　　　　　　B. 水牛　　　　　　　　C. 马
　　D. 绵羊　　　　　　　　　E. 山羊

43. 一断奶母猪出现阴唇肿胀、阴门黏膜充血、阴道内流出透明黏液。最应做的检查是(　　)。
　　A. B超检查　　　　　　　B. 阴道检查　　　　　　C. 血常规检查
　　D. 静立反射检查　　　　　E. 孕激素水平检查

44. 母猪，妊娠已3个月，突然发现乳房膨大、阴唇肿胀，有清亮分泌物从阴道流出。提示可能发生的疾病是(　　)。
　　A. 流产　　　　　　　　　B. 妊娠毒血症　　　　　C. 轻度乳腺炎
　　D. 乳房浮肿　　　　　　　E. 阴道炎

45. 奶牛，正常妊娠至8个月时，腹部不再继续增大，超出预产期45d仍无分娩预兆。阴道检查子宫颈口关闭，临床上无明显症状。该牛最可能发生的是(　　)。
　　A. 胎儿干尸化　　　　　　B. 子宫破裂　　　　　　C. 胎儿气肿
　　D. 胎儿浸溶　　　　　　　E. 子宫捻转

46. 奶牛，6岁，努责时阴门流出红褐色难闻的黏稠液体，其中偶有小骨片。主诉，配种后已确诊妊娠，但已过预产期半个月。最可能的诊断是(　　)。

A. 阴道脱出   B. 隐性流产   C. 胎儿浸溶

D. 胎儿干尸化   E. 排出不足月胎儿

47. 下列不属于难产时的手术助产方法的是( )。

     A. 牵引术   B. 矫正术   C. 剖腹产

     D. 按摩术   E. 截胎术

48. 下列哪个不是根据流产的症状进行分类的( )。

     A. 小产   B. 早产   C. 自发性流产

     D. 隐性流产   E. 胎儿干尸化

49. 经产母牛,表现持续而强烈的发情行为,体重减轻。直肠检查发现卵巢为圆形,有突出于表面的直径约2.5cm的结构,触诊该突起感觉壁薄。2周后复查,症状同前。该牛可能发生的疾病是( )。

     A. 卵泡囊肿   B. 黄体囊肿   C. 卵巢萎缩

     D. 卵泡交替发育   E. 卵巢功能不全

50. 母牛,4岁,产后2个多月未见发情。直肠检查发现,一侧卵巢比对侧正常卵巢约大1倍,其表面有一直径3.0cm的突起,触摸该突起感觉壁厚,子宫未触及妊娠变化。该牛可能发生的疾病是( )。

     A. 卵泡囊肿   B. 黄体囊肿   C. 卵巢萎缩

     D. 卵泡交替发育   E. 卵巢功能不全

51. 奶牛,2.5岁,产后已经18h,仍表现弓背和努责,时有污红色带异味液体自阴门流出。治疗原则为( )。

     A. 增加营养和运动量   B. 剥离胎衣和增加营养

     C. 抗菌消炎和增加运动量   D. 促进子宫收缩和抗菌消炎

     E. 促进子宫收缩和增加运动量

52. 某奶牛,1个月前曾发生急性乳腺炎,经治疗已无临床症状,乳汁也无肉眼可见变化,但产奶量一直未恢复,奶汁检测体细胞计数55万个/mL。对该牛的诊断是( )。

     A. 已恢复正常   B. 有乳腺增生   C. 有乳腺肿瘤

     D. 有慢性乳腺炎   E. 有急性乳腺炎

53. 奶牛,6岁,努责时阴门流出红褐色难闻的黏稠液体,其中偶有小骨片。主诉,配种后已确诊妊娠,但已过预产期半个月。该病例最可能伴发的其他变化是( )。

     A. 慕雄狂   B. 子宫颈关闭   C. 卵泡交替发育

     D. 卵巢上有黄体存在   E. 阴道及子宫颈黏膜红肿

54. 奶牛,6岁,努责时阴门流出红褐色难闻的黏稠液体,其中偶有小骨片。主诉,配种后已确诊妊娠,但已过预产期半个月。如要进一步确诊,最简单直接的检查方法应是( )。

     A. 阴道检查   B. 直肠检查   C. 细菌学检查

     D. 心电图检查   E. 血常规检查

55. 猪阴道脱出发生的主要机制是( )。

     A. 子宫弛缓   B. 会阴松弛   C. 骨盆松弛

     D. 阴门松弛   E. 固定阴道的组织松弛

56. 治疗牛临产时发生子宫捻转不宜采用的方法是（　　）。

    A. 翻转母体　　　　　　　　B. 剖腹矫正　　　　　　　　C. 产道内矫正

    D. 直肠内矫正　　　　　　　E. 牵引术矫正

57. 高产奶牛顺产后出现知觉丧失、不能站立，首先应考虑（　　）。

    A. 酮病　　　　　　　　　　B. 产道损伤　　　　　　　　C. 产后截瘫

    D. 生产瘫痪　　　　　　　　E. 母牛卧地不起综合征

58. 牛子宫全脱整复过程中不合理的方法是（　　）。

    A. 荐尾间硬膜外麻醉　　　　　　　　B. 子宫腔内放置抗生素

    C. 牛体位保持前高后低　　　　　　　D. 皮下或肌内注射催产素

    E. 对脱出子宫进行清洗、消毒、复位

59. 一头成年奶牛，乏情，直肠检查子宫大小与妊娠 2 个月时相似，子宫壁薄，波动极其明显，两侧子宫角容积可变动。本病初步诊断为（　　）。

    A. 子宫积脓　　　　　　　　B. 子宫积液　　　　　　　　C. 卵巢功能不全

    D. 隐性子宫内膜炎　　　　　E. 慢性子宫内膜炎

60. 一头成年奶牛，乏情，直肠检查子宫大小与妊娠 2 个月时相似，子宫壁薄，波动极其明显，两侧子宫角容积可变动。与本病无关的是（　　）。

    A. 卵巢囊肿　　　　　　　　　　　　B. 卵巢静止

    C. 继发于子宫内膜炎　　　　　　　　D. 子宫内膜囊肿性增生

    E. 子宫受雌激素长期刺激

61. 雌性腊肠犬，6 岁，一个月来精神沉郁，时有发热，抗生素治疗后，病情好转，停药后复发。现病情加重，阴部流红褐色分泌物，B 超探查见双侧子宫角增粗，内有液性暗区。该病例错误的治疗方法是（　　）。

    A. 孕酮治疗　　　　　　　　B. 氧氟沙星治疗　　　　　　C. 氯前列醇治疗

    D. 阿莫西林治疗　　　　　　E. 卵巢子宫切除术

62. 雌性腊肠犬，6 岁，一个月来精神沉郁，时有发热，抗生素治疗后，病情好转，停药后复发。现病情加重，阴部流红褐色分泌物，B 超探查见双侧子宫角增粗，内有液性暗区。该病例手术时，如牵引卵巢困难，应先撕断卵巢系膜上的（　　）。

    A. 阔韧带　　　　　　　　　B. 圆韧带　　　　　　　　　C. 悬韧带

    D. 固有韧带　　　　　　　　E. 悬韧带和固有韧带

63. 雌性腊肠犬，6 岁，一个月来精神沉郁，时有发热，抗生素治疗后，病情好转，停药后复发。现病情加重，阴部流红褐色分泌物，B 超探查见双侧子宫角增粗，内有液性暗区。该病例手术时，必须要结扎（　　）。

    A. 卵巢　　　　　　　　　　B. 输卵管　　　　　　　　　C. 子宫角

    D. 子宫体　　　　　　　　　E. 阴道基部

64. 奶牛，离分娩尚有 1 月余。近日出现烦躁不安，乳房胀大，临床检查心率 90 次/min，呼吸频率 30 次/min，阴门内有少量清亮黏液。最适合选用的治疗药物是（　　）。

    A. 雌激素　　　　　　　　　B. 黄体酮　　　　　　　　　C. 前列腺素

    D. 垂体后叶素　　　　　　　E. 马绒毛膜促性腺激素

65. 奶牛，6 岁，生产第 3 胎时曾发生胎衣不下，产后发情周期正常，但屡配不孕。自阴门经常排出一些混浊的黏液,卧地时排出量较多。该牛最可能发生的疾病是( )。

    A. 子宫积液   B. 子宫积脓   C. 隐性子宫内膜炎

    D. 慢性脓性子宫内膜炎   E. 慢性卡他性子宫内膜炎

66. 博美犬,分娩后第 4 天早晨出现震颤、瘫痪、吠叫、呼吸短促、大量流涎、体温 42℃,血糖 5.5 mmol/L,血清钙 1.2 mmol/L。该犬所患疾病是( )。

    A. 酮病   B. 低血糖   C. 子宫套叠

    D. 胎衣不下   E. 产后癫痫

67. 博美犬,分娩后第 4 天早晨出现震颤、瘫痪、吠叫、呼吸短促、大量流涎,体温 42℃,血糖 5.5 mmol/L,血清钙 1.2 mmol/L。治疗该犬首选的药物是( )。

    A. 氯化钠   B. 氯化钙   C. 氯化钾

    D. 葡萄糖   E. 碳酸氢钠

68. 博美犬,分娩后第 4 天早晨出现震颤、瘫痪、吠叫、呼吸短促、大量流涎,体温 42℃,血糖 5.5 mmol/L,血清钙 1.2 mmol/L。该病治疗药物的首选给药途径是( )。

    A. 皮内注射   B. 皮下注射   C. 肌内注射

    D. 静脉注射   E. 腹腔注射

69. 奶牛,分娩正常,产后当天出现不安、哞叫、兴奋,不久出现四肢肌肉震颤、站立不稳、精神沉郁、感觉丧失,体温 37℃。该牛最可能发生的疾病是( )。

    A. 酮血症   B. 产后截瘫   C. 生产瘫痪

    D. 胎衣不下   E. 产后败血症

70. 奶牛,分娩正常,产后当天出现不安、哞叫、兴奋,不久出现四肢肌肉震颤、站立不稳、精神沉郁、感觉丧失,体温 37℃。发病的主要原因是( )。

    A. 低血钾   B. 低血钙   C. 后躯神经受损

    D. 子宫收缩无力   E. 产道及子宫感染

71. 奶牛,分娩正常,产后当天出现不安、哞叫、兴奋,不久出现四肢肌肉震颤、站立不稳、精神沉郁、感觉丧失,体温 37℃。该病最适宜的治疗原则是( )。

    A. 抗菌消炎   B. 补充钙剂   C. 补充葡萄糖

    D. 注射催产素   E. 补充电解质

72. 犬阴道增生脱出多发生在( )。

    A. 发情期   B. 妊娠期   C. 子宫开口期

    D. 胎儿产出期   E. 胎衣排出期

73. 母马初情期的卵巢变化是( )。

    A. 不排卵   B. 有黄体   C. 无卵泡发育

    D. 有卵泡发育   E. 卵巢质地变硬

74. 奶牛妊娠后期,体温 39.2℃,乳房下半部皮肤发红,指压留痕,热痛不明显。对该牛合理的处理措施是( )。

    A. 注射氯前列烯醇   B. 乳头内注射抗生素

    C. 减少精饲料和多汁饲料   D. 在乳房基部注射抗生素

    E. 乳房皮下穿刺放液消肿

75. 奶牛产后 65d 内未见明显的发情表现,直肠检查卵巢上有一小的黄体遗迹,但无卵泡发育，卵巢的质地和形状无明显变化。该牛可能患有的疾病是（　　）。

  A. 卵泡萎缩   B. 卵巢萎缩   C. 持久黄体

  D. 卵巢功能减退   E. 卵巢发育不良

76. 奶牛产后 65d 内未见明显的发情表现，直肠检查卵巢上有一小的黄体遗迹，但无卵泡发育，卵巢的质地和形状无明显变化。治疗该病最适宜药物是（　　）。

  A. 黄体酮   B. 丙酸睾酮   C. 地塞米松

  D. 前列腺素   E. 促卵泡素

77. 奶牛产后 65d 内未见明显的发情表现，直肠检查卵巢上有一小的黄体遗迹，但无卵泡发育，卵巢的质地和形状无明显变化。与该病无关的病因是（　　）。

  A. 子宫疾病   B. 急性乳腺炎   C. 气候不适应

  D. 饲养管理不当   E. 维生素 A 缺乏

78. 黄牛，5 岁，努责时阴门流出红褐色难闻的黏稠液体，其中偶有小骨片。主诉，配种后已确诊妊娠，但已过预产期约 20d。该病最可能伴发的其他变化是（　　）。

  A. 慕雄狂   B. 子宫颈关闭   C. 卵泡交替发育

  D. 卵巢上有黄体存在   E. 阴道及子宫颈黏膜红肿

79. 马，雄性，4 岁，托重物后第 2 天，一侧阴囊肿大如篮球、皮肤紧张发亮；不愿走动，运步时两后肢开张，步态紧张；直肠检查，腹股沟内环内有肠管脱入。该病最可能的诊断是（　　）。

  A. 睾丸炎   B. 附睾炎   C. 阴囊积水

  D. 睾丸肿瘤   E. 腹股沟阴囊疝

80. 母犬，妊娠 64d，努责，阴门有一个胎儿堵在阴道口。B 超检查显示腹中有 3 个规则的高密度阴影。手术选腹中线切口，需依次切开与分离皮肤、皮下组织和（　　）。

  A. 腹白线、腹膜和子宫   B. 腹横肌、腹膜和子宫

  C. 腹直肌鞘、腹膜和子宫   D. 腹内斜肌、腹外斜肌、腹膜和子宫

  E. 腹外斜肌、腹内斜肌、腹膜和子宫

81. 母猪，产后发病，精神沉郁，眼结膜潮红、呼吸增快，体温 39.5℃，食欲不振，腹痛呻吟，起卧不安，回头观腹，弓腰努责，频频做排粪动作。治疗该病的药物是（　　）。

  A. 阿托品   B. 活性炭   C. 青霉素

  D. 硫酸钠   E. 鞣酸

82. 治疗牛子宫全脱的操作方法是（　　）。

  A. 荐尾间硬膜外麻醉   B. 子宫腔内放置抗生素

  C. 牛体位保持前高后低   D. 皮下或肌内注射催产素

  E. 对脱出的子宫进行清洗、消毒后使之复位

83. 奶牛，患病乳房有不同程度的充血、增大、发硬、温热和疼痛，泌乳减少或停止。可对该奶牛采取的治疗措施是（　　）。

  A. 注射氯前列烯醇   B. 乳头内注射抗生素

  C. 减少精饲料和多汁饲料   D. 在乳房基部注射抗生素

  E. 乳房皮下穿刺放液消肿

84. 马的发情期与其他家畜（猪、牛、羊）相比（　　）。

    A. 更长　　　　　　　　　　B. 更短　　　　　　　　　　C. 无明显差异

    D. 无规律　　　　　　　　　E. 不明确

85. 母犬多在发情期配种，其最佳配种时间应该是见到血性分泌物后(　　)。

    A. 第9～12天　　　　　　　B. 第5～7天　　　　　　　C. 第10～15天

    D. 第7～10天　　　　　　　E. 第8～11天

86. 奶牛，产后5个月，发情正常。最近发现常从阴道中流出黏稠、混浊的液体，发情时更多，但无全身症状；冲洗子宫的回流液略混浊、似淘米水样。该牛最有可能发生的子宫疾病是(　　)。

    A. 隐性子宫内膜炎　　　　　　　　　B. 慢性卡他性子宫内膜炎

    C. 慢性脓性子宫内膜炎　　　　　　　D. 子宫积脓

    E. 子宫积液

87. 奶牛，产后4个月，一直未见发情，从阴道中排出少量异常分泌物，但无全身症状。直肠检查感觉子宫体积明显增大、呈袋状，子宫壁增厚、有柔性的波动感；阴道检查见有大量灰黄色脓液；该牛最有可能发生的子宫疾病是(　　)。

    A. 隐性子宫内膜炎　　　　　　　　　B. 慢性卡他性子宫内膜炎

    C. 慢性脓性子宫内膜炎　　　　　　　D. 子宫积脓

    E. 子宫积液

88. 母猪，妊娠已3个月，突然发现乳房膨大，阴唇肿胀，有清亮分泌物从阴道流出。提示该母猪可能发生的疾病是(　　)。

    A. 流产　　　　　　　　　　B. 妊娠毒血症　　　　　　C. 轻度乳腺炎

    D. 乳房浮肿　　　　　　　　E. 阴道炎

89. 奶牛分娩，持续努责1.5h仍未产出胎儿。检查发现胎膜已经破裂，一前蹄露出阴门外，口鼻位于阴道内，另一前肢腕关节屈曲，抵于耻骨前缘，胎儿尚活。处理该难产病例的首选方法是(　　)。

    A. 直接矫正屈曲的腕关节

    B. 将头部推回子宫腔，矫正屈曲的腕关节

    C. 将露出的前肢推回子宫腔，矫正屈曲的腕关节

    D. 推回屈曲的肢体，向外牵拉头部和露出的前肢

    E. 截除屈曲的腕关节，再向外牵拉头部和露出的前肢

90. 经产奶牛，5岁，顺产一牛犊，产后当日精神、食欲、泌乳未见异常；产后第2天突发食欲废绝，精神委顿，嗜睡，四肢不能站立，卧地时头弯向左侧胸部。检查发现体温37℃。进一步确诊该病的检查方法是(　　)。

    A. 血常规检查　　　　　　　B. 尿常规检查　　　　　　C. 血液生化检查

    D. X线检查　　　　　　　　E. B超检查

91. 经产奶牛，5岁，顺产一牛犊，产后当日精神、食欲、泌乳未见异常；产后第2天突发食欲废绝，精神委顿，嗜睡，四肢不能站立，卧地时头弯向左侧胸部。检查发现体温37℃。与该病发生最相关的因素是(　　)。

    A. 分娩状态　　　　　　　　B. 产犊数　　　　　　　　C. 繁殖率

    D. 产奶量　　　　　　　　　E. 产犊季节

92. 经产奶牛，5岁，顺产一牛犊，产后当日精神、食欲、泌乳未见异常；产后第2天突发食欲废绝，精神委顿，嗜睡，四肢不能站立，卧地时头弯向左侧胸部。检查发现体温37℃。防止该病发生的有效方法之一是在妊娠期给予(　　)。

    A. 高钙高磷饲料   B. 低钙高磷饲料

    C. 富含钙、铁的饲料   D. 富含磷、镁的饲料

    E. 富含维生素A的饲料

93. 妊娠中后期，由胎盘产生的孕酮发挥维持妊娠作用的动物是(　　)。

    A. 马   B. 奶牛   C. 黄牛

    D. 绵羊   E. 山羊

94. 猫的妊娠期平均是(　　)。

    A. 45d   B. 58d   C. 62d

    D. 75d   E. 90d

95. 奶牛正常分娩时，胎儿的胎位是(　　)。

    A. 上位   B. 侧位   C. 下位

    D. 正生   E. 倒生

96. 奶牛产后子宫复旧的时间一般为(　　)。

    A. 2～3d   B. 4～7d   C. 8～15d

    D. 10～25d   E. 30～45d

97. 奶牛难产，产道检查胎儿呈正生，判断胎儿是否死亡最常用的方法是(　　)。

    A. 观察胎儿瞳孔反应   B. 测定胎儿体温是否下降

    C. 针刺前肢，观察有无疼痛反应   D. 手指伸入胎儿肛门内，检查有无胎粪

    E. 手指伸入胎儿口腔，检查有无吞咽和舌回缩反应

98. 公犬，2岁，发病1周。阴囊椭圆形肿大、表面光滑，触诊无压痛，但留压痕。对该病最可能的诊断是(　　)。

    A. 睾丸炎   B. 附睾炎   C. 阴囊疝

    D. 阴囊水肿   E. 睾丸肿瘤

99. 犬，6岁，去年开始肩背部脱毛，绒毛较多而长毛很少；今年起荐背部脱毛，患部皮干、色深。该犬可能患有(　　)。

    A. 雄性激素过剩   B. 甲状腺功能亢进   C. 甲状腺功能减退

    D. 肾上腺皮质功能亢进   E. 肾上腺皮质功能减退

100. 奶牛，已妊娠7个月。近期发现精神沉郁，弓背，努责，阴门流出红褐色难闻黏稠液体。阴道检查发现子宫颈口开张，阴道及子宫颈黏膜红肿。该牛最可能发生的疾病是(　　)。

    A. 胎儿干尸化   B. 胎儿浸溶   C. 子宫积脓

    D. 子宫内膜炎   E. 胎盘脱落

101. 奶牛，已妊娠7个月。近期发现精神沉郁，弓背，努责，阴门流出红褐色难闻黏稠液体。阴道检查发现子宫颈口开张，阴道及子宫颈黏膜红肿。进行直肠检查，卵巢上可能(　　)。

    A. 既有妊娠黄体存在，又有卵泡发育   B. 有妊娠黄体存在，无卵泡发育

C. 无妊娠黄体存在，有卵泡发育　　　　D. 无妊娠黄体存在，无卵泡发育

E. 有囊肿黄体

102. 奶牛，已妊娠 7 个月。近期发现精神沉郁，弓背，努责，阴门流出红褐色难闻黏稠液体。阴道检查发现子宫颈口开张，阴道及子宫颈黏膜红肿。对该病理想的处理方法是（　　）。

A. 剖腹产　　　　　　　　　　　　　B. 注射黄体酮

C. 通过产道取出胎儿　　　　　　　　D. 注射前列腺素

E. 注射催产素

103. 母猪，产后 2d 体温升高，食欲下降，从阴门流出灰褐色液体，内含胎衣碎片。治疗该病应选择的药物组合是（　　）。

A. 抗生素、雌激素与催产素　　B. 人工盐与前列腺素　　　　C. 抗生素与孕酮

D. 孕酮与催产素　　　　　　　E. 雌二醇与孕酮

104. 奶牛，产奶量下降，但乳房和乳汁无肉眼可见的变化，乳房体细胞数为 7.5×10^5 个/mL，该牛最可能发生的疾病是（　　）。

A. 乳腺组织增生　　　　　　B. 乳腺功能减退　　　　　　C. 乳房坏疽

D. 隐性乳腺炎　　　　　　　E. 临床型乳腺炎

105. 公犬，9 岁，一年来表现腹部肥大和对称性脱毛，多饮多尿，欲亢进，肌肉无力萎缩，嗜睡。该犬所患疾病是（　　）。

A. 库欣综合征　　　　　　　　　　　B. 雄激素分泌过多

C. 甲状腺功能亢进症　　　　　　　　D. 甲状腺功能减退症

E. 肾上腺皮质功能减退症

106. 奶牛，分娩时持续强烈努责 1h，反见两前蹄露出阴门外，产道检查发现胎儿头颈左弯。该牛首选的助产方法是（　　）。

A. 矫正术　　　　　　　　　B. 牵引术　　　　　　　　　C. 截肢术

D. 剖腹产术　　　　　　　　E. 翻转母体

107. 奶牛，10 岁，饲养管理如常，1 年前产犊，产后 2 个月发情、配种，但未孕，之后一直未见发情。直肠检查发现卵巢小而硬，无卵泡和黄体，子宫角细小。该牛最可能发生的是（　　）。

A. 卵巢先天性发育不全　　B. 缪勒氏管发育不全　　　　C. 衰老性不育

D. 管理性不育　　　　　　E. 营养不育

108. 促进乳汁从乳腺腺泡进入乳池的激素是（　　）。

A. 催产素　　　　　　　　　B. 松弛素　　　　　　　　　C. 促黄体素

D. 促卵泡素　　　　　　　　E. 马绒毛膜促性腺激素

109. 与卵子激活有关的最主要离子是（　　）。

A. Na^+　　　　　　　　　B. K^+　　　　　　　　　　C. Ca^{2+}

D. Mg^{2+}　　　　　　　　E. Zn^{2+}

110. 孕体分泌的雌激素因子在识别过程中发挥的作用是（　　）。

A. 阻止 $PGF_{2\alpha}$ 的合成　　　　　　　B. 促进 $PGF_{2\alpha}$ 的合成

C. 促进雌激素的分泌　　　　　　　　D. 维持并促进腺体分泌孕激素

E. 抑制雌激素的分泌

111. 对奶牛启动分娩起决定作用的是（　　）。

A. 胎儿的丘脑下部-垂体-肾上腺轴系

B. 母体的丘脑下部-垂体-肾上腺轴系

C. 胎盘产生的雌激素

D. 胎盘产生的孕激素

E. 神经垂体释放的催产素

112. 牛分娩时正常的胎位、胎向是（　　）。

A. 上位、纵向　　　　　　B. 下位、纵向　　　　　　C. 侧位、纵向

D. 上位、横　　　　　　　E. 下位、横向

113. 影响分娩过程的因素不包括（　　）。

A. 阵缩与努责　　　　　　B. 软产道　　　　　　　　C. 硬产道

D. 胎儿与产道的关系　　　E. 母体促卵泡素的水平

114. 犬，7岁，雄性，近日在肛门旁出现无热、无痛、界限明显、柔软肿胀物，大小便不畅。该病最可能的诊断是（　　）。

A. 会阴部肿瘤　　　　　　B. 会阴疝　　　　　　　　C. 淋巴外渗

D. 肛门腺炎　　　　　　　E. 肛周蜂窝织炎

115. 奶牛，已妊娠245d，近日出现烦躁不安、乳房肿大等症状。临床检查心率90次/min，呼吸频率30次/min，阴唇稍肿，阴门有清亮黏液流出。治疗该病首选的药物是（　　）。

A. 雌激素　　　　　　　　B. 垂体后叶素　　　　　　C. 孕酮

D. 前列腺素　　　　　　　E. 促卵泡素

116. 奶牛，已到预产期，表现拱腰、烦躁不安；产道检查发现不能触及子宫颈，阴道壁紧张、深部皱褶明显。该牛最可能发生的是（　　）。

A. 胎势异常　　　　　　　B. 子宫捻转　　　　　　　C. 子宫破裂

D. 胎儿过大　　　　　　　E. 阵缩与努责微弱

117. 牛，3岁，近几个月发现发情周期缩短，发情持续时间长且呈现强烈的发情行为，外阴红肿，黏液增多，直肠检查卵巢的最大变化是（　　）。

A. 卵巢有黄体　　　　　　B. 卵巢既有黄体也有小卵泡　　C. 卵巢有较大卵泡

D. 卵巢萎缩，质地变小，变硬E. 既无卵泡也无黄体

118. 牛，产后第2天，表现弓背、努责，阴门中排出污红色恶臭液体，卧地时排出量较多，排出物内含变性分解的组织碎片，体温未见明显变化。该牛最可能发生的疾病是（　　）。

A. 阴道炎　　　　　　　　B. 产后败血症　　　　　　C. 产后脓毒血症

D. 胎衣不下　　　　　　　E. 子宫内翻

119. 牛，产后第2天，表现弓背、努责，阴门中排出污红色恶臭液体，卧地时排出量较多，排出物内含变性分解的组织碎片，体温未见明显变化。治疗该病时，需促进子宫收缩，为增强催产素效果，可先行肌内注射（　　）。

A. 雌二醇　　　　　　　　B. 孕酮　　　　　　　　　C. 前列腺素

D. 地塞米松　　　　　　　E. 肾上腺素

120. 牛，产后第 2 天，表现弓背、努责，阴门中排出污红色恶臭液体，卧地时排出量较多，排出物内含变性分解的组织碎片，体温未见明显变化。如果该病未及时处理，病畜体温升高时，治疗中不宜采用的方法是(　　)。

    A. 皮下注射催产素　　　　　　　　　　B. 注射前列腺素

    C. 子宫内投放抗生素　　　　　　　　　　D. 肌内注射雌激素制剂

    E. 用 1‰高锰酸钾溶液冲洗子宫

121. 不属于卵巢功能减退的症状是(　　)。

    A. 长期不发情　　　　　　　　　　　　B. 发情周期延长

    C. 出现发情症候并排卵　　　　　　　　D. 出现发情症候但不排卵

    E. 发情的外表征象不明显

122. 属于性染色体两性畸形的疾病是(　　)。

    A. XX 真两性畸形　　　　B. XX 雄性综合征　　　　C. 雄性假两性畸形

    D. XXY 综合征　　　　　E. 雌性假两性畸形

123. 母牛，发情周期正常，几个情期的发情持续时间为 3～5d，常规配种后，均未受孕。该牛最可能患的疾病是(　　)。

    A. 卵泡囊肿　　　　　　　B. 黄体囊肿　　　　　　　C. 卵泡萎缩

    D. 排卵延迟　　　　　　　E. 卵巢功能减退

124. 母牛，发情周期正常，几个情期的发情持续时间为 3～5d，常规配种后，均未受孕。该病最可能的发生原因是(　　)。

    A. 促卵泡素分泌过多　　　　　　　　　B. 促卵泡素分泌不足

    C. 促黄体素分泌过多　　　　　　　　　D. 促黄体素分泌不足

    E. 雌激素分泌过多

125. 母牛，发情周期正常，几个情期的发情持续时间为 3～5d，常规配种后，均未受孕。临床上治疗该病的首选药物是(　　)。

    A. 马绒毛膜促性腺激素　　　B. 人绒毛膜促性腺激素　　　C. 孕酮

    D. 前列腺素　　　　　　　　E. 苯丙酸诺龙

126. 奶牛，4 岁，配种后 35d 确诊已妊娠，临床未见明显异常，配种后 65d 时，该牛再次发情，直肠检查发现原先的妊娠特征消失。再次配种前，对该牛常用的处理措施是(　　)。

    A. 生理盐水冲洗子宫　　　B. 注射催产素　　　　　　C. 注射孕酮

    D. 注射氯前列烯醇　　　　E. 注射人绒毛膜促性腺激素

127. 经产奶牛，6 岁，产后 6 个月未出现发情，直肠检查发现两侧卵巢大小、形态、质地未见明显变化。该牛可能发生的疾病是(　　)。

    A. 卵泡囊肿　　　　　　　B. 黄体囊肿　　　　　　　C. 排卵延迟

    D. 持久黄体　　　　　　　E. 卵巢功能减退

128. 母犬，妊娠期间为了保胎，误用了较大剂量的雄激素，分娩后产下畸形胎儿。剖检胎儿见其卵巢正常，但又发现小阴茎和前列腺。该病最可能的诊断是(　　)。

    A. X0 综合征　　　　　　B. XX 真两性畸形　　　　C. XX 雄性综合征

    D. 雌性假两性畸形　　　　E. 雄性假两性畸形

129. 高产奶牛，已产 3 胎，此次分娩后 2d 出现精神沉郁、食欲废绝、卧底不起，体温 37℃；眼睑反射微弱，头弯向胸部一侧。该病最可能的诊断是(　　)。
    A. 产后截瘫　　　　　　　B. 生产瘫痪　　　　　　　C. 胎衣不下
    D. 股骨骨折　　　　　　　E. 产后感染

130. 高产奶牛，已产 3 胎，此次分娩后 2d 出现精神沉郁、食欲废绝、卧底不起，体温 37℃；眼睑反射微弱，头弯向胸部一侧。治疗该病有效的方法是(　　)。
    A. 子宫冲洗　　　　　　　B. 坐骨神经封闭　　　　　C. 抗菌消炎
    D. 乳房送风　　　　　　　E. 静脉补糖

131. 奶牛，已妊娠 285d，表现不安，后肢踢腹，脉搏 96 次/min。阴道检查发现阴道腔深部狭窄，阴道壁的前端呈顺时针螺旋状旋转，子宫颈口开张不明显。该病首选治疗方案是(　　)。
    A. 右侧卧保定，然后迅速仰翻为左侧卧
    B. 左侧卧保定，然后迅速仰翻为右侧卧
    C. 仰卧保定，左右侧呈 45°晃动 10min
    D. 仰卧保定，左右侧呈 60°晃动 10min
    E. 仰卧保定，然后迅速翻转为右侧卧

132. 奶牛，已妊娠 285d，表现不安，后肢踢腹，脉搏 96 次/min。阴道检查发现阴道腔深部狭窄，阴道壁的前端呈顺时针螺旋状旋转，子宫颈口开张不明显。如果经过几次翻转处理无效，选择手术矫正，适宜的切口部位是(　　)。
    A. 腹白线右侧切口　　　　　　　B. 腹白线左侧切口
    C. 右侧肋弓下斜切口　　　　　　D. 左肷部中下切口
    E. 右肷部中切口

133. 犬，6 岁，发情后 7 周，未配种，近期喝水增多，体温升高，腹围大，血液白细胞升高，阴户流出恶臭分泌物。该病最可能的诊断是(　　)。
    A. 子宫积水　　　　　　　B. 子宫蓄脓　　　　　　　C. 子宫颈炎
    D. 假孕　　　　　　　　　E. 胃肠臌气

134. 犬，6 岁，发情后 7 周，未配种，近期喝水增多，体温升高，腹围大，血液白细胞升高，阴户流出恶臭分泌物。该病最可能的发病诱因是(　　)。
    A. 不当使用类固醇药物　　B. 长期补充钙制剂　　　　C. 维生素 D 缺乏
    D. 缺乏运动　　　　　　　E. 维生素 E 缺乏

135. 犬，6 岁，发情后 7 周，未配种，近期喝水增多，体温升高，腹围大，血液白细胞升高，阴户流出恶臭分泌物。根治该病的最佳方案是(　　)。
    A. 注射雌激素、催产素　　B. 注射前列腺素　　　　　C. 注射孕酮
    D. 实施卵巢、子宫切除术　E. 静脉补液、注射抗生素

136. 山羊，7 岁，产后 6h 出现拱背、努责，随努责流出少量污红色液体和组织碎片。治疗该病适宜的药物是(　　)。
    A. 雌二醇、土霉素　　　　B. 雌二醇、催产素　　　　C. 孕酮、土霉素
    D. 孕酮、雌二醇　　　　　E. 前列腺素、孕酮

137. 牛，5 岁，产后 2 个月发情漏配，此后一直未见发情，阴道检查无异常。要进一步

诊断应采用的检查方法是（　　）。

  A. 直肠检查   B. 孕酮测定   C. 全身检查

  D. 血液生化检查   E. 血常规检查

138. 母猪，3.5岁，体格偏瘦。妊娠114d时分娩，产出8个胎儿后努责微弱，40min后仍不见胎儿产出；B超检查可见子宫后部有多头活胎。该猪难产最可能的原因是（　　）。

  A. 继发性子宫迟缓   B. 原发性子宫迟缓   C. 子宫痉挛

  D. 胎儿过大   E. 阴道狭窄

139. 母猪，3.5岁，体格偏瘦。妊娠114d时分娩，产出8个胎儿后努责微弱，40min后仍不见胎儿产出；B超检查可见子宫后部有多头活胎。对该猪首选的助产药物是（　　）。

  A. 前列腺素   B. 雌激素   C. 催产素

  D. 麦角新碱   E. 葡萄糖酸钙

140. 母猪，3.5岁，体格偏瘦。妊娠114d时分娩，产出8个胎儿后努责微弱，40min后仍不见胎儿产出；B超检查可见子宫后部有多头活胎。对该猪首选的手术助产方法是（　　）。

  A. 牵引术   B. 矫正术   C. 截胎术

  D. 剖腹产术   E. 子宫颈扩张

141. 金毛犬，雌性，3岁。1岁时开始发情，每半年1次。但每次发情时出血时间超过20d，外阴潮红、肿胀明显，阴户外翻。自出血1周后公犬激动，愿接受公犬爬跨，直至15d后阴户肿胀逐渐消退，出血量减少。B超检查，两侧卵巢上有多个直径1cm以上的液性暗区。该病最可能的诊断是（　　）。

  A. 卵泡囊肿   B. 卵巢功能减退   C. 持久黄体

  D. 排卵弛缓   E. 黄体囊肿

142. 金毛犬，雌性，3岁。1岁时开始发情，每半年1次。但每次发情时出血时间超过20d，外阴潮红、肿胀明显，阴户外翻。自出血1周后公犬激动，愿接受公犬爬跨，直至15d后阴户肿胀逐渐消退，出血量减少。B超检查，两侧卵巢上有多个直径1cm以上的液性暗区。治疗该病最常用的药物是（　　）。

  A. 前列腺素   B. 马绒毛膜促性腺激素   C. 促黄体素

  D. 促卵泡素   E. 雌二醇

143. 金毛犬，雌性，3岁。1岁时开始发情，每半年1次。但每次发情时出血时间超过20d，外阴潮红、肿胀明显，阴户外翻。自出血1周后公犬激动，愿接受公犬爬跨，直至15d后阴户肿胀逐渐消退，出血量减少。B超检查，两侧卵巢上有多个直径1cm以上的液性暗区。如果在发情出血的第9天进行B超检查，两侧卵巢上出现多个黄豆大小的液性暗区时，为提高受胎率，防治该病的发生，可在配种时配合应用（　　）。

  A. 促黄体激素释放激素   B. 前列腺素   C. 雌二醇

  D. 马绒毛膜促性腺激素   E. 丙酸睾酮

144. 母马，分娩过程持续1h仍未见胎儿排出，应用大量催产素，出现强烈努责，数小时后突然安静，努责停止，但未见胎儿排出。该马最可能发生的是（　　）。

  A. 胎儿死亡   B. 子宫破裂   C. 子宫痉挛

  D. 子宫弛缓   E. 疼痛休克

145. 母马，分娩过程持续 1h 仍未见胎儿排出，应用大量催产素，出现强烈努责，数小时后突然安静，努责停止，但未见胎儿排出。确诊该病，最直接的检查方法是（　　）。

  A. 产道检查   B. 胎儿活力检查   C. B 超检查

  D. 血常规检查   E. 直肠检查

146. 母马，分娩过程持续 1h 仍未见胎儿排出，应用大量催产素，出现强烈努责，数小时后突然安静，努责停止，但未见胎儿排出。如果由于抢救不及时，该母马发生死亡，引起死亡最可能的原因是（　　）。

  A. 疼痛休克   B. 失血性休克   C. 感染性休克

  D. 药物过敏   E. 产程过长

147. 母猪难产，注射催产素后，产出仔猪软弱无力，可视黏膜发绀或苍白，呼吸极度微弱。对仔猪采取的首要措施是（　　）。

  A. 擦干体表胎水，诱发呼吸反射

  B. 擦干体表胎水，保温

  C. 擦净鼻孔、口腔内的胎水，诱发呼吸反射

  D. 立即进行人工呼吸

  E. 腹腔注射葡萄糖溶液

148. 母猪难产，注射催产素后，产出仔猪软弱无力，可视黏膜发绀或苍白，呼吸极度微弱。与该病无关的因素是（　　）。

  A. 阵缩与努责异常   B. 胎盘类型   C. 胎儿数目

  D. 胎儿过大   E. 胎儿产出时间过长

149. 母猪难产，注射催产素后，产出仔猪软弱无力，可视黏膜发绀或苍白，呼吸极度微弱。除猪外，常见发生该病的动物是（　　）。

  A. 牛   B. 羊   C. 马

  D. 犬   E. 猫

150. 促进子宫内容物排出不宜选择的药物是（　　）。

  A. 催产素   B. 前列腺素   C. 麦角新碱

  D. 氨甲酰胆碱   E. 孕酮

151. 奶牛，产后 18h 出现拱背、努责症状，有小部分胎膜悬吊于阴门之外。治疗该病最适宜的药物是（　　）。

  A. 阿托品和催产素   B. 雌二醇和催产素   C. 孕酮和催产素

  D. 阿托品和肾上腺素   E. 雌二醇和孕酮

152. 公羊，不愿交配，叉腿行走，阴囊内容物紧张、肿大，精子活力降低，精液分离出布鲁氏菌。该羊最可能发生的疾病是（　　）。

  A. 附睾炎   B. 精囊腺炎   C. 阴囊损伤

  D. 前列腺炎   E. 阴囊炎

153. 胎儿的身体纵轴与母体的身体纵轴互相平行时称为（　　）。

  A. 上位   B. 下位   C. 纵向

  D. 横向   E. 竖向

154. 通过产道矫正子宫捻转时，奶牛的保定方法是（　　）。

A. 站立、呈前低后高位　　　B. 右侧卧、呈前低后高位

C. 左侧卧、呈前低后高位　　　D. 站立、呈前高后低位

E. 右侧卧、呈前高后低位

155. 患新生仔畜溶血病的仔猪,血常规检查最可能出现的结果是(　　)。

A. 血红蛋白增加　　　B. 红细胞数减少　　　C. 白细胞数减少

D. 血沉速度减慢　　　E. 红细胞比容升高

156. 处置奶牛乳房坏疽不宜采取的措施是(　　)。

A. 乳房内注射抗生素　　　B.0.1%高锰酸钾溶液冲洗乳房

C.3%过氧化氢溶液冲洗乳房　　　D. 乳房热敷、按摩

E. 肌内注射抗生素

模拟题参考答案

题号	1	2	3	4	5	6	7	8	9	10	11	12	13	14	15	16	17	18	19	20
答案	C	A	C	A	C	B	B	C	E	E	D	B	E	C	B	A	D	C	D	C

题号	21	22	23	24	25	26	27	28	29	30	31	32	33	34	35	36	37	38	39	40
答案	D	D	D	D	B	B	E	D	B	C	A	B	E	E	E	E	D	A	A	E

题号	41	42	43	44	45	46	47	48	49	50	51	52	53	54	55	56	57	58	59	60
答案	D	A	D	A	A	C	C	C	A	B	D	D	E	A	E	E	D	C	B	B

题号	61	62	63	64	65	66	67	68	69	70	71	72	73	74	75	76	77	78	79	80
答案	A	C	D	B	E	E	B	D	C	B	B	A	D	C	D	E	B	D	E	A

题号	81	82	83	84	85	86	87	88	89	90	91	92	93	94	95	96	97	98	99	100
答案	D	E	D	A	A	B	D	A	C	D	B	A	B	A	E	E	C	C	B

题号	101	102	103	104	105	106	107	108	109	110	111	112	113	114	115	116	117	118	119	120
答案	C	C	A	D	A	A	C	A	C	A	A	A	E	B	C	B	C	D	A	B

题号	121	122	123	124	125	126	127	128	129	130	131	132	133	134	135	136	137	138	139	140
答案	C	D	E	B	A	E	C	D	B	A	A	A	D	A	D	A	A	A	C	A

题号	141	142	143	144	145	146	147	148	149	150	151	152	153	154	155	156				
答案	A	C	D	B	A	B	C	B	A	E	B	A	C	A	B	D				

第五篇

中兽医学

■ 备考指南

学科特点

中兽医学是一门重要的专业课程，其理论性强、知识点多、课程内容量大，包括阴阳五行学说、辨证论治、中药及方剂、针灸、病证防治共五部分。课程涉及古朴术语和许多抽象概念，需要多用时间理解记忆，并辅助应用辩证思维。

学习方法

最核心的方法：记忆。掌握中兽医基本观点，记忆基本方剂、常用穴位，先记忆再慢慢理解。以"整体观念"和"辩证论治"为核心，理论联系实际，逐步做到对理、法、方、药及针灸等内容融会贯通。

近五年分值分布

年份	基础理论	辨证论治	中药性能及方剂组成																针灸	病证防治	合计
			中药和方剂总论	解表方药	清热方药	泻下方药	消导方药	止咳平喘化痰方药	温里方药	祛湿方药	理气方药	理血方药	收涩方药	补虚方药	平肝方药	安神开窍方药	驱虫方药	外用方药			
2019	2	8	1	1	1	0	1	1	0	1	0	0	1	1	0	0	0	0	3	8	29
2020	2	4	1	1	0	1	0	0	1	3	0	1	0	1	0	0	0	0	3	12	22
2021	2	7	1	0	2	0	2	2	0	1	1	0	1	0	0	0	0	0	2	8	19
2022	2	3	1	1	1	1	0	1	1	1	0	1	1	1	0	0	0	0	3	8	19
2023	1	0	2	1	2	1	0	2	1	2	1	1	1	0	0	0	0	0	0	2	19
总计	9	22	6	4	6	3	3	5	3	7	3	3	4	4	1	0	0	0	11	38	108

<<< 第一单元　基础理论 >>>

一、考试大纲

单元	细目	要点
基础理论	1. 阴阳五行学说	(1) 阴阳学说的基本内容及应用　(2) 五行学说的基本内容及应用
	2. 脏腑学说与气血	(1) 五脏的生理功能　(2) 六腑的生理功能　(3) 气血的生理功能与病理
	3. 经络	(1) 经络系统的组成　(2) 十二经脉的命名及循行路线　(3) 经络的主要作用
	4. 病因	(1) 外感致病因素种类、共同特点、性质、致病特性及常见病证　(2) 内伤致病因素种类、致病特性及常见病证

二、重要知识点

(一) 阴阳学说

1. 定义　阴阳是代表事物对立而又统一的两个方面，是一切事物和现象矛盾双方的概括。

2. 阴阳的相互关系

(1) 阴阳对立　指阴阳双方相互排斥、相互斗争和相互制约的关系。

(2) 阴阳互根　即"阴在内，阳之守也；阳在外，阴之使也"。

(3) 阴阳消长　即"阴消阳长，阳消阴长"，阴阳失调导致"阴胜则阳病，阳胜则阴病"。

(4) 阴阳转化　即"重阴必阳，重阳必阴"。

3. 阴阳的应用

(1) 在畜体组织结构方面的应用　机体部位上为阳，下为阴；脏为阴，腑为阳；经属阴，络属阳；血为阴，所为阳；营气在内为阴，卫气在外为阳。

(2) 在生理方面的应用　物质为阴，功能为阳，"阴平阳秘，精神乃治，阴阳离决，精气乃绝"。

(3) 在病理方面的应用

①阴阳偏盛（实证）　阳盛则热，阴盛则寒。

②阴阳偏衰（虚证）　阳虚则外寒，阴虚则内热。

(4) 在药物方面的应用　归纳药物的性能，指导临床用药。四气五味、升降沉浮；寒者热之，热者寒之，盛者泻之，虚者补之。

(5) 在病证防治方面的应用　阴阳为八纲的总纲，可用于疾病的诊断。例如，脉象——

数、洪、浮、滑为阳；迟、沉、细、涩为阴。气息——语声高亢洪亮、多言而躁动者，多属实、属热，为阳；语声低微无力、少言而沉静者，多属虚、属寒，为阴。

病状阴阳五行分类见表5-1-1。

表5-1-1　病状阴阳五行分类

四诊	病状	阴	阳
望诊	口色	青、白、黑	黄、赤、红
	小便	清、长	短、赤
	大便	稀	干
闻诊	咳嗽	声音低微	声音洪大
	呼吸	浅、短	声粗息高
问诊	饮水	不渴	口渴
	发热	怕冷喜热	恶热喜冷
切诊	脉象	迟、沉、细、涩	数、洪、浮、滑
	体表	凉	热

（二）五行学说

1. 五行的特性　见表5-1-2。

表5-1-2　五行特性

五行	特性	含义	五脏
木	木曰曲直	生长、升发、条达舒畅	肝
火	火曰炎上	温热、升腾	心
土	土爱稼穑	生化、承载、受纳	脾
金	金曰从革	沉降、肃杀、收敛	肺
水	水曰润下	寒凉、滋润、向下	肾

2. 五行归类表　见表5-1-3。

表5-1-3　五行归类

自然界				五行	动物体						
五味	五气	五色	五季		脏	腑	五体	五窍	五液	五脉	五志
酸	风	青	春	木	肝	胆	筋	目	泪	弦	怒
苦	暑	赤	夏	火	心	小肠	脉	舌	汗	洪	喜
甘	湿	黄	长夏	土	脾	胃	肌肉	口	涎	代	思
辛	燥	白	秋	金	肺	大肠	皮毛	鼻	涕	浮	悲
咸	寒	黑	冬	水	肾	膀胱	骨	耳	唾	沉	恐

3. 五行的关系

（1）正常调节机制　相生、相克。

①五行相生(母子关系)　资生、促进、协同。木→火→土→金→水→木。

②五行相克　制约、克制（所胜、所不胜关系）。木→土→水→火→金→木。

（2）异常调节机制　相乘、相侮。

①五行相乘　五行相克太过，与相克顺序一致。

②五行相侮　五行相克太过，与相克顺序相反。

（3）应用

①母病及子　治疗虚则补其母。

②子病犯母　治疗实则泻其子。

③相乘为病　如木旺乘土，应扶土抑木。

④相侮为病　如木火侮金，应扶金抑木。

（三）脏腑学说

五脏是指心、肺、脾、肝、肾，其功能是贮存气、血、精、津液；六腑是指小肠、大肠、胃、胆、膀胱及三焦，主管水谷的受纳、消化、吸收、传导及排泄。脏以藏为主，腑以通为用，两者互为表里关系，心与小肠、肺与大肠、脾与胃、肝与胆、肾与膀胱，三焦为"孤腑"。脏腑功能与系统联系见表5-1-4。

表5-1-4　脏腑功能与系统联系

五脏/六腑	主要功能	系统联系及开窍
心	主血脉、藏神	主汗；开窍于舌
小肠	主受盛化物、分别清浊	
肺	主气、司呼吸；主宣发肃降、通调水道	主一身之表、外合皮毛；开窍于鼻
大肠	主津和传导糟粕	
脾	主运化；主统血	主肌肉四肢；开窍于口，外应于唇
胃	主受纳、腐熟水谷	
肝	主疏泄；藏血	主筋、其华在蹄爪；开窍于目
胆	贮存和排泄胆汁	
肾	主藏精；主水；主纳气	主骨、生髓、通于脑；开窍于耳，司二阴
膀胱	贮存和排泄尿液	
三焦	统领元气，疏通水道	

（四）气血的生理功能与病理

1. 气

（1）分类　分为元气、宗气、营气、卫气。

①元气　是机体最根本、最重要的气，是生命活动的原动力。肾中精气是禀受于父母的"先天之精"与"后天之精"结合的产物。以三焦为通路，巡行全身，无所不至。又称真气。

②宗气　是积于胸中之气。因为是全身气最集中的地方，故又称气海。宗气形成后，分布于胸中，贯注于心肺之脉。

③营气　是行于脉中之气。营气灌注到心脉的部分，又称营阴。

④卫气　是水谷精气中最雄厚强悍的部分，属运行于脉外之气。由于卫气具有护卫机体、不使外邪侵犯的作用，故又称卫阳。

（2）运动　气的运动称为气机，其基本形式有升、降、出、入。

（3）生理功能　包括推动作用、温煦作用、防御作用、固摄作用、气化作用、营养作用。

（4）常见病证

①气虚

主证：耳耷头低，被毛粗乱，役时多汗，四肢无力，气短而促，叫声低微，运动时诸症加剧，舌淡无苔，脉虚弱。

治则：宜补气。方用四君子汤。

②气陷

主证：垂脱证。少气倦怠，内脏下垂，脱肛或阴道子宫脱出，久泻久痢，口唇不收、迟缓下垂，舌淡、无苔，脉虚弱。

治则：宜升举中气。方用补中益气汤。

③气滞（停留）

主证：肚腹胀满，疼痛。

治则：宜行气。方用越鞠丸、橘皮散。

④气逆（走向不顺）

主证：肺气上逆则见咳嗽、气喘；胃气上逆则见嗳气、呕吐。

治则：宜降气镇逆。肺气上逆，方用苏子降气汤；胃气上逆，方用旋覆代赭汤加减。

2. 血

（1）生理功能　营养和滋润全身；藏神。

（2）常见病证

①血虚

主证：黏膜淡白、苍白或黄白，心悸，苔白，脉细无力。

治则：补血。方用四物汤。

②血瘀（运行受阻）

主证：血肿，疼痛，出血，舌有瘀血，脉细涩。

治则：活血祛瘀。方用桃红四物汤。

③血热

主证：身热，躁动不安或昏迷，出血发斑，口干津少，舌质红绛，脉细数。

治则：清热凉血。方用犀角地黄汤。

④出血

主证：气虚出血，血热出血，出血斑，外伤出血。

治则：补脾摄血，清热凉血，收敛止血。方用归脾汤、补中益气汤；犀角地黄汤；桃花散。

3. 津液

（1）生成　来源于水谷，特别是饮水，由脾、胃、小肠、大肠吸收其中的水分和营养物质而生成。

（2）生理功能　滋润濡养全身；化生血液；排泄废物。

（3）常见病证

①津液不足　摄入不足或损失太多。

②水湿内停　如水肿、腹水等。

4. 气与血的关系　气能生血、气能行血、气能摄血、血以载气。

5. 气与津液的关系　气能生津、气能行津、气能摄津、津以载气。

（五）经络

经络是家畜体内联络脏腑、沟通内外和运行气血的通路，是经脉和络脉的总称。十二经脉的命名及循行部位见表5-1-5。

表5-1-5　十二经脉的命名及循行部位

四肢	十二经脉命名		循行部位（阴经行于内侧；阳经行于外侧）
	阴经（属脏）	阳经（属腑）	
前肢	太阴肺经	阳明大肠经	前缘
	厥阴心包经	少阳三焦经	中线
	少阴心经	太阳小肠经	后缘
后肢	太阴脾经	阳明胃经	前缘
	厥阴肝经	少阳胆经	中线
	少阴肾经	太阳膀胱经	后缘

（六）病因

病因即致病因素，是指引起机体发生疾病的原因，又称"邪气"。包括六淫、疫疬之气、内伤、七情等。

1. 外感致病因素

（1）六淫　致病因素包括风、寒、暑、湿、燥、热（火）。

（2）六淫致病的共同点　包括外感性、季节性、环境性、相兼性、转化性。

（3）六淫的致病特点　见表5-1-6。

表5-1-6　六淫的致病特点

六淫	主要性质	致病特点
风	轻扬开泄，善行数变，动摇不定，多兼他邪	风为阳邪，易袭阳位；善行数变，病位游移；风胜则动；百病之长（始）
寒	寒冷，收引，凝滞	寒为阴邪，易伤阳气，表现寒象；易致疼痛；寒主收引，收缩拘急
暑	炎热升散，且多挟湿	暑邪为阳邪，表现阳热之象；易扰心神，易动肝风；其性升散，易伤津耗气；暑多挟湿
湿	重浊，黏滞，趋下	湿为阴邪，易伤阳气；湿邪易于阻遏气机；湿性趋下，易袭阴位；病程缠绵难愈

（续）

六淫	主要性质	致病特点
燥	干燥	燥性干涩，易伤津液；燥易伤肺
火	燔灼，炎上，耗气伤津，生风动血	表现阳热之象；易于伤津耗气；易生风、动血；火热之邪挟毒，易致阳性肿疡

2. 内伤致病因素 包括饥、饱、劳、逸。

3. 其他致病因素

（1）痰饮 致病因素为痰、饮。

（2）七情 致病因素为喜、怒、忧、思、悲、惊、恐。喜伤心，怒伤肝，思伤脾，忧伤肺，恐伤肾。怒则气上，喜则气缓，悲则气消，恐则气下，惊则气乱，思则气结。

三、例题及解析

1. 阴阳双方存在着相互排斥、相互斗争、相互制约的关系为（   ）；阴阳双方不断运动变化，维持动态平衡的关系称为（   ）。

    A. 阴阳互根　　　　　　　B. 阴阳消长　　　　　　　C. 阴阳对立

    D. 阴阳转化　　　　　　　E. 阴阳关联

【解析】 C；B。阴阳相互关系：阴阳对立，即双方相互排斥、相互斗争、相互制约；阴阳互根，指阴阳双方互相依存、互为根本的关系；阴阳转化，指双方在一定条件下，相互转化、属性互换的关系；阴阳消长，指阴阳双方不断运动变化，此消彼长，又力求维系动态平衡的关系。

2. 脾在五行中属（   ）。

    A. 金　　　　　　　　　　B. 木　　　　　　　　　　C. 水

    D. 火　　　　　　　　　　E. 土

【解析】 E。木（肝、胆）→火（心、小肠）→土（脾、胃）→金（肺、大肠）→水（肾、膀胱）→木。

3. 肝病传心的病理转变规律属于（   ）。

    A. 母病及子　　　　　　　B. 子病犯母　　　　　　　C. 相乘为病

    D. 相侮为病　　　　　　　E. 表里同病

【解析】 A。木（肝、胆）→火（心、小肠）→土（脾、胃）→金（肺、大肠）→水（肾、膀胱）→木。

4. 五脏之中，开窍于耳的是（   ）。

    A. 心　　　　　　　　　　B. 肝　　　　　　　　　　C. 脾

    D. 肺　　　　　　　　　　E. 肾

【解析】 E。心开窍于舌，肺开窍于鼻，肝开窍于目，脾开窍于口，肾开窍于耳。

5. 六腑之中，受盛化物和分别清浊的是（   ）。

    A. 肝　　　　　　　　　　B. 胃　　　　　　　　　　C. 小肠

D. 大肠   E. 膀胱

【解析】 E。肝主疏泄、藏血；胃主受纳、腐熟水谷；小肠主受盛化物、分别清浊；大肠主津和传导糟粕；膀胱主贮存和排泄尿液。

6. 六淫之中具有善行数变的特性的邪气是（   ）。

A. 风邪   B. 寒邪   C. 湿邪

D. 暑邪   E. 燥邪

【解析】 A。重浊黏滞，缠绵难退——湿邪；阴冷、凝滞——寒邪；炎热升散——暑邪；善行主动——风邪；热极炎上——火邪；干燥、易伤津液——燥邪。

<<< 第二单元　辨证施治 >>>

一、考试大纲

单元	细目	要点
辨证施治	1. 诊法	（1）察口色方法、部位以及常见口色的主证　（2）切脉部位和方法、常见脉象的主证
	2. 辨证	（1）八纲辨证　（2）脏腑辨证　（3）卫气营血辨证　（4）六经辨证
	3. 防治法则	（1）治未病　（2）主要治则　（3）内治八法

二、重要知识点

（一）诊法

诊法主要有望、闻、问、切，简称四诊。临床应用时，四诊合参。

1. 察口色 指观察口腔各部位的色泽，以及舌苔、口津、舌形等的变化。色是气血的外荣，是气血功能活动的外在表现。

（1）部位　舌色应心；唇色应脾；金关（左卧蚕）应肝；玉户（右卧蚕）应肺；排齿应肾；口角应三焦。

（2）正常口色　描述为"春如桃花夏似血，秋如莲花冬似雪"。

（3）病色　包括白色、黄色、赤色、青色、黑色。

舌色主证与病因见表 5-2-1，苔色主证及表现见表 5-2-2。

表 5-2-1　舌色主证与病因

舌色	主证	病因	表现
白色	虚证寒证	气血不足，血脉空虚	淡白、苍白
赤色	热证	因血得热则行，热盛而致气血沸涌，血脉充盈	赤红或鲜红、赤紫或深绛

（续）

舌色	主证	病因	表现
黄色	湿证	湿热熏蒸肝胆，胆汁横溢入血；寒湿郁阻肝胆，胆汁排泄不利，溢于皮下	阳黄（鲜明如橘）、阴黄（晦暗如烟熏色）
青色	主寒、主痛、主风	寒凝气滞，气血运行不畅	青白、青黄、青紫
黑色	主寒深、热极	危重证候	黑而无津为热极；黑而津多者为寒极

表 5-2-2　苔色主证及表现

苔色	主证	表现
白苔	表证、寒证	苔白而润，表明津液未伤；苔白而燥，表明津液已伤；苔白而滑，表明寒湿内停
黄苔	里证、热证	淡黄苔而润者，表明为表热；苔黄而燥，表明里热耗伤津液；苔黄而焦裂者，多为热极
灰、黑苔	热证、寒湿证中的重证	

（4）苔质　舌苔从无到有，说明胃气渐复，病情好转；舌苔从有到无，说明胃气虚衰，预后不良。

①厚薄　苔薄表示病邪较浅，病情轻见于外感表证；苔厚表示病邪深重或内有积滞。

②润燥　苔润表明津液未伤；苔滑多主水湿内停；干燥表明津液已伤，多为热证伤津或久病阴液耗亏。

③腐腻　腐苔，苔质疏松而厚，如豆腐渣堆积于舌面，可以刮掉，主胃肠积滞、食欲废绝；腻苔，苔质致密而细腻，擦之不去，刮之不脱，像一层混浊的黏液覆盖在舌面，多主湿浊内停。

④舌形　肿大而淡白，舌边有齿痕，属脾肾阳虚；肿胀红赤，属心火上炎、热毒亢盛；久病舌痿软无力，甚至拉出口外也无力缩回，似蠕虫蠕动，是气血俱虚，病势沉重的表现；舌体歪于一侧，多属风证。

⑤口津　口津黏稠或干燥，多为燥热伤津；口干，舌面有皱褶，则为阴虚津亏，严重脱水；口津多而清稀，口腔滑利，多为寒证或水湿内停。

⑥病危口色（绝色）　主要有青黑或青紫。

2. 切脉

（1）部位　颌下动脉——马属动物；尾动脉——牛、骆驼；股内动脉——猪、羊、犬。

（2）脉象

①平脉　健康无病的正常之脉。

②反脉　反常有病之脉。

八大纲脉见表5-2-3。

表5-2-3　八大纲脉

分类	脉象	主证
脉搏显现部位的深浅	浮：轻按即得，重按减弱，如触水中浮木	表证
	沉：轻取不应，重按始得，如触水中沉石	里证
脉搏快慢	迟：迟慢	寒证
	数：急促	热证
脉搏力量强弱	虚：无力，空虚	虚证
	实：有力，实满	实证
脉搏势态	滑：往来流利，应指圆滑，如盘走珠	痰饮、食滞、实热；妊娠
	涩：往来艰涩，如轻刀刮竹	精伤血少、气滞血瘀

（二）辨证

常用辨证方法有八纲辨证、脏腑辨证、卫气营血辨证、六经辨证。

1. 八纲辨证　为基本纲领，包括表里、寒热、虚实、阴阳。

（1）表里（辨别病位和病位深浅）

①表证　临床上以表寒、表热为要，表证常挟风。

特点：发病急、病程短、病位浅。

共证：发热、恶寒、苔薄、脉浮。

治则：发汗解表。

表寒：即风寒在表。主证为发热轻恶寒重，苔薄白，脉浮紧，竖毛，颤抖，无汗，鼻塞，遇冷加剧。治则为辛温解表，方用麻黄汤或桂枝汤。

表热：即风热在表（如流感）。主证为发热重、恶寒轻，苔薄黄，脉浮数，口干易汗，舌红，重则咽痛，咳嗽。治则为辛凉解表，方用银翘散、桑菊饮。

表虚、表实，方用玉屏风散、麻黄汤。

②里证

病位：主要在脏腑、气血、骨髓。

成因：外邪入里，直中，饮食，情志。

特点：病因复杂、病位广泛、症状繁多。

常见病证：里寒，方用橘皮散；里热，方用白虎汤；里实，方用大承气汤和当归苁蓉汤；里虚，方用补益方。

表证和里证的辨证要点见表5-2-4。

表5-2-4　表证和里证的辩证要点

分类	寒热	舌苔	脉象	治则
表证	发热恶寒并见	薄	浮	解表
里证	无发热恶寒并见症状；但热不寒，或但寒不热	厚	沉	治里

（2）寒热（辨别疾病性质）

①寒证

共证：口色淡白或淡清，口津滑利，舌苔白，脉迟，尿清长，粪稀，鼻寒耳冷，四肢发凉等。

寒实证：寒邪直中中焦。治则为温中散寒。

虚寒证：久病伤阳所致。治则为温阳散寒。

②热证

共证：发热，口渴，尿短赤，粪干，口色红燥，苔黄干，脉洪数。临床特点为热、赤(红)、稠。

实热证：发热喜冷，躁烦不宁。脉数，口渴喜饮，尿短赤，粪干，苔黄燥。治则为清热泻火。

虚热证：低热不退，潮热盗汗。粪干尿少，口色淡红，苔少而干，脉沉细数。治则为滋阴降火。

寒证和热证的辨证要点见表5-2-5。

表5-2-5　寒证和热证的辨证要点

分类	寒热	口渴	四肢	粪便	尿液	口色	舌苔	脉象
寒证	畏寒喜热	不渴	冷	稀溏	清长	青白	白润	迟
热证	恶热喜寒	渴饮	热	秘结	短赤	赤红	干黄	数

(3) 虚实（辨别机体正气强弱和病邪盛衰）

①虚证　包括气虚、血虚、阴虚、阳虚等。

成因：先天不足；后天失养。

共证：口色淡白，舌质如绵，无舌苔，脉虚无力，头低耳聋，体瘦毛焦，四肢无力。

治则：宜采用补法。

②实证

成因：感受外邪；内脏机能活动失调，代谢障碍，以致痰饮、水湿、瘀血等病理产物停留体内。

共证：高热，烦躁，喘息气粗，腹胀疼痛，拒按，大便秘结，小便短少或淋漓不通，舌红苔厚，脉实有力等。具体症状表现因病位和病性等的不同，有很大差异。

治则：实则泻之。

虚证和实证的辨证要点见表5-2-6。

表5-2-6　虚证和实证的辨证要点

分类	病程	体质	精神	动态	声息	胸腹	口色	脉象
虚证	长	弱	萎靡	多卧喜静	声低息微	胀满不痛	舌质嫩，苔少或无	无力
实证	短	壮	躁动	不卧喜动	声高息粗	胀满疼痛	舌质老，苔厚腻	有力

（4）阴阳

①阴证　里证的虚寒证；疮黄。

②阳证　里证的实热证；疮痈。

2. 脏腑辨证　用于内伤杂证，以辨别患病的脏腑病位。

（1）心与小肠病证

①虚证

心气虚：主证为心悸、气短乏力、自汗、舌苔白、脉虚。治则为养心益气，安神定悸。方用养心汤。

心阳虚：主证为形寒肢冷、舌淡、脉细弱。治则为温心阳，安定神。方用保元汤。

心血虚：主证为心悸、浮躁、易惊、口色淡白、脉细弱。治则为补血养心，镇惊安神。方用归脾汤或四物汤加减。

心阴虚：主证为午后潮热、盗汗、舌红少津、脉细数。治则为养心阴，安心神。方用补心丹。

②实证

心热内盛：主证为高热、大汗、气喘、粪干尿少、舌红、脉象洪数。治则为清心泻火，养阴安神。方用香薷散或白虎汤加减。

痰火扰心：主证为发热、气粗、眼急惊狂、苔黄腻、脉滑数。治则为清心祛痰，镇静安神。方用镇心散或朱砂散加减。

小肠中寒：主证为腹痛起卧、稀粪，口流清涎、口色青白、脉象迟沉。治则为温阳散寒，行气止痛。方用橘皮散。

小肠实热：主证为小便赤涩、尿道灼痛、尿血、舌红、苔黄、脉数以及心火热炽的某些症状。治则为清利小肠。方用导赤散（生地、木通、甘草梢、竹叶）加减。

（2）肝与胆病证

①肝火上炎

主证：两目红肿、畏光流泪、晴生翳障、粪干、尿浓赤黄、口色鲜红、脉象弦数。

治则：清肝泻火，明目退翳。方用决明散。

②肝血虚

主证：眼干、视力减退、蹄壳干枯破裂、肢体麻木、口色淡白、脉弦细。

治则：滋阴养血，平肝明目。方用四物汤。

③热极生风

主证：高热、抽搐、舌质红绛、脉弦数。

治则：清热，熄风，镇痉。方用羚羊钩藤汤。

④肝阳化风

主证：神昏似醉、抽搐、舌红、脉弦数有力。

治则：平肝熄风。方用镇肝熄风汤。

⑤阴虚生风

主证：形体消瘦、四肢蠕动、午后潮热、口咽干燥、舌红少津、脉弦细数。

治则：滋阴定风。方用大定风珠。

⑥血虚生风

主证：眩晕、蹄壳干枯皱裂、口色淡白、脉细抽搐。

治则：养血熄风。方用复脉汤。

⑦肝胆湿热

主证：黄疸鲜明如橘色、尿赤短、母畜外阴瘙痒、公畜阴囊湿疹、舌苔黄腻、脉弦数。

治则：清利肝胆湿热。方用茵陈蒿汤。

（3）脾与胃病证

①脾虚不运

主证：草料迟细体瘦毛焦、肚腹虚胀、浮肿、尿短、粪稀、口色淡黄、舌苔白、脉缓弱。

治则：益气健脾。方用参苓白术散。

②脾气下陷

主证：久泻不止、脱肛、子宫脱、尿淋漓。

治则：益气升阳。方用补中益气汤。

③脾不统血

主证：便血、尿血、皮下出血。

治则：益气摄血，引血归经。方用归脾汤。

④脾阳虚

主证：形寒怕冷、肠鸣腹痛、泄泻、口色青白、口腔滑利。

治则：温中散寒。方用理中汤。

⑤寒湿困脾

主证：耳耷头低、四肢沉重嗜卧、草料迟细、粪稀、小便不利、不渴、舌苔白腻、脉象迟缓而濡。

治则：温中化湿。方用胃苓散。

⑥胃阴虚

主证：体瘦毛焦、食欲减退、口干舌燥、粪干尿少色浓、口色红、苔少、脉细数。

治则：滋养胃阴。方用养胃汤。

⑦胃寒

主证：形寒怕冷、食欲减退、粪稀、尿清长、口流清涎、口色淡、苔白而滑、脉象沉迟。

治则：温胃散寒。方用桂心散。

⑧胃热

主证：耳鼻温热、草料迟细、粪干尿少、口渴、齿肿痛、口色鲜红、舌有黄苔、脉象洪数。

治则：清热泻火，生津止渴。方用清胃解热散。

⑨胃食滞

主证：不食、肚腹胀痛、腹痛起卧、粪干、口色鲜红而燥、苔厚腻、脉滑实。

治则：消食导滞。方用曲蘖散。

（4）肺与大肠病证

①肺气虚

主证：久咳气喘、鼻流清涕、畏寒喜暖、皮燥毛焦、口色淡白、脉象细弱。

治则：补肺益气，止咳定喘。方用补肺散。

②肺阴虚

主证：干咳连声且昼轻夜重、盗汗、口干舌燥、粪干、尿少色浓、口色红、舌无苔、脉细数。

治则：补肺益气，止咳定喘。方用百合固金汤。

③痰饮阻肺

主证：咳嗽、气喘、鼻液多、色白而黏稠、苔白腻、脉滑。

治则：燥湿化痰。方用二陈汤。

④风寒束肺

主证：咳嗽、气喘、恶寒、清涕、口色青白、舌苔薄白、脉浮紧。

治则：宣肺散寒，祛痰止咳。方用麻黄汤、荆防败毒散。

⑤风热犯肺

主证：咳嗽与风热表证共见。

治则：疏风散热，宣通肺气。方用银翘散（热重）、桑菊饮（咳嗽重）。

⑥肺热咳喘

主证：咳声洪亮、气促喘粗、鼻翼扇动、鼻涕黄而黏稠、咽喉肿胀、粪干、尿短赤、口渴、口色赤红、苔黄燥、脉洪数。

治则：清肺化痰，止咳平喘。方用麻杏石甘汤。

⑦大肠液亏

主证：粪干、舌红少津、苔黄燥、脉细数。

治则：润肠通便。方用当归苁蓉汤。

⑧食积大肠

主证：粪便不通、肚腹胀痛、口腔酸臭、尿色少浓、口色赤红、舌苔黄厚、脉沉有力。

治则：通便攻下，行气止痛。方用大承气汤。

⑨大肠湿热

主证：发热、腹痛、泻痢腥臭、口渴、尿短赤、口色红黄、苔黄腻、脉象滑数。

治则：清热利湿，调气和血。方用白头翁汤。

⑩大肠冷泻

主证：耳鼻寒冷、肠鸣如雷、尿少而清、口色青黄、舌苔白滑、脉象沉迟。

治则：温中散寒，渗湿利水。方用桂心散或橘皮散。

（5）肾与膀胱病证

①虚证 分为肾阳虚（肾阳虚衰，肾气不固，肾不纳气，肾虚水泛）和肾阴虚。

肾阳虚衰：主证为性寒肢冷、腰腿不灵、泄泻、小便减少、公畜性欲减、母畜宫寒不孕、口色淡、舌苔白、脉沉迟无力。治则为温补肾阳。方用肾气散。

肾气不固：主证为小便频数而清、腰腿不灵、公畜滑精早泄、母畜带下清稀、胎动不安、舌淡苔白、脉沉弱。治则为固摄肾气。方用缩泉丸。

肾阴虚：主证为瘦弱、腰胯无力、低热不退、盗汗、粪干、公畜滑精、母畜不孕、视力减退、口干、舌红、少苔、脉细数。治则为滋阴补肾。方用六味地黄丸。

②实证　常见膀胱湿热。

主证：尿频而急、口色红、苔黄腻、脉数。

治则：清利湿热。方用八正散加减。

3. 卫气营血辨证　即针对外感热性病，确定病邪的四个阶段（卫气营血）。卫分主表，病在肺和表皮；气分主里，病在肺、肠、胃；营分，邪热入于心营，病在心与心包；血分，邪热深入肝肾，病在心肝与肾脏。

（1）卫分病证　一般见于外感温热病的初期，属于表热证。

主证：发热重、恶寒轻、咳嗽、咽喉肿痛、口干微红、舌苔薄黄、脉浮数。

治则：辛凉解表。方用银翘散。

（2）气分病证

①温热在肺

主证：发热、粗喘、咳嗽、口色鲜红、舌苔黄燥、脉洪数。

治则：清热宣肺，止咳平喘。方用麻杏甘石汤。

②热入阳明

主证：生热、大汗、口渴、口色鲜红、舌苔黄燥、脉洪大。

治则：清热生津。方用白虎汤。

③热结肠道

主证：发热、肠燥便干、腹痛、尿短赤、口津干燥、口色深红、舌苔黄腻、脉沉实有力。

治则：滋阴，清热，通便。方用增液承气汤。

（3）营分病证

①热伤营阴

主证：高热不退、夜更重、躁动不安、喘促、舌质红绛、斑疹隐隐、脉细数。

治则：清营解毒，透热养阴。方用清宫汤。

②热入心包

主证：高热、神昏、抽搐、脉数。

治则：清心开窍。方用清宫汤。

（4）血分病证

①血热妄行

主证：生热、神昏、皮肤发斑、尿血、便血、口色深绛、脉数。

治则：清热解毒，凉血散瘀。方用犀角地黄汤。

②气血两燔

主证：身大热、口渴、舌质红绛、皮肤发斑、出血、便血、脉数。

治则：清气分热，解血分毒。方用清瘟败毒饮。

③肝热动风

主证：高热、抽搐、口色深绛、脉弦数。

治则：清热平肝息风。方用羚羊钩藤汤。

④血热伤阴

主证：低热持续不退或午后发热、喜卧懒动、口干舌燥、尿赤、粪干、口色干红、无苔、脉象细数无力。

治则：清热，养阴。方用青蒿鳖甲汤加减。

4. 六经辨证 外感病发展过程被归纳为六个阶段，即太阳、阳明、少阳、太阴、少阴、厥阴。

（1）太阳伤寒

主证：恶寒、发热、跛行、无汗、咳嗽、气喘、脉浮紧。

治则：发汗解表，宣肺平喘。方用麻黄汤。

（2）太阳中风

主证：恶风、发热、汗自出、脉浮紧。

治则：解肌祛风，调和营卫。方用桂枝汤。

（3）阳阴经证

主证：生热、汗出、呼吸粗喘、口渴、苔黄燥、脉洪大。

治则：清热生津。方用白虎汤。

（4）阴明腑证

主证：生热、汗出、便秘、尿短赤、脉沉有力。

治则：清热泻下。方用大承气汤或增液承气汤。

（5）少阳病证

主证：微热不退、寒热往来、不欲饮食。

治则：和解少阳。方用小柴胡汤。

（三）防治法则

1. 基本法则 治未病，扶正祛邪，治病求本，同治与异治。

2. 内治八法 包括汗法、吐法、下法、和法、温法、清法、补法、消法，治法是中兽医药物治疗的基本方法。

（1）汗法 即"解表法"，包括辛温解表和辛凉解表。

（2）下法 包括攻下法、润下法、逐水法。

（3）吐法 用于误食毒物、痰涎盛、食积胃腑。

（4）和法 疏通、和解半表半里证和脏腑气血不和的病症。

（5）温法 包括回阳救逆、温中散寒、温经散寒。

（6）清法 包括清热泻火、清热解毒、清热凉血、清热燥血、清热解暑。

（7）补法 包括补血、补气、滋阴、助阳。

（8）消法 包括行气解郁、活血化瘀、消食导滞。

三、例题及解析

1. 脉来迟慢，马、骡一息不足三至，牛一息不足四至，猪、羊一息不足五六至，主证是（　　）。

    A. 表证　　　　　　　　B. 寒证　　　　　　　　C. 热证

    D. 实证　　　　　　　　E. 里证

【解析】 B。浮脉与沉脉——表里（脉搏显现部位的深浅）；迟脉与数脉——寒热（脉搏的快慢）；虚脉与实脉——虚实（脉搏的强弱）。

2. 口色中，黄色的主证是(　　)。

　　A. 虚证　　　　　　　　B. 热证　　　　　　　　C. 寒证

　　D. 湿证　　　　　　　　E. 风证

【解析】 D。白色主虚证；赤色主热证；黄色主湿证；青色主寒、主淤、主痛；黑色主寒深、热极。

3. 下列辨证方法主要用于外感温热病的是(　　)。

　　A. 八纲辨证　　　　　　B. 脏腑辨证　　　　　　C. 六经辨证

　　D. 卫气营血辨证　　　　E. 气血津液辨证

【解析】 D。卫气营血辨证针对外感热性病，确定病邪的四个阶段（卫气营血）。卫分主表，病在肺和表皮；气分主里，病在肺、肠、胃；营分，邪热入于心营，病在心与心包；血分，邪热深入肝肾，病在心肝与肾脏。

4. 沉脉的主证是(　　)。

　　A. 表证　　　　　　　　B. 里证　　　　　　　　C. 热证

　　D. 寒证　　　　　　　　E. 虚证

【解析】 B。浮脉与沉脉——表里（脉搏显现部位的深浅）；迟脉与数脉——寒热（脉搏的快慢）；虚脉与实脉——虚实（脉搏的强弱）。

5. 久咳气喘，且咳喘无力，动则喘甚，鼻流清涕，畏寒喜暖，易于感冒，容易出汗，日渐消瘦，皮燥毛焦，倦怠肯卧，口色淡白，脉象细弱。给予辨证分型是(　　)。

　　A. 风寒束肺　　　　　　B. 风热犯肺　　　　　　C. 肺阴虚

　　D. 肺气虚　　　　　　　E. 痰饮阻肺

【解析】 D。肺气虚：畏寒喜暖、皮燥毛焦。肺阴虚：干咳、昼轻夜重、盗汗。风热犯肺：黄涕，咽喉肿痛。痰饮阻肺：鼻液多、色白而黏稠、苔白腻、脉滑。风寒束肺：清涕、口色清白、脉浮紧。

6. 形寒肢冷，耳鼻四肢不温，腰痿，腰退不灵，难起难卧，四肢下部浮肿，粪便稀软或泄泻，小便减少，公畜性欲减退、阳痿不举、垂缕不收，母畜宫寒不孕，口色淡白，舌苔白，脉沉迟无力。给予辨证分型是(　　)。

　　A. 肾阴虚　　　　　　　B. 肾阳虚　　　　　　　C. 肾气不固

　　D. 肾不纳气　　　　　　E. 肾虚水泛

【解析】 B。肾阳虚衰：形寒肢冷、腰腿不灵、性欲减、不孕、脉沉迟无力。肾气不固：小便频数而清、公畜滑精早泄、母畜带下清稀、脉沉弱。肾阴虚：瘦弱、腰胯无力、盗汗、口干舌红、脉细数。肾不纳气：久咳气喘、形寒怕冷、遗尿多汗。肾虚水泛：后肢浮肿、阴囊水肿、宿水停脐。

<<< 第三单元　中药性能及方剂组成 >>>

一、考试大纲

单元	细目	要点
（一）中药和方剂总论	1. 中药采集与产地	（1）采集 （2）产地
	2. 中药性能	（1）四气五味 （2）升降浮沉 （3）归经 （4）毒性
	3. 配伍禁忌	（1）七情 （2）十八反、十九畏、妊娠禁忌
	4. 方剂	（1）组成原则 （2）加减化裁
（二）解表药及方剂	1. 辛温解表药及方剂	（1）麻黄、桂枝、防风、荆芥、紫苏、生姜、白芷的主要功效及主治 （2）麻黄汤、桂枝汤的组成、功效及主治；荆防败毒散的功效及主治
	2. 辛凉解表药及方剂	（1）薄荷、柴胡、升麻、葛根、桑叶、菊花、蝉蜕的主要功效及主治 （2）银翘散、小柴胡汤的功效及主治
（三）清热药及方剂	1. 清热泻火药及方剂	（1）石膏、知母、栀子、芦根、夏枯草的主要功效及主治 （2）白虎汤、苇茎汤的组成、功效及主治
	2. 清热凉血药及方剂	（1）生地、牡丹皮、白头翁、玄参、地骨皮、水牛角的主要功效及主治 （2）犀角地黄汤的组成、功效及主治；犀角地黄汤的功效及主治
	3. 清热燥湿药及方剂	（1）黄连、黄芩、黄柏、秦皮、苦参、龙胆的主要功效及主治 （2）白头翁汤、茵陈蒿汤的组成、功效及主治；郁金散的功效及主治
	4. 清热解毒药及方剂	（1）金银花、连翘、紫花地丁、蒲公英、板蓝根、大青叶、穿心莲、马齿苋的主要功效及主治 （2）黄连解毒汤、五味消毒饮的组成、功效及主治
	5. 清热解暑药及方剂	（1）香薷、荷叶、青蒿的主要功效及主治 （2）香薷散的功效及主治
（四）泻下药及方剂	1. 攻下药及方剂	（1）大黄、芒硝、番泻叶的主要功效及主治 （2）大承气汤、小承气汤、调胃承气汤、增液承气汤的组成、功效及主治
	2. 润下药及方剂	（1）麻仁、郁李仁、食用油、蜂蜜的主要功效及主治 （2）当归苁蓉汤的功效及主治
（五）消导药及方剂	消导药及方剂	（1）神曲、山楂、麦芽、鸡内金、莱菔子的主要功效及主治 （2）曲蘖散、保和丸的功效及主治

（续）

单元	细目	要点
（六）止咳化痰平喘药及方剂	1. 温化寒痰药及方剂	(1) 半夏、天南星、旋覆花、白前的主要功效及主治 (2) 二陈汤的组成、功效及主治
	2. 清化热痰药及方剂	(1) 贝母、瓜蒌、桔梗、天花粉、前胡的主要功效及主治 (2) 麻杏石甘汤的组成、功效及主治；清肺散、百合散的功效及主治
	3. 止咳平喘药及方剂	(1) 杏仁、款冬花、百部、枇杷叶、紫菀、白果、紫苏子的主要功效及主治　(2) 止嗽散、苏子降气汤的功效及主治
（七）温里药及方剂	温里药及方剂	(1) 附子、干姜、肉桂、小茴香、吴茱萸、艾叶、花椒的主要功效及主治　(2) 理中汤、四逆汤的组成、功效及主治；茴香散、桂心散的功效及主治
（八）祛湿药及方剂	1. 祛风湿药及方剂	(1) 羌活、独活、秦艽、威灵仙、木瓜、五加皮、防己、桑寄生、乌梢蛇的主要功效及主治　(2) 独活散、独活寄生汤的功效及主治
	2. 利湿药及方剂	(1) 茯苓、猪苓、茵陈、泽泻、车前子、金钱草、滑石、薏苡仁、石韦的主要功效及主治　(2) 五苓散的组成、功效及主治；八正散的功效及主治
	3. 化湿药及方剂	(1) 藿香、苍术、佩兰、白豆蔻、草豆蔻的主要功效及主治　(2) 平胃散的组成、功效及主治；藿香正气散、五皮饮的功效及主治
（九）理气药及方剂	理气药及方剂	(1) 陈皮、青皮、厚朴、枳实、香附、木香、砂仁、草果、槟榔、枳壳的主要功效及主治　(2) 橘皮散、越鞠丸的功效及主治
（十）理血药及方剂	1. 活血祛瘀药及方剂	(1) 川芎、丹参、桃仁、红花、益母草、王不留行、赤芍、乳香、没药、牛膝的主要功效及主治　(2) 桃红四物汤、红花散、生化汤、通乳散的功效及主治
	2. 止血药及方剂	(1) 三七、白及、小蓟、地榆、槐花、茜草、蒲黄、仙鹤草的主要功效及主治　(2) 槐花散、秦艽散的功效及主治
（十一）收涩药及方剂	1. 涩肠止泻药及方剂	(1) 诃子、乌梅、肉豆蔻、石榴皮、五倍子的主要功效及主治　(2) 乌梅散的功效及主治
	2. 敛汗涩精药及方剂	(1) 五味子、牡蛎、浮小麦、金樱子、桑螵蛸的主要功效及主治　(2) 玉屏风散的组成、功效及主治；牡蛎散的功效及主治
（十二）补虚药及方剂	1. 补气药及方剂	(1) 人参、党参、黄芪、甘草、山药、白术、甘草的主要功效及主治　(2) 四君子汤、生脉散的组成、功效及主治；补中益气汤的功效及主治

（续）

单元	细目	要点
（十二）补虚药及方剂	2. 补血药及方剂	（1）当归、白芍、熟地黄、阿胶、何首乌的主要功效及主治　（2）四物汤、归芪益母汤的组成、功效及主治
	3. 助阳药及方剂	（1）肉苁蓉、淫羊藿、杜仲、巴戟天、补骨脂、续断的主要功效及主治　（2）肾气丸、巴戟散的功效及主治
	4. 滋阴药及方剂	（1）沙参、麦冬、百合、枸杞子、天冬、石斛、女贞子、山茱萸的主要功效及主治　（2）六味地黄汤的组成、功效及主治；百合固金汤的功效及主治
（十三）平肝药及方剂	1. 平肝明目药及方剂	（1）石决明、决明子、木贼的主要功效及主治　（2）决明散的功效及主治
	2. 平肝息风药及方剂	（1）天麻、钩藤、全蝎、蜈蚣、僵蚕的主要功效及主治　（2）牵正散、镇肝熄风汤的功效及主治
（十四）安神开窍药及方剂	安神开窍药及方剂	（1）朱砂、酸枣仁、柏子仁、远志、石菖蒲的主要功效及主治　（2）朱砂散的功效及主治
（十五）驱虫药及方剂	驱虫药及方剂	（1）川楝子、南瓜子、蛇床子、贯众、鹤草芽的主要功效及主治　（2）贯众散的功效及主治
（十六）外用药及方剂	外用药及方剂	（1）冰片、硫黄、硼砂、雄黄、木鳖子、石灰、白矾、斑蝥的主要功效及主治　（2）冰硼散、青黛散、桃花散的功效及主治

二、重要知识点

（一）中药性能

1. 四气（性）　即寒、凉、温、热。

（1）寒凉药　大多具有清热、泻火、凉血、解毒等作用，如石膏、知母、黄连及黄芩等。

（2）温热药　大多具有散寒、温里、助阳及通络等作用，如附子、干姜、肉桂等。

2. 五味　即酸、苦、甘、辛、咸（表5-3-1）。

表5-3-1　中药五味的作用

属性	五味	作用	举例
阴	酸	收敛、止涩、固脱和生津	如乌梅、诃子治泄泻、脱肛，五味子敛汗，金樱子固精
	苦	燥湿、泻下和泻火	如黄连、黄柏能燥湿、泻火，大黄、牵牛子能泻下除热，杏仁能降气，知母滋阴
	咸	软坚和泻下等	如昆布、海藻能软坚治痰结，芒硝能通大便
阳	辛	发散表邪，行气、行血和开窍	如麻黄、桂枝能发表散寒，陈皮、木香能行气，红花、川芎能行血，麝香开窍
	甘	补益、和中缓急	如党参、黄芪能补气补血，甘草、大枣能缓中止痛，钩藤止痉

3. 升降沉浮 指药物进入机体后的作用趋向。

升浮药物的特点是主上行而向外，属阳。升浮药具有上行（如桂枝）、提升（如升麻）、发散（如麻黄）、散寒（如附子）及祛风（如防风）等作用。

沉降药物的特点是主下行而向内，属阴。沉降药具有下行（如牛膝）、泻下（如大黄）、降逆（如代赭石）、清热（如黄连）、渗利（如木通）及潜阳（如龟板）等功效。

4. 归经 主要是指药物作用于动物体某一经（脏腑或经络）或某几经而发生的一种选择作用。

例如，桑白皮能清肺热、止咳，治肺经病而归肺经；杏仁除止咳平喘外，还有润肠通便作用，故入肺与大肠经；神曲、麦芽能消积化滞，健脾和胃，故入脾胃经。

5. 毒性 分为无毒、小毒、有毒、大毒、剧毒。

（二）配伍禁忌

1. 配伍

（1）单行 用单味药治疗简单的病。

（2）相须 将性能功效相似的同类药配合，起协同、增效的作用。

（3）相使 将性能功效有某种共性的不同类药物配合；一种药为主，另一种药为辅，以提高主要的功效。

（4）相畏 一种药物的毒性或副作用能被另一种药物减轻或消除。

（5）相杀 一种药物能减轻或消除另一种药物的毒性或副作用（与相畏意思相同）。

（6）相恶 两种药物配合，作用降低甚至失效。

（7）相反 两种药物配合，产生毒性反应或副作用。

2. 禁忌

（1）十八反 乌头反贝母、瓜蒌、半夏、白蔹、白及；甘草反甘遂、大戟、海藻、芫花；藜芦反人参、沙参、丹参、玄参、细辛、芍药。"本草明言十八反，半蒌贝蔹及攻乌，藻戟遂芫俱战草，诸参辛芍叛藜芦"。

（2）十九畏 硫黄畏朴硝，水银畏砒霜，狼毒畏密陀僧，巴豆畏牵牛子，丁香畏郁金，川乌、草乌畏犀角，牙硝畏荆三棱，官桂畏赤石脂，人参畏五灵脂。

（3）妊娠禁用药 毒性较大或药性剧烈的药物，如巴豆、水银、大戟、芫花、商陆、牵牛子、斑蝥、三棱、莪术、虻虫、水蛭、蜈蚣、麝香等。慎用的药物主要包括祛瘀通经、行气破滞、辛热滑利等方面的中药，如桃仁、红花、牛膝、丹皮、附子、乌头、干姜、肉桂、瞿麦、芒硝、天南星等。

（三）方剂的组成

1. 组方原则 即主（君）、辅（臣）、佐、使。

（1）主药（君药） 针对主病或主证起主要治疗作用的药物。

（2）辅药（臣药） 辅助君药加强治疗主病或主证的药物。

（3）佐药 治疗兼证或次要证候；制约君药的毒烈性；用于因病势拒药须加以从治者（反佐）。

（4）使药 方中的引经药；或协调、缓和药性的药物。

2. 加减化裁

（1）药味增减　增加或减少药味数量。

（2）药量加减　增加或减少某味药的用量。

（3）数方合并　如四君子汤＋四物汤＝八珍汤；白虎汤＋黄连解毒汤＋犀角地黄汤＝清瘟败毒饮。

（4）剂型变化　如散剂变口服液或注射剂。

（四）方剂

1. 解表药及方剂

（1）辛温解表药（发散风寒药）

①麻黄　发汗散寒、宣肺平喘、利水消肿。

②桂枝　发汗解肌、温通经脉、助阳化气。

③防风　祛风发表、驱湿解痉。

④荆芥　发汗解表、祛风。

⑤紫苏　发表散寒、行气和胃。

⑥细辛　发表散寒、祛风、止痛、湿肺化痰。

（2）辛温解表方

①麻黄汤　麻黄、桂枝、杏仁、炙甘草，主治外感风寒表实证。

②桂枝汤　主治外感风寒表虚证。

③荆防败毒散　主治外感挟湿的表寒证。

（3）辛凉解表药（发散风热药）

①薄荷　疏散风热、清理头目。

②葛根　发表解肌、生津止渴、升阳止泻。

③柴胡　和解退热、疏肝理气、升举阳气。柴胡-升麻用于子宫脱垂等。

④升麻　发表透疹、清热解毒、升阳举陷。

⑤桑叶　疏风散热、清肝明目。

（4）辛凉解表方

①银翘散　主治外感风热或温病引起。

②小柴胡汤　主治小阳病。

2. 清热药及方剂

（1）清热泻火药

①石膏　清热泻火、外用收敛生肌。

②知母　清热、滋阴、润肺、生津。

③栀子　清热泻火、凉血解毒。

④芦根　清热生津。

（2）清泄气分方　白虎汤：石膏、知母、甘草、粳米，主治阳明经证或气分热盛。

（3）清热凉血药

①生地　清热凉血、养阴生津。

②牡丹皮　清热凉血、活血散瘀。

③白头翁　清热解毒、凉血止痢。

④玄参　清热养阴、润燥解毒。

⑤地骨皮　清热凉血、退虚热。

（4）清营凉血方　犀角地黄汤：主治热入血分、热扰心营见证者。

（5）清热燥湿药

①黄连　清热燥湿、泻火解毒。

②黄芩　清热燥湿、泻火解毒、安胎。

③黄柏　清湿热、泻火毒、退虚热。

④秦皮　清热燥湿、清肝明目。

⑤苦参　清热燥湿、祛风杀虫、利尿。

（6）清热燥湿方

①白头翁汤　白头翁、黄柏、黄连、秦皮，主治热毒血痢。

②茵陈蒿汤　茵陈蒿、栀子、大黄，主治湿热黄疸。

③郁金散　清热解毒、涩肠止泻，主治肠黄（马急性肠炎）。

（7）清热解毒药

①金银花　清热解毒。

②连翘　清热解毒、消肿散结。

③紫花地丁　清热解毒。

④蒲公英　清热解毒、散结消肿。

⑤板蓝根　清热解毒、凉血、利咽。

（8）清热解毒方　黄连解毒汤：黄连、黄芩、黄柏、栀子，主治三焦热盛或疮脓毒。

3. 泻下药及方剂

（1）攻下药

①大黄　攻积导滞、泻火、凉血、活血祛瘀。

②芒硝　软坚泻下、清热泻火。

③番泻叶　泻热导滞。

（2）攻下方　大承气汤：大黄、芒硝、厚朴、枳实，主治结证、便秘。

（3）润下药

①火麻仁　润肠通便、滋养益津。

②郁李仁　润肠通便、利水消肿。

③食用油　润燥滑肠。

④蜂蜜　润肺、滑肠、解毒、补中。

（4）润下方　当归苁蓉汤：主治老弱、久病、体虚畜之便秘。

4. 消导药及方剂

（1）消导药

①神曲　消食化积、健胃和中。

②山楂　消食健胃、活血化瘀。

③麦芽　消食和中、回乳。

④鸡内金　消食健脾、化石通淋。

⑤莱菔子　消食导滞、降气化痰。

（2）消导方

①曲蘗散　消积化谷、破气宽肠，主治马、牛料伤。

②保和丸　消食和胃、退热利湿，主治食积停滞。

5. 止咳化痰平喘药及方剂

（1）温化寒痰药

①半夏　降逆止呕、燥湿祛痰、宽中消痞、下气散结。

②天南星　燥湿祛痰、祛风解痉、消肿毒，为祛风痰的主药。

③旋覆花　降气平喘、消痰水。

④白前　祛痰、降气止咳。

（2）温寒痰方　二陈汤：制半夏、陈皮、茯苓、炙甘草，主治湿痰咳嗽、呕吐。

（3）清化热痰药

①贝母　止咳化痰、清热散结。

②瓜蒌　清热化痰、宽中散结。

③桔梗　宣肺祛痰、排脓消肿。

④天花粉　清肺化痰、养胃生津。

⑤前胡　降气祛痰、驱散风热。

（4）清化热痰方　麻杏甘石汤：麻黄、杏仁、炙甘草、石膏，主治肺热气喘。

（5）止咳平喘药

①杏仁　止咳平喘、润肠通便。

②款冬花　润肺下气、止咳化痰。

③百部　润肺止咳、杀虫灭虱。

④枇杷叶　化痰止咳、和胃降逆。

⑤紫菀　化痰止咳、下气。

⑥白果　敛肺定喘、收涩除湿。

（6）止咳平喘方

①止咳散　主治外感咳嗽。

②苏子降气汤　主治上实下虚的喘咳证。

6. 温里药及方剂

（1）温里药

①附子　温中散寒、回阳救逆、除湿止痛。

②干姜　温中散寒、回阳通脉。

③肉桂　暖肾壮阳、温祛寒、活血止痛。

④小茴香　祛寒止痛、理气和胃、暖腰肾。

⑤吴茱萸　温中止痛、理气止呕。

⑥艾叶　理气血、逐寒湿、安胎。

（2）温中祛寒方

①理中汤　党参、干姜、炙甘草、白术，主治脾胃虚寒证。

②茴香散　主治风寒湿邪引起的腰胯疼痛。

③桂心散　主治脾胃阴寒所致的吐涎不食、腹痛、肠鸣泄泻。

（3）回阳救逆方　四逆汤：熟附子、干姜、炙甘草，主治少阴病或太阳病无汗亡阳。

7. 祛湿药及方剂

（1）祛风湿药

①羌活　发汗解表、祛风止痛。

②独活　祛风胜湿、止痛。

③秦艽　祛风湿、退虚热。

④威灵仙　祛风湿、通经络、消肿止痛。

⑤木瓜　舒筋活络、和胃化湿。

⑥五加皮　祛风湿、壮筋骨。

⑦防己　利水退肿、祛风止痛。

（2）祛风湿方

①独活散　主治风湿痹痛。

②独活寄生汤　主治风寒湿痹、肝肾两亏、气血不足。

（3）利湿药

①茯苓　渗湿利水、健脾补中、宁心安神。

②猪苓　利水通淋、除湿退肿。

③茵陈　清湿热、利黄疸。

④泽泻　利水渗湿、泻肾火。

⑤车前子　利水通淋、清肝明目。

⑥金钱草　利水通淋、清热消肿。

（4）利水方

①五苓散　猪苓、茯苓、泽泻、白术、桂枝，主治外有表证、内停水湿。

②八正散　主治湿热下注引起的热淋、石淋，证见尿频、尿痛、口干舌红、苔黄、脉数。

（5）化湿药

①藿香　芳香化湿、和中止痛、解表邪、除湿滞。

②苍术　燥湿健脾、发汗解表、祛风湿。

③佩兰　醒脾化湿、解暑生津。

④白豆蔻　芳香化湿、行气和中、化痰消滞。

⑤草豆蔻　温中燥湿、健脾和胃。

（6）化湿方

①平胃散　苍术、厚朴、陈皮、甘草、生姜、大枣，主治胃寒食少、寒湿困脾。

②藿香正气散　主治外感风寒、内伤湿滞、中暑。

8. 理气药及方剂

（1）理气药

①陈皮　理气健脾、燥湿化痰。

②青皮　疏肝止痛、破气消积。

③厚朴　行气燥湿、降逆平喘。

④枳实　破气消积、通便利膈。

⑤香附　理气解郁、散结止痛。

⑥木香　行气止痛、和胃止泻。

⑦砂仁　行气和中、温脾止泻、安胎。

⑧草果　温中燥湿、除痰祛寒。

⑨槟榔　杀虫消积、行气利水。

（2）理气方

①橘皮散　主治马伤水起卧。

②越橘丸　主治由于气、火、血痰、湿、食阻塞所致的肚腹胀满、嗳气呕吐、不消等属于实证者。

9. 理血药及方剂

（1）活血祛瘀药

①川芎　活血行气、祛风止痛。

②丹参　活血祛瘀、凉血止痛、养血安神。

③桃仁　破血祛瘀、润燥滑肠。

④红花　活血通经、祛瘀止痛。

⑤益母草　活血祛瘀、利水消肿。

⑥王不留行　活血通经、下乳消肿。

⑦赤芍　凉血活血、消肿止痛。

⑧乳香　活血止痛、生肌。

⑨没药　活血祛瘀、止痛生肌。

（2）活血祛瘀方

①桃红四物汤　桃仁、当归、赤芍、红花、川芎、生地，主治血瘀所致的四肢疼痛、血虚有瘀、产后血瘀腹痛、血瘀所致的不孕症。

②红花散　主治产后料伤五攒痛（即蹄叶炎）。

③生化汤　主治产后血虚受寒、恶露不行、肚腹疼痛。

④通乳散　主治气血不足、经络不通所致的缺乳症。

（3）止血药

①三七　散瘀止血、消肿止痛。

②白及　收敛止血、消肿生肌。

③小蓟　凉血止血、散痛消肿。

④地榆　凉血止痛、收敛解毒。

⑤槐花　凉血止痛、清肝明目。

⑥茜草　凉血止血、活血化瘀。

（4）止血方

①槐花散　主治肠风下血、血色鲜红、粪中带血。

②秦艽散　主治热积膀胱、弩伤尿血。

10. 收涩药及方剂

（1）涩肠止泻药

①诃子　涩肠止泻、敛肺止咳。

②乌梅　敛肺涩肠、生津止渴、驱虫。

③肉豆蔻　收敛止血、温中行气。

④石榴皮　收敛止泻、杀虫。

⑤五倍子　涩肠止泻、止咳、止血、杀虫解毒。

（2）涩肠止泻方　乌梅散：乌梅、干柿、诃子肉、黄连、郁金，主治幼驹奶泻、湿热下痢。

（3）敛汗涩精药

①五味子　敛肺、滋肾、敛汗涩精、止泻。

②牡蛎　平肝潜阳、软坚散结、敛汗涩精。

③浮小麦　止汗。

④金樱子　固肾涩精、涩肠止泻。

（4）敛汗涩精方

①牡蛎散　主治体虚自汗。

②玉屏风散　主治表虚自汗及体虚易感风邪者。

11. 补虚药及方剂

（1）补气药

①党参　补中益气、健脾生津。

②黄芪　补气升阳、固表止汗、脱毒生肌、利水退肿。

③甘草　补中益气、清热解毒、润肺止咳、缓和药性。

④山药　健脾胃、益肺肾。

⑤白术　补脾益气、燥湿利水、固表止汗。

（2）补气方

①四君子汤　党参、炒白术、茯苓、炙甘草，主治脾胃气虚。

②补中益气汤　主治脾胃气虚及气虚下陷（子宫脱垂）。

③生脉散　主治暑热伤气、气津两伤。

（3）补血药

①当归　补血活血、活血止痛、润肠通便。

②白芍　平养肝阳、柔肝止痛、敛阴养血。

③熟地黄　补血滋阴。

④阿胶　补血止血、滋阴润肺、安胎。

（4）补血方　四物汤：熟地黄、白芍、当归、川芎，主治血虚、血瘀。

（5）助阳药

①肉苁蓉　补肾壮阳、润肠通便。

②淫羊藿　补肾壮阳、强筋骨、祛风除湿。

③杜仲　补肝肾、强筋骨、安胎。

④巴戟天　补肾阳、强筋骨、祛风湿。

⑤补骨脂　湿肾壮阳、止泻。

（6）助阳方

①肾气丸　主治肾阳虚衰。

②巴戟散　主治肾阳虚衰（腰胯疼痛、后退难移、腰脊僵硬等）。

（7）滋阴药

①沙参　润肺止咳、养胃生津。

②麦冬　清心润肺、养胃生津。

③百合　润肺止咳、清心安神。

④枸杞子　养阴补血、益精明目。

⑤天冬　养阴清热、润肺滋阴。

⑥石斛　滋阴生津、清热养胃。

⑦女贞子　滋阴补肾、养肝明目。

（8）滋阴方

①六味地黄丸　熟地黄、山萸肉、山药、泽泻、茯苓、丹皮，主治肝肾阴虚，虚火上炎所致的潮热盗汗、腰膝酸软无力、耳鼻四肢温热等。

②百合固金汤　主治肺肾阴虚，虚火上炎所致的燥咳气喘、痰中带血等。

12. 平肝药及方剂

（1）平肝明目药

①石决明　平肝潜阳、清肝明目。

②决明子　清肝明目、润肠通便。

③木贼　疏风热、退翳膜。

（2）平肝明目方　决明散：主治肝经积热、外传于眼所致的目赤肿痛、云翳遮睛。

（3）平肝息风药

①天麻　平肝息风、镇痉止痛。

②钩藤　息风止痉。

③全蝎　息风止痉、解毒散结、通络止痛。

④蜈蚣　息风止痉、解毒散结、通络止痛。

⑤僵蚕　息风止痉、祛风止痛、化痰散结。

（4）疏散外风方　牵正散：白附子、白僵蚕、全蝎，主治歪嘴风。

（5）平息内风方　镇肝息风汤：主治阴虚阳亢，肝风内动所致的口歪眼斜、转圈、抽搐等。

13. 安神开窍药及方剂

（1）安神开窍药

①朱砂　镇心安神，定惊解毒。

②酸枣仁　养心安神，益阴敛汗。

③柏子仁　养心安神，润肠通便。

④石菖蒲　宣窍豁痰，化湿和中。

（2）安神开窍方　朱砂散：重镇安神，扶正祛邪。主治心热风邪所致的全身出汗、肉颤头摇、气促喘粗、左右乱跌、口色赤红、脉洪数等。

14. 驱虫药及方剂

（1）驱虫药

①川楝子　杀虫，理气，止痛，驱蛔虫、蛲虫。

②南瓜子　驱绦虫。

③蛇床子　燥湿杀虫，温肾壮阳，驱蛔虫、体外寄生虫。

④贯众　杀虫，清热解毒，驱蛲虫、绦虫、钩虫。

⑤鹤草芽　杀虫，驱绦虫。

（2）驱虫方　贯众散：驱虫。主治胃肠道寄生虫病，对马胃蝇（马瘦虫病）疗效较好。

15. 外用药及方剂

（1）外用药

①冰片　宣窍止痉、消肿止痛。

②硫黄　外用解毒杀虫、内服补火助阳。

③硼砂　解毒防腐、清热化痰。

④雄黄　杀虫解毒。

⑤木鳖子　散瘀消肿、拔毒生肌。

⑥石灰　生肌、杀虫、止血、消胀。

⑦白矾　杀虫、止痒、燥湿祛痰、止血止泻。

⑧斑蝥　攻毒蚀疮、破证散结。

（2）外用方

①冰硼散　冰片、朱砂、硼砂、玄明粉，主治舌疮。

②青黛散　主治口舌生疮、咽喉肿痛。

③桃花散　陈石灰、大黄，主治创伤出血。

三、例题及解析

1. 药物进入机体后的作用趋向（　　）。

　　A. 四气　　　　　　　　　B. 五味　　　　　　　　　C. 归经

　　D. 升降浮沉　　　　　　　E. 毒性

【解析】　D。升降浮沉是指药物进入机体后的作用趋向，是与疾病表现的趋向相对而言的。升与浮、降与沉的趋向类似，故通常以"升浮""沉降"合称。

2. 甘味药的主要作用是（　　）。

　　A. 泻下、软坚　　　　　　B. 滋补、和中　　　　　　C. 行气、行血

　　D. 收敛、固涩　　　　　　E. 清热、燥湿

【解析】　B。中药五味的作用：酸——收敛、止涩、固脱和生津；苦——燥湿、泻下和泻火；咸——软坚和泻下等；辛——发散表邪，行气、行血和开窍；甘——补益、和中缓急；淡——渗湿、利尿。

3. 郁金散减诃子、加金银花和连翘的变化，属于（　　）。

　　A. 药量增减　　　　　　　B. 药味增减　　　　　　　C. 剂型变化

D. 数方合并　　　　　　　　E. 药物替代

【解析】　B。郁金散是治疗马肠黄的基础方，若热甚，宜减去原方中的诃子，以免湿热滞留，加金银花、连翘，以增强清热解毒之功。药味增减指在主证未变，兼证不同的情况下，方中主药仍然不变，但根据病情，适当增添或减去一些次要药味，也称随证加减。

4. 性能功效相类似的药物配合使用，增强药物的疗效，称为(　　)。

A. 相须　　　　　　　　B. 相杀　　　　　　　　C. 相反

D. 相使　　　　　　　　E. 相恶

【解析】　A。相须：将性能功效相似的同类药配合，起协同、增效作用。相使：将性能功效有某种共性的不同类药物配合；一种药为主，另一种药为辅，以提高主要的功效。

5. 方剂中用于治疗兼证或次要症状的药物属于(　　)。

A. 君药　　　　　　　　B. 臣药　　　　　　　　C. 佐药

D. 润和药　　　　　　　E. 引经药

【解析】　B。主药（君药）：针对主病或主证起主要治疗作用的药物。辅药（臣药）：辅助君药加强治疗主病或主证的药物。佐药：治疗兼证或次要证候；制约君药的毒烈性；用于因病势拒药须加以从治者（反佐）。使药：方中的引经药；或协调、缓和药性的药物。

6. 将药材直接或间接用火加热处理的火制法有(　　)。

A. 发芽、发酵、制霜、法制　　　　　　B. 煅法、炒法、炙法、烘法

C. 纯净、粉碎、切制、镑法　　　　　　D. 淋法、洗法、泡法、漂法

E. 蒸法、淬法、水烫法、煮法

【解析】　B。凡将药材直接或间接（或加入其他辅料）放置火上加热处理的方法，统称为火制法。主要采用炒（炙）煨、炮、煅、炼、烘、焙、烤、燎等火制方法。

<<< 第四单元　针　　灸 >>>

一、考试大纲

单元	细目	要点
针灸	1. 针灸基础知识	(1) 针灸基本知识　(2) 针灸穴位概述　(3) 针灸操作
	2. 家畜常用穴位针法与主治	(1) 马常用穴位　(2) 牛常用穴位　(3) 犬常用穴位
	3. 家畜常见病的针灸处方	(1) 马常见病针灸处方　(2) 牛常见病针灸处方　(3) 犬常见病针灸处方

二、重要知识点

针灸是针术和灸术的总称。

（一）针灸工具

1. 白针用具

（1）圆利针　针体较粗，针尖呈三棱状，较锋利。

（2）毫针　针体细长，针尖圆锐。

2. 血针用具

（1）宽针　针头部如矛状，针刃锋利，针体较粗、呈圆柱状。

（2）三棱针　针头部呈三棱锥状，针体呈圆柱状。

3. 火针用具　火针：针柄绝热，针体光滑、比圆利针粗，针尖圆锐。

（二）穴位

穴位是针灸治疗疾病的刺激点，又称脸穴、俞穴等。

1. 穴位的分类　按针法分类如下：

（1）白针穴位　针后不出血的穴位。

（2）血针穴位　位于血管上，针刺后有血液流出的穴位。

（3）巧治穴位　抽筋、夹气、心俞、莲花、滚蹄等穴位。

（4）阿是穴　疼痛最明显处为穴。

2. 选穴规律

（1）局部选穴　选取病患部位的穴位进行治疗，如眼病选睛明、太阳穴，舌肿痛选通关穴，蹄病选蹄头穴等。

（2）邻近选穴　于病变部位附近选穴。与局部选穴配合，以加强疗效。

（3）循经选穴　根据经络学说，某一脏腑有病，就在相关的经脉上选取穴位，如胃气不足选胃经的后三里穴等。

（4）随证选穴　针对病证选取有效的穴位，如发热选大椎穴，腹痛选三江、姜牙、蹄头穴，中暑、中毒选颈脉、耳尖、尾尖穴，急救选山根、分水穴。

3. 配穴规律　包括两侧对称配穴；前后配穴；内外配穴；表里配穴；背腹配穴；远近配穴。

（三）动物常用针灸穴位

（1）（马）黑汗风（中暑）　血针（颈脉为主穴）。

（2）（马）肺热咳喘　血针（血堂、颈脉为主穴）。

（3）（马）脾虚慢草　白针（脾俞、后三里穴）。

（4）（马）肚胀　火针（脾俞为主穴）。

（5）（马）冷痛（痉挛疝）　血针（以三江为主穴）。

（6）（马）结症（便秘疝）　电针（两侧关元俞）。

（7）（马）脾虚，泄泻　白针（脾俞为主穴）。

（8）（马）脱肛　巧治（莲花穴）。

（9）云翳遮睛　血针（太阳为主穴），冰针（上下眼睑皮下）。

（10）（马）肚底黄　血针（宽针在肿处散刺）。

（11）（马）歪嘴风　电针（锁口、开关、抱腮、承浆穴）。

（12）（马）寒伤腰胯　火针（百会为主穴）。

（13）（马）四肢风湿　血针（胸膛、肾堂穴），火针、电针（抢风、巴山穴）。

（14）（马）五攒病　血针（蹄头为主穴）。

（15）滚蹄　巧治（滚蹄穴）。

（16）（马、牛）肺热咳喘　血针（鼻俞为主穴）。

（17）（牛）脾虚慢草　白针（脾俞穴），电针（百会穴）。

（18）（牛）宿草不转（瘤胃积食）　白针（山根、百会、脾俞、交巢穴）。

（19）肚胀　巧治（肷俞穴）。

（20）（牛）便秘　白针（脾俞、后海穴），电针（关元俞、脾俞穴）。

（21）（牛）泄泻　白针（后海穴），水针（后海穴）。

（22）（牛）宿水停脐（腹水）　巧治（云门穴）。

（23）（牛）沙石淋（尿石症）　巧治（阴茎 S 状弯曲下用挑石术）。

（24）（牛）不孕症　电针（百会穴）。

（25）（牛）阴道脱和子宫脱　巧治（小三菱针刺散放瘀血还纳）。

（26）（牛）乳痈（乳腺炎）　血针（两侧滴明穴）。

（27）（牛）风湿症　火针（腰部以百会为主穴；前肢以抢风为主穴；后肢以气门为主穴）。

（28）（牛）破伤风　水针（百会穴）。

（29）（牛）中暑　血针（颈脉为主穴）。

（30）（犬）中暑　血针（耳尖、尾尖穴），白针（水沟、大椎穴）。

（31）（犬）休克　白针（水沟穴），血针（山根、耳根穴）。

（32）（犬）肺炎　白针（肺俞、大椎穴），血针（耳尖、尾尖穴）。

（33）（犬）肚胀　电针、白针（双侧关元俞穴），白针（关元俞、大肠俞、脾俞穴）。

（34）（犬）便秘　电针（双侧关元俞穴），白针（关元俞、大肠俞、脾俞穴）。

（35）（犬）腹泻　白针（脾俞、后海、后三里穴）。

（36）（犬）风湿症　白针，电针（大椎、悬枢、肩并、百会穴）。

（37）（犬）椎间盘突出　白针，电针（天穴、身柱穴）。

（38）（犬）桡神经麻痹　白针（抢风、前三里、郄上、外关穴），电针（抢风穴）。

（39）（犬）瘟热后遗症抽搐　电针（山根、翳风抢风、百会穴）。

三、例题及其解析

1. 犬上唇唇沟上、中 1/3 交界处的穴位是（　　　）。

　　A. 水沟　　　　　　　　　B. 山根　　　　　　　　　C. 承浆

　　D. 承泣　　　　　　　　　E. 三江

【解析】　A。人中又名水沟，位于上唇唇沟上 1/3 与中 1/3 交界处，一穴。

2. 位于犬最后颈椎与第 1 胸椎棘突之间的穴位是（　　　）。

　　A. 翳风　　　　　　　　　B. 大椎　　　　　　　　　C. 百会

D. 抢风　　　　　　　　　　E. 环跳

【解析】　B。翳风穴位于犬耳基部下颌关节后下方，乳突与下颌骨之间的凹陷中，左右侧各一穴，主治歪嘴风、耳聋；大椎穴位于第7颈椎与第1胸椎棘突间的凹陷中，主治发热、咳嗽、风湿症、癫痫；百会穴位于腰荐十字部，即第7腰椎与第1荐椎棘突间的凹陷中，主治腰胯疼痛、瘫痪、泄泻、脱肛；抢风穴位于肩关节后方、三角肌后缘、臂三头肌长头和外头形成的凹陷中，左右肢各一穴，主治前肢神经麻痹、扭伤、风湿症；环跳穴位于股骨大转子前方，髋关节前缘凹陷中，左右侧各一穴，主治后肢风湿、腰胯疼痛。

3. 某犬，肩臂部受到冲撞后发病。证见站立时肘关外层节外展，运步时前脚掌着地，触诊前臂前外侧面反应迟钝。针刺治疗可选用的穴位是（　　）。

A. 翳风　　　　　　　B. 大椎　　　　　　　C. 百会
D. 抢风　　　　　　　E. 环跳

【解析】　D。前肢痛常选抢风穴，后肢痛常选大胯穴。

4. 犬中暑采用的针灸穴位为（　　）。

A. 耳尖、尾尖、水沟、大椎　　　　B. 耳尖、尾尖、肺俞、大椎
C. 后海、后三里、尾根、百会、脾俞　　D. 后海、后三里、百会、大椎
E. 带脉、尾本、后三里、大肠俞

【解析】　A。犬中暑：血针（耳尖、尾尖穴），白针（水沟、大椎穴）。

5. 牛，出现腰胯无力，卧多立少，久泻不愈，夜间泻重，肛门失禁，粪水外溢，腹下或后肢浮肿，口色如绵，脉象徐缓。治疗宜采用的针灸穴位为（　　）。

A. 百会、脾俞、关元俞　　　　　　B. 蹄头、脾俞、后三里、关元俞
C. 后海、后三里、百会、脾俞　　　D. 后海、后三里、百会、大椎
E. 带脉、尾本、后三里、大肠俞

【解析】　C。病牛诊断为肾虚泄泻，治则应温肾健脾，涩肠止泻，故针灸后海、后三里、百会、脾俞等穴位。

6. 马，证见大汗不止，伴有神昏，可配合血针治疗，首选的穴位是（　　）。

A. 颈脉　　　　　　　B. 膝脉　　　　　　　C. 玉堂
D. 胸堂　　　　　　　E. 肾堂

【解析】　A。根据大汗不止等可以判断为中暑。按照针灸的基本方法，黑汗风（中暑）应立即将病马移到阴凉处，冷水浇头。治疗以血针为主，配合中药清热解暑。安神开窍，血针以颈脉为主穴，放血1 000～2 000mL，分水、尾尖、蹄头、太阳、三江、带脉、通关等为配穴。

7. 马，证见精神沉郁，头低耳耷，毛焦欲吊，腰胯无力，卧多立少，鼻寒耳冷，四肢厥逆，久泻不愈，夜间泻重，腋下及后股浮肿，口色如绵，脉象徐缓。针灸治疗该病合适的穴位是（　　）。

A. 分水　　　　　　　B. 后三里　　　　　　C. 尾根
D. 前三里　　　　　　E. 命门

【解析】　B。肾虚泻针治的穴位为后海、后三里、尾根、百会、脾俞等。

<<< 第五单元　病证防治 >>>

一、考试大纲

单元	细目	要点	
病证防治	1. 发热	(1) 病因病机	(2) 辨证施治
	2. 咳嗽	(1) 病因病机	(2) 辨证施治
	3. 喘证	(1) 病因病机	(2) 辨证施治
	4. 腹痛	(1) 病因病机	(2) 辨证施治
	5. 泄泻	(1) 病因病机	(2) 辨证施治
	6. 黄疸	(1) 病因病机	(2) 辨证施治
	7. 淋证	(1) 病因病机	(2) 辨证施治
	8. 虚劳	(1) 病因病机	(2) 辨证施治
	9. 不孕	(1) 病因病机	(2) 辨证施治
	10. 慢草与不食	(1) 病因病机	(2) 辨证施治
	11. 疮黄疔毒	(1) 病因病机	(2) 辨证施治

二、重要知识点

（一）发热

1. 外感发热

（1）表证发热

①风寒表实证（太阳伤寒）

主证：无汗、身痛、咳喘、脉浮紧。

治则：开启汗门，驱寒外出。方用麻黄汤加减。

②风寒表虚证（太阳中风）

主证：恶风、汗出、无身痛、无兼证、无喘、脉浮缓。

治则：扶阳和阴，调和营卫。方用桂枝汤。

③外感风寒挟湿证

主证：恶寒发热、肢体疼痛、沉重、困倦、食少纳呆、口润苔白腻、脉浮缓。

治则：解表散寒除湿。方用荆防败毒散。

④外感风热

主证：发热重、恶寒轻、口渴、尿短赤、口鼻咽干、咳嗽。

治则：辛凉解表，宣肺清热。方用银翘散。

⑤外感暑湿

主证：恶寒高热、汗出身热不解、口渴、肢体沉重、运步不灵、尿黄赤、舌红苔黄腻、脉滑数。

治则：消暑化湿透表。方用新加香薷饮。

（2）半里半表发热

主证：微热不退、寒热往来、脉弦。

治则：和解少阳。方用小柴胡汤。

（3）里证发热

①热在气分（热邪入肺）

主证：高热、喘粗、咳嗽、鼻液黄稠、口色鲜红、舌苔黄燥、脉洪数有力。

治则：清肺化痰，下气平喘。方用麻杏石甘汤。

②热入阳明

主证：身热、大汗、口渴、口色鲜红、舌苔黄燥、脉洪大。

治则：清气泄热，生津止渴。方用白虎汤。

③热结肠道

主证：发热、肠燥便干、腹痛、尿短赤、口津干燥、口色深红、舌苔黄厚、脉沉实有力。

治则：攻下通便，滋阴清热。方用增液承气汤或大承气汤。

④热入营分（热伤营阴）

主证：高热不退、躁动不安、喘促、舌质绛红、斑疹、脉细数。

治则：清营解毒，透热养阴。方用清营汤。

⑤热入心包

主证：高热、神昏、抽搐、舌质绛红、脉数。

治则：清心开窍。方用清营汤。

⑥热入血分（血热妄行）

主证：身热、神昏、皮肤发斑、尿血、便血、口色深绛、脉数。

治则：清热解毒，凉血散瘀。方用犀角地黄汤。

⑦气血两燔

主证：身大热、口渴、舌质绛红、发斑、出血、便血、脉数。

治则：清气分热，解血分毒。方用清瘟败毒饮。

⑧热动肝风

主证：高热、项背强直、抽搐、口色深绛、脉弦数。

治则：清热，平肝息风。方用羚羊钩藤汤。

⑨血热伤阴

主证：低热不退、精神倦怠、口干舌燥、舌红无苔、尿赤、粪干、脉细数无力。

治则：清热养阴。方用青蒿鳖甲汤。

（4）湿热蓄结

①大肠湿热

主证：发热、泻痢腥臭、口渴、尿短赤、口色红黄、苔厚腻、脉滑数。

治则：清热解毒，燥湿止泻。方用郁金散。

②膀胱湿热

主证：尿频、口色红、苔黄腻、脉滑数。

治则：清热利湿。方用八正散。

③肝胆湿热

主证：发热、食欲大减、黏膜黄染如橘色、粪松散恶臭、尿黄、口色红黄、苔黄厚而腻、脉滑数。

治则：清热燥湿，疏肝利胆。方用茵陈蒿汤。

2. 内伤发热

（1）阴虚发热

主证：低热不退、午后热甚、易惊、皮肤弹力减退、口渴、粪干、尿少而黄、口色红、少苔、脉滑数。

治则：滋阴清热。方用青蒿鳖甲汤。

（2）气虚发热

主证：过劳、发热、神倦乏力、易出汗、食欲减退、有时泻泄、舌质淡红、脉细弱。

治则：健脾益气。方用补中益气汤。

（3）血虚发热

主证：外伤、瘀血肿胀、局部疼痛、体表发热、口色绛红而带紫、脉弦数。

治则：活血化瘀。方用桃红四物汤。

（二）咳嗽

1. 外感咳嗽

（1）风寒咳嗽

主证：畏寒、鼻流清涕、无汗、湿咳声低、小便清长、口淡而润、舌苔薄白、脉象浮紧。

治则：疏风散寒，宣肺止咳。方用荆防败毒散或止嗽散。

（2）风热咳嗽

主证：发热、咳嗽、声音洪大、鼻流黏涕、呼出气热、口渴、舌苔薄黄、口红短津、脉象浮紧。

治则：疏风清热，化痰止咳。方用银翘散或桑菊饮。

（3）肺热咳嗽

主证：食欲减退、口渴、便干、尿短赤、干咳痛苦、鼻流黏涕、口色红燥、脉象洪数。

治则：清肺降火，止咳化痰。方用清肺散。

2. 内伤咳嗽

（1）气虚咳嗽

主证：毛焦欣吊、易出汗、久咳不已、咳声低微、形寒气短、口色淡白、舌质绵软、脉象细。

治则：益气补肺，化痰止咳。方用四君子汤合治咳嗽散。

（2）阴虚咳嗽

主证：频咳且昼轻夜重、痰少津干、低热不退、舌红少苔、脉细数。

治则：滋阴生津，润肺止咳。方用清燥救肺汤或百合固金汤。

（三）喘证

1. 实喘

（1）热喘

主证：发病急、喘促、呼出热气、口渴、便干、尿短赤、体温升高、口色赤红、舌苔薄黄、脉象洪数。

治则：宣肺泄热，止咳平喘。方用麻杏石甘汤。

（2）寒喘

主证：咳喘、鼻流清涕、口腔湿润、口色淡、舌苔薄白、脉象浮紧。

治则：宣肺散寒，止喘平喘。方用麻黄汤加前胡、橘红。

2. 虚喘

（1）肺虚喘

主证：病程长、形寒肢冷、易白汗、鼻流清涕、口色淡、舌苔滑、脉无力。

治则：补益肺气，降逆平喘。方用补肺汤。

（2）肾虚喘

主证：食少毛焦、易出汗、呼多吸收、二段式呼气、肷肋扇动、肋沟明显、口色暗红、脉象沉细。

治则：补肾纳气，下气定喘。方用蛤蚧散。

（四）腹痛

1. 阴寒痛

主证：鼻寒耳冷、口唇发凉、阵发腹痛、饮食欲废绝、口内湿滑、口温较低、口色青白、脉沉迟。

治则：温中散寒，和血顺气。方用桂心散或橘皮散。

2. 湿热痛

主证：耳鼻发热、食欲减退、粪稀臭、口渴、尿短赤、腹痛不安、回头顾腹或时起时卧、口色红黄、苔黄腻、脉洪数。

治则：清热利湿，行郁导滞。方用郁金散。

3. 血瘀痛

主证：产后腹痛、形寒肢冷、食欲减退。

治则：行瘀散寒，补气养血。方用生化汤（瘀血寒凝）；当归健中汤（气血虚弱）。

4. 食滞痛

主证：食后 1～2h 发病、急剧腹痛、腹围不大、气粗喘促、常发嗳气、口色赤红、脉象沉数、口腔干燥、舌黄苔厚、口内酸臭。

治则：消积导滞，宽中理气。方用醋香附汤或曲蘗散。

5. 粪结痛

主证：病初只食欲减少，其他无显著变化；后期食欲废绝、排粪停止、肠音消失、口腔红燥、口臭难闻、舌黄苔厚、脉象沉实。

治则：破结通下。方用当归苁蓉汤或大承气汤。

6. 尿结痛

主证：蹲腰努责、欲尿不尿、腹痛、卷尾刨蹄、欲卧不卧。

治则：清热利湿。方用滑石散。

7. 气胀痛

主证：突发、腹围显著增大、呼吸急促、腹痛。

治则：行气消胀，化食消滞。方用消胀汤、丁香散。

（五）泄泻

1. 寒泻（冷肠泄泻）　马骡猪常见，多发于寒季。

主证：泄粪如水、耳寒鼻冷口色青白、苔薄白、口津滑利脉象沉迟。

治则：温中散寒，利湿止泻。方用猪苓散。

2. 热泻

主证：食欲减退、口渴、轻微腹痛、粪稀腥臭、尿短赤、口色赤红、舌苔黄厚、口臭、脉象沉数。

治则：清热燥湿，利水止泻。方用郁金散。

3. 伤食泻

主证：食欲废绝、腹痛胀满、粪稀黏稠、嗳气吐酸、不时放臭屁、食欲废绝、口色红、苔黄腻、脉滑数。

治则：消积导滞，调和脾胃。方用保和丸。

4. 虚泻

（1）脾虚泻

主证：体瘦欣吊（老弱多发）、鼻寒耳冷、不时作泻、粪渣粗大、舌色淡白、舌面无苔、脉象迟缓。

治则：补脾益气，利水止泻。方用参苓白术散或补中益气汤。

（2）肾虚泻

主证：毛焦欣吊、腰胯无力、四肢厥逆、久泻不愈、口色如绵、脉沉细无力。

治则：温肾健脾，涩肠止泻。方用四神丸合四君子汤。

（六）黄疸

1. 阳黄

主证：发病较急，黏膜发黄、鲜明如橘，食欲减退、发热、口色红黄、舌苔黄腻、脉象弦数。

治则：清热利湿，退黄。方用茵陈蒿汤。

2. 阴黄

主证：可视黏膜发黄且黄色晦暗、四肢无力、食欲减退、耳鼻末梢发凉、舌苔白腻、脉沉细无力。

治则：健脾益气，温中化湿。方用茵陈术附汤。

（七）淋证

1. 热淋

主证：排尿困难、疼痛，尿色赤黄、口色红、苔黄腻、脉滑数。

治则：清热降火，利尿通淋。方用八正散。

2. 血淋

主证：排尿困难、疼痛，尿中带血、尿色鲜红、舌红色、苔黄腻、脉数。

治则：清热利湿，凉血止血。方用小蓟饮子。

3. 砂石淋

主证：常呈排尿姿势、尿液混浊、常见大小不等的砂石。

治则：清热利湿，消湿通淋。方用八正散。

4. 膏淋

主证：身热，排尿涩痛、频数，尿液混浊、色如米泔、稠如膏糊，口色红、苔黄腻、脉滑数。

治则：清热利湿，分清化浊。方用分清饮。

（八）虚劳

1. 气虚

主证：食欲减退、肷吊毛焦、体瘦形羸、怠行好卧、口色淡白、脉沉细无力。

治则：益气。方用补肺散（肺虚）；补中益气汤或参苓白术散（脾气虚）。

2. 血虚

主证：口色淡白、脉弦细。心血虚者，心悸、躁动、易惊；肝血虚者，筋脉拘挛、抽搐、蹄甲焦枯、眼干、视力减退。

治则：心血虚，养血安神；肝血虚，补血养肝。方用八珍汤（心血虚）；四物汤（肝血虚）。

3. 阴虚

主证：精神倦怠、体瘦毛焦、虚热不退、午后热盛、盗汗、口色红、少苔或无苔、脉象细数。肺阴虚者，干咳无痰、咳声低微；肾阴虚者，公畜举阳滑精、母畜不发情或不孕。

治则：肺阴虚，养阴润肺；肾阴虚，滋阴补肾。方用百合固金汤（肺阴虚）；六味地黄丸（肾阴虚）。

4. 阳虚

主证：体瘦毛焦、畏寒怕冷、耳鼻四肢发凉、口色淡白、脉象细弱。脾阳虚者，慢草或不食、久泄不止、四肢虚浮；肾阳虚者，腰膝痿软无力、公畜阳痿或滑精、母畜不孕。

治则：脾阳虚者，温中健脾；肾阳虚者，温肾助阳。方用理中汤（脾阳虚）；肾气丸（肾阳虚）。

（九）不孕

1. 虚弱不孕

主证：消瘦、口色淡白、脉象沉细无力。

治则：益气补血，健脾温肾。方用复方仙阳汤、催情散。

2. 宫寒不孕

主证：形寒肢冷、小便清长、大便溏泻、带下清稀、口色青白、脉象沉迟、情期延长、配而不孕。

治则：暖宫散寒，温肾壮阳。方用艾附暖宫丸。

3. 肥胖不孕

主证：体肥、易喘、口色淡白、带下黏稠量多、脉滑。

治则：燥湿化痰。方用启宫丸、苍术散。

4. 血瘀不孕

主证：发情周期反常，或不发情，或慕雄狂。

治则：活血化瘀。方用促孕灌注液。

（十）慢草与不食

1. 脾虚

主证：精神不振、欣吊毛焦、四肢无力、食欲减退、日见羸瘦、粪便粗糙带水、完谷不化、舌质如绵、脉虚无力。

治则：补脾益气。方用四君子汤、参苓白术散、补中益气汤。

2. 胃阴虚

主证：食欲大减或不食、粪球干小、肠音不整、尿少色浓、口腔干燥、口色红、少苔或无苔、脉细数。

治则：滋养胃阴。方用养胃汤。

3. 胃寒

主证：食欲大减或不食、毛焦欣吊、鼻寒耳冷、四肢发凉、腹痛、肠音活泼、粪便稀软、尿液清长、口内湿滑、口流清涎、口色青白、舌苔淡白、脉象沉迟。

治则：温胃散寒，理气止痛。方用温脾散或桂心散。

4. 胃热

主证：食欲大减或废绝、口臭、上腭肿胀、排齿红肿、口温增高、耳鼻温热、口渴贪饮、粪干小、尿短赤、口色赤红、少津、舌苔薄黄或黄厚、脉象洪数。

治则：清胃泻火。方用清胃散或白虎汤。

5. 食滞

主证：精神倦怠、厌食、肚腹饱满、轻度腹痛、粪便粗糙或稀软且有酸臭气味、完谷不化、口内酸臭、口腔黏滑、苔厚腻、口色红、脉数或滑数。

治则：消积导滞，健脾理气。方用曲蘖散或保和丸。

三、例题及解析

1. 牛，4岁，排尿时弓腰努责，淋漓不畅，疼痛，尿频赤黄，口干舌红，苔黄腻，脉滑数。治疗宜选用的方剂是(   )。

    A. 平胃散   B. 八正散   C. 独活散

    D. 独活寄生汤   E. 藿香正气散

【解析】   B。根据临床表现可以辨别该病为湿热淋证；中兽医临床治疗湿热淋证的常用方剂为八正散。

2. 马患热喘证的典型证候为(   )。

    A. 咳嗽气喘，鼻流清涕   B. 呼吸喘促，呼出气热

    C. 形寒肢冷，动则喘甚   D. 精神倦怠，呼多吸少

    E. 喘声低微，日轻夜重

【解析】   B。热喘证主要表现为发病急、呼吸喘促、呼出气热、肷肋扇动、精神沉郁、耳搭头低、食欲减少或废绝、口渴喜饮、大便干燥、小便短赤、体温升高、间或咳嗽或流黄黏鼻液、出汗、口色红燥、舌苔薄黄、脉象洪数。

3. 马，证见精神沉郁，头低耳搭，毛焦肷吊，腰胯无力，卧多立少，鼻寒耳冷，四肢厥逆。久泻不愈，夜间泻重，膝下及后股浮肿，口色如绵，脉象徐缓。该病可辨证为(   )。

    A. 寒泻   B. 热泻   C. 伤食泻

    D. 脾虚泻   E. 肾虚泻

【解析】   E。根据题干所给信息，鼻寒耳冷、四肢厥逆可以初步判断为寒证；又根据腰胯无力可以定位为肾；而久泻不止、浮肿等症状进一步确定为肾虚泻。

4. 马，突然发生腹痛，证见起卧不安，肌肉寒战，肠鸣如雷，鼻寒耳冷。该病可辨证为(   )。

    A. 粪结痛   B. 湿热痛   C. 阴寒痛

    D. 食滞痛   E. 血瘀痛

【解析】   C。阴寒痛主要表现为鼻寒耳冷，口唇发凉，甚或肌肉寒战，阵发腹痛，起卧不安，或刨地蹴腹，或卧地滚转，肠鸣如雷，口色青，脉沉紧。

5. 病畜发热，口渴不多饮，食欲不振，困重，呕吐，便溏。中兽医辨证确定该病的证候属于(   )。

    A. 风寒感冒   B. 风热感冒   C. 外感暑湿

    D. 脾虚食少   E. 胃热呕吐

【解析】   C。病畜证见发热、口渴，多由暑邪侵袭体表，灼伤津液所致；湿邪重浊，故病畜出现困重、便溏等症状，因此中兽医辨证为外感暑湿。治则宜消暑化湿透表，方用香薷饮。

6. 热入心包证宜选用的方剂是(   )。

    A. 清宫   B. 镇肝熄风汤   C. 清肺散

    D. 清瘟败毒饮   E. 清燥救肺汤

【解析】　A。热入心包的证见为高热、神昏、抽搐、舌质绛红、脉数。治则宜清心开窍，方用清营汤。

考点速记

1. 阴阳双方存在的相互排斥、相互斗争、相互制约的关系为阴阳对立。
2. 六淫之中，湿邪的主要性质是**重浊、黏滞**；风具有善行数变的特性。
3. 五脏之中，**肾开窍于耳，脾开窍于口，肝开窍于目**；肝主藏血，心主藏神。
4. 六腑之中，**主受盛化物和分别清浊的腑是小肠**；"传送之腑"是大肠。
5. 将药材直接或间接用火加热处理的火制法有锻法、炒法、炙法、烘法。
6. 中药四气是指寒、凉、温、热，五味是指辛、甘、酸、苦、咸。
7. 药物进入机体后的作用趋向是升、降、沉、浮。
8. 久泻不止、脱肛或子宫阴道脱出的证候见于**脾气下陷（中气下陷）**。
9. 口色中，黄色的主证是湿证。
10. 苦味药的主要功效是**清热、燥湿**；甘味药的主要作用是**滋补、和中**。
11. 热入心包证宜选用的方剂是**清宫汤**。
12. 升麻用于治疗中气下陷所致的久泻脱肛、子宫脱垂等证，常与柴胡相须为用。
13. 桂枝能发汗解表，用于外感风寒表实证，**常与麻黄相须配伍**。
14. 具有发汗、解表作用的药物是麻黄。
15. 麻黄汤具有**发汗解表、宣肺平喘**的功效，主治外感风寒表实证。
16. 黄连性味苦寒，主治清热燥湿、泻火解毒，长于清心火。
17. 黄连解毒汤的组成为黄连、黄柏、黄芩、栀子。
18. 白虎汤的药物组成是石膏、知母、粳米、甘草。
19. 白头翁汤的药物组成为白头翁、黄连、黄柏、秦皮。
20. 内服清热泻火，外用收敛生肌的药物是石膏。
21. 具有清热解毒、散结消肿、利尿通淋功效的药物是蒲公英。
22. 具有润下作用的药物是**火麻仁**。
23. 治疗老龄患畜肠燥便秘的方剂是当归苁蓉汤。
24. 芒硝具有软坚泻下的作用，主治热结便秘，常与芒硝配伍使用。
25. 郁李仁具有**润肠通便、利水消肿**的作用。
26. 鸡内金具有**消食健脾、化石通淋**的作用。
27. 麦芽具有**消食和中、回乳**的作用。
28. 莱菔子是治疗食积气滞的首选药。
29. 杏仁具有**化痰止咳药并兼有润肠通便**的作用。
30. 止嗽散主治的病证是**外感咳嗽**。
31. 苏子降气汤主治的病证是**上实下虚的咳喘证**。
32. 善祛风痰的中药是**天南星**。
33. 治疗马热喘适宜的方剂为**麻杏石甘汤**。
34. 款冬花具有**润肺下气、止咳化痰**的作用。

35. 瓜蒌具有**清热化痰**、**宽中散结**的作用。

36. 贝母具有**止咳化痰**、**清热散结**的作用；常用于**治疗热痰咳嗽**。

37. 具有降气平喘、消痰行水作用的药物是**旋覆花**。

38. 理中汤的药物组成为**党参、干姜、白术、炙甘草**。

39. 暖肾壮阳、温中祛寒的药物是**肉桂**。

40. 茴香散具有**温肾散寒**、**祛湿止痛**的功效。

41. 四逆汤的组成是**熟附子、干姜、炙甘草**。

42. 艾叶具有**理气血**、**逐寒湿**、**安胎**的作用。

43. 苍术属于化湿药，具有**燥湿健脾**、**发汗解表**、**祛风湿**的作用。

44. 五苓散的药物组成是**猪苓、茯苓、泽泻、白术、桂枝**。

45. 滑石属于利湿药，并兼有**清热解暑**的作用。

46. 独活寄生汤具有**益肝肾**、**补气血**、**祛风湿**、**止痹痛**的功效。

47. 治疗马伤水起卧（冷痛、肠痉挛）应选用**橘皮散**。

48. 陈皮的功效是**理气健脾**、**燥湿化痰**。

49. 善治肠风下血的方剂是**槐花散**。

50. 陈皮具有**理气健脾**、**燥湿化痰**的作用，主治肚腹胀满、**痰湿喘咳**。

51. 具有活血行气、祛风止痛作用的药物是**川芎**。

52. 具有收敛止血、消肿生肌作用的中药是**白及**。

53. 具有活血祛瘀、养血安神作用的药物是**丹参**。

54. 具有散瘀止血、消肿止痛作用的药物是**三七**。

55. 主治料伤五攒痛的方剂是**红花散**。

56. 乌梅散具有**涩肠止泻**、**清热燥湿**的功效。

57. 能上敛肺气、下滋肾阴的收涩药是**五味子**。

58. 具有涩肠止泻、敛肺止咳功效的药物是**诃子**。

59. 当归能补血活血，且兼有**润肠通便**的作用。

60. 黄芪具有**补气升阳**、**托毒生肌**的作用。

61. 甘草具有**补中益气**、**清热解毒**、**润肺止咳**、**缓和药性**的作用。

62. 主治肺肾阴虚、咳嗽痰中带血的方剂是**百合固金汤**。

63. 天麻具有**平肝息风**的作用。

64. 决明散具有**清肝明目**、**退翳消瘀**的功效，主要用于**治疗肝火上炎、目赤肿痛**。

65. 钩藤的功效为**息风止痉**、**平肝清热**。

66. 位于犬最后颈椎与第1胸椎棘突之间的穴位是**大椎穴**。

67. 血针治疗马中暑的主穴是**颈脉穴**。

68. 百会位于犬最后腰椎与第1荐椎之间，主治**背风湿病**。

69. 位于犬尾根与肛门之间的穴位是**后海穴**。

70. 电针治疗马结证常用的穴位是**关元俞穴**。

71. 马患热喘证的典型证候为呼吸喘促、呼出气热。治疗适宜的针灸穴位是**鼻俞穴**。

72. 巧治马脱肛的穴位是**莲花穴**。

73. 犬上唇唇沟上、中1/3交界处的穴位是**水沟穴**。

74. 具有疏通经络、驱散寒邪功效的外治法是**艾灸法**。

75. 中兽医辨证犬黄疸属于阳黄，主要特点是**可视黏膜发黄且黄色鲜明**。

高频题练习

1. 六腑之中，受盛化物和分别清浊的是(　　)。
   A. 肝　　　　　　　　　B. 胃　　　　　　　　　C. 小肠
   D. 大肠　　　　　　　　E. 膀胱

2. 其性趋下，缠绵难退的六淫邪气是(　　)。
   A. 湿邪　　　　　　　　B. 风邪　　　　　　　　C. 寒邪
   D. 暑邪　　　　　　　　E. 以上都不是

3. 轻按即得，重按反觉脉减，如触水中浮木是(　　)。
   A. 表证　　　　　　　　B. 寒证　　　　　　　　C. 热证
   D. 实证　　　　　　　　E. 里证

4. 中药四气除了寒、温、热外，还有(　　)。
   A. 升　　　　　　　　　B. 降　　　　　　　　　C. 苦
   D. 辛　　　　　　　　　E. 凉

5. 下列关于十八反、十九畏说法不正确的是(　　)。
   A. 藜芦反人参　　　　　B. 甘草反大戟　　　　　C. 乌头反半夏
   D. 人参畏牵牛子　　　　E. 藜芦反细辛

6. 性能功效相类似的药物配合使用，增强药物的疗效，称为(　　)。
   A. 相须　　　　　　　　B. 相杀　　　　　　　　C. 相反
   D. 相使　　　　　　　　E. 相恶

7. 性味苦寒，功能清热燥湿、泻火解毒，长于清心火的药物是(　　)。
   A. 黄芩　　　　　　　　B. 黄连　　　　　　　　C. 黄柏
   D. 大黄　　　　　　　　E. 牡丹皮

8. 苏子降气汤主治的病证是(　　)。
   A. 外感咳嗽　　　　　　B. 肺虚咳嗽　　　　　　C. 劳伤咳嗽
   D. 风热咳嗽　　　　　　E. 上实下虚的咳喘证

9. 麻杏甘石汤主治的病证是(　　)。
   A. 外感咳嗽　　　　　　B. 湿痰咳嗽　　　　　　C. 肺热咳嗽
   D. 风热咳嗽　　　　　　E. 上实下虚的咳喘证

10. 治疗老龄患畜肠燥便秘的方剂是(　　)。
    A. 曲蘗散　　　　　　　B. 保和丸　　　　　　　C. 白头翁汤
    D. 大承气汤　　　　　　E. 当归苁蓉汤

11. 桃红四物汤的功效(　　)。
    A. 清热通淋，祛瘀止血　　　　　B. 清肠止血，疏风理气
    C. 活血化瘀，温经止痛　　　　　D. 活血理气，清热散瘀
    E. 活血祛瘀，补血止痛

高频题参考答案

题号	1	2	3	4	5	6	7	8	9	10	11
答案	C	A	A	E	D	A	B	E	C	E	E

模拟题练习

1. 阴阳双方存在着相互排斥、相互斗争、相互制约的关系为(　　)。
   A. 阴阳互根　　　　　　　B. 阴阳消长　　　　　　　C. 阴阳对立
   D. 阴阳转化　　　　　　　E. 阴阳关联

2. 依据阴阳盛衰确定的治疗原则"壮水之主以制阳光"属于(　　)。
   A. 滋阴抑阳　　　　　　　B. 扶阳制阴　　　　　　　C. 实者泻之
   D. 寒者热之　　　　　　　E. 攻补兼施

3. 六淫之中，湿邪的主要性质是(　　)。
   A. 阴冷、凝滞　　　　　　B. 炎热、升散　　　　　　C. 重浊、黏滞
   D. 善行、主动　　　　　　E. 热极、炎上

4. 马，3岁，采食冰冻饲料后发病。证见阵发性腹痛起卧，肠鸣如雷，食欲废绝，口色青白，脉象沉迟。该证最可能的病邪是(　　)。
   A. 风邪　　　　　　　　　B. 寒邪　　　　　　　　　C. 湿邪
   D. 暑邪　　　　　　　　　E. 燥邪

5. 中药四气是指(　　)。
   A. 寒、热、温、平　　　　B. 升、降、浮、沉　　　　C. 辛、甘、酸、苦
   D. 生、克、乘、侮　　　　E. 寒、凉、温、热

6. 五脏之中，主藏血的是(　　)。
   A. 肝　　　　　　　　　　B. 肾　　　　　　　　　　C. 脾
   D. 心　　　　　　　　　　E. 肺

7. 按照五行归类，心属于(　　)。
   A. 火　　　　　　　　　　B. 木　　　　　　　　　　C. 土
   D. 金　　　　　　　　　　E. 水

8. 下列不属于津液的是(　　)。
   A. 泪液　　　　　　　　　B. 唾液　　　　　　　　　C. 涕
   D. 涎　　　　　　　　　　E. 痰

9. 淡味常附于五味中的(　　)。
   A. 辛味　　　　　　　　　B. 甘味　　　　　　　　　C. 酸味
   D. 苦味　　　　　　　　　E. 咸味

10. 苦味药的主要功效是(　　)。
    A. 滋补利尿　　　　　　　B. 收敛固涩　　　　　　　C. 清热燥湿
    D. 泻下软坚　　　　　　　E. 行气行血

11. 方中主药不变，根据病情增添或减去一些次要药物的方式，属于（　　）。

    A. 药量增减　　　　　　　　B. 药味增减　　　　　　　　C. 方剂合并

    D. 剂型变化　　　　　　　　E. 药物替代

12. 将药材直接或间接用火加热处理的火制法有（　　）。

    A. 发芽、发酵、制霜、法制　　　　　B. 煅法、炒法、炙法、烘法

    C. 纯净、粉碎、切制、镑法　　　　　D. 淋法、洗法、泡法、漂法

    E. 蒸法、淬法、水烫法、煮法

13. 口色中，黄色的主证是（　　）。

    A. 虚证　　　　　　　　　　B. 热证　　　　　　　　　　C. 寒证

    D. 湿证　　　　　　　　　　E. 风证

14. 下列辨证方法主要用于外感温热病的是（　　）。

    A. 八纲辨证　　　　　　　　B. 脏腑辨证　　　　　　　　C. 六经辨证

    D. 卫气营血辨证　　　　　　E. 气血津液辨证

15. 马，耳鼻温热，泄泻，泻粪腥臭，尿短赤，口津干黏，口渴贪饮，口色红黄，舌苔黄腻，脉象滑数。该病可辩证为（　　）。

    A. 食积大肠　　　　　　　　B. 大肠冷泻　　　　　　　　C. 大肠湿热

    D. 大肠液亏　　　　　　　　E. 寒湿困脾

16. 猪，体重2.5kg。精神倦怠，头低耳耷，不食，1d前突然开始腹泻，粪便稀薄似水样，无异味；耳鼻寒冷，偶见寒战；小便清，口色青白，舌苔薄白，脉象沉迟。该证属于（　　）。

    A. 寒泻　　　　　　　　　　B. 热泻　　　　　　　　　　C. 伤食泻

    D. 虚泻　　　　　　　　　　E. 大肠湿热

17. 犬，7岁，食欲不佳，精神倦怠，毛发焦枯无光，体形消瘦，喜卧懒动；粪便清稀，内中常夹杂少量未消化完全的肉块；口色淡白，脉象沉细无力。该证属于（　　）。

    A. 肺气虚　　　　　　　　　B. 脾气虚　　　　　　　　　C. 心血虚

    D. 肾阳虚　　　　　　　　　E. 肺阴虚

18. 牛，突然发病，证见高热，气喘，呼吸喘粗，呼出热气，食欲废绝，口渴喜饮，粪便干燥，尿短赤，鼻液黄稠，口色鲜红，舌苔黄燥，脉象洪数。该病可辩证为（　　）。

    A. 痰喘　　　　　　　　　　B. 寒喘　　　　　　　　　　C. 热喘

    D. 肺虚喘　　　　　　　　　E. 肾虚喘

19. 犬，3岁，排尿困难且疼痛不安，尿色鲜红，口色红，苔黄，脉数。该病可辨证为（　　）。

    A. 热淋　　　　　　　　　　B. 血淋　　　　　　　　　　C. 膏淋

    D. 尿浊　　　　　　　　　　E. 尿闭

20. 犬，眼目红肿，畏光流泪，视物不清，粪便干燥，尿浓赤黄，口色鲜红，脉数，对于该病证，给予辨证分型是（　　）。

    A. 肝血虚　　　　　　　　　B. 肝胆湿热　　　　　　　　C. 肝火上炎

    D. 肝阳化风　　　　　　　　E. 阴虚生风

21. 牛，精神沉郁，食欲减退，粪便稀软，尿黄混浊，可视黏膜发黄，鲜明如橘，口色

红黄，舌苔黄腻，脉数。对于该病证，给予辨证分型是（　　）。

    A. 肝血虚   B. 肝胆湿热   C. 肝火上炎

    D. 肝阳化风   E. 阴虚生风

22. 骡，精神沉郁，食欲减少，可视黏膜发黄，黄色晦暗，耳鼻末梢发凉，舌苔白腻，脉沉细无力。该病可辨证为（　　）。

    A. 阴黄   B. 阳黄   C. 胃寒

    D. 肝阴虚   E. 肾阳虚

23. 马，耳鼻温热，泄泻，泻粪腥臭，尿液短赤，口津干黏，口渴贪饮，口色红黄，舌苔黄腻，脉象滑数。该病中兽医辨证属于（　　）。

    A. 食积大肠   B. 大肠冷泻   C. 大肠湿热

    D. 大肠液亏   E. 热结肠道

24. 牛，精神倦怠，体瘦毛焦，食欲不振，久泻不止，脱肛，口色淡白，脉虚。治疗宜选用的方剂是（　　）。

    A. 四物汤   B. 曲蘖散   C. 桂心散

    D. 六味地黄汤   E. 补中益气汤

25. 中兽医辨证犬黄疸属于阳黄的主要特点是（　　）。

    A. 不能转化为阴黄   B. 病程长，常有发热

    C. 病程短，虚像明显   D. 可视黏膜发黄，黄色鲜明

    E. 可视黏膜发黄，黄色晦暗

26. 马患热喘证的典型证候为（　　）。

    A. 咳嗽气喘，鼻流清涕   B. 呼吸喘促，呼出气热

    C. 形寒肢冷，动则喘甚   D. 精神倦怠，呼多吸少

    E. 喘声低微，日轻夜重

27. 牛发病，证见精神沉郁，食欲减少，口渴多饮，泻粪黏腻腥臭，尿短赤，轻微腹痛，口色红，舌苔黄厚，脉象沉数。该病可辨证为（　　）。

    A. 热泻   B. 寒泻   C. 伤食泻

    D. 脾虚泻   E. 肾虚泻

28. 牛发病，证见精神沉郁，食欲减少，口渴多饮，泻粪黏腻腥臭，尿短赤，轻微腹痛，口色红，舌苔黄厚，脉象沉数。该病证的治则为（　　）。

    A. 温中止泻   B. 清热止泻   C. 消食止泻

    D. 健脾止泻   E. 补肾止泻

29. 下列药物不属于止咳平喘药的是（　　）。

    A. 杏仁   B. 百部   C. 款冬花

    D. 枇杷叶   E. 贝母

30. 具有清热化痰、宽中散结作用的药物是（　　）。

    A. 黄芩   B. 瓜蒌   C. 麻黄

    D. 半夏   E. 天南星

31. 具有活血祛瘀、养血安神作用的药物是（　　）。

    A. 沙参   B. 丹参   C. 党参

D. 苦参　　　　　　　　　　　E. 玄参

32. 具有补气升阳、托毒生肌作用的药物是（　　）。
　　A. 党参　　　　　　　B. 黄芪　　　　　　　　C. 白术
　　D. 山药　　　　　　　E. 甘草

33. 发汗解表，用于外感风寒表实证，与麻黄相须配伍的药物是（　　）。
　　A. 防风　　　　　　　B. 桂枝　　　　　　　　C. 薄荷
　　D. 葛根　　　　　　　E. 升麻

34. 善祛风痰的中药是（　　）。
　　A. 半夏　　　　　　　B. 贝母　　　　　　　　C. 桔梗
　　D. 天南星　　　　　　E. 旋覆花

35. 活血行气、祛风止痛的药物是（　　）。
　　A. 川芎　　　　　　　B. 丹参　　　　　　　　C. 桃仁
　　D. 赤芍　　　　　　　E. 乳香

36. 补血活血兼有润肠通便作用的药物是（　　）。
　　A. 白芍　　　　　　　B. 阿胶　　　　　　　　C. 当归
　　D. 山药　　　　　　　E. 百合

37. 具有平肝息风作用的药物是（　　）。
　　A. 天麻　　　　　　　B. 杜仲　　　　　　　　C. 山药
　　D. 麻黄　　　　　　　E. 桑叶

38. 治疗肝气郁结可选的药物是（　　）。
　　A. 薄荷　　　　　　　B. 升麻　　　　　　　　C. 柴胡
　　D. 藿香　　　　　　　E. 荆芥

39. 属于攻下药的是（　　）。
　　A. 黄芪　　　　　　　B. 黄柏　　　　　　　　C. 芒硝
　　D. 白芍　　　　　　　E. 黄药子

40. 具有软坚泻下、通便泻热功效的药物是（　　）。
　　A. 芒硝　　　　　　　B. 黄连　　　　　　　　C. 火麻仁
　　D. 番泻叶　　　　　　E. 郁李仁

41. 具有涩肠止泻、敛肺止咳功效的药物是（　　）。
　　A. 诃子　　　　　　　B. 苏子　　　　　　　　C. 莱菔子
　　D. 葶苈子　　　　　　E. 菟丝子

42. 属于清热药的是（　　）。
　　A. 黄芪　　　　　　　B. 黄柏　　　　　　　　C. 芒硝
　　D. 白芍　　　　　　　E. 黄药子

43. 属于补血药的是（　　）。
　　A. 黄芪　　　　　　　B. 黄柏　　　　　　　　C. 芒硝
　　D. 白芍　　　　　　　E. 黄药子

44. 用于治疗中气下陷所致的久泻脱肛、子宫脱垂等证，常与柴胡相须为用的药物
是（　　）。

    A. 薄荷   B. 桂枝   C. 升麻

    D. 防风   E. 甘草

45. 性味苦寒，功效为清热燥湿、泻火解毒，长于清心火的药物是（   ）。

    A. 黄芩   B. 黄连   C. 黄柏

    D. 大黄   E. 牡丹皮

46. 化痰止咳药中兼有润肠能便作用的药物是（   ）。

    A. 杏仁   B. 贝母   C. 百部

    D. 款冬花   E. 旋覆花

47. 具有清热解毒、散结消肿、利尿通淋功效的药物是（   ）。

    A. 板蓝根   B. 穿心莲   C. 金银花

    D. 蒲公英   E. 白头翁

48. 化湿药中有燥湿健脾、发汗解表、祛风湿作用的药物是（   ）。

    A. 藿香   B. 茯苓   C. 猪苓

    D. 茵陈   E. 苍术

49. 白虎汤的药物组成除了石膏、甘草、粳米外，还有（   ）。

    A. 知母   B. 栀子   C. 芦根

    D. 黄连   E. 黄柏

50. 理中汤的药物组成为（   ）。

    A. 党参、黄芪、白术、白芍   B. 党参、干姜、白术、炙甘草

    C. 党参、黄芪、白术、炙甘草   D. 党参、茯苓、白术、炙甘草

    E. 党参、干姜、茯苓、炙甘草

51. 黄连解毒汤的药物组成为（   ）。

    A. 黄连、黄柏、黄芩、栀子   B. 黄连、黄柏、黄芩、连翘

    C. 黄连、板蓝根、黄芩、栀子   D. 黄连、金银花、连翘、栀子

    E. 黄连、秦皮、苦参、蒲公英

52. 强筋壮骨，治肾虚骨痿、运步困难、腰膝疼痛等，常与杜仲、续断、菟丝子等配伍的药物是（   ）。

    A. 淫羊藿   B. 巴戟天   C. 肉苁蓉

    D. 补骨脂   E. 女贞子

53. 温中止痛，疏肝暖脾，消阴寒之气，治脾虚慢草、伤水冷痛、胃寒不食等，常配干姜、肉桂等的药物是（   ）。

    A. 旋覆花   B. 金银花   C. 肉苁蓉

    D. 款冬花   E. 吴茱萸

54. 桂枝汤的功效是（   ）。

    A. 发汗解表、宣肺平喘   B. 发汗解表、散寒除湿

    C. 解肌发表、调和营卫   D. 辛凉解表、清热解毒

    E. 和解少阳、扶正祛邪

55. 银翘散主要用于（   ）。

    A. 外感风寒表实证   B. 外感风寒表虚证   C. 外感挟湿表寒证

  D. 外感风热证   E. 气分实热证

56. 具有益肝肾、补气血、祛风湿、止痹痛功效的方剂是(　　)。

  A. 补中益气汤   B. 百合固金汤   C. 六味地黄汤

  D. 当归苁蓉汤   E. 独活寄生汤

57. 乌梅散的功效是(　　)。

  A. 涩肠止泻、行气消胀   B. 涩肠止泻、清热通淋

  C. 涩肠止泻、益气固表   D. 涩肠止泻、清热燥湿

  E. 固表止汗、清热燥湿

58. 治疗马伤水起卧(冷痛、肠痉挛)应选用(　　)。

  A. 银翘散   B. 曲蘖散   C. 平胃散

  D. 橘皮散   E. 槐花散

59. 主治母畜体质瘦弱、气血不足之缺乳症的方剂是(　　)。

  A. 通乳散   B. 青黛散   C. 牵正散

  D. 镇肝熄风汤   E. 玉屏风散

60. 主治表虚自汗及体虚易感风邪者(证见自汗、恶风、苔白、舌淡、脉浮缓)的方剂是(　　)。

  A. 通乳散   B. 青黛散   C. 牵正散

  D. 镇肝熄风汤   E. 玉屏风散

61. 主治歪嘴风(证见口眼歪斜,或一侧耳下垂,或口唇麻痹下垂等)的方剂是(　　)。

  A. 通乳散   B. 青黛散   C. 牵正散

  D. 镇肝熄风汤   E. 玉屏风散

62. 主治阴虚阳亢、肝风内动所致的口眼歪斜、转圈运动或四肢活动不利的方剂是(　　)。

  A. 通乳散   B. 青黛散   C. 牵正散

  D. 镇肝熄风汤   E. 玉屏风散

63. 主治口舌生疮、咽喉肿痛的方剂是(　　)。

  A. 通乳散   B. 青黛散   C. 牵正散

  D. 镇肝熄风汤   E. 玉屏风散

64. 用于治疗老龄病畜肠燥便秘的方剂是(　　)。

  A. 白头翁汤   B. 大承气汤   C. 当归苁蓉汤

  D. 曲蘖散   E. 保和丸

65. 具有温肾散寒、祛湿止痛作用的方剂是(　　)。

  A. 五苓散   B. 八正散   C. 茴香散

  D. 曲蘖散   E. 郁金散

66. 发汗解表、宣肺平喘,主治外感风寒表实证的方剂是(　　)。

  A. 桂枝汤   B. 麻黄汤   C. 小柴胡汤

  D. 银翘散   E. 荆防败毒散

67. 用于治疗肝火上炎、目赤肿痛的方剂是(　　)。

  A. 独活散   B. 牡蛎散   C. 决明散

  D. 巴戟散   E. 茴香散

68. 苏子降气汤主治的病证是(　　)。

  A. 外感咳嗽   B. 肺虚咳嗽   C. 劳伤咳嗽

  D. 风热咳嗽   E. 上实下虚的咳喘证

69. 止嗽散主治的病证是(　　)。

  A. 外感咳嗽   B. 肺虚咳嗽   C. 劳伤咳嗽

  D. 风热咳嗽   E. 上实下虚的咳喘证

70. 牛，突然发病，证见咳嗽，恶寒，被毛逆立，鼻流清涕，无汗，不喜欢饮水，尿清长，口淡而润，舌苔薄白，脉象浮紧。治疗该病证适宜的方剂是(　　)。

  A. 黄连解毒汤   B. 龙胆泻肝汤   C. 麻杏甘石汤

  D. 荆防败毒汤   E. 独活散

71. 公牛，形寒肢冷，后肢水肿，尿清粪溏，阳痿不举，口色淡，脉沉无力。治疗该病证首选的方剂是(　　)。

  A. 八正散   B. 秦艽散   C. 肾气丸

  D. 六味地黄丸   E. 百合固金汤

72. 牛，突然发病，证见发热，喘急，咳嗽，口干渴，舌红，苔黄，脉数。治疗该病证适宜的方剂是(　　)。

  A. 黄连解毒汤   B. 龙胆泻肝汤   C. 麻杏甘石汤

  D. 荆防败毒汤   E. 独活散

73. 牛，突然发病，证见高热，气喘，呼吸喘粗，呼出热气，食欲废绝，口渴喜饮，粪便干燥，尿短赤，鼻液黄稠，口色鲜红，舌苔黄燥，脉象洪数。治疗该病证首选的方剂为(　　)。

  A. 二陈汤   B. 麻杏甘石汤   C. 止咳散

  D. 补肺汤   E. 蛤蚧散

74. 北京犬，2岁，2009年8月的一天傍晚在户外嬉戏、遛了一大圈，回家洗澡后不久，即表现呼吸急速，耳根明显发热，腹底皮肤发烫，黏膜发绀，流泡沫样鼻液。医生检查体温为41.5℃，呼吸频率为72次/min，心率102次/min，听诊肺部有湿啰音。如中医治疗，方剂选(　　)。

  A. 补中益气汤   B. 龙胆泻肝汤   C. 桂枝汤加减

  D. 清暑香薷汤   E. 麻黄汤加减

75. 种公马，频繁配种后发病。证见腰胯无力，后腿难移，腰脊僵硬。治疗该病证适宜的方剂是(　　)。

  A. 生脉散   B. 红花散   C. 巴戟散

  D. 千金散   E. 防风散

76. 水牛，使役后出现尿血，头低耳耷，精神短少，口色淡白，舌体绵软无力。治疗该病证可选择的方剂是(　　)。

  A. 槐花散   B. 秦艽散   C. 红花散

  D. 独活散   E. 桃红四物汤

77. 牛，4岁，排尿时弓腰努责，淋漓不畅，疼痛，尿频而量少，尿色赤黄，口干舌红，苔黄腻，脉滑数。治疗该病证宜选用的方剂是( )。

  A. 平胃散   B. 八正散   C. 独活散

  D. 独活寄生汤   E. 藿香正气散

78. 具有疏通经络、驱散寒邪功效的外治法是( )。

  A. 白针   B. 血针   C. 电针

  D. 气针   E. 艾灸

79. 位于犬最后腰椎与第1荐椎之间的穴位是( )。

  A. 大椎   B. 悬枢   C. 百会

  D. 命门   E. 阳关

80. 下列穴位中，施巧治术的穴位是( )。

  A. 风门   B. 夹气   C. 开关

  D. 晴俞   E. 鼻俞

81. 血针治疗马中暑的主穴是( )。

  A. 三江   B. 太阳   C. 通关

  D. 颈脉   E. 尾尖

82. 位于犬尾根与肛门之间的穴位是( )。

  A. 尾根   B. 尾本   C. 后海

  D. 肾俞   E. 脾俞

83. 电针治疗马结症常用的穴位是( )。

  A. 抢风   B. 前三里   C. 关元俞

  D. 后三里   E. 邪气

84. 治疗犬便秘、腹痛、目赤肿痛宜选择的穴位是( )。

  A. 三江   B. 耳尖   C. 胸堂

  D. 尾本   E. 膝脉

85. 某犬，肩臂部受到冲撞后发病。证见站立时肘关外层节外展，运步时掌脚掌着地，触诊前臂前外侧面反应迟钝。针灸治疗可选用的穴位是( )。

  A. 绍风   B. 大椎   C. 百会

  D. 抢风   E. 环跳

86. 具有疏通经络、驱散寒邪功效的外治法是( )。

  A. 白针   B. 血针   C. 电针

  D. 气针   E. 艾灸

87. 种公牛，4岁，证见阴茎频频勃起、流出精液，且遇见母牛加重。或配种未交，精液早泄。口色淡红，苔少或无，舌津干少，脉细数。治疗该病证可首选( )。

  A. 血针尾尖   B. 火针百会   C. 白针通窍

  D. 水针百会   E. 艾灸肾俞

88. 起于胸部、行于前肢内侧前缘、止于前肢末端的经脉是( )。

  A. 太阴肺经   B. 太阴脾经   C. 阳明大肠经

  D. 厥阴肝经   E. 少阴肾经

(89～90题共用题干)

牛，发情周期反常，过多爬跨，有慕雄狂之状。直肠检查，易发现卵巢囊肿或持久黄体。

89. 治疗该病证的治则为(　　)。

    A. 益气补血，健脾温肾　　　　　　　　B. 暖宫散寒，温肾壮阳

    C. 滋肾益肝，明目退翳　　　　　　　　D. 燥湿化痰

    E. 活血化瘀

90. 治疗该病证可选用的方剂是(　　)。

    A. 复方仙阳汤　　　　　　B. 催情散加减　　　　　　C. 启宫丸加减

    D. 艾附暖宫丸　　　　　　E. 生化汤加减

(91～93题共用题干)

冬季，6月龄幼犬突然发病，证见恶寒，耳鼻俱凉，鼻流清涕，湿咳声低，不喜饮水，舌苔薄白，脉象浮紧。

91. 引起该病的原因是(　　)。

    A. 风热　　　　　　　　　B. 风寒　　　　　　　　　C. 风湿

    D. 燥热　　　　　　　　　E. 气虚

92. 治疗宜采取的治则是(　　)。

    A. 疏风散寒，宣肺止咳　　　　　　　　B. 疏风清热，化痰止咳

    C. 清肺降火，化痰止咳　　　　　　　　D. 益气补肺，化痰止咳

    E. 滋阴清热，润肺止咳

93. 针灸治疗可选用的穴位是(　　)。

    A. 心俞　　　　　　　　　B. 脾俞　　　　　　　　　C. 肝俞

    D. 肺俞　　　　　　　　　E. 肾俞

(94～95题共用题干)

夏季，天气湿热，奶牛在运动场运动后突然精神沉郁，张口呼吸，倒地，鼻孔流出粉红色、带小泡鼻液。听诊心音亢进，心率为 12.0 次/min，体温为 42.5℃。触诊皮温明显增高。

94. 中兽医治疗可选用(　　)。

    A. 青蒿鳖甲汤　　　　　　B. 茵陈四物汤　　　　　　C. 清暑香薷汤

    D. 茵陈术附汤　　　　　　E. 桂枝汤

95. 能缓解病情的措施是(　　)。

    A. 适度输血　　　　　　　B. 增加光照　　　　　　　C. 适度泻血

    D. 增加运动　　　　　　　E. 限制饮水

(96～98题共用题干)

病马，证见粪便不通，肚腹胀满，回头观腹，不时起卧，食欲废绝，嗳气酸臭，口色赤红，舌苔黄厚，脉沉有力。

96. 该病可辨证为(　　)。

    A. 大肠湿热　　　　　　　B. 大肠冷痛　　　　　　　C. 肝脾不和

    D. 食积大肠　　　　　　　E. 脾虚不运

97. 该病的治则是( )。

　　A. 清热利湿，行气止痛　　　　　　B. 通便攻下，行气止痛

　　C. 疏肝健脾，行气止痛　　　　　　D. 温中散寒，行气止痛

　　E. 益气健脾，行气止痛

98. 该病可选用的基础方剂是( )。

　　A. 大承气汤　　　　　　B. 白头翁汤　　　　　　C. 曲蘗散

　　D. 四君子汤　　　　　　E. 桂心散

(99～101 题共用题干)

犬，3 岁，排尿困难且疼痛不安，尿色鲜红，口色红，苔黄，脉数。

99. 该病可辨证为( )。

　　A. 热淋　　　　　　　　B. 血淋　　　　　　　　C. 膏淋

　　D. 尿浊　　　　　　　　E. 尿闭

100. 该病证的治则为( )。

　　A. 清热利湿，凉血止血　　　　　　B. 清热利湿，化石通淋

　　C. 清热利湿，分清化浊　　　　　　D. 清热降火，利湿通淋

　　E. 益气升阳，化石通淋

101. 治疗该病证宜选用的基础方剂为( )。

　　A. 红花散　　　　　　　B. 槐花散　　　　　　　C. 四物汤

　　D. 小蓟饮子　　　　　　E. 六味地黄汤

(102～104 题共用题干)

马，证见发热，肠燥便秘，腹痛，尿短赤，口津干燥，口色深红，舌苔黄厚，脉沉实有力。

102. 该病可辨证为( )。

　　A. 邪热犯肺　　　　　　B. 热入心包　　　　　　C. 热结肠道

　　D. 肝胆湿热　　　　　　E. 膀胱湿热

103. 该病证的治则为( )。

　　A. 清肺化痰　　　　　　B. 清心开窍　　　　　　C. 通便泄热

　　D. 清肝利胆　　　　　　E. 清热利湿

104. 该病证最适宜的基础方剂是( )。

　　A. 八正散　　　　　　　B. 清宫汤　　　　　　　C. 茵陈蒿汤

　　D. 增液承气汤　　　　　E. 麻杏石甘汤

(105～106 题共用题干)

骡，精神沉郁，食欲减少，可视黏膜发黄且黄色晦暗，耳鼻末梢发凉，舌苔白腻，脉沉细无力。

105. 治疗该病证的方剂为( )。

　　A. 消黄散　　　　　　　B. 桂心散　　　　　　　C. 肾气丸

　　D. 四逆汤　　　　　　　E. 茵陈术附汤

106. 针灸治疗该病证可选的穴位为( )。

　　A. 颈脉、胸膛　　　　　B. 肝俞、脾俞　　　　　C. 阴俞、肾堂

D. 命门、百会　　　　　　　E. 穿黄、黄水

(107～109 题共用题干)

春季，3 月龄幼犬突然出现咳嗽，证见发热，咳嗽声高，鼻流黏涕，呼出气热，舌苔薄黄、口红津少，脉浮数。

107. 该犬的咳嗽可辨证为(　　　)。
    A. 风寒咳嗽　　　　　　B. 风热咳嗽　　　　　　C. 气虚咳嗽
    D. 肺热咳嗽　　　　　　E. 阴虚咳嗽

108. 引起该犬咳嗽的病因是(　　　)。
    A. 运动过度　　　　　　B. 饥饱不均　　　　　　C. 痰浊内生
    D. 虚火伤肺　　　　　　E. 外感风热

109. 治疗该病证应选用(　　　)。
    A. 麻黄汤　　　　　　　B. 银翘散　　　　　　　C. 清肺散
    D. 四君子汤　　　　　　E. 百合固金汤

(110～112 题共用题干)

松狮犬，排尿时拱腰努责、淋漓不畅、表现疼痛，尿量少但频频排尿，尿色赤黄，口色红，苔黄腻，脉滑数。

110. 该病的病因属于(　　　)。
    A. 热淋　　　　　　　　B. 血淋　　　　　　　　C. 砂淋
    D. 膏淋　　　　　　　　E. 淋病

111. 治疗该病证的治则为(　　　)。
    A. 消积导滞，调和脾胃　　　　　　B. 温中散寒，利湿止泻
    C. 清热降火，利湿通淋　　　　　　D. 健脾益气，温中化湿
    E. 清热利湿，消石通淋

112. 治疗该病证可选用的方剂是(　　　)。
    A. 猪苓散加减　　　　　B. 八正散加减　　　　　C. 郁金散加减
    D. 小蓟饮子　　　　　　E. 萆薢分清饮

(113～115 题共用题干)

马，尿少色浓，频频干咳且昼轻夜重，痰少津干，低热不退，舌红少苔，脉细数。

113. 该病可辨证为(　　　)。
    A. 肺气虚　　　　　　　B. 肺阴虚　　　　　　　C. 痰饮阻肺
    D. 风寒束肺　　　　　　E. 风热犯肺

114. 该病证可能的治则是(　　　)。
    A. 补肺益气，止咳定喘　　　　　　B. 滋阴生津、润肺止咳
    C. 疏风散热，宣肺通气　　　　　　D. 宣肺散寒，祛痰止咳
    E. 清肺化痰，止咳平喘

115. 治疗该病证最适宜的方剂是(　　　)。
    A. 清燥救肺汤　　　　　B. 二陈汤　　　　　　　C. 麻黄汤
    D. 麻杏石甘汤　　　　　E. 银翘散

(116～117 题共用题干)

马，突然发病，卷尾刨蹄，欲卧不卧，频频蹲腰努责，做排尿姿势，排尿淋漓不畅，口干，舌红苔黄，脉象滑数。

116. 该病可辨证为（　　）。

A. 阴寒痛　B. 湿热痛　C. 食滞痛　D. 气胀痛　E. 尿结痛

117. 治疗该病证的基础方剂为（　　）。

A. 八正散　B. 桂心散　C. 郁金散　D. 消胀汤　E. 醋香附汤

(118～120 题共用题干)

7 月 10 日，气温 2.9～35.5℃，兽医院接诊一病猪，体温 39.8℃。主诉该猪前夜吃食正常，今天早晨发现不吃，精神较差，躺卧不动，不时饮水，未见小便。临床检查发现该猪呼吸急促，鼻盘扇动，肋肷部不停扇动，鼻流大量略稠鼻液，时而咳嗽，口色赤红，舌苔黄染，脉象洪数。

118. 该病最可能诊断为（　　）。

A. 风寒咳嗽　B. 湿痰咳嗽　C. 阴虚咳嗽　D. 肺虚喘　E. 肺热气喘

119. 如用中药治疗，治则为（　　）。

A. 疏风散寒，止咳平喘　B. 燥湿化痰，止咳平喘

C. 滋阴生津，润肺止咳　D. 补气，降逆平喘

E. 宣肺泄热，止咳平喘

120. 如采用中药治疗，可以选用下列哪个方剂进行加减（　　）。

A. 荆防败毒散　B. 二陈汤　C. 百合固金汤　D. 四君子汤和止咳散　E. 麻杏石甘汤

模拟题参考答案

题号	1	2	3	4	5	6	7	8	9	10	11	12	13	14	15	16	17	18	19	20
答案	C	A	C	B	E	A	A	E	B	C	B	B	D	D	C	A	B	C	B	C
题号	21	22	23	24	25	26	27	28	29	30	31	32	33	34	35	36	37	38	39	40
答案	B	A	C	E	D	B	A	B	E	B	B	B	B	C	A	C	A	C	C	A
题号	41	42	43	44	45	46	47	48	49	50	51	52	53	54	55	56	57	58	59	60
答案	A	B	D	C	B	A	D	E	A	B	A	B	E	C	D	E	A	D	A	E
题号	61	62	63	64	65	66	67	68	69	70	71	72	73	74	75	76	77	78	79	80
答案	C	D	B	C	C	B	C	E	A	D	C	C	B	D	C	B	B	E	C	B

（续）

题号	81	82	83	84	85	86	87	88	89	90	91	92	93	94	95	96	97	98	99	100
答案	D	C	C	A	D	E	D	A	E	E	B	A	D	C	C	D	B	A	B	A
题号	101	102	103	104	105	106	107	108	109	110	111	112	113	114	115	116	117	118	119	120
答案	D	C	C	D	E	B	B	E	B	A	C	B	B	B	A	E	A	E	E	E

参 考 文 献

陈北亨，1988. 兽医产科学 [M].2 版. 北京：中国农业出版社.

陈孝平，2002. 外科学 [M]. 北京：人民卫生出版社.

顾剑新，2007. 宠物外科与产科 [M]. 北京：中国农业出版社.

郭铁，1999. 家畜外科手术学 [M].3 版. 北京：中国农业出版社.

胡爽，高渊博，闫相宇，2020. 如何有效提高《中兽医学》教学效果的探索 [J]. 科技风 (23)：60 - 67.

华永丽，2019. 基于执业兽医资格考试制度改革中兽医学教学 [J]. 中兽医医药杂志，38 (1)：84 - 87.

李铁拴，2001. 兽医学 [M]. 北京：中国农业科技出版社.

李玉冰，2006. 兽医临床诊疗技术 [M]. 北京：中国农业出版社.

林德贵，2004. 动物医院临床手册 [M]. 北京：中国农业出版社.

林德贵，2004. 兽医外科手术学 [M].4 版. 北京：中国农业出版社.

刘钟杰，许剑琴，2011. 中兽医学. 动物医学专业用 [M]. 北京：中国农业出版社.

买占海，况玲，2021.《中兽医学》教学方法的研究进展 [J]. 湖北畜牧兽医，42 (1)：40 - 42.

[美] Richard W. Nelson，[美] C. Guillermo Couto，2019. 小动物内科学 [M].5 版. 夏兆飞，陈艳云，
王姜维，译. 北京：中国农业大学出版社.

彭宏泽，1992. 动物实验外科手术学 [M]. 北京：中国农业出版社.

石冬梅，何海健，2016. 动物内科病 [M].2 版. 北京：化学工业出版社.

汪恩强，2006. 兽医临床诊断学 [M]. 北京：中国农业科学技术出版社.

王建华，2020. 兽医内科学 [M].4 版. 北京：中国农业出版社.

文朝文，2020. 中兽医学的研究现状与展望 [J]. 畜牧兽医科技信息 (10)：24.

吴在德，吴肇汉，2003. 外科学 [M].6 版. 北京：人民卫生出版社.

武瑞，2004. 兽医临床诊疗学 [M]. 哈尔滨：东北林业大学出版社.

谢富强，2004. 兽医影像学 [M]. 北京：中国农业大学出版社.

赵俊，2000. 新编麻醉学 [M]. 北京：人民军医出版社.

赵兴绪，2002. 兽医产科学 [M].3 版. 北京：中国农业出版社.

赵兴绪，2004. 兽医产科学实习指导 [M].3 版. 北京：中国农业出版社.

参 考 文 献